厨师培训教程

主　编　钱　峰

副主编　钱　雨　张　竹　李　文　杨志东

参　编　翟丽霞　桑宇平　陈小雨　黄　勇

　　　　吴　晶　吴长华　吴严章　王南南

　　　　严利莎　张　荣　左武举　曹成章

　　　　向　军　史中伢　曹顺华

机械工业出版社

本书内容涵盖广泛，丰富翔实，包括烹饪原料的选择、刀工工艺技术、鲜活原料初步加工工艺、干货原料加工工艺、配菜基础知识、加热基础知识、调味基础知识、烹调的辅助技艺、烹调技艺、面点制作工艺、食品营养与食品安全等。

本书适合厨师、餐饮业服务人员、管理人员阅读，也可作为餐饮企业、企事业单位食堂等的员工培训教材。

图书在版编目（CIP）数据

厨师培训教程 / 钱峰主编.—北京：机械工业出版社，2022.1

ISBN 978-7-111-69120-4

Ⅰ.①厨… Ⅱ.①钱… Ⅲ.①厨师 – 职业培训 – 教材 Ⅳ.①TS972.36

中国版本图书馆CIP数据核字（2021）第184655号

机械工业出版社（北京市百万庄大街22号　邮政编码100037）

策划编辑：卢志林　责任编辑：卢志林　单元花

责任校对：孙莉萍　责任印制：郜　敏

三河市骏杰印刷有限公司印刷

2022年1月第1版第1次印刷

169mm×239mm·25.5印张·442千字

标准书号：ISBN 978-7-111-69120-4

定价：78.00元

电话服务　　　　　　　　　网络服务

客服电话：010-88361066　　机 工 官 网：www.cmpbook.com

　　　　　010-88379833　　机 工 官 博：weibo.com/cmp1952

　　　　　010-68326294　　金 书 网：www.golden-book.com

封底无防伪标均为盗版　　机工教育服务网：www.cmpedu.com

厨师，是以烹饪为职业，以烹制菜点为主要工作的人。古代将以烹饪为职业的人称为疱人，也就是现在我们所说的厨师。目前，我国厨师总数已逾千万。这样一个庞大的队伍，在我国服务业从业人员中占了相当大的比重。

　　在古代，厨师处于社会的最底层，被视为下等职业，人们通常是为了糊口和生存才会去做厨师。古代的达官贵人、文人墨客的笔下，记录了无数关于美食的文字，但很少有关于厨师的文字记载。

　　随着社会的发展，厨师这个职业也和其他行业的工种一样，得到了国家、社会和大众的尊重和重视，厨师的社会地位发生了翻天覆地的变化。特别是改革开放以后，由于社会经济的快速发展，人们对饮食的要求越来越高，厨师的地位逐渐提高，厨师的队伍也越来越壮大。2011 年 4 月，国家人力资源和社会保障部将厨师的工种正式改名为中式烹调师。

　　随着社会的发展，厨师的地位和作用逐渐凸显，厨师不仅是人类文明的建设者，也是社会主义经济建设的促进者，更是我国饮食文化的继承者和传播者。同时，这也给厨师提出了更高的要求：不仅要有精湛的技艺，还要具备烹饪科学、理论、艺术的研究能力，用来将中国的饮食文化发扬光大。社会餐饮对厨师的个人素养要求也达到了一定的高度。

　　本书旨在培养基本功过硬的现代餐饮业综合人才，知烹饪、识营养、会服务、能管理。无论厨师、餐饮服务人员还是餐饮管理者，都能从本书中汲取相应的专业知识。

　　本书由江苏省徐州技师学院的钱峰担任主编，无锡南洋职业技术学院的钱雨，江苏省惠山中等专业学校的张竹，无锡南洋职业技术学院的李文，上海财经大学后勤中心的杨志东担任副主编，北京师范大学餐饮服务中心的翟丽霞，苏州市太湖旅游中等专业学校的桑宇平、陈小雨，溧阳市天目湖中等专业学校的黄勇，无锡旅游商贸高等职业技术学校的吴晶，江苏省滨海中等专业学校的吴长华、吴严章、王南南、严利莎、张荣、左武举，山东省城市服务技师学院的曹成章，张家界市高级技工学校的向军以及史中伢、曹顺华共同参与编写，全书由钱峰统稿。

在本书编写过程中，得到了江苏省徐州技师学院、无锡南洋职业技术学院相关领导的大力支持，在此表示衷心的感谢。

由于编者编写时间仓促、水平有限，书中缺点和遗漏在所难免，恳请专家、同行及广大读者批评指正。

编　者

目 录

写给厨师的书

第一章

绪 论

第一节　烹饪概述

一、烹的概念和发展

烹就是对食物原料加热，使之成熟。由于古时加热离不开火，因此烹源于火的利用。烹与调有机结合，形成了我国极具特色的烹调技艺。因此说烹调是研究如何通过恰当的温度（用火）、合理的调味、科学的烹制方法，把加工整理、切配成形的食物原料，烹调成符合营养卫生、美观可口的菜肴，并使原料得到合理使用的一门具有一定艺术性和科学性的技术学科，其历史悠久。

1. 萌芽时期

新石器时代，食物原料多系渔猎的水鲜和野兽，间有驯化的禽畜、采集的草果及试种的五谷；调味品主要是粗盐；炊具是陶制的鼎、甑、鬲、釜、罐和地灶、砖灶、石灶；燃料仍为柴草；还有粗制的钵、碗、盘、盆作为食具，烹调方法是火炙、石燔与水煮、汽蒸并重，较为粗放。

夏商周时期，系中国烹饪发展史上的第一个高潮。它在许多方面都有突破，对后世影响深远。烹调原料显著增加，习惯于以"五"命名，如"五谷"（稻、黍、稷、麦、菽），"五畜"（牛、羊、猪、犬、鸡），"五菜"（葵甘、藿咸、薤苦、葱辛、韭酸），"五果"（枣、李、栗、杏、桃），"五味"（酸、甜、苦、辣、咸），"五香"（花椒、八角、桂皮、丁香、茴香）之类；炊饮器皿革新，轻薄精巧的青铜食具登上了烹饪舞台；出现了烘、烤、烧、煮、爆、蒸等烹调方法。

春秋战国时期，食源进一步扩大，不仅家畜野味共登餐盘，蔬果五谷俱列食谱，而且注意水产资源的开发，在南方的许多地区，鱼虾龟蚌与猪狗牛羊同处于重要的位置，这是前所未有的；炊具出现了铁制器皿，较之青铜炊具更为先进，为油烹法的问世奠定了基础；与此同时，动物性油脂和调味品也日渐增多，花椒、生姜、桂皮、小蒜运用普遍，菜肴制法和味型也有新的变化，并且出现了简单的冷饮制品和蜜渍、油炸点心等。

2. 形成时期

在烹饪原料方面，在先秦五谷、五畜、五菜、五果、五味、五香的基础上，汉魏六朝的食料进一步得到扩充。张骞通西域后，相继从阿拉伯等地引进了茄子、大蒜、西瓜、黄瓜、扁豆、刀豆等蔬菜品种，增加了素食的品种。特别重要的是，从西域引进芝麻后，人们学会了用它榨油。从此，植物油便登上中国烹饪原料的大舞台，促使油烹法的诞生。

在烹饪用具方面，铁器取代了铜器，并已逐步向轻薄小巧的方向发展。

在烹调方法方面，汉魏时期出现了两次厨务大分工，首先是红白两案的分工，接着是炉与案的分工。这有利于厨师集中精力专攻一行，提高技术。在烹调技法上，也比先秦精细，已广泛应用油炸法、油煎法等。

在烹饪理论方面，这一时期可以说是由"术"到"学"的飞跃阶段，已经开始把烹调技术作为专门学问而加以研究。这一时期出现了关于烹调技术的著述，如西晋何曾的《安平公食单》，南北朝时谢讽的《食经》、虞悰的《食珍录》等书，都是世界上较早的有关烹调技术的著述。

3. **发展时期**

此阶段先后经历过隋、唐、五代、宋、辽、西夏、金、元等朝代，是中国烹饪发展史上的第二个高潮。

在烹饪原料方面，从西域和南洋引进的品种更多，同时国内食物资源也进一步开发，尤其是海产品用量激增。

炊饮器皿向小巧、轻薄、实用的方向发展。

从燃料看，这时较多使用煤炭，例如耐烧的"金刚炭"（焦煤）、类似蜂窝煤的"黑太阳"，以及相当于火柴的"火寸"。

在烹调技法方面，隋、唐、宋、元的突出成就是工艺菜式（包括食雕冷拼和造型大菜）的勃兴。这一时期加工工艺开始变得精细，出现了刻刀和炒、爆等技术，菜点品种显著增多，宴席华贵丰盛，菜肴外形的美观度更为人所重视。餐饮市场繁荣，风味菜点相继问世。

在烹饪理论方面，又出现了一批颇有价值的食谱，如唐代"药王"孙思邈的《千金要方·食治》、孟诜的《食疗草本》，元代饮膳太医忽思慧的《饮膳正要》等。

4. **繁荣时期**

明清时期，这一阶段政局稳定，经济上升，物资充裕，是中国烹饪发展史上第三个高潮，硕果累累。

随着中外文化的交流，食源更为充沛，从陆产到水产，各种原料无所不用。烹调方法空前增多，工艺规程日益规范，菜点质量更上一层楼。

筵席发展到明清，已日趋成熟。餐室富丽堂皇，环境雅致舒适；筵席设计注重气势和命名；各式全席脱颖而出，制作工艺美轮美奂；少数民族酒筵发展，并显现出不同的民族礼俗。特别是以"满汉全席"为标志的超级大宴活跃在南北，中国饮膳达到了古代社会的最高水平，获得"烹饪王国"的美誉。

饮食市场已向专业化、集约化发展，同时全国各地的烹饪体系已经形成，各种风味流派蓬勃发展。

二、中国菜肴的特点

1. 取料广泛，选料讲究

中国菜肴的用料是极其丰富的。从其种类上，空中飞的、水中游的、陆地跑的、地底下藏的各种动植物，几乎无所不用。

选料，是中国厨师的首要技艺，是做好中国美食的基础，要具备丰富的知识和熟练运用的技巧。每种菜肴美食所取的原料，包括主料、配料、辅料、调料等，都有很多讲究和一定的规则。

2. 刀工精湛，配料巧妙

刀工是菜肴制作的重要环节，是菜肴定型和造型的关键。中国菜肴在加工原料时非常讲究大小、粗细、厚薄一致，以保证原料受热均匀、成熟一致、形状美观。中国菜肴注重原料的质、色、形、味、营养的合理搭配。

3. 五味调和，味型丰富

中国各大菜系都有自己独特的调味方法，除了要求掌握各种调味品的调和比例外，还要求巧妙地使用不同的调味方法。

4. 精于用火，技法多样

中国烹调技法多样，在世界上首屈一指，主要源于对热能的调节运用、调味的复合运用。现在行业上常用到的就有近50种烹调方法。还有一些是不同地区自己独特的烹调技法，如山东的"汤爆"、广东的"盐焗"、浙江的"泥烤"等。

5. 菜品繁多，讲究盛器

我国幅员辽阔，各地区的自然气候、地理环境和物产都不尽相同，因此各地区、各民族人民的生活习惯和菜肴风格都各具特色。

中国饮食器具之美，美在质、美在形、美在装饰、美在与馔品的谐和。美器之美不仅限于器物本身的质、形、饰，而且表现在它的组合之美，它与菜肴的匹配之美。

6. 讲究食疗，注重保健

药食同源，是我国烹调与中医相融合所形成的一套独特食疗体系。用中医的养生理论指导烹调操作，达到食养的目的，对于科学烹调意义重大。

7. 讲究时令，注重特色

中国烹调原料的选取非常重视时令性。不同的季节使用的原料差异较大，一般选用应季蔬菜，冬天多选用禽畜肉，夏天多选用水产。这种选择与大自然的气候保持一致，对人体健康大有益处，也形成一年四季菜肴的特色。

8. 中西结合，讲究创新

吸收西餐的长处，洋为中用，是提高和改进中国烹饪的一个创新做法。西菜的注重营养搭配、清洁卫生、分食制以及某些烹调特色，都可以借鉴到中国烹饪技术中来。

三、中国菜肴的风味流派

(一) 中国菜肴风味流派的成因

我国的菜系，是指在一定区域内，由于气候、地理、历史、物产及饮食风俗的不同，经过漫长历史演变而形成的一整套自成体系的烹饪技艺和风味，并被全国各地所承认的地方馔。菜肴在烹饪中有许多流派，其中最有影响和代表性的也被社会公认的有：鲁、川、苏、粤、闽、浙、湘、徽等菜系，即人们常说的中国"八大菜系"。其中鲁、川、苏、粤四大菜系形成较早，后来，浙、闽、湘、徽等地方菜也逐渐出名，就形成了我国的"八大菜系"。

一个菜系的形成和它的悠久历史与独到的烹饪特色是分不开的，同时也受到这个地区的自然地理、气候条件、资源特产、饮食习惯等的影响。有人把"八大菜系"用拟人化的手法描绘为：苏、浙菜好比清秀素丽的江南美女；鲁、徽菜犹如古拙朴实的北方健汉；粤、闽菜宛如风流典雅的公子；川、湘菜就像内涵丰富充实、才艺满身的名士。

(二) 中国菜肴的风味流派

1. 山东风味

山东风味即山东菜，由齐鲁、胶辽、孔府三个菜系组成，是宫廷的最大菜系，以孔府风味为龙头。山东菜系源远流长，对其他菜系，乃至整个中国饮食文化影响深远。

(1) 齐鲁风味 齐鲁风味以济南菜为代表，在山东北部、天津、河北等地盛行。

齐鲁菜以清香、鲜嫩、味纯著称,一菜一味,百菜不重。尤重制汤,清汤、奶汤的使用及熬制都有严格的规定,菜品以清鲜脆嫩著称。用高汤调制是济南菜的一大特色。爆炒腰花、糖醋鲤鱼、宫保鸡丁(鲁系)、九转大肠、汤爆双脆、奶汤蒲菜、南肠、玉记扒鸡、济南烤鸭等都是家喻户晓的济南名菜。济南著名的风味小吃有锅贴、灌汤包、盘丝饼、糖酥煎饼、罗汉饼、金钱酥、清蒸蜜三刀、水饺等。德州菜也是齐鲁风味中重要的一支,代表菜有德州脱骨扒鸡。

(2)胶辽风味　胶辽风味亦称胶东风味,以烟台菜为代表,流行于胶东、辽东等地。

胶辽菜起源于烟台、青岛,以烹饪海鲜见长,口味以鲜嫩为主,偏重清淡,讲究花色。青岛十大代表菜有肉末海参、香酥鸡、家常烧牙片鱼、崂山菇炖鸡、原壳鲍鱼、酸辣鱼丸、炸蛎黄、油爆海螺、大虾烧白菜、黄鱼炖豆腐;青岛十大特色小吃有烤鱿鱼、酱猪蹄、三鲜锅贴、白菜肉包、辣炒蛤蜊、海鲜卤面、排骨米饭、鲅鱼水饺、海菜凉粉、鸡汤馄饨。

(3)孔府风味　孔府风味以曲阜菜为代表,流行于山东西南部和河南地区,与江苏菜系的徐州风味较近。

孔府菜有"食不厌精,脍不厌细"的特色,其用料之精广、筵席之丰盛堪与过去皇宫御膳相比。孔府菜历来被称为"国菜"。孔府菜的代表有一品寿桃、翡翠虾环、海米珍珠笋、炸鸡扇、燕窝四大件、烤牌子、菊花虾包、一品豆腐、寿字鸭羹、拔丝金枣等。

2. 江苏风味

江苏风味即江苏菜,包括淮扬、苏锡、金陵、徐海等主要菜系,其中以淮扬菜为代表。广义的淮扬菜由长江以南,苏、浙、皖、川等地菜系组成。该菜系的发展得益于隋炀帝下江都带来了北方烹饪手法,后融合江南本土鲜美的食材,最终在广陵(今扬州)得到起源和发展。唐朝时扬州富甲天下,该菜系融合百家得到极大发展,又经过千百年各地演绎,已形成诸多小菜系。该菜系享有"东南第一佳味,天下之至美"的盛誉。特别是名著《红楼梦》里描述的菜肴,皆出自该菜系,"满汉全席"也最早记录在《扬州画舫录》之中,周总理的"开国第一宴"也是淮扬菜。

较狭义的淮扬菜是指江苏内部菜系,也即苏菜(江苏菜)。苏菜由淮扬风味、苏锡风味、金陵风味、徐海风味四种风味组成,是宫廷国宴第二大菜系。狭义的淮扬菜则专指苏菜的淮扬风味。

(1)淮扬风味　淮扬风味以扬州菜、淮安菜为代表,主要流行于大运河沿线，南至镇江，北至洪泽湖、淮河一带，东至沿海地区。淮扬菜选料严谨，讲究鲜活，主料突出，刀工精细，擅长炖、焖、烧、烤，重视调汤，讲究原汁原味，并精于造型，瓜果雕刻栩栩如生，口味咸淡适中，南北皆宜。淮扬细点，造型美观，口味繁多，制作精巧，清新味美，四季有别。著名菜肴有清炖蟹粉狮子头、软兜长鱼、涟水鸡糕、大煮干丝、三套鸭、水晶肴肉等。

（2）苏锡风味 苏锡风味以苏州菜为代表，主要流行于苏州、无锡、常州和上海地区，与浙菜、安徽菜中的皖南、沿江风味相近。有专家认为苏锡风味应当属于浙菜，但苏锡风味与浙菜的最大区别是苏锡风味偏甜。苏锡风味中的上海菜受到浙江的影响比较大，现在有成为新菜系沪菜的趋势。苏锡风味擅长炖、焖、煨、煀，注重保持原汁原味，花色精细，时令时鲜，甜咸适中，酥烂可口，清新腴美。近年来又烹制太湖船菜。苏州在民间拥有"天下第一食府"的美誉。苏锡名菜有香菇炖鸡、咕咾肉、松鼠鳜鱼、糖醋排骨、太湖银鱼、桃源红烧羊肉、太湖大闸蟹、阳澄湖大闸蟹等。松鹤楼、得月楼是苏州的代表名食楼。

（3）金陵风味 金陵风味以南京菜为代表，主要流行于江苏南京和安徽地区。

金陵菜擅长炖、焖、叉烤。特别讲究七滋七味：酸、甜、苦、辣、咸、香、臭；鲜、烂、酥、嫩、脆、浓、肥。南京菜以擅制鸭馔而出名，素有"金陵鸭馔甲天下"的美誉。

（4）徐海风味 徐海风味以徐州菜为代表，流行于徐州至连云港和河南地区，和山东菜系的孔府风味较近，曾属于鲁菜口味。

徐海菜鲜咸适度，习尚五辛、五味兼崇，清而不淡、浓而不浊。其菜无论取料于何物，均注意"食疗、食补"。另外，徐州全狗席甚为著名。徐海风味菜代表有霸王别姬、沛公狗肉、彭城鱼丸等。

3. 广东风味

广东风味即广东菜，由广州、客家、潮汕三种风味组成，在国内、海外影响极大。不仅中国大部分地区都有粤菜馆，而且世界各国的中菜馆多以粤菜为主。粤菜是国内第三大菜系，地位仅次于鲁菜、川菜，在国外是中国的代表菜系。粤菜以广州风味为代表。

（1）广州风味 广州风味以广州菜为代表，集南海、番禺、东莞、顺德、中山等地方风味的特色，主要流行于广东中西部、香港、澳门、广西东部。

广州菜注重质和味，口味比较清淡，力求清中求鲜、淡中求美，而且随季节时令的变化而变化，夏秋偏重清淡，冬春偏重浓郁。食味讲究清、鲜、嫩、爽、滑、香；调味遍及酸、甜、苦、辣、咸，即所谓五滋六味，有"食在广州"的美誉。代表品种有白切鸡、白灼虾、烤乳猪、香芋扣肉、黄埔炒蛋、炖禾虫、狗肉煲、五彩炒蛇丝等。

（2）客家风味　客家风味又称东江风味，以惠州菜为代表，流行于广东、江西和福建的客家地区，和福建菜系中的闽西风味较近。

客家菜下油重，口味偏咸，酱料简单，但主料突出。喜用三鸟、畜肉，很少配用菜蔬，河鲜海产也不多。代表品种有东江盐焗鸡、东江酿豆腐、爽口牛丸等，表现出浓厚的古代中州之食风。

（3）潮汕风味　潮汕风味以潮州菜为代表，主要流行于潮汕地区，和福建菜系中的闽南风味较近。

潮汕菜以烹调海鲜见长，刀工技术讲究，口味偏重香、浓、鲜、甜。喜用鱼露、沙茶酱、梅羔酱、姜酒等调味品，甜菜较多，款式百种以上，都是粗料细作，香甜可口。潮州菜的另一特点是喜摆十二款，上菜次序喜头、尾甜菜，下半席上咸点心。秦以前潮州属闽地，其语系和风俗习惯接近闽南而与广州有别，因渊源不同，故菜肴特色也有别。代表品种有烧雁鹅、豆酱鸡、护国菜、什锦乌石参、葱姜炒蟹、干炸虾枣等，汉传岭南地区及海内外。

4. 四川风味

四川风味即四川菜系，以成都菜和重庆菜为代表。四川菜系各地风味比较统一，主要流行于西南地区和湖北地区，在中国大部分地区都有川菜馆。川菜是中国最有特色的小吃类菜系，也是西南民间的最大菜系。

川菜风味包括重庆、成都、乐山、内江、自贡等地方菜的特色。川菜主要特点在于味型多样，辣椒、胡椒、花椒、豆瓣酱等是主要调味品，其中郫县豆瓣最为著名，按不同的配比，可分为麻辣、酸辣、椒麻、麻酱、蒜泥、芥末、红油、糖醋、鱼香、怪味等各种味型，口味清鲜醇浓并重，具有"一菜一格""百菜百味"的特殊风味，各式菜点无不脍炙人口。川菜在烹调方法上，有炒、煎、干烧、炸、熏、泡、炖、焖、烩、贴、爆等38种之多，特别讲究色、香、味、形，兼有南北之长，以味道多、广、厚著称。历来有"七味"（甜、酸、麻、辣、苦、香、咸）、八滋（干烧、酸、辣、鱼香、干煸、怪味、椒麻、红油）之说，川菜因此具有取材广泛、调味多样、菜式适应性强三个特征。川菜由筵席菜、大众便餐菜、家常菜、三蒸九扣菜、风味小吃等五大类组成一个完整的风味体系，在国际上享有"食在中国，味在四川"的美誉。其中最负盛名的菜肴有干烧岩鲤、干烧鳜鱼、鱼香肉丝、水煮肉片、水煮鱼、怪味鸡、粉蒸牛肉、麻婆豆腐、毛肚火锅、干煸牛肉丝、夫妻肺片、灯影牛肉、担担面、赖汤圆、钟水饺、龙抄手等。川菜中的五大名菜是鱼香肉丝、宫保鸡丁、夫妻肺片、麻婆豆腐、回锅肉。

第二节 厨房常见岗位及职责

厨房是厨师从事实务操作加工的场所。一般来讲，中餐厨房由初加工间、烹调间、冷菜间、点心主食间、烧烤间以及储存间、洗刷消毒间等组成。特色经营还会分得很细，如海鲜加工间、火锅间等。具体的岗位又因部门而设定。常见的岗位和职责如下。

一、行政总厨岗位职责

1）进行厨政作业管理的巡察，解决各种疑难技术问题。

2）进行厨师脱产培训，在岗培训指导。

3）调节各厨房厨师的人员配置，并将处理意见报酒店总经理审定。

4）组织制订酒店原料的采购、供应与存储规划，对其作业管理流程进行密切监控。

5）对酒店菜品烹饪作业过程进行检查、指导，确保酒店菜品数量与品质正常供应。

6）定期组织菜品研究与开发，并负责完成各个时期菜品研发责任指标。

7）根据酒店总经理指示，参与和组织大型餐饮、食品学术研讨交流会议与活动。

8）对酒店重大烹饪作业任务亲自指导。

9）负责对厨政管理制度执行情况进行监督和纠正。

二、厨师长岗位职责

1）根据酒店的特点和要求，制订零点菜单和宴会菜单。

2）组织和指挥厨房工作，监督食品质量，按规定的成本生产优质产品。

3）制定厨房的操作规程及岗位职责，确保厨房工作正常进行。

4）巡视检查厨房工作情况，合理安排人力及技术力量，统筹各个工作环节。

5）检查厨房设备运转情况和厨具、用具的使用情况，制订年度订购计划。

6）根据不同季节和重大节日组织花色品种，以促进销售。

7）督导厨房各岗位保持整齐清洁，确保厨房食品、生产及个人卫生，贯彻执行食品卫生法规和厨房卫生制度，防止食物中毒事故的发生。

8）定期实施厨师技术培训，组织厨师学习新技术和先进经验。定期或不定期对厨师技术进行考核，制定值班表，评估厨师，对厨师的晋升调动提出意见。

9）负责保证并不断提高食品质量和餐饮特色，指挥大型和重要宴会的烹调工作，制订菜单，对菜品质量进行现场把关，对重要客人可亲自操作。

10）合理调配人员，科学安排操作程序，保证出菜节奏，为工作提供良好的基础。

11）负责控制食品成本，准确掌握原料的库存量，了解市场供应情况和价格。

12）制订菜单和规格，审核厨房的请购单，负责每月厨房盘点工作，经常检查和控制库存食品的质量和数量，防止变质、短缺，合理安排使用食品原料。

13）经常与各部门联系协调并听取宾客的意见，不断改进工作。

14）检查厨房安全生产情况，及时消除各种隐患，保证设备设施及员工的操作安全。

15）根据各工种、岗位生产特点和餐厅营业状况，编制工作时间表，检查下属对员工的考勤考核工作，负责对直接下属工作表现进行评估。

16）定期分析、总结生产经营情况，改进生产工艺，准确控制成本，使厨房的生产质量和效益不断提高。

三、炉灶厨师岗位职责

1）协助厨师长制作菜单，懂得成本核算和菜肴的销售价。

2）熟练地烹制酒店经营的各类菜肴，以及本酒店的主打菜肴、特色菜肴。

3）开餐前检查所有烹饪原料是否准备妥当，检查炉头各岗位的准备工作。

4）工作完毕后，应负责检查厨具、用具是否整齐清洁，保证一切烹饪原料安全储存、场所卫生干净、各种能源开关如水、电、气、油等安全关闭。

5）检查厨房的卫生情况，保证食品卫生、个人卫生和环境卫生。

6）向厨师长汇报厨房工作，并提出建议。

7）接受上级分配的其他任务。

四、配菜岗位职责

1）熟悉各种菜品的制作以及各式菜肴的切配标准，保证出品质量。

2）合理使用原材料，减少浪费，严格控制成本，保持良好的毛利。

3）熟练掌握各种切配的烹饪技术。

4）检查厨房的卫生情况，保证食品卫生、个人卫生和环境卫生。

5）检查设备的运转情况、厨房用具的使用情况。

6）检查厨房的原料的使用情况，控制原料的进货质量。

7）定期对设施设备检查、保养。检查天然气开关、炉头、消防设备，做好防火工作。

8）完成厨师长、行政总厨布置的其他工作。

五、点心岗位职责

1）根据市场及客情，协助厨师长制订点心菜单，并不断推出新品种。

2）负责制定各类点心规格标准，报给厨师长审批后督导执行。

3）了解营业情况，安排当日点心的生产品种，合理计划订单原料，做好开餐前的准备及原料储藏工作。

4）按规定操作程序和质量标准，加工制作各类点心，合理使用原料，准确控制成本。

5）主动征求意见，自觉钻研业务，不断提高出品质量。

6）负责维护保养点心间厨具设备，对设备、设施的添补和维修提出建议。

7）注意仪表仪容、个人卫生和包干区的卫生，做好收尾工作。

8）完成厨师长分配的其他任务。

六、冷菜厨师岗位职责

1）服从厨师长的工作安排和指导，领用原材料，掌握原材料的选用、保管知识。

2）掌握冷菜生产质量的要求和标准，按规格加工制作冷菜，保证出品及时，口味、装盘符合规格要求，根据季节变化，适时推出冷菜新品，努力提高出品质量。

3）每天检查冰箱内冷菜及原料质量，力求菜品新鲜，努力把好质量关。

4）合理使用原料，准确控制冷菜成本。

5）每天检查冷藏设备的运转情况，发现问题及时报告检修。

6）注重个人的卫生、仪容仪表和冷菜间环境、用具以及餐具环境的卫生状况，确保冷菜间的用具、环境、食品的消毒工作，把好食品出品的卫生安全。

7）完成厨师长布置的其他工作。

七、打荷厨师岗位职责

1）做好炉灶所用的调料准备、小料切配以及调味盅、汤壶、油壶等工具的清洁工作。

2）根据菜品的特点，进行上粉、上浆及穿、包、卷、酿、拍等工作。

3）按菜品要求，做好菜品的装饰点缀以及配套器皿的选用和卫生。

4）负责厨房内各种设备及用具的日常保管与维护保养工作。

5）完成卫生和收尾工作。

6）接受上级分配的其他任务。

八、初加工岗位职责

1）具体负责食品原料的初步加工整理工作，合理使用原料，按量使用，物尽其用。

2）不得使用霉变、有异味等变质的烹饪原料。对原料做到先入先出，随时检查。

3）及时把初加工原料送至各岗点。

4）对初加工食品严格把关，杜绝变质食品入店。

5）工作场所卫生要保持干净，及时收尾。

6）妥善保管加工用具，保持本岗位使用设备用具的卫生整洁。

7）完成领导分配的其他任务。

第三节 厨房设备与工具

一、常见厨房设备种类

厨房设备是指放置在厨房或者供烹饪用的设备、工具的统称。厨房设备通常包括烹饪加热设备、处理加工类设备、消毒和清洗加工类设备、常温和低温存储设备等。

厨房设备的内容是不断变化的，随着我国经济的发展和人民生活水平的提高，特别是近几年厨房设备生产制造技术的不断发展，当前厨房设备越来越完善。现代厨房设备主要包括以下五大类。

1. 储藏设备

储藏设备分为食品储藏和器物用品储藏两大部分。食品储藏又分为冷藏和非冷藏。冷藏是通过厨房内的冰箱、冷藏柜等实现的。器物用品储藏是为餐具、炊具、器皿等提供存储的空间，是通过各种底柜、吊柜、角柜、多功能装饰柜等完成的。

2. 洗涤消毒设备

洗涤消毒设备包括冷热水的供应系统、排水设备、洗物盆、洗物柜等，洗涤操作中产生的垃圾，应设置分类垃圾箱、桶等，还应配备消毒柜、烘干机等设备。

3. 调理设备

调理设备主要包括调理的台面，整理、切菜、配料、调制的工具和器皿。随着科技的进步，食品切削机具、榨汁机、冷饮机、制冰机、调制机具等也在不断增加。

4. 烹调设备

烹调设备主要有炉具、灶具、蒸饭柜、汤炉、煲仔炉具、蒸柜、电磁炉、微波炉、烤炉等和烹调时用的其他相关工具和器皿。

5. 进餐设备

进餐设备主要包括餐厅中的家具和进餐时的工具和器皿等，如餐叉、碗碟、酒杯等。

除以上设备外，常用的厨房配套设备还有通风设备，如排烟系统的排烟罩、风管、风柜、处理废气废水的油烟净化器、隔油池等。

二、厨房设备的选择原则

厨房设备选择的原则要遵循：安全可靠，方便实用，节能环保，提高效率等原则。

1. 安全可靠原则

如今人们的健康观念得到了很大提升，预防传染疾病、防止"病从口入"已经成为人们普遍的健康准则，食品的加工安全已成为首要的设备选用原则，要坚持选品牌、安全、健康的设备产品，不购买不合格产品。

2. 方便实用原则

近几年来，各种各样的设施设备产品层出不穷，厨房选用设备要以方便实用为基本要求，而不是盲目追求"高大上"，要符合厨房的使用要求，要根据厨房规模大小来采购设施设备，经济实惠，物尽其用。

3. 节能环保原则

厨房设备的选用，要符合节能环保的要求，有些设备噪声较大、容易污染、产生不良气味等，不符合环保的要求，长期使用会对人体造成一定的危害，即使设备安全、经济实惠，也不可选用。噪声、污染等较大的设施设备，要尽可能降低使用频率。

4. 提高效率原则

设施设备的选用要以设施设备产生的效率为前提，有的设施设备能减轻人工的工作，在产品质量上达到人所不能做到的，保证产品质量；有的设施设备能提高人工效率，达到事半功倍的效果，减少人工开支，提高经济效益。

三、厨房设备的使用与保养

正确、合理地使用厨房设备也是餐馆的重要管理内容之一。只有通过经营者制订有效的厨房设备管理办法和正确使用，才可减少合理的磨损、避免不合理的损伤，从而达到少出故障、正常运转。

使用某种设备的厨师，必须掌握该设备的性能、工作原理和正确使用方法，应"四懂三会"。"四懂"即懂设备性能、懂设备的结构、懂设备的原理和设备的用途。"三会"即会使用设备、会保养设备和会排除设备的故障。要想"四懂三会"，企业对使用设备人员，必须加强学习和培训。

使用设备人员在工作中必须按操作规程办事，机械运转中不要说笑打闹，精神应集中，在开动机器后不要离开工作地点，如听到异常声响要及时停机。

　　厨房设备的合理使用和维修是非常必要的，但更重要的应是定期保养。制订正确的保养措施并加以实施，才能减少设备的不正常损坏，避免不必要的经济损失。

　　使用设备的厨师应根据设备的功能进行定期维护。例如，保存食品的冰箱，在正常运转情况下应定期进行人工化霜。如不及时化霜，会造成机器几乎不停机的状态，会随时出现故障。

　　厨师在使用设备时，要与修理人员经常联系，反映设备的使用情况，如实提供设备有何具体问题，让修理人员协助抢修。厨房应指定专人负责设备使用、保养、定期检查，并与平日查看设备运转情况相结合，做好记录，有问题及时上报及时修理。

第二章

烹饪原料的选择

第一节 烹饪原料概述

一、烹饪原料的概念

烹饪原料是指可以用各种烹饪加工方法制作各种菜点的原材料。业界对烹饪原料的要求是无毒、无害、有营养价值、可以用来制作菜点。

1. 必须符合卫生要求，无毒、无害

烹饪原料由内到外不能存在对人体健康有害的物质。

2. 必须有营养价值

含有人体所需要的各种营养物质，能满足人体的需要。

3. 必须具有食用价值

具有良好的感官性状，符合人的口味要求和习惯，易被消化吸收。

二、烹饪原料的分类

（一）烹饪原料分类的意义

烹饪原料的分类是指从一定的角度、按一定的标准和依据将各种各样的烹饪原料品种加以分门归类。这是一项细致、严密和具有科学性的研究工作。我国在烹饪中运用的原料品种之多，涉及面之广，在世界上没有一个国家能比得上，而对如此众多的烹饪原料进行科学的、适合本学科特点的分类，具有重要的现实意义。

通过对烹饪原料的分类，可全面地反映我国在烹饪上运用的原料全貌，使我们系统地认识烹饪原料的有关知识，以及烹饪原料的广泛使用对我国烹饪发展的影响，促进对烹饪原料的运用和开发，促进烹饪技术水平的不断提高；通过对烹饪原料的分类，可以更好地结合现代自然科学知识从理论高度对各种烹饪原料的共性和个性加以归纳阐述，促进我国烹饪理论不断完善和发展；通过对烹饪原料的分类，可以使学习烹饪者比较系统且有条理地了解各种烹饪原料的性质和特点，指导烹饪人员对烹饪原料的选择、检验、保管等进行实践，提高对烹饪原料的合理加工水平。

（二）烹饪原料的分类方法

烹饪原料的分类，就是按照一定的标准，对烹饪原料进行分门别类排列。由于不同行业的认知标准不同，对原料的分类也不同。烹饪原料由于分类的标准和依据不同，分类方法也不同。不同的分类方法有不同的作用，也各自有各自的优缺点。

1. 按原料的来源属性分类

1）植物性原料包括粮食、蔬菜、果品等。

2）动物性原料包括畜、禽、鱼、虾、蟹、贝等。

3）矿物性原料包括食盐、碱、矾等。

4）人工合成原料包括色素、香料、食品添加剂等。

将原料按照来源属性分类，能较好地反映各种原料的性质特点，突出原料的本身属性，有较强的科学性，简单明了，界限分明，但此种分类方法所含范围较广，还需对原料进行进一步分类。

2. 按原料在烹饪中的应用分类

1）主料指烹饪制作中所使用的主要原料。

2）配料指烹饪制作中所使用的辅助原料。

3）调料指烹饪制作中所使用的调味品原料。

4）佐助料指在烹饪制作中所使用的能帮助烹饪成熟、成型、着色等辅助作用的原料，如水、油、食用色素等。

按原料在烹饪中的应用分类，能反映原料在烹饪制作中的不同作用和地位，突出原料在烹饪中的实际应用，与烹饪专业结合紧密，但反映不出原料的基本属性和特点。由于原料在制作不同品种时，其地位会发生变化，所起的作用也不同，如一种原料在这个烹饪品种中作主料，但在另一个烹饪品种中却成为辅料，因此这种分类方法比较笼统。

3. 按原料的加工与否分类

1）鲜活原料，新鲜的鱼、肉、蔬菜等。

2）加工性原料是对新鲜原料进行加工后得到的成品或半成品，主要有干货原料和复制品原料。

4. 按原料的商品学分类

1）粮食包括大米、面粉、玉米、高粱等。

2）蔬菜包括青菜、萝卜、番茄等。

3）果品包括水果、干果、蜜饯、果脯等。

4）肉及肉制品包括畜肉、禽肉、火腿等。

5）水产品包括鱼、虾、蟹、贝等。

6）干货制品包括鱼翅、海参、虾米、干菜等。

7）调味品包括食盐、酱油、糖、醋、味精、香料等。

按原料的商品学分类，能突出原料的属性和性质特点。商品与人们日常生活联系较为密切，便于认识，但按原料的商品学分类科学性不够，自身特点不突出，有时还有交叉现象。

除以上分类方法外，还有一些其他的分类方法，由于行业和标准不同，分类的方法很多，有些与烹饪专业不相关，在此不再列举。

三、烹饪原料品质鉴定

（一）烹饪原料品质鉴定的意义

烹饪原料的品质好坏，直接决定烹饪成品的质量高低，而要知道原料品质的好坏，首先需要对原料进行鉴定。所谓原料的品质鉴定，就是人们利用一定的鉴定手段和方法，通过对原料的固有性质特征的变化来判断原料的质量，它是保证烹饪质量的前提。在实践中，做好对原料的品质鉴定工作，有着十分重要的意义。

原料品质鉴定的过程，实际上就是对原料选用的过程。对原料的选用，就是我们实际生活中的选料。选料必须结合产品特色、原料特点进行，因此选料前必须熟悉原料的性质特点及加工烹饪后的变化。要知道烹饪品种的质量特色，就要有目的地进行选料。在选料的过程中不经过品质鉴定，是无法达到选料的效果和目的的。

（二）烹饪原料品质鉴定的依据和标准

鉴定原料品质好坏的方法很多。但不论使用何种方法进行鉴定，都有一定的标准和要求，这个标准和要求是人们根据原料自身的性质特点及环境因素而制定的，是以原料最佳的食用点为基准要求的，主要包括以下几个方面。

1. 原料的固有品质

原料的固有品质也叫原料的使用价值，主要包括原料的营养成分、口味、质地等因素。不同的原料有着不同的品质，有些原料有一定的共性，但不同原料其固有品质也不同。即使同一原料，由于种类、地域、季节等因素，其品质也不尽相同，有时差异还较大。但不论什么原料，其固有品质应以最佳食用点为最好。

（1）营养成分　不同的原料营养成分也不相同，原料的营养价值决定了原料的食用价值。原料因不同生长时期以及存放时间的长短不同，营养成分会发生变化，其营养价值也就不同，因此要结合其他因素，取其最佳营养价值期。

（2）口味和质地　口味和质地是原料固有品质的性质体现，人们食用食物，很大程度上在于追求食物的口味和质地，良好的口味和口感是满足人们对美食的基本要求。但原料在不同时期会出现不同的口味和质地，有时还会出现令人反感的口味和质地，因此要正确识别原料的最佳口味和质地时期。

（3）成熟度　原料的成熟度主要是在原料的具体运用实践中决定的。产品的质量、原料的质量很大程度上取决于原料的成熟度。

2. 原料的新鲜度

原料的新鲜度同样也决定烹饪的质量，它是原料品质的最基本要求之一。原料新鲜度的变化，一般都会通过原料的外观反映出来。我们通过原料外观的变化，能发现原料新鲜度变化的程度。外观主要通过原料的形态、色泽、水分和重量、质地、气味等因素决定。

（1）形态不同　原料有不同的外部特征。原料在新鲜状态下和不新鲜状态下，形态都会有所变化，严重的会变形。一般来讲，新鲜度高，原料会保持原有形状，否则就会变形、干瘪或膨胀。因此，通过原料形态的变化，我们可以判断原料的新鲜程度。

（2）色泽　色泽也是原料的另一外观特征，包括色彩和光泽，每一种原料都有其自有的颜色和光泽，但由于自身因素及环境因素影响，原料的颜色和光泽会出现变化。一般来讲，原料的颜色和光泽变为灰、暗、黑等不应有的色泽时，原料的新鲜度会降低。因此，我们可以通过色泽的变化来判定原料的新鲜程度。

（3）水分和重量　原料的水分是决定原料质地和体积的主要因素。对于鲜活原料而言，由于在存放过程中，原料中的水分会随着环境温度的变化而蒸发，从而使原料体积缩小、重量减轻；对于干货原料而言，由于原料吸收了空气中的水分会受潮，重量和体积会增加。因此，原料水分和重量的变化要视不同情况而定，不论原料的水分和重量增大还是减少，其原料的新鲜度都会受到影响。

（4）质地　原料的质地主要是指原料的质感，即原料的老、嫩、韧、脆、绵、糯等方面。原料质地的变化主要是原料在存放过程中，自身因素变化的结果。一般来讲，原料由嫩变老，由脆变绵，由硬变软，就证明原料的新鲜程度出现了变化。

（5）气味 不同的新鲜原料，一般都有特有的气味，它与口味不同。一旦原料出现异味，就说明原料新鲜度降低了。

3. 原料的卫生

原料的卫生主要是指原料在培育生长过程、存放过程或加工处理过程中，是否受到环境等外在因素的作用，而出现变化。如果出现自身毒素、化工污染、农药污染、污秽物质、虫卵、病菌等不卫生情况，原料就不能食用。

（三）烹饪原料品质鉴定的方法

有了原料的品质鉴定标准，在实践应用中，我们就要参照这些标准来对原料进行鉴定。对原料要求不同，鉴定的方法也不一样，具体来看，主要有理化鉴定、生物学鉴定、感官鉴定三种方法，前两种方法主要适用于食品检测等科研机构，鉴定细致，精确度高，而后者往往是人们利用实践中总结的经验来判断，简便快捷，精确度低。

1. 理化鉴定

理化鉴定主要是指利用物理仪器、机械或化学药剂等来对原料的各项指标进行鉴定，以确定原料品质变化的程度。这种鉴定方法，过程较为复杂，必须有一定的场所和设备，检验人员需要有一定的专业知识和操作技能，鉴定的精确程度较高，有助于对原料进行科学的检验，具有一定的权威性。

2. 生物学鉴定

生物学鉴定主要是指利用动植物或微生物生长的试验手段，来测定原料变化程度的一种方法。例如，用微生物生长培育情况来判断原料的品质好坏，有无毒性，有无污染。生物学鉴定与理化鉴定一样，需要有一定的场所和设备，工作人员要有一定的专业技术和知识，精确度较高，但实验时间较长，过程复杂。

3. 感官鉴定

一般来说，感官鉴定是指人们利用眼、鼻、舌、耳、手等感觉器官来鉴定原料品质的一种方法，是人们通过感觉对原料外部特征做出的一种反应。通过感觉器官来对原料进行感知分析、比较、判断；方法简单、实用、方便，但要有一定的实践经验。

（1）视觉检验 视觉检验就是通过人们的眼睛——视觉器官对原料的外形、颜色、光泽等外部特征进行判断的一种方法。视觉检验一目了然，范围广，凡是能用眼睛判断的，一眼便可辨别，如红色的猪肉、新鲜鱼的眼睛等。

（2）嗅觉检验　嗅觉检验是通过人们的鼻子——嗅觉器官对原料气味的变化进行判断的一种方法。不同的原料有不同的气味，一旦出现了异味，说明品质有变，如新鲜蔬菜的清香味，水果的香气等出现异味，其品质就变了。

（3）味觉检验　味觉检验是通过人们舌头上面的味蕾——味觉细胞对原料的口味变化进行判断的一种方法。味觉就是原料的口味刺激人们舌头时的感觉。原料的口味发生变化，说明原料的品质出现了变化。

（4）听觉检验　听觉检验是通过人们的耳朵——听觉器官对原料结构的变化进行判断的一种方法。有些原料通过外表看不出变化，但通过摇晃或拍打能听出内部的变化，如鸡蛋、核桃、西瓜等。

（5）触觉检验　触觉检验是通过人们的手——触觉器官对原料的组织结构的弹性、硬度、粗细、质感等变化进行判断的一种方法。原料的这些变化通过手的触摸，形成对这一原料的反应，从而判断其变化程度，如鱼的弹性、蔬菜的脆性等。

以上五种方法，适应范围广，但并不孤立存在。有些原料用眼睛就能很准确判断，无须再用其他方法，而有些原料，则需要几种方法共用，才能得到良好的判断效果。

这五种方法要求人们对原料性质有一定的认识，简单易行，不需要设备、仪器和场所，但是精确度较低。

四、烹饪原料的储存

（一）引起原料质量变化的因素

要想储存好原料，首先要了解原料为什么在存放过程中质量会发生变化。引起原料质量变化的因素很多，主要有两个方面，一是自身因素的影响，这是内因；二是环境因素的影响，这是外因。外因是变化的条件，内因是变化的根本。

1. 自身因素的变化

一般来讲，大多数原料会有多种组织酶及营养成分的不安定因素等，这些都是原料自身因素变化的主要原因。在一定的环境条件下，这些因素会发生变化，从而降低原料的质量，如动物性原料的自溶过程、植物性原料的呼吸现象、牛奶的凝固现象、脂肪的氧化分解现象等。另外，原料自身水分的多少，pH 大小等因素，也会影响原料变化的速度。

2. 环境因素的变化

原料在储存过程中，由于存放的环境不同，所受的影响也不一样。因此，外部环境很重要。

（1）物理方面　原料储存环境的物理方面，主要指环境的温度、湿度、日光和空气等因素的影响。

1）温度：温度对原料自身因素影响较大，因为合适的温度有助于原料酶的活性，有助于细菌的生长繁殖，从而引起原料的质量变化。但过低的温度，会使某些原料特别是植物性原料的组织结构遭到破坏，并且会使原料口味、口感发生变化；过高的温度，又会使原料中的水分蒸发，促进原料自身生化作用的加速。

2）湿度：合理的湿度能延长原料的储存时间。湿度过高，会使干货原料吸湿受潮、结块、变色，从而霉变，给细菌等微生物提供生长繁殖条件；湿度过低，会使新鲜原料的水分蒸发，从而影响到原料的质量。

3）日光：日光的照射会加速原料的变化，长时间的日光照射，还会使温度升高，如脂肪的酸败、蔬菜的发芽等。同时，日光照射还会影响到营养成分、色泽、口味、质地的变化。

4）空气：大部分原料置于空气中储存。有些原料在与空气的接触过程中会产生氧化分解；另外，有些原料还会吸收空气中的异味，受到污染。

（2）化学方面　化学方面主要是指原料在储存过程中一些化学物质对原料的污染。如一些金属容器，会促进酶的作用；一些塑料制品在高温下会产生有毒成分，从而影响人体的生长健康，因此在储存过程中，要谨慎使用化学试剂以及盛装容器等，以防污染。

（3）生物学方面

1）微生物影响。微生物主要指霉菌、某些细菌和酵母菌，这些微生物对原料的影响很大。这些微生物在合适的温度、湿度、pH等条件下，活性很强，生长繁殖迅速，能迅速加快原料的腐烂变质。

2）虫类的影响。鼠、蝇、虫、蚊等因素对原料的侵害性也比较大。原料在储存过程中极易受到虫类的侵蚀。原料受到虫类的侵害，外观、形态、重量、质量都会发生变化，有些还会传播疾病，如受老鼠、苍蝇的侵害等。

（二）烹饪原料的储存方法

烹饪原料的储存是指根据烹饪原料品质变化的规律，而采取相应的方法来延缓原料的品质变化，使其保持一种最佳的食用状态。

1. 低温储存法

低温储存法是指原料在低温下（一般在15℃以下）储存的一种方法。此法应用普遍，方便安全。多数新鲜动、植物性原料的储存均采用此法。

环境的温度对原料的影响很大在一定的温度范围内，一般来说，温度越高原料变化越快，温度越低原料变化越慢。这是由于原料在低温下能抑制微生物的生长繁殖，控制原料中酶的活性，减弱了鲜活原料的新陈代谢强度，防止微生物的污染，从而延缓了原料的储存时间，保持了原料的新鲜程度。同时，低温状态下，还延缓了原料中所含的各种化学成分的变化，保证了原料的色、香、味等品质；也降低了原料中水分的蒸发，减少了原料的水分损耗。

一般来说，对不同的原料，采取的低温储存的温度也不同，根据温度不同，可分为冷藏储存和冷冻储存。

（1）冷藏储存　冷藏储存也称冷却储存，是将原料储存于0~4℃的环境中，一般适用于蔬菜、水果、蛋、乳品的存放，鲜活的动物性原料短时间也可以。由于这种温度，水分不会结冰，因而原料不会出现冻结现象，能较好地保持原料固有的风味品质。但是在这一温度下，嗜冷微生物仍能生长繁殖，且原料中酶的活性并没有停止，储存期不太长，一般为数天或数周不等。

（2）冷冻储存　冷冻储存也称冻结储存，是将原料置于0℃以下的环境中，使原料中的水分部分或全部冻成冰后而储存的一种方法。此种方法一般适宜于新鲜的动物性原料。在冷冻的过程中，由于原料中的水分大部分结成冰了，降低了水分的温度，有效地抑制了原料中酶的活性和微生物生长，甚至造成部分微生物死亡，因此储存期较长。

冷冻储存有两种方法，一种是快速冷冻，另一种是慢速冷冻。

1）快速冷冻是将原料置于较低的温度下（一般在-20℃以下），快速冻结的一种方法。这种方法，因冷冻速度快，原料细胞内和细胞间能同时形成许多小的冰块，而周围细胞膜损伤较少，解冻后，融化的水分仍保留在细胞组织内外，易使细胞恢复原状，因此营养成分损失较少，能比较好地保留原料的风味品质。

2）慢速冷冻就是把温度逐渐降低至0℃以下，这种方法容易使原料发生脱水现象，解冻后会失去原料原有的风味品质。

不论是快速冷冻还是慢速冷冻，原料在储存过程中都会失去一定的水分，也会使原料的风味、营养成分及外观发生变化，因此低温储存也有一定的储存期。在冷冻、冷藏原料时，可用保鲜膜或塑料袋将原料包裹起来，或置于水中冷冻，可以延长原料的储存期。

2. 高温储存法

高温储存法就是对原料进行加热处理的一种储存方法。此种方法适用于部分动、植物性原料的储存，但原料加热后其风味品质发生了变化。原料经过加热处理后，绝大多数微生物被杀死，细胞中的酶也会因加热而失去活性，原料自身的新陈代谢终止，从而达到储存的目的。

高温储存法，根据加热温度的高低，主要有高温灭菌法和巴氏消毒法。

（1）高温灭菌法　高温灭菌法是指对原料利用高温加热（一般在100~121℃）杀死原料中的微生物，破坏酶的活性，从而起到储存效果的一种方法。一般情况下，多数腐败菌和病原菌在70~80℃条件下经过20~30min的加热可被杀死，但是已经形成孢子的细菌，因耐热性增强，必须在100℃条件下经30min或更长时间才能被杀死。

（2）巴氏消毒法　巴氏消毒法是法国生物学家巴斯德发明的，是指在60℃温度下加热30min而杀死微生物的方法。这种方法温度较低，只能杀死破坏微生物的营养细胞，但不能杀死它们的孢子或芽孢，由于温度低，因此能最大限度地减少加热时对原料品质质量的影响，主要适用于啤酒、鲜奶、果汁、酱油等的储存。随着科学的发展，巴氏消毒法又出现了低温长时间杀菌法、高温短时间杀菌法和超高温瞬间杀菌法。

3. 干燥储存法

干燥储存法又称脱水储存法，是将原料经过晒、晾、烘等方法去掉大部分水分，从而保持原料品质的一种方法。此法适用于大部分动、植物性原料。在过去保鲜技术不高的情况下，很多名贵原料均采用这种方法储存。原料中的水分减少，原料细胞中的糖、酸、蛋白质等浓度升高，渗透压增大，使微生物的生长和繁殖受阻。由于水分减少，微生物失去生长繁殖的条件，处于休眠状态；同时由于水分减少，原料中酶的活性减弱，新陈代谢下降，从而达到储存的目的。脱水后的原料体积缩小，重量减轻，便于运输和储存，但要注意不要储存在潮湿的地方。

干燥储存法由于干燥的方法不同，可分为自然干燥和人工干燥两大类。

4. 密封储存法

密封储存法也称隔绝空气法，是指将原料严密封闭于容器中，使其和空气、日光隔绝，而达到储存效果的一种方法。此法主要是使原料隔绝空气，防止原料被污染和氧化，同时对嗜氧微生物有一定的抑制作用。此法适用于大部分动、植物性原料。各种罐头、塑料包装、浸泡等都使用了此法。

此法储存的原料，有的需要加工前高温杀菌，有的经过一定时间的密封，会改变风味。

5. 盐腌储存法

盐腌储存法是利用食盐对原料进行加工后再储存的一种方法。此法是利用食盐的渗透性产生高渗透压，降低水分活性的作用，使微生物脱水而发生质壁分离、蛋白质变性，使微生物难以生长繁殖，同时抑制了原料中酶的活性，从而达到储存的目的，此法适用于大多数动、植物性原料。

盐腌储存法会使原料中的部分维生素、无机盐随水分析出而被流失破坏，同时会使动物性原料肌纤维变硬，但盐腌后会产生特殊的风味，因此被广泛应用。

6. 糖渍储存法

糖渍储存法是利用食糖对原料进行加工处理后再储存的一种方法。此法是利用糖溶液的渗透性，使原料失水并降低水分活性来抑制微生物的生长繁殖，以达到储存原料的目的。此法主要适用于植物性原料，如蜜饯、果脯等。

一般来讲，糖浓度达到50%以上就可以抑制微生物生长繁殖，但在酵母、霉菌中存在着"耐糖"种类，应注意。

经过糖渍的品种，储存效果好，且能产生特殊的风味，改善原料的品质。

7. 酸渍储存法

酸渍储存法是指将原料浸泡在醋等有机酸中加以储存的方法。此法是利用食用酸来提高原料的氢离子浓度，大多数腐败菌在 pH 4.5 以下时生长发育会受到抑制而不能生存，因而在酸性条件下，能达到储存原料的目的。此法主要适用于植物性原料。

酸渍储存法有两种情况：一是在原料中加入一定量的醋，利用醋中的醋酸来降低 pH，如醋蒜等；二是利用乳酸菌发酵形成乳酸来降低 pH，如泡菜等。不论哪种方法，都会增添原料的风味。

8. 酒渍储存法

酒渍储存法是指利用酒或酒糟来浸泡原料，利用酒精的杀菌作用而达到储存效果的一种方法。此法是利用酒精的杀菌作用来杀死原料中的微生物，破坏原料中酶的活性，从而达到储存的目的，主要适用于动物性水产，如醉蟹、醉虾、糟蛋等。

酒渍储存法，一种是利用白酒，高浓度优质白酒效果最好；另一种就是利用酒糟。因此，酒渍储存的原料风味独特。

9. 气调储存法

气调储存法是通过改善原料储存环境中的气体成分而达到储存效果的一种方法，是目前较为先进的一种储存方法。此法主要是降低空气中氧的含量，增加二氧化碳或氮气的浓度，从而减弱鲜活原料的呼吸程度，使其呼吸作用达到最低水平，抑制了微生物的生长繁殖和原料中化学成分的变化，有时配以低温，从而达到储存的目的。

气调储存法实际应用较多，主要适用于蔬菜、水果。气调储存法的用具有机械气调库、塑料帐篷、塑料薄膜袋、硅胶气调袋等。

10. 放射储存法

放射储存法也称辐射储存法，是利用一定剂量的放射线照射原料而达到储存效果的一种方法，是一种较为先进的储存方法。此法主要是利用放射线能杀死原料中微生物和昆虫，抑制蔬菜、水果的发芽和成熟的原理，且经放射线照射后，原料本身的营养成分和价值不会有太大影响。

放射储存法常用的射线有紫外线、α-射线，γ-射线等。此法与其他方法相比有许多优点。第一，原料经辐射后，射线可以穿透包装和冰层，能杀死原料表面和内部的微生物；第二，原料经放射后，温度不会提高；第三，原料经放射后，风味不会改变，也不会产生有害成分。

11. 保鲜剂储存法

保鲜剂储存法是指在原料中加入具有保鲜作用的化学试剂来延长原料储存时间的一种方法。此法主要是利用保鲜剂的作用控制微生物的生理活动，抑制或杀死原料中的腐败微生物；防止和减慢空气中氧与原料中的物质所发生的氧化还原反应，从而达到储存的目的。

储存中常用的保鲜剂有防腐剂、抗氧化剂、脱氧剂等。

（1）防腐剂 食品在储存过程中，常常会加入一些化学物质，这些化学物质能控制微生物的生长发育，抑制或杀死微生物，达到储存效果。防腐剂中常用的化学物质有苯甲酸、苯甲酸钠、山梨酸钾、二氧化硫、焦亚硫酸钠、焦亚硫酸钾、丙酸钠、丙酸钙等。

（2）抗氧化剂 食品在储存过程中，还常常加入一些防止食品氧化的化学物质，这些物质能与氧作用，从而防止和减弱了空气中氧与原料中的一些物质所发生的氧化还原反应。这些物质就是抗氧化剂。常用的抗氧化剂有丁基羟基茴香醚、二丁基羟基对甲酚、没食子酸甲酯、抗坏血酸等。

（3）脱氧剂　脱氧剂又称游离氧吸收剂，它具有吸除氧的功能。在原料中加入脱氧剂，能吸除原料周围的游离氧和原料中的氧，形成稳定的化合物，防止原料氧化变质，从而达到储存目的。常用的脱氧剂有二亚硫酸钠、碱性糖制剂、特别铁粉等。

需要注意的是，在原料储存中，不论使用哪一种试剂，都要有一定的剂量，有的试剂国家有一定的标准使用量，在实际应用中，应严格执行。

12. 活养法

有些原料，特别是动物性原料，有很多采用活养的方法的。这种方法，最大限度地保持了原料的新鲜程度，同时也会使原料更加鲜美，质量提高，如有些鱼类、河蚌、蟹、泥鳅等，经过一段时间活养后，可使其清洁和泥土味消失，味道更加鲜美。

综上所述，原料储存的方法很多，但在不同时间，不同地方要根据不同原料的性质，选择合理的储存方法，最大限度地保持原料的新鲜程度，使原料处于最佳食用状态。

第二节　粮食类原料

一、粮食类原料知识概述

（一）粮食类原料的概念

粮食类原料是指供食用的谷物、豆类、薯类等的统称。粮食类原料主要是谷类原料，谷类主要是指禾本科植物的种子。谷类作为中国人的传统饮食，在我国的膳食中占有重要的地位。它包括稻米、小麦、玉米等及其他杂粮，如玉米、小米、黑米、荞麦、燕麦、薏仁米、高粱等。

（二）粮食类原料的烹饪运用

粮食类原料的适用范围非常广泛，这主要是由它的营养成分和食用价值等决定的。粮食类原料在烹饪中的主要作用有以下几个方面。

（1）作为制作主食的原料　作为制作米饭、菜饭、粥、面条、馍、饼等的原料。

（2）作为制作面点的原料　作为制作油条、馄饨、烧卖、煎饼、元宵、年糕、粽子等的原料。

（3）作为制作菜肴的原料　作为制作八宝饭、蜜汁葫芦、米粉肉等的原料。

（4）作为制作菜肴的调料和辅助料　作为制作淀粉、面粉、米粉、酒、醋等的原料。

二、粮食类原料的种类及其特点

（一）谷类原料

1. 粳米

粳米也称大米、硬米，是禾本科草本植物稻（粳稻）的种子。粳米是我们日常生活中的主要粮食，除含有满足人体需要的营养成分外，还具有食疗作用。粳米是稻米中谷粒较短圆、硬度最大、黏性较强、涨性小、出饭率较低的品种，我国各地均有栽培，分早、中、晚三收，通常用于制作米饭、稀饭，也可加工成米粉制作各式糕点。

2. 籼米

用籼型非糯性稻谷制成的米称为籼米。籼米是稻米中谷粒较长、硬度大、黏性最弱、涨性最大、出饭率最高的品种。根据稻谷收获季节，分为早籼米和晚籼米；按籼米米粒的长度分为长粒米和中粒米。早籼米质量较差，晚籼米质量较好。长粒米是籼米中质量最优者；中粒米质量不如长粒米。我国两湖（湖南、湖北）、两广（广东、广西）、江西、四川等地所产的大米多属中粒米。籼米通常用于制作干饭、稀饭；制成米粉后可制作米糕、米粉等制品，还可作为粉蒸类菜肴的辅料。

3. 糯米

糯米即黏稻米，在我国北方俗称江米，南方为糯米。糯米是稻米中谷粒较短圆、硬度最小、黏性最强、涨性最小、出饭率最低的品种，一般不作为主食，多用于制作糕点，常加工成米粉制作各式点心。

4. 小麦

小麦是我国膳食生活中的主食之一，由于播种时期的不同分春小麦、冬小麦等。小麦可制成各种面粉（如精面粉、强化面粉、全麦面粉等）、麦片及其他免烹食品。面粉除供人类食外，仅少量用来生产淀粉、酒精、面筋等，在烹饪中小麦主要加工成面粉制作各种点心、小吃等。

5. 玉米

玉米也称苞谷、玉蜀黍、包粟、玉谷等，因其粒如珠，色如玉而得名珍珠果。全世界玉米的播种面积仅次于小麦、水稻。玉米籽粒根据其形态、胚乳的结构不同可分为硬粒型、马齿形、半马齿型、粉质型、甜质型、甜粉型、蜡质型、爆裂型等；根据玉米的粒色和粒质分为黄玉米、白玉米、黑玉米、糯玉米、杂玉米五类。

玉米可煮汤代茶饮，也可粉碎后制作成玉米粉、玉米糕饼等。膨化后的玉米花体积很大，食后可消除肥胖者的饥饿感，因食后热量很低，也是减肥的代用品之一。

6. 小米

小米也称稷、粟米、谷子，是我国北方某些地区的主食之一，原产于中国北方黄河流域，在我国已有悠久的栽培历史，现主要分布于我国华北、西北和东北地区。小米的品种很多，按米粒的性质可分为糯性小米和粳性小米两类；按谷壳的颜色可分为黄色、白色、褐色等多种。著名品种有山西沁县黄小米、山东章丘龙山小米、山东金乡的金米、河北桃花米等。小米的蛋白质有谷蛋白、醇蛋白、球蛋白等多种，种子蛋白质含多量的谷氨酸、脯氨酸、丙氨酸和蛋氨酸。

7. 黑米

黑米俗称黑糯，又名补血糯，其营养价值很高，是近年来国内外盛行的保健食品之一。黑米的米皮紫黑，而内质洁白，熟后色泽鲜艳，紫中透红，味道香美，营养丰富。

黑米外表油亮，清香可口，有很好的滋补作用，被誉为"补血米""长寿米"。黑米比普通大米更有营养，有"黑珍珠""世界米中之王"的美誉。黑米除了熬粥，还可以做成点心、汤圆、粽子、面包等。

8. 荞麦

荞麦又称乌麦、甜麦、花麦、花荞、三棱荞等。荞麦食味清香，在我国东北、华北、西北、西南地区，以及日本、朝鲜等国的一些地区都是很受欢迎的食品。荞麦食品是直接用荞米和荞麦面粉加工的。荞米常用来做荞米饭、荞米粥和荞麦片。荞麦粉与其他面粉一样，可制成面条、烙饼、面包、糕点、荞酥、凉粉、血粑和灌肠等民间风味食品。荞麦可制作多种点心和粥，但荞麦不易消化，不宜多食。

9. 燕麦

燕麦又名雀麦、黑麦、铃铛麦、玉麦、香麦、苏鲁等，是禾本科草本植物雀麦的种子，分布于我国长江、黄河流域，夏季采收成熟果实，晒干去皮壳备用。燕麦一般分为带稃型和裸粒型两大类，在烹饪中常用于制作粥。

10. 薏仁米

薏仁米又称薏苡仁、药玉米、感米、薏珠子等，属药食两用的食物。薏米原产我国和东南亚，在烹饪中常用于制作粥。

（二）豆类原料

1. 红豆

红豆别名红小豆、赤豆、赤小豆、五色豆、米豆、饭豆。我国红豆主要分布在华北、东北、黄河中下游及长江中下游地区，以河南、河北、北京、天津、山东、山西、陕西及东北三省种植面积较大，其次是安徽、湖北、江苏和台湾。种子多为赤褐色，也有黑、灰、白、绿杂、浅黄色等。红豆宜与谷类食品混合成豆饭或豆粥食用，一般做成豆沙或作为糕点原料。

2. 绿豆

绿豆又名青小豆，因其颜色青绿而得名，在我国已有2000余年的栽培史。绿豆不宜煮得过烂，以免使有机酸和维生素遭到破坏，降低清热解毒功效。绿豆烹饪加工时不宜用铁锅，否则加工后会变黑。绿豆宜与谷类食品混合成豆饭或豆粥食用，一般做成豆沙或作为糕点原料。

3. 大豆

大豆别名毛豆，源于中国。在油料作物中，无论从籽粒生产数量，还是从产出的油和蛋白质方面来说，大豆均居各作物的第一位。我国大豆种植面积和总产量居世界第一位，主要产于长江流域、黄河流域、东北三省。按豆的色泽可将大豆分为青豆、黑豆、紫豆和斑茶豆。大豆有"豆中之王"之称。大豆制作的食品种类繁多，可用来制作主食、糕点、小吃等。大豆磨粉与米粉掺和后，可制作团子及糕饼，用玉米面做窝头或丝糕时，可掺入大豆粉以改善口感、增加营养。大豆还是制作豆制品的原料和重要的食用油料作物。

4. 蚕豆

蚕豆又称胡豆、佛豆、川豆、倭豆、罗汉豆，我国以四川省最多，其次为云南、湖南、湖北、江苏、浙江、青海等省。蚕豆的主要优良品种有四川青胡豆、南翔白皮等。蚕豆按粒的大小可分为大粒蚕豆、中粒蚕豆、小粒蚕豆三种类型；按种皮颜色不同可分为青皮蚕豆、白皮蚕豆和红皮蚕豆等。

新鲜蚕豆的品质以色浅绿，肉质软糯鲜美，无虫蛀者为佳。

蚕豆是豆类蔬菜中重要的食用豆之一，新鲜蚕豆入馔，既可作主食，又可制菜肴；既可为主料，又可为配料，风味独特。蚕豆不论拌、炝，还是炒、烩都能做出适口的素馔佳肴。老蚕豆通常可炒食、油炸、煮粥、做糕点、磨粉，还可将蚕豆跟大米饭一锅煮，称为"蚕豆饭"，也可制酱、酱油、粉丝、粉皮，它还是制作豆瓣酱的主要原料。

5. 豌豆

豌豆又称毕豆、寒豆、雪豆、麦豆。豌豆既可作蔬菜炒食，果实成熟后又可磨成豌豆粉食用。因豌豆豆粒圆润鲜绿，十分好看，也常被用来作为配菜，以增加菜肴的色彩，促进食欲。

（三）薯芋类原料

1. 木薯

木薯源于美洲，广泛栽培于热带和部分亚热带地区，在我国主要分布于华南地区，广东和广西等地的栽培面积最大，福建和台湾次之，云南、贵州、四川、湖南、江西等省也有少量栽培，为世界三大薯类（木薯、甘薯、马铃薯）之一。木薯可分为甜、苦两个类型。

木薯可制作木薯淀粉、木薯条或木薯粉，其块根可直接煮熟食用，可制作罐头，也可制作糕点、饼干、粉丝、虾片等食品，其叶片还可作蔬菜食用。

2. 红薯

红薯又称甘薯、番薯、山芋等，为旋花科一年生植物。不同地区人们对红薯的称呼也不同，山东人称其为地瓜，四川人称其为红苕，北京人称其为白薯，福建人称其为红薯。红薯品种丰富，有白心红薯、黄心红薯、紫心红薯等。

红薯的品质以质地脆嫩，淀粉含量高，味道清甜，大小匀称，不破伤，无虫眼者为佳。红薯宜熟食，尤以烤、炸、蒸者为佳，如烤红薯、炸薯条等，也可用于蜜汁、拔丝等烹调方法，如蜜汁红薯、拔丝红薯等，同时红薯也是提取淀粉的良好原料。

3. 马铃薯

马铃薯又称土豆、洋山芋、山药蛋、地蛋、荷兰薯，皮有红、黄、白或紫色，全国各地有栽培，全年均有应市。

马铃薯发芽后，其块茎内会产生龙葵素等有毒成分，故发芽的马铃薯不能食用，以防中毒。马铃薯含有多酚类的鞣酸，切制后在氧化酶的作用下会变成褐色，故切制后应放入水中浸泡一会并及时烹制。

马铃薯在一些国家可作为主食，我国北方及西北一带也常用以代粮，在制作菜肴时，既可作为主料，又可充当配料，适用于炒、烧、炖、煎、炸、煮、烩、焖、蒸等烹调方法，还可以做馅心或制作杂粮薯果类糕点，同时也是制作淀粉、粉丝和酿酒的主要原料。

三、粮食类原料制品及其特点

（一）粮食类原料制品分类

粮食类制品指粮食类原料经过加工制作后而成的食品，可分为谷物制品、豆类制品、薯芋制品。谷物制品主要是以米或面为原料加工的制品，主要品种有面筋、米粉、米线等。豆类制品是以大豆、红豆、绿豆、豌豆、蚕豆等豆类为主要原料，经加工而成的食品。我国传统豆类制品主要有水豆腐（嫩、老豆腐，南、北豆腐）、半脱水制品（豆腐干、百叶、千张）、油炸制品（油豆腐、炸丸子）、卤制品（卤豆干、五香豆干）、炸卤制品（花干、素鸡等）、熏制品（熏干、熏肠）、烘干制品（腐竹、竹片）、酱类（甜面酱、酱油）、豆浆、豆奶等；豆制品按制作方法可大致分为发酵豆制品与非发酵豆制品两大类。发酵豆制品有豆豉、豆酱、豆腐乳、酱油等；非发酵豆制品包括浸渍大豆制品，如豆浆、豆腐、豆乳、豆腐干、百叶、素鸡等和家常大豆制品，如豆芽、煮豆、炒豆等。薯芋制品是以薯芋为主要原料加工的制品，主要品种有粉丝、粉皮、凉粉等。

（二）常见粮食类原料制品的种类及特点

1. 谷物制品

（1）面筋 面筋又称面根和白塔菜。面筋是小麦粉中所特有的一种胶体混合蛋白质，主要成分为麦胶蛋白质和麦谷蛋白质。面筋容易发酵变质，不易储存，按其加工方法可分为三种。

1）水面筋：将面筋加工成块，用水煮熟或蒸熟，色灰白，有弹性。

2）烤麸：将大块面筋经保温发酵后，放入盘中蒸制，呈海绵状，有弹性。

3）油面筋：又称面筋泡，将面筋摘成小团块，经油炸后呈圆球状，金黄色，质地酥脆。

面筋适合多种烹调方法，炸、烧、烩等，油面筋还可做填馅菜肴，主要是制作各种素菜的原料。

（2）米粉 米粉是指以大米为原料，经浸泡、蒸煮、压条等工序制成的条状、丝状米制品。米粉质地柔韧，富有弹性，水煮不糊汤，干炒不易断，配以各种菜码或汤料进行汤煮或干炒。米粉多为"柔绵筋骨"，入口较为黏糯，深受广大消费者（尤其南方消费者）的喜爱。米粉品种众多，可分为排米粉、方块米粉、波纹米粉、银丝米粉、湿米粉、干米粉等。著名的品种有邵阳米粉、桂林米粉、台湾新竹米粉、湖头米粉、四川绵阳米粉、广东尚文米粉、江西米粉等。

米粉吃法和做配料不同地区各不相同，一般都要用好汤加上各种配料制作而成。

（3）米线　米线是以大米为原料，经过洗米、浸泡、磨浆、搅拌、蒸粉、压条、干燥等工序制成的粉丝状制品。米线多为"水灵筋骨"，入口较为滑爽。米线的使用方法很多，可以制作主食，也可以制作小吃，如云南过桥米线等。

2. **豆类制品**

（1）豆腐　豆腐是以大豆为原料制作而成。豆腐以高蛋白质、低脂肪、不含胆固醇、物美价廉、制作简便、制作方法多样等特点而受到消费者的欢迎。

豆腐在烹饪中使用广泛，可以用多种烹调方法烹制多种菜肴，还可以制作面点的馅心，如镜箱豆腐、豆腐卷等。

（2）豆腐干　豆腐干是豆腐的再加工制品，是将豆腐用布包成小方块，或放入模具，压去大部分水制成半成品豆制品，硬中带韧，久放不坏。常见的豆腐干有白豆腐干、五香豆腐干、茶干等。五香豆腐干在制作过程中会添加食盐、茴香、花椒、大料、干姜等调料，既香又鲜，久吃不厌，被誉为"素火腿"。

豆腐干在烹饪上应用较广，是宴席中拌凉菜、炒热菜的上乘原料。五香豆腐干还是佐酒下饭的最佳食品之一，如兰花豆腐干、香干芦蒿。

（3）百叶　百叶又称千张、豆皮等，属于豆制食品。百叶制法与豆腐干基本相似，是将点卤后的豆腐压制成片状制品，是一种薄的豆腐干片。百叶韧而不硬、嫩而不糯，是常用的烹饪原料。百叶色白，可凉拌，可清炒，可煮食，可作为包裹原料，如千张肉丝、百叶肉卷等。

（4）油皮　油皮又称豆腐皮、豆腐衣、挑皮等。将豆浆加热煮熟后再用小火煮至浓缩，保持豆浆表面平静，冷却后逐渐凝固成薄膜，从锅中挑皮、捋直，将皮从中间粘起，呈双层半圆形，经过烘干即成油皮；油皮薄而透明，半圆而不破，柔软不黏，表面光滑，色泽乳白微黄光亮，风味独特，是高蛋白低脂肪不含胆固醇的营养食品。

油皮为半干性制品，是素馔中的上等原料；切成细丝，可经烫或煮后，供拌、炝食用或用于炒菜、烧菜、烩菜；可配荤料、蔬菜；也可单独成菜，还是制作菜肴较好的包裹原料。

（5）腐竹 腐竹的制作工序与油皮相似，将豆浆表面的薄膜挑起后，卷成杆状，经充分干燥后制成。腐竹的营养成分和食用方法与油皮基本相同。腐竹色泽黄白，油光透亮，是人们很喜爱的一种传统食品，具有浓郁的豆香味，同时还有着其他豆制品所不具备的独特口感。

腐竹用清水浸泡（夏凉冬温）3~5h即可发开，可烧、炒、凉拌、汤食等，食之清香爽口，荤、素食别有风味，如金钩腐竹、腐竹烧肉等。

（6）油豆腐 油豆腐是豆腐的炸制食品，其色泽金黄，内如丝肉，细致绵空，富有弹性，经磨浆、压坯、油炸等多道工序制作而成。炸制油豆腐时，火要大，油温要高，这样才会里嫩外酥。油豆腐一般人皆可食用，油豆腐相对于其他豆制品不易消化，在烹饪中既可作为蒸、炒、炖之主菜，又可作为各种肉食的配料，是荤宴素席兼用的佳品。

（7）腐乳 腐乳是我国特有的发酵制品之一。腐乳通常分为青方、红方、白方三大类。臭豆腐属青方；"大块""红辣""玫瑰"等酱腐乳属红方；"甜辣""桂花""五香"等属白方。白色腐乳在生产时不加红曲色素，使其保持本色；腐乳坯加红曲色素即为红腐乳；青色腐乳是指臭腐乳，又称青方，它是在腌制过程中加入了苦浆水、盐水，故呈豆青色。腐乳还有添加糟米的称为糟方，添加黄酒的称为醉方，以及添加芝麻、玫瑰、虾子、香油等的花色腐乳。腐乳著名品种有绍兴腐乳。腐乳除了作为美味可口的佐餐小菜外，在烹饪中还可以作为调味料，做出多种美味可口的佳肴，如腐乳蒸腊肉、腐乳蒸鸡蛋、腐乳炖鲤鱼、腐乳炖豆腐、腐乳糟大肠等。

3. 薯芋制品

（1）粉丝 粉丝主要是用淀粉含量高的豆类或薯芋类原料加工制作而成的，因成品为丝状，故名粉丝。粉丝品种繁多，如绿豆粉丝、豌豆粉丝、蚕豆粉丝、红薯粉丝、魔芋粉丝、土豆粉丝等。粉丝按其形状分为粗、细、圆、扁等多种；按其主要用料又有豆类、薯类、芋类的不同。除大豆以外的豆类淀粉均可制作粉丝，但以绿豆淀粉制品为最佳。粉丝是烹制菜肴的常用原料，适合于多种烹调方法，如制汤、涮、炒等；粉丝还可以油炸后作为盛装菜肴的盛器。

（2）粉皮 粉皮又称拉皮，是用大米、红薯淀粉、绿豆淀粉、马铃薯淀粉、蚕豆淀粉等制作成薄片食物的统称，有鲜、干两种，鲜的可即食，干的便于存放运输，也有地方用木薯淀粉加工鲜粉皮。粉皮的主要使用方法是冷食，如鸡丝拉皮、红油拉皮等。干粉皮水发后食用，可冷食也可用烧、炒等方法制作后食用。

（3）凉粉　凉粉在华南地区是指用凉粉草及大米制作的，经冷冻后成绿色或黑色胶状的凝固物，暑天可作为解渴品，如广式凉粉、江西凉粉等；西北地区是指用米、豌豆或各种薯类淀粉所制作的凉拌粉，如荣昌黄凉粉、四川凉粉、青海凉粉、山西凉粉等。凉粉在烹饪中常冷食也可用炒等方法制作后食用，如拌凉粉、炒凉粉等。

四、粮食类原料的品质鉴定及保管

（一）粮食类原料的品质鉴定

粮食类原料是我国居民膳食的主食原料，品种繁多，以大米和面粉为主。

1. 大米的品质鉴定

鉴定大米的品质主要从粒形、腹白、硬度、新鲜度而判定。以粒形均匀、整齐、重量大、没有碎米和爆腰米的品质为好，相反品质较差。

2. 面粉的品质鉴定

不同品种的面粉，品质区别较大。水分、颜色、面筋质和气味是鉴定面粉质量的重要依据。含水量正常的面粉用手捏有滑爽的感觉，如果捏之有形不散，则含水量过多；面粉色白，加工精度高，维生素含量低，否则相反；面筋质可使面粉制品体积增大、定型、增加筋力；新鲜面粉有正常的气味，咀嚼后有面香味；凡带有异味的面粉品质较差。

（二）粮食类原料的保管

一般来说，粮食在保管中应该注意调节温度、控制湿度、避免污染等几个问题。

1. 调节温度

粮食本身在呼吸中会放出热量，积聚在粮堆里的热量会引起温度的升高。因此粮食在保管中不要堆积过多，应通风，温度在20℃以下较为适宜。

2. 控制湿度

粮食具有吸水性，在潮湿环境中易吸收水分，会发生霉变。因此，在保管中除注意湿度影响外，堆放时要用高架并铺垫物品。

3. 避免污染

粮食中的蛋白质、淀粉具有吸收各种气味的特性，保管粮食不能和有异味的物质，如咸鱼、熏肉、香料等堆放在一起，否则粮食会吸附异味，影响品质。

根据粮食的特性，保管粮食时要做到：存放地点必须干燥、通风，切忌高温、潮湿；要避免异味、异物的污染，堆放要保持一定的空间，与墙壁保持一定的距离；还要注意鼠害、虫害等。

第三节 蔬菜类原料

一、蔬菜类原料知识概述

（一）蔬菜的概念

蔬菜是指可以用来制作菜肴或面点馅心的草本植物，包括少数木本植物和部分菌藻类。

（二）蔬菜的分类

蔬菜的种类繁多，为了便于学习和研究，必须对种类繁多的蔬菜进行系统分类，目前常用的蔬菜分类方法有如下三种。

1. 植物学分类法

根据植物的形态特征、亲缘关系，从生理、遗传等方面，按照门、科、属、种等进行系统分类。这种方法一般是科研部门采用的。

2. 按主要使用部位分类法

根据人们食用蔬菜的不同部位分类，可分为根菜类、芽苗类、茎菜类、叶菜类、花菜类、果菜类、菌藻、地衣类、野菜类蔬菜八大类。这种分类方法容易掌握，便于记忆。

（三）蔬菜在烹饪中的运用

蔬菜是烹饪原料中的一个重要类群，在烹饪中有着广泛的运用。

1）蔬菜可作为制作菜肴的主料，且应用广泛，如四川的开水白菜、江苏的梅岭菜心、山东的奶汤蒲菜、广东的白灼芥蓝，等等。

2）蔬菜可作为制作菜肴的配料，如银芽鸡丝、瓜姜鱼丝、萝卜丝鲫鱼汤等。

3）部分蔬菜类原料是重要的调味蔬菜。部分蔬菜有重要的调味作用，能除去异味、增加风味，如葱、姜、蒜等。还有一部分蔬菜能对原料进行矫味，如炖制羊肉时加入适量的胡萝卜、萝卜，能起到去膻味的功效。

4）蔬菜可作为糕点、小吃的馅心原料，如青菜、萝卜、韭菜、芹菜、荠菜、雪里蕻、香菇、木耳等，都可用于多种糕点、小吃馅心的制作，成品有翡翠烧卖、萝卜丝酥饼、韭菜饼、芹菜牛肉水饺、荠菜春卷等。

5）蔬菜可作为食品雕刻的重要原料，如瓜果类、根菜类、茎菜类，包括部分叶菜类蔬菜等。它们可被雕刻成各种花、鸟、虫、鱼、兽等栩栩如生的动植物造型，也可雕刻成各地的名胜古迹、亭台楼阁。

6）蔬菜可作为菜点装饰、配色和点缀的原料。蔬菜具有丰富的色彩、多样的质感，可用于菜肴的围边、垫底、拼衬、填充等，使菜肴形色俱佳，起到美化菜肴，烘托主题的作用。

7）蔬菜也可充当主食。马铃薯、南瓜、山药、藕、芋艿等淀粉含量较高的蔬菜可以代替粮食制作主食，如洋芋饼、南瓜烙等。

8）蔬菜还可以腌制、泡制、酱制、干制成各种加工制品，如榨菜、泡菜、酱黄瓜、干香菇等。一些蔬菜还可以制作成罐头制品，如清水蘑菇等。

二、蔬菜类原料的种类及其特点

（一）根菜类蔬菜

根菜类蔬菜是指以植物膨大的根部作为食用部位的蔬菜，按其肉质根的生长形成不同可分为肉质直根和肉质块根两种类型。根菜类蔬菜富含糖类，比较适于储藏。在秋冬季节，根菜类蔬菜大量上市，即可供鲜食，又能腌制成咸菜和酱菜，最常见的品种有萝卜、胡萝卜、芜菁、牛蒡、豆薯等。

1. 萝卜

萝卜又称莱菔、芦菔、土酥，我国各地均有栽培，是秋、冬季重要的蔬菜之一。

萝卜的品种很多，按形状分有长萝卜、圆萝卜；按季节分有秋冬萝卜、冬春萝卜、春夏萝卜、夏秋萝卜；按用途分有菜用萝卜、果用萝卜、腌制用萝卜。著名品种有济南青圆脆、北京心里美、成都春不老、南京五月红、杭州小钩白、天津沙窝青、上海小红萝卜、广州耙齿萝卜等。

萝卜的质量标准以个体大小均匀，完整，无病虫害，无糠心、黑心和抽薹现象，新鲜、脆嫩、无苦味、质脆者为佳。

萝卜的食用方法很多，可生吃，适用于拌、腌等烹调方法；可熟食，适用于烧、炖、煮等烹调方法；以及糕点小吃的馅料；与牛、羊肉一起烧还具有去膻味的作用。此外，萝卜还是食品雕刻的重要原料，可用于菜点以及刺身拼盘的装饰和点缀。萝卜经腌制后可制成酱菜、萝卜干等。

2. 胡萝卜

胡萝卜又称丁香萝卜、红萝卜、黄萝卜，属伞形科胡萝卜属的一年生或两年生草本植物，呈圆锥或圆柱形，色呈橘红、紫、姜黄，肉质致密，有特殊的香味。我国南北方均有栽培，通常秋季大量上市。

胡萝卜按其肉质根的形态可分为短圆锥形、长圆锥形和长圆柱形三类。著名的品种有烟台三寸和五寸萝卜、内蒙古黄萝卜、汕头红萝卜、上海长红萝卜等。

胡萝卜的品质以质细味甜，脆嫩多汁，表皮光滑，形态整齐，心柱小，肉厚，无裂口和病虫伤害者为佳。

胡萝卜可生吃，适用于拌、腌等烹调方法；可熟食，适于炒、烧、蒸、煮、烤等烹调方法；与牛、羊肉同烧，还有去除膻味的作用。此外，胡萝卜还可用于食品雕刻，做菜点的点缀、围边等，同时它是制作腌菜、酱菜的原料。

3. 芜菁

芜菁又称蔓菁、圆根、盘菜、诸葛菜等，主要以肥大肉质根供食用。芜菁外观呈球形或扁圆形，多白色，也有上部白色或紫色，下部白色的。

芜菁的品质以形态规则，完整，质地柔嫩、致密，略带甜味为佳。

芜菁可生食，也可熟食，适用于炒、烧等烹调方法，也可盐腌、酱渍或干制，是盐腌菜、酱菜、咸菜、酸菜的主要原料。

4. 牛蒡

牛蒡别名牛菜、牛蒡子、东洋萝卜、东洋参、牛鞭菜等，是一种以肥大肉质根供食用的蔬菜，叶柄和嫩叶也可食用，牛蒡子和牛蒡根也可入药。

牛蒡以表面光滑、形态顺直，没有杈根、没有虫者为佳。牛蒡肉质细嫩香脆，可炒食、煮食、生食或加工成饮料。

5. 豆薯

豆薯又称地瓜、沙葛、凉薯等，呈扁圆、扁球、纺锤等形状，块根肉质白色，味甜多汁。我国西南、华南地区和台湾地区栽培较多。著名品种有贵州黄平地瓜、四川遂宁地瓜、广东湛江大葛薯等。

豆薯的品质以质地脆嫩，味甜汁多，大小均匀，不破伤，不霉烂者为佳。

豆薯可生吃，也可熟食，适用于炒、烧、煮等烹调方法。此外，老的豆薯还可制取淀粉。

（二）芽苗类蔬菜

芽苗类蔬菜是利用种子、种苗在黑暗或弱光条件下培育出的可供食用的幼嫩芽苗、芽球、嫩芽、嫩梢等。芽苗蔬菜不仅无污染，食用安全，而且品质柔嫩、口感极佳、风味独特、易消化，有丰富的营养价值和特殊的食疗保健效果，是无公害高档蔬菜。最常见的苗芽类蔬菜有绿豆芽、黄豆芽、豌豆苗、萝卜苗、香椿、兰豆苗、南瓜苗、红薯苗、荞麦芽苗、大麦芽、花生芽、薏谷芽、九里香嫩苗及花等。

1. 绿豆芽

绿豆芽是用绿豆经水泡发而成的豆芽，因色白、亮，故又名银芽。将其掐去头尾后称为掐菜。

绿豆芽以脆嫩、无异味、清淡爽口者为佳，烹调中以原形使用，作为主料时适用于拌、炝、炒等旺火速成的烹调方法，如银芽鸡丝、金钩银芽、炝豆芽等。烹调绿豆芽时不宜过度加热，否则容易失去脆嫩感。

2. 黄豆芽

黄豆芽是用干黄豆经水泡发而成的。黄豆芽以豆瓣黄色、梗白、无须根、豆瓣不散开者为佳。

黄豆芽在烹调时以原形使用，以炒、炖、煮汤较常见，如炖黄豆芽、炒黄豆芽、肉焖黄豆芽、黄豆芽排骨汤等。

3. 豌豆苗

豌豆苗是豌豆刚萌芽的带种子或不带种子的初生芽，苗茎长白，细条型，叶在苗茎顶段，叶小。无土栽培的豌豆苗只用一茬。豌豆苗以质嫩、色翠绿者为佳。

豌豆苗适宜炒、拌、做汤、涮等烹调方法，如豆苗拌香干、清炒豌豆苗、豆苗山鸡片等。

4. 萝卜苗

萝卜苗是萝卜种子萌发形成的肥嫩芽苗，萝卜苗以色泽鲜艳，品质柔嫩者为佳。萝卜苗适宜凉拌、制汤、涮等烹调方法。

5. 香椿

香椿又称香椿菜、椿芽，为楝科香椿属多年生落叶乔木香椿树的嫩芽。香椿原产于中国，我国是世界上唯一以香椿入馔的国家。香椿树多分布于长江流域及其以北地区，通常清明前后开始萌芽，早春上市。香椿按品质不同可分为青芽和红芽两种，著名的品种有安徽香椿、太和香椿等。

香椿的品质以幼芽有光泽，香味浓郁，纤维少，含油脂多者为佳。

香椿以鲜食为主，作为主配料，适用于蒸、炒、拌、烩等多种烹调方法，如香椿拌豆腐、香椿炒鸡蛋、高丽香椿等；也可腌制后食用，还可以拌面粉蒸制作为主食。

（三）茎菜类蔬菜

茎菜类蔬菜是指以植物的嫩茎或变态茎作为主要食用部位的蔬菜，大部分富含糖类和蛋白质。该类蔬菜含水分较少，适合储藏，但有不少具有繁殖能力，若保管不当，经过自身的呼吸作用，常有发芽情况。

茎菜类蔬菜按其生长的环境可分为地上茎类蔬菜和地下茎类蔬菜两大类，常见的品种有竹笋、莴苣、茭白、芦笋、蒲菜、荸荠、芋艿、慈姑、山药、藕、姜、洋葱、大蒜、百合等，此类蔬菜的营养价值较高，用途比较广泛。

1. 地上茎类蔬菜

地上茎蔬菜主要包括嫩茎类蔬菜和肉质茎类蔬菜。

（1）竹笋 竹笋又称笋，竹的可食嫩芽和嫩鞭，主要以肥硕、鲜嫩的笋肉供食用。我国竹笋主要分布在珠江流域和长江流域。竹笋的种类繁多，以竹笋供食用的竹种有毛竹、桂竹、刚竹、淡竹、石竹、慈竹、苦竹、方竹等数十种。按采收季节又分为冬笋、春笋和夏初的笋鞭，品质以冬笋最佳，春笋次之，笋鞭最差。

竹笋的品质以新鲜质嫩，肉厚，节间短，肉质呈乳白色或淡黄色，无霉烂，无病虫害者为佳。

竹笋在烹饪中用途十分广泛，既可作主料，又可作配料，适用于炒、煮、焖、烩、烧等多种烹调方法。竹笋还能做点心的馅心。竹笋可鲜食，也可加工成干制品和罐头。因鲜笋中草酸、鞣酸含量较高，故烹调前应先采用焯水、焐油等方法去除草酸、鞣酸。

（2）莴苣 莴苣又称莴笋、青笋，南北均有栽培。著名的品种有柳叶莴苣、北京紫叶莴苣、成都挂丝红、南京紫皮香、上海小圆叶等。

莴苣的品质以粗短条顺、不弯曲、皮薄质脆、水分充足、不糠心、不抽薹、表面无锈斑、不带老叶、黄叶者为佳。

莴苣的茎和叶均可食用。既可作主料，也可作配料，还可用于冷盘食雕，可生吃，适用于拌、腌、泡等烹调方法；也可熟吃，适用于炒、烧、烩等烹调方法。另外，莴苣还是制作腌菜、酱菜的原料。

（3）茭白 茭白又称茭瓜、茭笋、菰手，原产于中国，目前主要分布在长江流域以南，特别是太湖流域栽培较多，茭白按采集季节分为单季茭和夏秋双季茭两种，主要品种有杭州一点红、常熟寒头茭、广州大苗茭、无锡刘潭茭、苏州中秋茭、杭州梭子茭等。

茭白的品质以嫩茎肥大，多肉，新鲜柔嫩，纤维少，肉色洁白，清香带甜味者为佳。

茭白嫩时可生食，也可熟食，既可作为主料，又可作为配料，还可作为面点馅心，适用于炒、烧、拌、焖、炖等烹调方法。

（4）芦笋　芦笋又称石刁柏、龙须菜，生在凹、湿地。春季地下茎上抽生嫩茎，经软化后，供食用。芦笋每年春季应市，主要品种有直接采摘品和培土软化栽培品，前者色绿清香，后者色白软嫩，食前去外皮和根部，用沸水略烫即可用于烹调。

新鲜芦笋以鲜嫩条整，色白，尖端紧实，无空心，不开裂，清洁卫生者为佳。

芦笋纤维柔软，质地细嫩，具有特殊清香味，是一种名贵蔬菜，可生食凉拌，也可熟食烹制，适用于扒、炒、煨、烧、烩等烹调方法，还可用作荤菜的垫底、围边。用芦笋制作菜肴不宜加热过度。

（5）蒲菜　蒲菜又名蒲芽、蒲白、草芽等，为香蒲的嫩茎。蒲菜是生于水边或池沼内的多年生草本植物，外皮绿色，剥皮后呈洁白色，主要以黄河中下游及江浙一带出产较多，以江苏淮安地区的蒲菜品质最佳。

蒲菜以长15~20cm，呈洁白的象牙色，脆嫩的嫩芽为佳。蒲菜一般刀工成形时多为段，适用于炒、扒和制汤等烹调方法，如海米扒蒲菜、鸡蓉蒲菜、奶汤蒲菜等；蒲菜也可制作面点馅心。用蒲菜制作菜肴时不宜加热过度，以保其脆嫩，一般制作时不宜加酱油。

2. 地下茎类蔬菜

地下茎包括球茎类蔬菜、块茎类蔬菜、根状茎类蔬菜和鳞茎类蔬菜。

（1）荸荠　荸荠又称马蹄、地栗、南荠、乌芋，主产于江苏、安徽、浙江、福建、广东、广西等水泽地区，主要品种有苏州荸荠、高邮荸荠、广州水马蹄、杭州荸荠、广西桂林马蹄等，以广西桂林马蹄最为著名。

荸荠的品质以个大，洁净，新鲜，皮薄，肉细，味甜，爽脆，多汁，无渣者为佳。

荸荠可以生食，但其生长在水和烂泥中，外部附着许多细菌和寄生虫卵等，故不提倡；也可作为蔬菜食用，充当菜肴配料，一般加工成片、丁，也可制成蓉泥应用在某些菜肴中，适用于炒、烧、炸、拌、拔丝、蜜汁等烹调方法；还可以做淀粉、制作罐头。

（2）芋艿　芋艿又称芋、芋头、毛芋，以地下球茎供食用，其叶柄和花梗也可入馔，主要品种有宜宾串根芋、福建白面芋、广西荔浦芋、台湾槟榔芋、宜昌白荷芋、上海白梗芋、广州白芽芋、广东九面芋、江西新余狗头芋、四川莲花芋等。

芋艿的品质以淀粉含量高、肉质松软、香味浓郁、耐储存者为佳。

芋艿可作为主食或用来制淀粉，也可作菜肴的配料，适用于烧、蒸、炒等烹调方法，还可制作甜食，中秋佳节，江苏一带，喜食糖芋艿。

（3）慈姑　慈姑又称茨菰、剪头草，主要产于长江流域及其以南各省，太湖沿岸及珠江三角洲为主要产区。著名品种有沙姑、白慈姑、苏州黄等。

慈姑的品质以肉质细致松爽、色白，苦味小，淀粉含量高，耐储存者为佳。

慈姑可生食，也可熟食，通常作为配料，适用于炒、烧、煨、炖等烹调方法，如慈姑炒咸肉；因其淀粉含量丰富，可作为粮食的代用品。

（4）山药　山药又称薯药、山薯、长薯、玉延，以其肥大的块茎供食用，山药块茎周皮褐色，肉洁白，表面多生须根。我国栽培的山药主要有普通山药和田薯两大类。山药按形态可分为扁块形、圆筒形和长柱形。著名品种有河南沁阳怀山药、河北武陟山药、陕西华县山药、江西南城山药、台湾白圆薯、广西苍梧大薯、广东葵薯等。

山药的品质以表面干燥、坚实，肉色洁白，含粉量高，无损伤者为佳。

山药是一种药食兼用的植物，在烹饪中，常以甜食为主，咸食次之，适用于炒、蒸、烩、烧、扒、拔丝等烹饪方法，此外可与大米等一起煮粥制作主食。

（5）藕　藕又称莲藕、莲菜，外皮白色或黄白色，内部白色，有许多条纵行的中空管。我国中部和南部各省浅水塘泊栽种较多，尤以湖南、湖北、浙江、江苏等省产量最高。藕的品种较多，按上市季节可分为果藕、鲜藕和老藕。果藕7月上市，质嫩色白，可生吃；鲜藕中秋前后上市，味鲜质脆；老藕全年都有出产。著名品种有苏州花藕、杭州白花藕、宝应贡藕、雪湖贡藕、广州丝苗、长沙丝叶红等。

藕的品质以头小，身粗，皮白，第一节壮大，肉质脆嫩，水分多而甜，带有清香味，藕身无伤，不烂，不变色，不断节，不干缩为佳。

　　藕是重要的水生蔬菜之一，可生吃，也可用于熟食；既可作为主料，又可配荤、素料，适用于炸、炒、烧等烹调方法；还可加工成藕粉、蜜饯、果脯等制品。

　　（6）姜　姜又称生姜、黄姜，以其肉质根茎供食，根茎肥大，呈不规则的块状，灰黄色或土黄色。我国目前除东北、西北寒冷地区外，中、南部各省均有栽培，其中浙江省、山东省为主产区。秋季收获上市，四季均有供应。按用途可分为嫩姜和老姜，嫩姜一般水分含量多，纤维少，辛辣味淡薄，除作调味品外，可炒食，制作姜糖等；老姜水分少，辛辣味浓，主要作调味品。我国著名的品种有山东莱芜生姜、湖北来凤生姜、浙江红爪姜、浙江黄瓜姜、安徽铜陵白姜等。

　　姜的品质以不带泥土、毛根，不烂，无虫害，不干瘪，无受热受冻现象者为佳。

　　姜与葱、蒜、辣椒并称"四辣"，嫩姜可制作菜肴，适用于炒、拌、泡、酱制等方法，如芽姜肉丝、瓜姜鱼丝等；老姜主要用于矫味，起到去腥臊异味的作用，常切成片或拍松使用，多作为带腥膻味原料的调味料，可除去异味、增加香味。另外，姜还是加工酱菜、姜汁、姜酒、姜油的原料。

　　（7）洋葱　洋葱又称葱头、球葱、圆葱、团葱，按鳞茎表皮颜色可分为红皮、黄皮、白皮三类。著名品种有湖南零陵红衣葱、北京紫皮洋葱、西安红皮洋葱、天津荸荠扁、东北黄玉葱、南京黄皮、广东冲坡洋葱、新疆哈密白皮等。

　　洋葱的品质以葱头肥大，鳞片肥厚，抱合紧密，不抽薹，外皮有光泽，无泥土和损伤，呈辛辣味和甜味浓者为佳。

　　洋葱是西餐的主要蔬菜之一，中餐入馔，以我国北方和西北地区食用较多，做菜多作为配料，偶尔单独成菜，也可以把洋葱作为菜肴的调味料或加工成花形用于菜肴的装饰，又可以加工成酱菜。洋葱最适合于煎、炒、爆等法，也可汆熟后用于凉拌，偶用于炸，在少数地区，也有生食洋葱者。

　　（8）大蒜　大蒜又称蒜、胡蒜，以其鳞茎（蒜瓣）、幼苗（青蒜）、花茎（蒜薹）供食，目前各地均有栽培，黄河以南地区，蒜头一般初夏收获上市，北方在6月下旬上市，蒜薹通常在初夏上市，青蒜则常在春秋季上市。我国是世界上大蒜栽培面积和产量最多的国家之一。著名的品种有山东苍山大蒜、黑龙江门城大蒜、辽宁开原大蒜、陕西岐山县蔡家大蒜、河北安国大蒜、成都四六蒜、南京大四蒜、江苏太仓白蒜、上海嘉定大蒜、湖北黄冈叶路大蒜等。

大蒜除含少量的磷、铁、镁和维生素 C 外，还含有杀菌力强的大蒜素，对多种病菌、病毒有抑制和杀灭作用；大蒜还能刺激胃液分泌、帮助消化、促进食欲。

蒜瓣的品质以外皮干净、带光泽，无损伤和烂瓣者为佳；青蒜的品质以叶鲜绿，质嫩，不黄不烂，毛根白色不枯，蒜辣味较浓者为佳；蒜薹的品质以新鲜脆嫩，无粗老纤维，条长，上部浓绿，基部嫩白，尾端不黄，不枯蔫，不开花者为佳。

蒜瓣是很重要的调味品，也可做菜，适用于炒、爆、烧、炸、烤等烹调方法，还可以腌渍成醋蒜、糖蒜、泡蒜等，还可生食。蒜薹和青蒜更是蔬中佳品，可适于炒、拌、爆、熘、烧等烹调方法。

（9）百合　百合又称菜百合、蒜脑薯，我国栽培历史悠久，各地均有种植。主要产区有湖南邵阳，江苏宜兴、南京，江西万载，山东莱阳及甘肃兰州等地。著名品种有湖南邵阳龙芽百合、兰州百合、宜兴卷丹百合、四川王百合等。

百合的品质以表观整洁，鳞片质地肥厚，色泽洁白，醇甜清香，略带苦味，甘美爽口者为佳。

百合可生吃，也可入馔，适宜蒸、烧、炒、熘、烩、炖以及腌渍、蜜饯等制作方法，常用于甜菜的制作，我国在南北朝时期已广泛使用百合，兰州百合宴享有美誉。

（四）叶菜类蔬菜

叶菜类蔬菜是指以植物肥嫩的叶片和叶柄作为食用部位的蔬菜，按照其栽培特点可分为普通叶菜、结球叶菜和香辛叶菜三种类型。常见的叶菜有小白菜、菠菜、苋菜、蕹菜、莼菜、生菜、茼蒿、大白菜、包菜、紫甘蓝、芹菜、香菜、韭菜、葱等。

1. 普通叶菜

（1）小白菜　小白菜又称普通白菜、青菜、油菜、青白菜等，根据其叶柄形状特征可分为圆柄和阔柄两类；按叶柄颜色可分为青梗菜和白梗菜；按栽培收获的季节的不同又可分为冬白菜、春白菜和夏白菜三类。小白菜的代表品种有南京矮脚黄、四月白，常州长白梗，无锡三月白，上海矮箕青，杭州早油冬、荷叶白、火白菜，广州马耳白菜，扬州梅岭青菜等。

小白菜是一种大众化的蔬菜，可用来炒、熘、拌或做汤、制馅，也可作为配料或围边点缀，同时还可加工成腌菜。

（2）菠菜　菠菜又称赤根菜、鹦鹉菜、鼠根菜，现全国各地均有栽培，多数地区一年四季均有供应。菠菜根略带红色，有甜味，按品种可分为尖叶菠菜和圆叶菠菜两大类，代表品种有黑龙江双城尖叶、北京尖叶菠菜、广州铁线梗、春不老菠菜等。

菠菜中的草酸含量较高，有涩味，并且影响人体对钙、镁的吸收，故菠菜烹调前应先焯水，以去除草酸。

菠菜的品质以色泽浓绿，叶茎不老，根红色，无抽薹开花，无黄叶、烂叶，无虫害者为佳。

菠菜在烹调中应用广泛，作为主料，适用于拌、炒等烹调方法，也可作配料或围边点缀。菠菜还能作为包子、饺子、元宵等点心的馅料。此外，用菠菜茎叶挤成的汁，是烹调中常用的绿色素之一。

（3）苋菜　苋菜又称苋、红苋菜、米苋，我国自古就有栽种，现全国南北各地均有种植，春、夏、秋三季均有上市。苋菜按叶片颜色的不同，可分为绿苋、红苋、彩苋三个类型，代表品种有上海白米苋、尖叶红米苋，广州柳叶苋，尖叶花红苋，南京木耳苋，重庆大红袍，昆明红苋菜等。

苋菜的品质以叶茎柔嫩、多汁，不带黄烂叶，无虫眼者为佳。

苋菜入馔，一般单独成菜，适用于炒、拌、烧等烹调方法；也可制馅，用于面食点心。此外，用红苋菜茎叶挤成的汁，是烹调中常用的红色素之一。

（4）蕹菜　蕹菜又称空菜、空心菜、瓮菜、藤菜、竹叶菜，按能否结籽可分为籽蕹和藤蕹两个类型，主要品种有广东、广西的大骨青，湖北、湖南的紫花蕹菜，四川的旱蕹菜、大蕹菜等。

蕹菜的品质以色泽鲜绿、光亮，叶茎脆嫩，无黄叶、烂叶者为佳。

蕹菜做菜，单用较多，宜炒、汆、焯等烹调方法，少数地区还用作饺子馅。烹调时加蒜头，可以起味，以腐乳汁炒制风味别致。

（5）莼菜　莼菜又称水葵、水荷叶、湖菜、马蹄草，以其嫩梢和初生卷叶供食，主要分布于长江以南的江苏太湖、浙江萧山湘湖、杭州西湖和四川螺吉山绿水湖等地区，其中以江苏省、浙江省的产量最高，西湖莼菜品质最佳，每年5~10月均有上市。莼菜按其色泽可分为红花品种和绿花品种，著名品种有西湖莼菜、太湖莼菜、湘湖莼菜、洞庭湖莼菜等，莼菜是一种珍贵的水生蔬菜。

莼菜的品质以叶色深，茎叶鲜嫩，附着胶状透明物，无烂叶，无黑茎者为佳。

莼菜烹制时最宜做汤、做羹；作为主配料，还适用于拌、炒、汆、煸等加热时间较短的烹调方法，食之口感滑润不淡腻，风味淡雅清香。

（6）生菜　生菜又称叶用莴苣、莴苣菜、玻璃菜。我国生菜主要分布在华南地区，以台湾地区种植较多。生菜可分为结球型、散叶型和皱叶型三种。著名品种有广州东山生菜、登峰生菜，山东皱叶结球莴苣，北京青白口结球莴苣等。

生菜营养价值较高，含有多种维生素，多种人体必需氨基酸，以及钙、铁等矿物质。生菜的品质以叶片较薄，完整均匀，脆嫩爽口，无苦涩味者为佳。

生菜宜生吃，也可熟食，适用于炒、白灼等烹调方法。还可作为菜肴围边装饰，西餐中应用更加广泛。

（7）茼蒿　茼蒿又称蓬蒿、菊花菜，现东北、华北、华东地区均有栽培。茼蒿按叶片的大小可分为大叶茼蒿和小叶茼蒿，一般冬春季应市。

茼蒿的品质以叶片宽厚，色绿，纤维少，香味浓者为佳。

茼蒿入馔，适用于炒、拌等烹调方法，也可制作汤菜。

2. 结球叶菜

（1）大白菜　大白菜又称结球白菜、黄芽菜、唐白菜，是我国北方的主要栽培品种，大白菜的品种很多，常见的有散叶变种、半结球种、花心变种和结球变种四种类型。代表品种有北京仙鹤白、翻心黄、济南小白菜、辽宁大矬菜、山西大毛边、连云港小狮子头、胶州大白菜、洛阳包头、郑州黑叶、天津青麻叶等。

大白菜的品质以包心紧实，外形整齐，无老帮、黄叶和烂叶，不带有须根和泥土，无病虫害和机械损伤者为佳。

大白菜在烹调中应用广泛，冷、热菜均可，适用于拌、炝、腌、炒、烧、熘、涮、扒、炖、蒸等多种烹调方法；大白菜还可以做汤和面点的馅心，也是加工泡菜的主要原料。

（2）包菜　包菜学名结球甘蓝，又称洋白菜、圆白菜、卷心菜、莲花白，按叶球的形状可分为尖头形、圆头形和平头形三种，主要品种有鸡心甘蓝、开封牛心甘蓝、北京早熟、黑叶小平头、黄苗、楠木叶等。

包菜的品质以新鲜清洁，叶球结实，形状规整，不带烂叶，无病虫害和机械损伤者为佳。

包菜可生食，制作蔬菜色拉；熟食，作为主、配料，适用于拌、炝、腌、炒、烧等烹调方法；也可以作为面点的馅心；还是制作泡菜的较好原料。

（3）紫甘蓝　紫甘蓝又称红甘蓝、赤甘蓝，十字花科、芸薹属甘蓝种中的一个变种。由于它的外叶和叶球都呈紫红色，故得名。

紫甘蓝食法多样，可煮、炒、凉拌、腌渍或制作泡菜等，因含丰富的色素，是拌色拉或西餐配色的好原料。在炒或煮紫甘蓝时，要保持其艳丽的紫红色，在操作前，必须加少许白醋，否则经加热后就会变成黑紫色，影响美观。

3. 香辛叶菜

（1）芹菜　芹菜又称旱芹、药芹、香芹，根据叶柄的形态可分为中国芹菜和西洋芹菜两种类型。中国芹菜又称本芹，依叶柄颜色又分为白芹、青芹两种类型；西洋芹又称西芹，有青柄和黄柄两种类型。我国芹菜的主要品种有贵阳白芹，昆明白芹，广州白芹，北京实心芹菜，山东恒台芹菜，开封玻璃脆、矮白、矮金、伦敦红等。

芹菜的品质以大小整齐，不带老根和黄叶，叶柄无锈斑，色泽鲜绿或洁白，叶柄充实肥嫩者为佳。

芹菜在烹调中可做冷、热菜，适用于拌、炝、炒等烹调方法，也可制作面点馅心，还可腌制、泡制小菜，西餐中经常作为调味品，现中餐中也有调味用途。

（2）香菜　香菜学名芫荽，又称胡荽、香荽，我国各地均有栽种，以华北地区种植最多，一年四季均有供应。香菜还含有挥发性物质芫荽油，具有香气。故香菜有调味、去腥膻和增进食欲的作用。

香菜的品质以色泽青绿，香味浓郁，质地脆嫩，无黄叶、烂叶，茎短者为佳。

香菜入馔，多见生食，可拌、腌、炝，也可炒食和调味，还是菜肴装饰的常用原料之一。

（3）韭菜　韭菜又称草钟乳、起阳草、懒人草，四季均有上市，尤以春、秋季产的为佳，冬季的韭黄品质也较好。韭菜按供食用部分不同分为叶韭、根韭、花韭、叶花兼用韭等类型，其中以叶韭为多。韭菜的代表品种有北京铁丝韭、天津卷毛韭、郑州马兰韭、上海阔叶韭等。

韭菜的品质以植株粗壮鲜嫩，叶肉肥嫩，不带黄叶、烂叶，中心不抽薹者为佳。

韭菜在烹调中，既可作为主料，又可作为配料，适用于炒、拌、熘、爆等烹调方法；还可以作包子、水饺、馄饨、春卷等面点小吃的馅心。

（4）葱　葱又称菜伯、事草，以山东、河北、河南等省种植较多，四季均可上市。我国栽培的葱主要品种有大葱、分葱、细香葱、胡葱、楼葱、韭葱等，代表品种有山东章丘大葱、陕西华县谷葱、辽宁盖平大葱、重庆四季葱、杭州冬葱、合肥小官印葱等。

葱的品质以植株鲜嫩，香味浓郁，不带黄叶、烂叶者为佳。

葱在烹调中主要是作为调味料，有去腥增味的作用；也可作为蔬菜，适用于炒、烧、扒、拌等烹调方法；还可做馅心；部分地区也可生食。

（五）花菜类蔬菜

花菜类蔬菜是指以植物的幼嫩花部器官作为食用部位的蔬菜，该类蔬菜品种不多，但经济价值和食用价值较高。目前常用的花菜类蔬菜主要有花椰菜、西蓝花、黄花菜、朝鲜蓟、食用菊等。

1. 花椰菜

花椰菜又称花菜、菜花，按生长期长短可分为早熟种、中熟种和晚熟种三个基本类型，代表品种有澄海早花菜、同安早花菜、上海四季、荷兰雪球、广州竹子种、台湾喜树晚生、江浙旺心种等。

花椰菜的品质以个体周正，花球色泽乳白，肉厚而细嫩、坚实，花柱细，无虫伤，不腐烂者为佳。

花椰菜加工简便，可作为主料，也可作为配色配形料，适用于炒、烩、扒、烧、拌等多种烹调方法；还可酱渍、酸渍或做泡菜。

2. 西蓝花

西蓝花又称青花菜、绿花菜、茎椰菜，主要品种有绿彗星、大叶青花、意大利青等。

西蓝花的品质以色泽浓绿，质地脆嫩，叶球松散，无腐烂，无虫伤者为佳。

西蓝花主要作为西餐的配料或制作色拉等；也可作为中餐菜肴的配色原料，适用于拌、炒、烩、烧、扒等烹调方法；也可作为菜肴围边点缀原料。

（六）果菜类蔬菜

果菜类蔬菜是指以植物的果实或幼嫩的种子作为主要供食部分的蔬菜。果菜类蔬菜依照供食果实的构造特点不同，可分为瓜类、茄果类和豆类三种。常见的品种有黄瓜、冬瓜、南瓜、丝瓜、苦瓜、瓠瓜、佛手瓜、蛇瓜、番茄、茄子、辣椒、四季豆、豇豆、扁豆、豌豆等。

1. 瓜类蔬菜

（1）黄瓜　黄瓜又称胡瓜、王瓜、青瓜，一般初夏上市，也有秋熟品种，现在可利用温室栽培，故四季均有上市。黄瓜按外形不同，可分为刺黄瓜、鞭黄瓜和秋黄瓜三类；按分布区域及生态学性状可分为华北型黄瓜、华南型黄瓜、北欧温室型、欧美露地型、短小型五类。代表品种有山东祈泰密刺、北京大刺瓜、唐山秋瓜、昆明早黄瓜、广州清、上海扬行、武汉青鱼胆、重庆大白、荷兰黄瓜、扬州乳黄瓜等。

黄瓜的品质以长短适中，粗细适度，皮薄，肉厚，瓤小，肉质脆嫩，味清香者为佳。

黄瓜在烹调中用途极广，生食适用于拌、炝等烹调方法；熟食，作为配料适用于炒、烧、烩、焖、蒸等烹调方法，还是理想的菜肴装饰点缀原料；黄瓜经腌渍、酱渍还能制作腌菜和酱菜。

（2）冬瓜　冬瓜又称白瓜、枕瓜、水芝，以广东、台湾地区产量最多，夏秋季供应上市。冬瓜一般多按其果实大小分为小果型冬瓜和大果型冬瓜两类，主要品种有北京一串铃、四川成都五叶子、南京一窝蜂、广东青皮冬瓜、湖南粉皮冬瓜、江西扬子洲冬瓜、上海白皮冬瓜等。

冬瓜的品质以肉质结实，肉层厚，心室小，皮色青绿，形状周正，无损伤，皮不软者为佳。

冬瓜多用于烧、扒、烩、蒸或做汤，去瓤制"盅式"菜；冬瓜可用于加工蜜饯；也是食品雕刻的重要原料。

（3）南瓜　南瓜又称番瓜、倭瓜、饭瓜，全国各地普遍栽培，夏秋季大量上市。南瓜按果实的形状分为圆南瓜和长南瓜两类，著名品种有湖北柿饼南瓜、甘肃磨盘南瓜、广东盆瓜、山东长南瓜、浙江十姐妹、江苏牛腿番瓜等。

南瓜的品质以皮薄肉厚，组织细密，风味甜美，无损伤，皮不软，不烂者为佳。

南瓜既可以作为蔬菜食用，又能长期储存代替粮食，南瓜入馔适用于炒、烧、煮、蒸等烹调方法，代替粮食可做南瓜饭、南瓜饼，还是食品雕刻的主要原料。

（4）丝瓜　丝瓜又称绵瓜、蛮瓜、布瓜、絮瓜，分普通丝瓜和有棱丝瓜两种，代表品种有南京长丝瓜、湖南肉丝瓜、华南短度水瓜、广东青皮丝瓜、广东乌耳丝瓜以及长江流域的棱角丝瓜。

丝瓜在烹调中宜热食不宜生拌，口味以清淡为佳，作为主料，适合炒、烧、蒸或做汤羹，也可作为配料，有配色作用。

（5）苦瓜　苦瓜又称凉瓜、锦荔枝、癞葡萄，果实呈纺锤形或长圆筒形，果实有瘤状突起，其青绿色的幼嫩果实为供食对象。以广东、广西等地栽培较多，夏秋两季应市。苦瓜按果形可分为短圆锥形苦瓜、长圆锥形苦瓜和长棒形苦瓜三类，主要品种有广东三元里的大顶苦瓜、江门苦瓜、沙河滑身，四川、湖南产的白苦瓜，江苏产的小型白苦瓜。

苦瓜以青边，肉白，皮薄，籽少，无损伤为佳。

苦瓜在烹调中，多作为配料，适宜炒、烧、煎、焖、蒸及做汤。若嫌苦瓜味苦，可用盐稍腌，苦味即可减轻。

（6）瓠瓜　瓠瓜又称扁蒲、瓠子、夜开花，为夏季的重要蔬菜之一，我国著名品种有浙江早蒲、济南长蒲、江西南丰甜葫芦、台湾牛腿蒲等。

瓠瓜以个形周正，皮色绿白，肉色洁白，质地柔嫩，无损伤，水分含量足者为佳。

瓠瓜常于夏季做汤菜；也可单独烹制或作配料，适宜炒、烧、烩等烹调方法；有时还可做馅心；民间也有将瓠瓜刨丝后和入面粉，制成煎饼。

（7）佛手瓜　佛手瓜又称合掌瓜、拳头瓜、万年瓜，目前华东、华南和西南地区均有栽培，以云南、浙江、福建等省栽培最多，夏季上市。佛手瓜按果皮颜色可分为绿皮佛手瓜和白皮佛手瓜两种。

佛手瓜的品质以形似佛手，果肉洁白，纤维少，具有香味者为佳。

佛手瓜在烹调中可生食，适合凉拌；可熟食，适合炒、烧、煮，以及做汤菜；还可用于腌渍或酱制。

（8）蛇瓜　蛇瓜又称蛇丝瓜、长蛇瓜，依果实长度分长、短两种；依果实颜色分白皮、黑皮、青皮三种；依果表面条纹分青皮白条、白皮青丝、灰皮青斑三种。

蛇瓜的品质以果皮绿白，表面平滑，具蜡质，肉色洁白，质地松软者为佳。

蛇瓜入馔，适合拌、炒、烧、烩或做汤；还可制成腌制品。

2. 茄果类蔬菜

（1）番茄　番茄又称西红柿、洋茄子、洋柿子，按果形可分为圆球形、梨形、扁圆球形、椭圆形等；按果皮的颜色可分为红、粉红和黄色三种。代表品种有北京早红、青岛早红、武昌大红、长箕大红等。

番茄的品质以形状周正，无裂口，无挤压，无虫咬，肉肥厚，成熟适度，酸甜适口者为佳。

番茄入馔用途广泛，生吃、熟食兼可，适用于拌、蜜渍、炒等烹调方法；

可做汤菜，也是菜肴装饰点缀的理想原料。番茄经加工还能制成常用调味品番茄酱。番茄忌长时间加热，否则易软烂成团。

（2）茄子　茄子又称落苏、矮瓜、昆仑瓜，夏季大量应市。茄子品种繁多，按果形可分为长茄、矮茄和圆茄三种，主要品种有天津二敏茄、南京紫线茄、广东紫茄、成都墨茄、济南一窝猴、北京小圆茄等。

茄子的品质以形状周正，无裂口，不锈皮，皮薄籽少，肉厚细嫩，老嫩适度者为佳。

茄子在烹调中常作为主料，适用于烧、蒸、炸等烹调方法，用茄子做菜肴应长时间加热，以重油熟烂为好。

（3）辣椒　辣椒又称大椒、辣子、海椒、番椒、辣茄，夏秋季节大量上市。辣椒品种繁多，按果形可分为长椒、灯笼椒、簇生椒、圆锥椒、樱桃椒五类，代表品种有陕西大角椒、长沙牛角椒、四川七星椒、广东仓平鸡心椒、成都扣子椒等。

辣椒在烹饪中应用较广，可作为主料、配料，适用于炒、爆、熘等烹调方法；也可加工成多种调味品，如辣椒酱、辣椒油、辣椒粉等；辣椒还可以泡制、腌制小菜，如泡辣椒、腌辣椒等。

3. 豆类蔬菜

（1）四季豆　四季豆又称菜豆、刀豆、芸豆、龙爪豆，以夏秋季产量较高。四季豆可分为矮生四季豆和蔓生四季豆两种。著名品种有北京嫩荚菜豆、山东青岛菜豆、辽宁锦州双季豆等。

四季豆的品质以豆荚鲜嫩肥厚，色泽鲜绿，不老，不烂，筋丝少，无虫蛀者为佳。

四季豆入馔，可作为主配料，适用于烧、炒、煮、焖等烹调方法；还可以作为面点馅心，制作饺子、包子等。

（2）豇豆　豇豆又称豆角、长豇豆、长角豆、带豆，夏秋季大量上市。豇豆根据荚果的颜色可分为青荚、白荚和红荚三种类型，主要品种有广东铁线青、浙江青豆角、四川的五叶子、广西桂林白、上海南京等地的紫豇豆、湖北的红鳝鱼骨等。

豇豆的品质以荚肉肥厚，质地脆嫩，粗细匀称，无虫蛀者为佳。

豇豆可单独制菜，适用于拌、炒、炝等烹调方法，也可作为配料，也可作为馄饨、包子的馅心，还可泡制、干制成泡豇豆和豇豆干。

（3）扁豆　扁豆又称眉豆、蛾眉豆、鹊豆、藤豆，有绿色、白色、紫色等颜色，主要品种有上海猪血扁、浙江慈溪红扁豆和白扁豆、北京猪耳朵扁豆、贵州湄潭黑子白鹊豆和木耳白鹊豆等。

扁豆的品质以豆荚宽扁，肥厚，质地脆嫩者为佳。

扁豆在烹调中可作为主料，适合烧、炒成菜；也可作为配料。

（4）豌豆 豌豆又称寒豆、荷兰豆、麦豆等，按豆荚结构分为硬荚和软荚豌豆两类，硬荚豌豆的豆荚不可食用，以种子（即青豆粒）供食，代表品种有解放豌豆、阿拉斯加豌豆等。软荚豌豆的豆荚纤维少，嫩荚可食用，代表品种有大荚豌豆、福州软荚等。

豌豆荚的品质以色泽浅绿，质地脆嫩，筋丝少者为佳；豌豆苗以色泽深绿，纤维感小者为佳。

豌豆入馔，嫩荚适用于炒、烧、焖等烹调方法；青豆可作为主配料，适合炒、烧、烩、做汤等；嫩苗可炒、涮、汆等，也可作为荤菜的围边；老豌豆可磨粉制作糕点、小吃等。

（七）菌藻、地衣类蔬菜

菌藻蔬菜是指食用菌类、食用藻类植物的总称。这类蔬菜的营养价值和食用价值均很高，在烹饪中用途广泛。许多品种一直被人们作为珍品和滋补品，具有极高的经济价值。常见的品种有蘑菇、香菇、草菇、平菇、金针菇、白灵菇、茶树菇、木耳、银耳、发菜、紫菜、海带等。

1. 食用菌类蔬菜

食用菌是指可供食用的大型真菌的子实体。

（1）蘑菇 蘑菇学名双孢蘑菇、洋蘑菇、白蘑菇，为蘑菇科蘑菇属的一种伞菌，以伞盖未张的菌蕾供食。

蘑菇是世界上最早栽培的食用菌之一，我国以福建的产量居全国之首。蘑菇按菌盖的颜色可分为白色、奶油色、棕色三种，其中白色蘑菇最为常见。

蘑菇的品质以形状完整，菌伞紧合，结实肥厚，质地柔嫩，具清香味者为佳。

蘑菇可鲜食或加工成罐头食用，可作为主料或配料，适用于炒、烩、炸、熘、烧等多种烹调方法，也可制作汤菜和面点馅心。

（2）香菇 香菇又称香信、草蕈、冬菇，有"菌中皇后"的美誉，多以干品应市。按外形和质量可分为花菇、厚菇、薄菇和菇丁四种，其中花菇质量最优；按生长季节可分为春菇、秋菇、冬菇三类。

香菇的品质以味香浓，肉厚实，大小均匀，菌褶细密，柄短粗壮，面带白霜者为佳。

香菇在烹调中用途广泛，可作为主料单烹，又可作为辅料配用，适用于卤、拌、炝、炒、烧、烹、煎、炸、烩、炖等多种烹调方法，香菇还可做馅心和点缀料。

（3）草菇　草菇又称包脚菇、兰花菇、麻菇，主要产于广东、广西、福建、江西等地，上海、江苏、浙江、安徽、北京、河北、山东等地也有栽培。

草菇的品质以色泽明亮，朵型完整，味道清香，菌伞未开，无霉变，无泥土和无杂质者为佳。

鲜草菇入馔，可作为主配料，烹调时适用于炒、烧、烩、卤、焖、煮、蒸、涮等法。

（4）平菇　平菇又称蚝菌、北风菌、侧耳，为口蘑科侧耳属的一种食用菌。目前我国已广泛栽培，是家常广泛应用的食用菌之一。

平菇的品质以色白，肉嫩肥厚，质地柔脆腴滑，具有一定鲜香气味者为佳。

平菇通常以鲜品供食用，适宜炒、烧、拌、扒、烩、炝及制作汤菜。

（5）金针菇　金针菇又称毛柄金钱菌、朴菇，为口蘑科小火焰菌属的一种，主要产于河北、山西、内蒙古、黑龙江、吉林、江苏、浙江等地，按其颜色可分为白色、黄色两种，白色金针菇质量较好。

金针菇的品质以色泽明亮，菌体粗细均匀，菌盖紧密，质地脆嫩，菌柄不老，无泥沙，无杂质，无霉变者为佳。

金针菇可鲜食，也可加工成罐头。金针菇入馔，单独烹制，适用于拌、炒、烩、涮等烹调方法，也可制汤或做多种原料的配料。

（6）白灵菇　白灵菇又称白阿魏菇、白阿魏侧耳、翅孢菇，属侧耳科，其颜色洁白，朵形肥大，柄粗盖厚，是一种优质食药两用真菌。白灵菇原产自新疆，主要生长在干旱荒漠戈壁上，素有"西天白灵芝""天山神菇"的美称，被称为食用菌家族中的"王子"，被列为世界名贵真菌之一。

白灵菇的品质以子实体洁白清亮，菌肉肥厚，质地细腻，脆嫩，口感好者为佳。

白灵菇肉质细腻，味道鲜美，口感极似鲍鱼，被粤港名厨誉为"素鲍鱼"。白灵菇可作为主配料，适用于各种烹调方法，如炒、涮、煎、炸、煲、扒等均可选择。

（7）茶树菇　茶树菇又称茶薪菇、杨树菇、油茶菇，属粪锈伞科田头菇属，原是一种生长在茶树下的稀有珍贵味美的野生菌。经过优化改良的茶树菇，盖嫩柄脆、味纯清香，口感极佳，属高档食用菌类。

2. 食用藻类蔬菜

藻类植物是自然界中低等的植物，具有食用价值的有蓝藻门中的发菜（我国现已禁止采收和食用，这里不再做介绍）；绿藻门中的海白菜；褐藻门中的海带、鹿角菜及红藻门中的紫菜、石花菜等。因烹饪行业中所用藻类原料大多数为干品，相关知识在下文介绍，具体见 P116。

3. 地衣类原料

地衣是一类专化性的特殊真菌，在菌丝的包围下，与以水为还原剂的低等光合生物共生，并不同程度地形成多种特殊的原始生物体。传统观点认为地衣是真菌与藻类共生的特殊低等植物。根据其生长类型，可将地衣分为壳状地衣、叶状地衣、枝状地衣三类。

地衣的品质以新鲜质嫩，肉厚，无泥沙者为佳。

地衣适用于拌、炒、炖、烧汤等多种烹调方法，可鲜食，也可制成干制品。烹调前应将其充分漂洗干净，以防夹杂泥沙，影响菜肴的品质。

（八）野菜类蔬菜

（1）荠菜　荠菜又称护生草、菱角菜、地米菜，主要生长于荒野，自古以来人们就采集野生荠菜食用，现已人工栽培，全国各地均有生长，春季大量上市，主要品种有板叶荠菜和散叶荠菜，被视为春季野菜佳品。

荠菜的品质以叶色鲜绿，质地软嫩，无黄叶，不抽薹，鲜香味浓者为佳。

荠菜入馔可作为主料，宜拌、炝、炒、做汤等；还可作为配料及包子、饺子、春卷等的馅心。

（2）芦蒿　芦蒿又称水蒿、萎蒿、香艾蒿，以其嫩叶、嫩茎供食用，清明前后可采摘供食，现已有人工栽培品种，代表品种有江苏南京芦蒿、云南昆明芦蒿等。

芦蒿的品质以色绿质脆，纤维感小，有浓郁的清香味者为佳。

芦蒿可作为冷菜，焯熟后凉拌，也可作为热菜主配料，宜炒，还可以作为酿酒和提香的原料。

（3）马兰　马兰又称马兰头、路边菊、鸡儿肠、泥鳅串，以嫩叶供食用，其香味似菊。安徽、江苏等省采食马兰较为普遍。马兰多生于路边、山坡、旷野，春季采集食用。

马兰的品质以色泽浓绿，茎叶细嫩，不干瘪，无杂质，具清香味者为佳。

马兰为宴席佳蔬,可拌、可炒、可做馅料,烹调时,宜旺火速成。

(4)枸杞头　枸杞头又称地仙草,多生长于田地路旁,山坡旷野,目前已有人工栽培。枸杞主要采收嫩茎叶菜用,菜用枸杞又可分为细叶枸杞和大叶枸杞两种,每年春季上市。

枸杞头的品质以叶肉较厚,菜味香浓者为佳。

枸杞头可作为菜肴主配料,多用于炒食或做汤,但成菜口感欠滑,稍带苦味。

(5)蕨菜　蕨菜又叫拳头菜、猫爪、龙头菜,喜生于浅山区向阳地块,多分布于稀疏针阔混交林,食用部分是未展开的幼嫩叶芽。蕨菜野生在林间、山野、松林内,是无任何污染的绿色野菜。

蕨菜的品质以其嫩茎肥壮,叶芽未展开者为佳。

蕨菜可鲜食,也可制成干制品或腌渍成罐头。鲜食前经沸水烫后,再浸入凉水中除去异味,便可拌食。

三、常用蔬菜的品质鉴定及保管

(一)蔬菜类原料的品质鉴定

对新鲜蔬菜进行品质鉴定的主要方法是感官鉴定,主要从原料固有的品质、原料的纯度和成熟度、原料的新鲜度、原料的清洁卫生进行鉴定。

1. 根菜类蔬菜

以大小均匀整齐、肉厚质细、脆嫩多汁、无损伤及病虫害、无黑心、无发芽、无泥土者为佳。

2. 芽苗类蔬菜

以大小均匀整齐、色泽鲜亮清新、脆嫩多汁、肥壮、无腐烂者为佳。

3. 茎菜类蔬菜

以大小均匀整齐、皮薄而光滑、皮面无锈斑、质嫩、肉质细密、无烂根、无泥土者为佳。

4. 叶菜类蔬菜

以鲜嫩清洁,叶片形状端正肥厚(或叶球坚实),无烂叶、黄叶、老梗,大小均匀,无损伤及病虫害,无烂根及无泥土者为佳。

5. 花菜类蔬菜

以花球及茎色泽鲜亮清新、坚实,肉厚、质细嫩、无损伤及病虫害、无腐烂、无泥土者为佳。

6. 果菜类蔬菜

以大小均匀整齐、果菜周正、成熟度适宜、皮薄肉厚、质细脆嫩多汁、无损伤及病虫害、无腐烂者为佳。

7. 菌藻、地衣类蔬菜

个体完整、大小均匀、色泽鲜亮清新、肉质厚实、无异味、无污物、无泥土者为佳。

8. 野菜类蔬菜

以鲜嫩整齐、大小均匀、色泽鲜亮、肥壮、无烂叶、无叶、无老根、无损伤及病虫害，无烂根及泥土者为佳。

（二）蔬菜类原料的保管

1. 蔬菜在保管中引起质量变化的主要原因

（1）原料自身原因　新鲜的蔬菜原料虽然已经采摘，但原料自身的呼吸作用仍在进行，加之蔬菜在酶的作用下将糖类分解为二氧化碳和水，同时产生热量。在这个过程中原料自身的有机物质如糖类等的消耗可以使原料滋味变淡，同时又由于热量的产生和积累，可以加速原料的变质。蔬菜由于温度、氧气等因素可产生后熟作用，也容易引起腐烂变质。

（2）外界原因　一方面是物理因素，主要包括温度、湿度等。温度是引起蔬菜原料变质的重要因素。温度过高会加速微生物的繁殖、生长，还能引起原料水分蒸发，引起干枯变质。温度过低会使某些蔬菜原料冻坏、变软、脱水。另一方面是生物因素，由于蔬菜含有较多的水分及糖类，这是微生物生长的极好条件。只要温度、湿度适宜，微生物很容易从损伤处侵入引起变质。虫类的蛀咬和侵蚀也会大大降低蔬菜的品质。

2. 保管方法

在蔬菜的保管上为控制或阻止其呼吸现象、微生物的生长、虫类的蛀咬，一般采用低温保藏法。一般蔬菜适宜在0~1℃保管，温度不能过低，以防冰冻现象发生。这样既能使其处于休眠状态，降低了呼吸现象、防止发芽，又能保持水分，保证营养不大量损失，防止微生物生长及害虫发生，以保证蔬菜的储存质量。另外要控制保管时的湿度，防止过于潮湿而引起腐烂，或过于干燥引起水分损失。

在保管时，蔬菜应放在阴凉通风处单独存放。一般对蔬菜采取勤进勤销、先进先用、后进后用的原则，发现有腐烂变质的蔬菜应立即清除。

第四节　果品类原料

果品类原料是人们日常生活中必不可少的食物，也是重要的烹饪原料。由于受产地、产季等多方面因素的限制，对于烹饪工作者而言并不会对每一种果品都能耳熟能详。烹饪工作者通过本节的学习，能进一步提高对果品的选择和鉴别能力，更好地将果品运用于生产实践。

一、果品类原料知识概述

（一）果品类原料的概念

果品一般指木本果树和部分草本植物所产的可直接生食的果实，也包括各种种子植物所产的种仁。

（二）果品类原料的烹饪应用

果品多数可不经烹饪加工直接食用，或作为餐前开胃菜，或作为餐后果盘。此外，果品原料也是烹饪中的一类重要原料，有着较广泛的应用。

1）果品作主料多用于甜菜、甜羹的制作，如拔丝苹果、琥珀桃仁、什锦水果羹等。

2）果品作为配料用于荤素菜肴的制作中，如宫保鸡丁、腰果西芹、雪梨鸡片等。

3）果品作为菜点的装饰与配色，美化菜点原料，如草莓、猕猴桃、橙子等常用于围边及裱花蛋糕的点缀。

4）果品作为制作面点的馅心原料，如水果塔、苹果派、莲蓉酥等。

5）果品作为立体雕刻与造型原料，如西瓜盅。

6）果品作为药膳和保健粥原料，如桂圆八宝粥、白果鸡丁等。

7）果品作为调料原料含糖、有机酸和多种芳香物质，可用果汁做调料烹制菜点，如橙汁烩鸭、果味瓜条等。

二、果品类原料的种类及其特点

（一）果品的分类

按行业商品分类，将果品分为鲜果、果干、果仁、糖制果品四大类。

1）鲜果通常指新鲜的、未经加工的肉质柔嫩多汁或脆爽的植物果实，如苹果、梨、桃、猕猴桃、香蕉、西瓜、菠萝等。

2）果干一般指鲜果的干制品，如红枣、柿饼、葡萄干等。

3）果仁一般指干果的种仁，也称为坚果，如核桃、板栗、松子、杏仁、腰果等。

4）糖制果品是指新鲜水果加糖煮制或用糖渍，经不同加工程序而制成的保持独特风味及色泽的干性或半干性制品的总称，分为蜜饯和果脯，如苹果脯、青梅脯、糖冬瓜、蜜饯红果等。

（二）常见的果品品种

1. 鲜果

（1）西瓜 西瓜又称寒瓜、水瓜、夏瓜，为夏季佳果，果实大，呈圆形或椭圆形，皮浓绿色、黄色或绿中带虎皮纹，果肉汁多味甜，呈鲜红色、淡红色、黄色或白色，品种较多。

西瓜除可作为夏季主要的消暑水果外，还可以加工成西瓜汁、糖水西瓜、西瓜酱等；西瓜皮可以炒食或腌渍后食用，如西瓜皮丝拌木耳；还可以作为面点的馅心原料；瓜肉可以制作羹汤，如鲜藕西瓜汤；西瓜还是食品雕刻及制作盛器的重要原料，如制作各式瓜盅、西瓜鸡、宴席点缀。

（2）苹果 苹果又称奈、频婆、平波、智慧果、蛇果，是世界主要水果品种之一。苹果品种很多，根据果实成熟期可分为早熟种、中熟种和晚熟种。

苹果可鲜食，在烹饪中多用于甜菜的制作，适用于酿、拔丝、蜜渍、扒等方法，如拔丝苹果、苹果布丁等；也可制作果盘；还可以加工成果干、果脯、果汁、罐头、果酱、果酒等多种制品。

（3）梨 梨又称快果、玉乳、玉露、甘棠等，我国南北地区都有栽培，以华北和西北地区为多，主要品种有秋子梨、白梨、沙梨等。

梨可鲜食，也可以制作菜肴。在烹饪中适用于炒、扒、蒸、炖等方法，如雪梨炒牛肉、八宝梨罐等，还可以制作梨汁粥，梨可以加工成梨膏、梨脯、梨干等制品。

（4）香蕉 香蕉是食用蕉类的总称，我国广东、福建、海南等省栽培较多，果实成串，可分为香蕉、大蕉和粉蕉三类。

香蕉可鲜食，大蕉类因淀粉含量丰富可替代粮食或蔬菜食用，烹饪中香蕉适用于拔丝、炸、冻等方法。

（5）桃 桃又称桃子，现全国各地均有栽培。桃因色、香、味、形俱佳而被誉为果中仙品，根据分布地区和果实类型可分为北方桃品种、南方桃品种以及黄肉桃品种、蟠桃品种和油桃品种。

桃在烹饪中常用于甜菜制作，适用于酿、蜜汁等方法。北方桃分布在长江以北及黄河流域，以山东省、河南省为主，果形圆，果顶尖而突起，缝合线较深而明显，肉质紧密汁少，较耐储藏，如天津水蜜桃。

（6）柑橘　柑橘原产于我国，是世界上重要的水果品种之一，也是我国的四大水果之一，主要分布在长江以南，以四川、广东、广西、福建、湖南、江西、浙江等地为多。

我国的柑橘包括柑和橘两大类，共同特点是果实圆形，果皮黄色、橙色或红色，薄而宽松，易剥离，故又称宽皮橘、松皮橘。柑橘除鲜食外，在烹饪中主要用于拔丝和制作甜羹，还可用于冷盘拼摆、果盘制作，从果实里提取的芳香油可用于制作糕点、糖果和饮料，还可以制作元宵、月饼的馅料，味道鲜美。橘皮直接阴干或晒干就是陈皮，可以入药，在烹饪中也有应用，如陈皮鸭等。

（7）甜橙　甜橙又称广柑、广橘、黄果，原产于我国东南部，果实多呈球形，果皮薄而紧，不易剥离，囊瓣难以分开，果肉多汁，酸甜可口，香气较足。

橙除供鲜食外，还可以制作果盘、果羹，榨取果汁，也可以用于菜肴制作，如蟹酿橙。

（8）柠檬　柠檬又称洋柠檬，我国广东、广西、四川、福建等地均有栽培，著名品种有香柠檬、里斯本柠檬等。

柠檬大多切片加入饮料或作菜点配料。烹饪中柠檬汁可作为酸味调味剂或除腥去异的调料；柠檬皮可作为菜点的增香料，柠檬叶可用于菜肴的制作，如柠檬烩鸡丁、西柠软煎鸡、香柠芝麻虾等。

（9）猕猴桃　猕猴桃又称阳桃、藤梨、羊桃、仙桃、奇异果等，俗称猴子梨、茅梨，为猕猴桃科植物猕猴桃的果实。猕猴桃果皮鲜绿或淡褐，果肉青绿或嫩黄，果心乳白，切片后晶莹透明，并有放射状花纹，乳香幽幽，清爽多汁，甜酸适口，风味独特，色香味俱佳。

猕猴桃除鲜食外，主要用来制作甜菜；也可以用于中西式菜点的装饰；还可用于菜肴的制作，如茅梨肉丝、猕猴桃炒鸡柳等；可以做果盘和沙拉；可以加工成果汁、果酱、果酒、果醋、果脯等；还可作为糕点的馅料或配料。压碎的猕猴桃鲜果或果汁能使肉质疏松变软，故猕猴桃又有"软肉素"之称。

（10）哈密瓜 哈密瓜是我国新疆地区的特产，在当地广为栽培，按成熟季节可分为早熟、中熟和晚熟三个品种。

果形卵圆或椭圆，果皮有黄、绿、褐、白等色泽，果肉厚，呈橘红色、黄色或白色，味甜香浓，质地脆嫩，具有独特的风味。

哈密瓜除鲜食外，主要用于制作甜菜；也可以作为水果拼盘；作为菜肴的瓜盅或作为食品雕刻的原料；还可以制成别有风味的果脯。

（11）草莓 草莓又称地莓、蛇莓、鸡冠果、红莓、凤梨草莓等，著名品种有五月香、小鸡心、大鸡心、金玛瑙等。

草莓果实色泽鲜艳，果肉柔软多汁，酸甜可口，香气浓郁，春末夏初上市。

草莓除鲜食外，常伴以奶油或甜奶制成奶油草莓食用；也可以做糕点的馅料和装饰料；还可以制成果汁、果酒、果酱、罐头等。

（12）菠萝 菠萝又称凤梨、黄梨，为凤梨科多年生草本植物，是著名的热带水果。我国主要栽培于广东、广西、福建、云贵南部等地。

菠萝可鲜食，食用时应用淡盐水浸泡，以去除皂素。在烹饪中可制作咸、甜菜式，如菠萝烧排骨、醪糟菠萝羹、菠萝烤鸭、香菠咕噜肉等；还可以制作果盘；也可以制果酱、果醋、果酒、果汁、罐头等。

2. 果干

（1）葡萄干 葡萄干是鲜葡萄干制而成。根据葡萄品种不同可分为白葡萄干和红葡萄干两种。白葡萄干是用无核白葡萄加工而成，无核，粒大，色泽绿白，肉质细腻，味甜美。红葡萄干是用红葡萄加工而成，皮紫红色或红色，半透明，肉质稍硬，味甜酸。

葡萄干在烹饪中有配色、提味、增香的作用，常用作面点的点缀或糕点的馅心，也可以作为菜肴的配料。

（2）柿饼 柿饼是鲜柿子烫去皮后加工而成的干制品，呈扁圆形，表面有白色柿霜，肉色橘红，无核或少核，肉质软糯味甜，主要品种有陕西柿饼、益都柿饼、灯笼饼等。

柿饼除直接食用外，在烹饪中可用于甜菜制作，也可以作为面点的馅心。

（3）红枣 红枣由成熟的鲜枣干制而成，色泽深红，多褶皱，皮薄肉厚，核细长，两端稍尖，果肉近黄色。

在烹饪中适用于烧、煨、蒸、炖、扒、煲等方法；可以制作甜菜；还可以制成枣泥作为面点的馅心。

（4）乌枣　乌枣又称黑枣、熏枣，是由鲜红枣煮熏而成，色泽油亮乌紫，表面多细纹，皮薄肉厚，粒大核小，香甜耐嚼，有熏制香味。

在烹饪中可做甜、咸菜式，可以作为面点的馅心，还可以加工成滋补食品。

3. 果仁

（1）核桃　核桃是胡桃科植物胡桃的果实，又称胡桃，是世界四大干果之一（腰果、榛子、巴丹杏仁、核桃）。核桃果实球形，果皮坚硬，有皱褶，黄褐色，种仁被棕褐色的薄膜状的皮包裹，不易剥离，核肉黄白色，味干香，质脆嫩。著名的核桃品种有山西的光皮绵核桃、新疆的纸皮核桃、河北的露仁核桃等。

核桃仁可生食，在烹饪制作中，适用于炒、炖、蒸、煲、炸等方法。鲜核桃仁可烹制热菜，如桃仁鸡丁、鸡粥桃仁等，以突出其清香；干核桃仁适于冷菜的制作或作为面点的馅心，如琥珀桃仁、怪味桃仁等，突出其干香爽口的口感；也可以作为制作甜菜的配料；还可以制作炒货。

（2）松子　松子又称海松子、松仁，为松科植物红松、白皮松、华山松等的松果内的种子，以红松子质量最佳。松子富含脂肪，蛋白质和铁的含量也很高。

松子在烹饪中适用于炒、烧、炸、煮等方法，可制作多种甜、咸菜肴，如松仁玉米、松子酥鸭等，可以作为面点的馅心和配料，还可以制成炒货供作休闲食品。

（3）莲子　莲子又称莲米，为睡莲科植物莲的种子。莲子呈球形，白色，中间有绿色莲心，莲心味苦，除去莲心后的莲子称通心莲，主要品种有湘莲、白莲、红莲，以湖南所产的湘莲品质最佳。

莲子可供生食，在烹饪中应用广泛，可作为菜肴用料，清爽利口，如鲜莲鸡丁、鲜莲鸭羹等。干莲子是高级甜菜的用料，如拔丝莲子、干蒸莲子、冰糖莲子等。莲子制成莲蓉后可做糕点的馅心，如莲蓉月饼。

（4）腰果　腰果是漆树科植物腰果树的种仁，原产于非洲、巴西、印度等，我国广东、海南等地均有栽培。腰果剥去硬壳后的仁肉为腰果仁，色泽乳白，呈肾形，有清香味，口感脆嫩。

腰果可生食，也可以炒、炸、爆，可以作为菜肴配料或制作冷菜，如腰果鸡丁、炸腰果；也可以作为主料制成甜菜，如挂霜腰果，还可以作为点心馅料及装饰料。

（5）板栗 板栗又称栗、毛栗，一般分为南方栗和北方栗。南方栗粒形大，种皮稍难剥离，子叶含糖量低，淀粉含量较高，适于菜用；北方栗粒形小，种皮易剥离，子叶蛋白质和糖分的含量较高，淀粉含量少，适于炒食，代表品种有良乡板栗、罗田板栗、房山栗、兰溪栗等。

板栗以果实饱满，颗粒均匀，壳色鲜明有光泽，肉质细，甜味突出，有糯性者为佳。

板栗可生食，在烹饪中适用于烧、炖、煨、焖、煮等方法，咸、甜均可。可作菜肴主料用于冷菜或作菜肴的配料，如栗子烧鸡、栗子焖羊肉等；板栗粉可制作各种糕点；板栗还可以制作炒货。

（6）花生 花生又称长寿果、落花生，为豆科一年生草本植物落花生的果实，原产于巴西，现我国广为栽培，种子呈长圆形或近球形，外有红色或淡红色种皮，种仁白色，质脆嫩，味香醇，富含蛋白质、脂肪等营养物质。

花生可生食，在烹饪中带壳花生用盐水煮，去壳花生适用于炒、爆、炸、卤等烹调方法，可作菜肴配料，是"宫保"系列菜肴的必配原料；也可用于腌渍，制作酱菜；还可以制作甜菜或面点馅心，如挂霜生仁。

（7）杏仁 杏仁又称杏扁，为蔷薇科植物杏的果仁，扁形，种皮棕红色或暗棕色，表皮有细皱纹。同属另种巴丹杏仁又称扁桃、八达杏，为世界四大干果之一，原产于亚洲西部，欧洲也多有栽培，可分为甜巴丹杏和苦巴丹杏两类。

杏仁按味感可分为甜杏仁和苦杏仁两种。甜杏仁可供食用，可以作为食品工业的原料，可以用于糕点馅料或装饰，可以制作各种甜、咸菜式，如杏仁豆腐、杏仁鸡卷等。苦杏仁因含有毒的苦杏仁苷，只有焙炒脱毒后方可入药使用。

杏仁在烹饪中适用于炒、爆、烩、炖等方法，可制作点心和甜菜，也可制作炒货。

4. 糖制果品

（1）果脯与蜜饯

1）蜜枣。蜜枣是选用优质鲜枣加浓糖浆熬制而成的。成品扁圆或椭圆略带扁形，褐红色，枣皮半透明，肉质细柔致密，口感甜糯。

蜜枣在烹饪中可作为甜菜的配料，也可作为糕点的馅心。

2）青红丝。青红丝又称红绿丝，苏式蜜饯特产，是选用香柚皮即脱去油胞层的鲜柚皮为原料，刨丝后配白砂糖加工而成，其颜色为食用色素染制而成。

青红丝在烹饪中用于菜点的点缀或用于糕点和甜菜的制作，也可以作为糕点的馅心。

3）椰蓉。椰蓉是以椰肉为原料，用特制的刨刀将椰肉刨成细丝，放入烘房焙干，再加工成细粒而成。椰蓉富含脂肪，香味浓郁清新，色泽粉白光亮。

椰蓉在烹饪中主要用于糕点和糖果的配料，也可制作菜肴，如椰子肉烤鸡等。

4）青梅。青梅是鲜梅经特殊处理配以白砂糖精制加工而成，色泽青翠，有光泽，组织饱满，果肉脆嫩，有原果的酸味和香气，酸甜适口。

青梅在烹饪中可用于制作甜菜，或作菜肴的配色和点缀原料。

5）杏脯。杏脯是用青色褪尽后全部呈黄色且尚未完全变软的新鲜肉厚的大黄杏经去核、熏硫、糖制、烘烤和压片等工序制成。杏脯呈扁圆形，色黄，半透明，质地柔软而有弹性，甜酸适口。

杏脯可直接食用，在烹饪中可制作菜肴，也可以作为糕点装饰料。

6）瓜条。瓜条又称糖冬瓜，是选用青皮、瓜肉肥厚的鲜冬瓜为原料，经刨皮、切条等工艺，配以白砂糖精制而成。瓜条外观洁白，略带透明，质地松软，风味甜爽。

瓜条以表面干燥，糖霜均匀，糖液渗透均匀，组织饱满，肉质稍脆，食时无纤维感，色白，半透明者为佳。

瓜条可直接食用，是制作糕点的主要原料，也可用于甜菜制作。

7）橘饼。橘饼是选用柑橘经洗涤、划缝、硬化处理后，再用糖浸渍，最后拌糖粉制成的，外形呈菊花状，果形完整，组织饱满，半透明，金黄或橙黄色，酸甜适度，有原果浓香。

橘饼在烹饪中多用于甜菜的制作，也可作为点心的馅心。

（2）果酱

1）苹果酱。苹果酱是将苹果经洗涤、去皮、去核、切分后，加糖熬煮而成，为果肉和果胶的混合体。苹果酱呈褐黄色，半透明状，酱状果肉质地细腻，味道酸甜，具有苹果的香气。

苹果酱可直接食用，也可涂抹面包食用，或做面食的馅心，如瑞士卷，还可以做糕点的装饰料、炸制品的蘸料，如用于蘸食炸薯条。

2）枣泥。枣泥是选用无腐烂、虫蚀、机械伤的鲜枣，经洗涤去皮、去核、破碎、预煮、打浆和筛滤后，加糖煮制浓缩而成，颜色黑红，质地细腻，甜味纯正。

枣泥在烹饪中可用于面点的馅心，也可作菜肴的馅料。

三、常用果品类原料的品质鉴定及保管

（一）常用果品类原料的品质鉴定

1. 鲜果的品质鉴定

（1）果形　鲜果形状是其品质的重要特征。每种果品都有典型的形状，凡是具有各类果品典型形状的，说明其生长正常，质量较好。果形还包括大小形态，同类品种的新鲜果品个大的，其发育充分，营养成分偏高，可食部分也多，质量优良。

（2）色泽和花纹　鲜果的色泽由不同的色素所形成，它能反映果实的成熟度和新鲜度。新鲜果品具有鲜艳的色泽，当色泽改变时，新鲜度就降低，果质也随之下降。凡表皮有花纹的果品，应以花纹清晰者为佳。

（3）成熟度　成熟度对于鲜果的风味质量和耐储性有很大的影响。未成熟的果品一般质地坚硬、涩味重、淀粉多，各种营养也不完全；过度成熟的果品，容易破裂，影响储存和菜肴制作的应用；成熟度恰好的果品，不仅风味较佳，而且也耐储存，食用价值也很高。

（4）损伤与病虫害　优质的水果应具有完整无损的果皮，不应有碰伤、压伤、划伤等现象存在，不应有虫蛀、黑心、褐斑、霉斑等生理病害或病虫害现象发生。

总之，优质的水果应具有果形典型、色泽鲜艳、果大无伤痕和无病虫蛀的特点。

2. 果干和果仁的品质鉴定

果干和果仁水分含量低，在鉴定时主要从果品是否发霉，是否被虫蛀，是否有出油现象等几个方面着手，然后根据各种果品自身的品质特点进行鉴定。

3. 糖制果品的品质鉴定

糖制果品经糖熬煮特殊处理，水分含量低，在鉴定时主要从果品是否干缩，是否有潮解现象，是否霉变等几个方面着手，然后根据各种果品自身的品质特点进行鉴定。

（二）常用果品的保管方法及要求

果品的保管应根据各类果品的特点正确选择相应的保管方法。

1. 新鲜水果

低温是储存新鲜水果的适宜方法。低温能减弱水果的呼吸作用，降低水分和延缓其成熟过程，同时还能抑制微生物的繁殖，保存水果的适宜温度根据各果品的特点而异。苹果、梨、桃、杏、李、葡萄、菠萝保存温度为 0℃左右，柑橘类保存温度为 2~5℃，香蕉保存温度为 12~13℃。如果保管的温度过高，水果容易成熟、腐烂；温度过低会冻伤，影响风味和质量。

根据低温储存水果的要求，采用的具体方法一般有冷窖存、冰窖存、冷库存、通风存、气调存等。这些方法，在产地、商业部门及饮食店均可根据不同的条件采用。保存新鲜水果时切忌在库内存放盐、碱、酒等原料，以免刺激果色变黄。保管水果还应通风透气，合理堆码，按类存放，并及时检查，保证果品完好保存。

2. 果干

果干脱水较充分，有的经过日晒、熏，易保存，只要包装防尘、防潮、防鼠、防虫咬即可。

3. 果仁

果仁本身比较干燥，保管时应注意防潮、防虫蛀、防出油，一般应保管在通风、干燥和低温的环境中。

4. 糖制果品

糖制果品由于用糖熬煮特殊处理过，一般不会变质，如果时间过久可能会产生干缩、潮解现象或产生霉陈味，一旦出现这些情况，可重新用糖熬煮，冷却返砂再继续存放。

第五节　畜类原料

一、畜类原料知识概述

（一）畜类原料的组织结构特点

畜类原料的组织结构一般可分为四大类型，即肌肉组织、脂肪组织、结缔组织、骨骼组织。四大组织的组成比例与畜类原料的种类、品种、性别及营养状况、肥瘦等密切相关，而且同一畜类原料不同部位的肉，组织的组成也各不相同。所以，肉的组织构成决定了肉的性质、营养价值和质量的优劣。

1. 肌肉组织

肌肉组织为畜类原料中最重要的一类组织，畜类原料中的优质蛋白主要存在于其中。从细胞组成上看，肌肉组织是由具有强有力收缩性能的、多呈纤维状的肌细胞构成，又常称为肌纤维，而肌纤维的粗细随动物的种类、年龄、营养状况、肌肉的活动状况有所差异。猪肉的肌纤维比牛肉细；老龄动物的比幼龄动物的粗；动物的体重增加，肌纤维直径也增加。

2. 脂肪组织

脂肪组织是结缔组织的变形，分布在许多器官周围，如肾、肠以及皮下、肌纤维之间，具有储存脂肪、保持体温和缓冲机械压力的功能。

按照脂肪组织在动物体内的分布，一般可分为两类，即储备脂肪和肌间脂肪。

3. 结缔组织

结缔组织分布于器官和器官或组织和组织之间，由排列比较疏松的细胞、纤维和基质组成，具有多种类型，表现出联合、支持、保护、营养、储存等功能。由于不同的结缔组织具有不同的组成，因此在烹饪中的应用方式及其作用的大小也不尽相同。

4. 骨骼组织

骨骼组织为脊椎动物所特有，由特殊的骨细胞和细胞间质组成。骨骼组织是动物体内钙质的储存场所，动物体内的钙约有 99% 以骨盐形式沉着在骨骼组织内，所以骨骼组织与钙、磷的代谢密切相关。由于骨骼组织具有以上组成特点，骨骼组织在烹饪应用中，多用于熬制骨头汤、奶汤、清汤等，工业上可用于生产明胶。

（二）畜类原料的烹饪应用

1）作为制作菜肴的主料，如红烧肉、冰糖扒蹄等。

2）作为制作菜肴的配料，如炒芦蒿、炒茭白中放入少许肉丝等。

3）作为制作缔子菜肴原料，如生汆肉圆、清炖蟹粉狮子头等。

4）作为制作面点的馅心原料，如生肉包、牛肉水饺、牛肉馄饨等。

5）作为制汤原料，如排骨汤、牛肉清汤、羊肉汤等。

6）作为各式小吃的原料，如牛肉粉丝、羊肉泡馍等。

7）作为各种制品类原料，如香肠、酱牛肉、卤猪舌等。

二、常用畜类原料的种类

供食用的家畜在动物性原料中占有重要的地位，如猪、牛、羊、家兔、驴等。

1. 猪

猪为哺乳纲偶蹄目猪科动物，由野猪驯化而成，躯体肥满，四肢短小，饱食少动，生长快，繁殖力强。猪是人类主要肉用家畜之一，占我国肉食总消费量的80%以上。

全世界猪的品种有300多种，我国约占1/3，是世界上猪种资源最丰富的国家。我国的猪按产地通常分为华北型、华南型、华中型、江海型、西南型、高原型六大类；按商品用途可分为瘦肉型、脂肪型、肉脂兼用型三类。

猪肉的肌肉组织为淡红色，但因年龄、部位、品种的不同，色泽有深浅之别；肌纤维细嫩而柔软；皮下和肌间脂肪沉积较多，为白色或粉红色；腥臊味淡，滋味鲜美。

猪肉适宜于各种烹饪加工和各种烹调方法。由于不同部位的猪肉，肉质有一定的差异，在使用时，应按照肉的特点选择相应的烹调方法，以达到理想的成菜效果。如位于猪背部、后臀尖的肌肉成块而结实、结缔组织少、肌间脂肪多、肉质细嫩，可切成丝、丁、片等，通过炒、爆、氽煮等方法成菜；而猪颈部、腹部的肌肉肉质差、不成形，但吸水性高、黏着性好，适合制作蓉、糁、丸，或采用烧、蒸、炖等方式长时间烹调，使成菜肥美宜人。

在中餐制作中，猪肉可作为主料，也可作为配料；适合各种调味；适合多种加工方式；广泛用于菜肴、主食、小吃、面点、加工品的制作。代表菜点如回锅肉、冰糖肉、樱桃肉、荔枝肉、无锡酱排骨、桂花肉、猪肉白菜饺、炸酱面等。著名的猪肉制品有火腿、香肠、香肚、腊肉等。

2. 牛

牛为哺乳纲偶蹄目牛科牛属、水牛属、牦牛属等动物的统称。其体型大，体重可达上千千克。我国是世界上最早驯养牛的国家之一。从营养成分上看，单位重量内牛肉的蛋白质含量高于猪肉，而脂肪含量较低，是优质蛋白的良好来源。因此，近年来我国在肉用牛的饲养上取得了很大的进展。

我国饲养的牛按种类分为三种，即黄牛、牦牛、水牛。此外，还可按用途，分为乳用、肉用、役用和兼用等。

（1）黄牛　我国黄牛主要分布于黄河流域及以北地区，如秦川牛、南阳牛、鲁西黄牛、延边黄牛等，一般体格高大结实，肌纤维较细，组织较紧密，色深红近紫红，肌间脂肪分布均匀，口感细嫩芳香。肉用黄牛的肌肉呈深红色，脂肪为淡黄色，肌间脂肪多且分布均匀，切面呈大理石状，结缔组织少，肉质细嫩而柔软，肉味鲜美。

（2）牦牛 我国牦牛主要分布于青藏高原及西南等地，占世界总数的90%左右。肌肉组织较致密，色泽紫红，肉用种肌间脂肪沉积较多，柔嫩醇香，风味佳，肉质好。

（3）水牛 我国水牛主要分布于长江流域及以南水稻产区，躯体粗壮，肌肉发达，但肌纤维粗，组织不紧密，色暗红或暗紫，脂肪白色且含量少，有一定的膻臊味，肉质最次。

另外，目前受到人们欢迎的"肥牛肉"是指经过排酸技术处理后的牛肉，即在牛屠宰后，将牛胴体吊挂在有排风设备的排酸库中，使无氧呼吸时产生的乳酸分解为二氧化碳、乙醇和水而挥发，从而提高肉的嫩度。经过排酸处理的肥牛肉具有肥而不腻、瘦而不柴、颜色柔和、纹理美观的特点，最适于涮烫、烧烤、铁扒等快速烹调方式。

总的来说，牛肉的肌肉含水量高；呈红至暗红色，结实油润，肌纤维长而较粗糙；皮下有少量脂肪沉积，肌纤维间夹有肌间脂肪，切面呈大理石纹状；结缔组织较发达；香味浓郁，但有一定的膻味。牛肉在加热最初，失水量大，收缩性强，使肉质更为老韧。因此，在烹制牛肉时，常切块后采用长时间加热的烹调方法烹制，如炖、煮、烧、卤、酱等；而来自牛的背腰部及部分臀部的肌肉其肌纤维斜而短、筋膜少，切成丝、片后可用炒、爆等烹调方法快速成菜。

牛肉在烹调中多用于主料，适用于各种刀工处理，适合多种烹调方法和多种调味，可作为主食、菜肴、小吃的用料，在烹制时需注意去除膻味。代表菜点如酱牛肉、水煮牛肉、爽口牛肉丸以及牛肉馄饨、灯影牛肉、兰州牛肉拉面等。此外，牛肉也可被加工成多种牛肉制品，如牛肉干、牛肉松、牛肉脯、牛肉火腿肠等。

3. 羊

羊为哺乳纲偶蹄目牛科部分动物的统称，种类较多，如绵羊、山羊、黄羊、盘羊、岩羊等，主要产于我国西北、华北和西南等地。

供食用的常为绵羊和山羊两类。我国绵羊主要分布于西北、华北、内蒙古等地，体重可达 50kg 以上，肉质坚实，颜色暗红，肌纤维细而柔软，肌间脂肪较少，腥膻味淡，质量较好，如新疆细毛羊、藏羊、滩羊、湖羊等。我国山羊主要分布于华北、东北、四川等地，肉呈暗红色，皮厚，皮下脂肪稀少，腹部脂肪较多，腥膻味重，质量较逊，如成都麻羊、新疆哈密山羊、中卫山羊等。阉割过的羊称为"羯羊"，肉质肥美，优于一般的羊肉。

羊肉肉色红润，肌纤维细嫩柔软；脂肪白色，质地坚脆；风味鲜美，但膻味较浓。

羊肉根据不同的部位进行选料后，适用于多种烹饪加工和各种烹调方法，适宜于多种调味，可制作多种菜品、小吃、加工品等。代表菜点如烤全羊、涮羊肉、烤羊肉串、羊肉泡馍等。烹调羊肉时需注意去除膻味。

4. 家兔

家兔又称兔，哺乳纲兔形目兔科家畜的统称，按用途不同，可分为毛用型、皮用型、肉用型和皮肉兼用型四大类，用于烹饪的主要是肉用兔、皮肉兼用兔。肉用兔的主要品种有中国兔、比利时兔、新西兰兔等。

兔肉色浅，肌纤维细嫩，脂肪含量低，肉质柔软，风味淡，带草腥味。兔肉多用于制作热菜和冷菜，适用于炒、熘、爆、拌等多种烹制方法，很易被调味料或其他鲜美原料着味，代表菜式如鲜熘兔丝、茄汁兔丁、花仁拌兔丁等。在加工兔肉时应注意去除草腥味，并宜用重油烹调；兔肉还可加工成腌、干、卤制品，如缠丝兔、板兔、五香兔等。

5. 驴

驴的品种因各地自然条件的不同而有较大的差异，我国有大、中、小三种类型。大型驴主要分布在渭河流域、黄河中下游平原，如关中驴、德州驴、渤海驴等；中型驴主要分布在华北平原、河南西北部、陕西西部、甘肃东部等地，如陕西佳米驴、河南沁阳驴等；小型驴又称为毛驴，广布于西北、华北、西南、东北、内蒙古等丘陵地区或荒漠地区。若按用途不同，又可分为役用型驴、肉用型驴两类。

驴肉肉质坚实，肌纤维细嫩，肉味鲜美，民间有"天上龙肉，地上驴肉"之说。但驴肉略有腥味，烹调时应用香辛料加以去除。由于驴、马、骡肉易传播鼻疽病，市场上禁售鲜驴肉，只允许熟制品上市。制作熟制品时适宜于烧、煮、炖、烩等较长时间加热方法，尤以卤制、酱制最为常见，而不适宜于炒、爆等短时间加热方法。驴肉名食有江苏连云港的当路驴肉、山东宁津的保店驴肉、陕西凤翔的腊驴肉等。

三、常用畜类制品

（一）乳

乳又称奶，是哺乳动物产仔后由乳腺中分泌出的一种白色或淡黄色的不透明液体。人类食用的乳按照动物种类划分，主要有奶牛乳、水牛乳、牦牛乳、山羊乳、绵羊乳、马乳、鹿乳等，其中以奶牛乳产量最大，商品价值最高，利用最为普遍。

乳除供饮用外，也可作为烹饪原料。

1）制作菜肴的主要原料。烹饪中常用牛奶代替汤汁成菜，如牛奶白菜、奶油菜心、炒鲜奶；在虾蓉、鱼蓉中加牛乳搅拌容易上劲，如西施虾条；也可用牛奶制成甜菜，如甜羹。

2）制作面点原料。用牛奶和面，可制作多种面点。

3）制作小吃原料。如广东小吃双皮奶、北京的扣碗酪、云南少数民族的乳扇、牧区的牧民常食用的奶豆腐，以及各地食用的酸奶等。

4）作为酿酒原料，如少数民族的马奶酒。

（二）乳制品

乳制品是将鲜乳经过一定的加工工艺（如分离、浓缩、干燥、调香、强化等）进行改制所得到的产品。

牛乳制品品种较多，有奶酪、酸奶、乳饼、奶皮、乳扇、炼乳、冰淇淋等。

1. 奶酪

奶酪也称乳酪、芝士，是消毒后的鲜奶经凝乳酶的作用，使蛋白质凝固析出后而得到的产品；若经过了乳酸发酵，称为酸奶酪。奶酪的营养丰富，富含蛋白质、维生素等成分。奶酪通常直接食用；也可切块或切片后放入融化的奶油或酥油中加糖食用；西餐中还常用于菜肴、西点、汤等的制作。

2. 酸奶

酸奶是将鲜奶消毒后，接种乳酸细菌进行旺盛的乳酸发酵，使奶液呈黏稠的糊状，带有爽口的酸味和奶香风味，应冷藏保存。酸奶除供直接饮用外，西餐中还常用于某些菜肴及西点的调味。

3. 乳饼

乳饼是鲜奶酪的一种，即将鲜羊奶或鲜牛奶经酸浆点卤使蛋白凝固，再用细白布滤去水分，包扎成方块状而成，质地洁白细腻，松软芳香，现今产于云南滇东地区，以云南彝族自治县为主产，适合烹制多种菜肴，如油煎乳饼、火夹乳饼、竹荪烩乳饼、水煎乳饼等。

4. 奶皮

奶皮是鲜奶煮开后，以微火烘煮，不断进行搅拌，使水分蒸发，奶汁浓缩于锅底而成圆片状，经阴干后而成。奶皮色黄白，有细蜂窝孔，入口酥柔，可切块泡入奶茶中食用或作为筵席小吃。

5. 乳扇

乳扇是我国云南省的地方名食之一，以鲜牛奶经煮沸精制而成，因形如纸扇而得名。乳扇营养丰富，含蛋白质35%、脂肪49.3%、乳糖6%~8%。乳扇食用方法多样，炸则酥脆香甜，炒则柔软有劲，煮则软滑鲜嫩，可供制多种菜肴，如炸卷筒乳扇、烤乳扇、炒乳扇丝、乳扇洗沙饺等。

6. 炼乳

炼乳也称为浓缩乳，一般以牛奶或羊奶为原料，经浓缩、装罐而成，有甜炼乳和淡炼乳两种。炼乳除直接食用外，可用于制作菜肴或蘸食。淡炼乳一般不加糖直接浓缩而成，甜炼乳一般加糖后浓缩而成。

7. 冰淇淋

冰淇淋是以牛奶为主要原料，配以香精、色素、果品、果汁等经低温冻制而成的。冰淇淋除直接作冷食外，可用于制作一些有特色的菜品，如油炸冰淇淋、火烧冰淇淋。前者经挂糊油炸而制成，后者是以酒精烧制而成。

（三）畜类制品

畜类制品指以畜类的肉或副产品为原料，经各种加工方法制得的可供食用的制品。

畜类制品的加工方式有多种，有的是整体或整体开片制作，如风猪、缠丝兔；有的是解成大件制作，如腌肉、烤肉等；有的取不同部位制作，如腊猪头、腊猪舌、蹄筋、火腿等；有的是切成小件制作，如肉干、肉脯、肉松等；还可以切碎灌制，如香肠、灌肠、香肚等。由于制作方式的多样性，使得畜类制品的种类极其多样。

根据加工方法不同，畜类制品分为六类：腌腊制品、干制品、灌制品、酱卤制品、熏烤制品和油炸制品。

1. 腌腊制品

腌腊制品是将肉或内脏等原料用食盐、香味调料腌制，然后放置发酵或经过晾晒、烘干而得到的制品，一般将未经干燥的制品称腌制品，将腌制后又经过发酵、晾晒的称腊制品，如金华火腿、广东腊肉、北京酱肉、浙江家乡肉、培根等即为腌腊制品。腌腊制品防腐性强，储藏期长，风味浓郁。

根据腌制方法的不同，可分为干腌法、湿腌法、混合腌制法，以及肌肉注射腌制法等。有时，将腌腊制品进行熏制，以增添独特的烟熏风味，如烟熏腊肉、烟熏香肠等。由于腌腊制品属高盐食品，应去盐烹调使用为宜。

（1）火腿　火腿又称兰熏、熏蹄、火肘、风蹄等，是我国传统的腌腊制品，始创于宋代，相传是浙江义乌一带百姓为犒劳抗金民族英雄宗泽及将士而腌制的一种食品。

火腿主要是以猪后腿为原料，经腌制、洗晒、发酵、晾挂等工序，历时数月制成的半成品，现在各地均有生产，较为著名的是浙江金华火腿（南腿）、江苏如皋火腿（北腿）和云南宣威火腿（云腿），金华火腿在市场中位居首位。

火腿的品质特点为肌肉切面呈深玫瑰红色或桃红色；脂肪切面呈白色或微红色，有光泽；组织致密而结实，切面平整；香气浓郁，味道鲜美，形状美观。

火腿一般分为五档：火爪（小爪）、火瞳（蹄髈）、上方、中方和滴油（油头）。上方质量最好，精肉多、肥肉少、骨细，可供制作火方及切大片、花刀片；中方质量接近上方，但其中有大骨不易成型，常用于切丝、片、条、丁、块；火瞳可整段用，或切块、切圆片和半圆片；火爪、滴油用于炖汤，或与其他原料同炖。此外，从火腿中拆、切下的骨、皮可用于吊汤。

在烹调中为了突出火腿的鲜香和色泽，需注意烹调使用时的五忌：一忌少汤和无汤烹制，如干烧、干煸、干烹；二忌重味，如不宜用酱、卤等法，也不宜用酱油、醋、八角、桂皮等香料；三忌用色素；四忌用粉芡，除少数贴、煎、裹炸、拔丝等菜外，不宜挂糊、上浆、拍粉，用芡时宜稀不宜浓；五忌与牛羊肉等腥膻原料配用。

在烹饪中，火腿既可作主料，也可作高档菜品的辅料；可制作冷盘、花拼，又常用于菜肴的提鲜、调味、配色、装饰，如为熊掌、燕窝、鱼翅、驼峰、海参等本味不显的珍贵原料赋味；可用于吊制高汤；也是糕点的咸味馅心用料之一。火腿的代表菜点，如生煎金华火腿、锅贴火腿、火腿白菜、云腿月饼等。

（2）腊肉　腊肉为我国特产肉制品，以四川省、湖南省、广东省所产最著名。一般以畜类动物的肉及副产品为原料，经洗净、切分（有时用整料）后，用砂糖、白酒、酱油、精盐、花椒粉等配料腌渍一定时间，再经晾挂、发酵（有的还经烟熏）而成。

腊肉按原料分为猪肉、牛肉、羊肉及其副产品和鸡、鸭、鹅、鹌鹑、鱼等，名品如广东的腊乳猪、腊狗肉、腊鸡片等，湖南的带骨腊肉、腊猪心、腊猪肚，四川的腊猪肘、腊猪舌、缠丝兔，陕西的腊驴肉、腊羊肉、腊牛肉等；以产地分，有广东、湖南、四川、云南之分，川味腊肉咸度适中、腊香馥郁；湖南腊肉香味浓郁、食之不腻；广东腊肉醇厚回甜、干香爽口。

腊肉可单用，也可与其他荤素原料合烹。食用时，腊肉经煮、蒸后制作冷盘或回锅炒食，做家常菜或宴席菜；也可用腊肉作为风味小吃和糕点的用料。腊肉的代表菜式有腊味拼盘、回锅腊肉、藜蒿炒腊肉、菜薹炒腊肉、腊肉糯米饭、腊肉粽子等。

2. 干制品

干制品是将腌制品经晾挂风干或不经腌制直接干制而得到的制品。风干的方法多样，一般分为自然干燥法和人工干燥法。自然干燥法有晾晒、风干和阴干等；人工干燥法有煮炒、烘焙远红外干燥等。肉松、蹄筋、驼峰、肉干、肉脯等即为干制品。

肉松是以猪肉、牛肉等为原料，经切块、卤制、包裹、碾压、小火焙烤、搓擦而得到的丝绒状干制品，全国各地均有生产，按加工原料品种不同可分为牛肉松、猪肉松、兔肉松等。

肉松成品体质轻松而细致，略带茸毛状断丝，色黄，干燥适度，有香气，味鲜美，入口疏松绵软，咸甜适度，最适宜作为幼儿、老人及某些胃肠道虚弱者的荤食菜肴。

肉松以酥松柔软，味美香浓，色泽鲜艳，无团状，无杂质，无硬粒，无异味者为佳。

肉松营养丰富，易于消化吸收。可作为冷菜直接食用，也可作为冷菜的垫衬料、围边料、组拼料或花色热菜的瓤馅料，还可作为面点的馅料和装饰料。

3. 灌制品

灌制品主要是以肉、副产品（如肝、血、舌）等为原料，经切碎、腌制、灌入肠衣后，经过晾晒发酵或烘干、蒸煮、干制等而得到的制品。成品有熟制品，也有半熟制品或生制品。香肠、香肚、肝血肠、西式灌肠等即为灌制品。

（1）香肠　香肠又称腊肠，是我国的传统灌肠制品，一般以肉类为原料，切成丁、片、条等后加入酱油、黄酒、白糖及香辛料制成馅，灌入肠衣，然后扎绳分段，经烘干或晾挂、烟熏而成。香肠按产地分，名品有广东香肠、四川香肠、上海香肠等；按加工方法的不同，可分为生香肠、盐熏香肠、煮熟香肠、半干燥香肠和干燥香肠五大类；按灌入的肉料不同，分为猪肉香肠、鱼肉香肠、火腿香肠等。

香肠的品质特点为香味浓郁、色泽鲜艳、肉质紧实，可蒸、煮后制作冷盘、花拼，也可配蔬菜炒、煮或做汤，还可作为糕点的馅料。代表菜式，如回锅香肠、香肠炒蒜薹、香肠煮白菜等。

（2）香肚 香肚是用猪的膀胱或鸡嗉囊作为包装材料加入调好味的肉料风干而成的灌制品。香肚的著名产品如南京香肚，外形似苹果，小巧玲珑，肉色红白分明，入口酥嫩，香甜爽口，香气浓郁，切面肉质紧密，瘦红肥白，香气浓郁。

食用香肚时用清水浸泡，洗去外表灰垢，放入沸水锅中煮沸后，再用小火焖约 40min，然后捞起晾凉后撕去外皮即可切片食用；也常用于花色冷拼中。

4. 酱卤制品

酱卤制品是将肉或副产品放入调味汁中，经卤、酱、糟、煮等工艺加工而成的制品。酱卤是我国传统的肉制品加工方法之一。根据所用调味料和加工方法的不同，通常又分为酱制品、蜜汁制品、卤制品、白煮制品和糟制品五大类。北京酱猪肉、上海蜜汁蹄髈、镇江肴肉、无锡酱排骨、糟猪舌即为酱卤制品。

5. 熏烤制品

熏烤制品一般是指以熏烤为主要加工手段的肉类制品，可分为熏制品和烤制品两大类。

熏制品色泽红黄，具有各种烟香，风味独特。

制作烤制品时通常先将生原料进行刀工处理后，再经腌渍或加工成半成品后再行烤制。成品外皮酥脆、内里鲜嫩或酥烂，如广东叉烧肉、北京烤鸭、叫花鸡等。

6. 油炸制品

油炸制品是将肉类原料放入温度不同的食用油中，通过高温改变原料的形状、质感、色泽以及风味等特点，从而使制品具有香、脆、松、酥等良好的口感。炸猪排、小酥肉、响皮等即为油炸制品。

四、畜类原料的品质鉴定及保管

(一) 畜肉及其副产品原料的品质鉴定

家畜肉的品质好坏，主要以新鲜度来确定。家畜肉的新鲜度一般分为新鲜、不新鲜、腐败三种，常用感官检验方法来鉴定。

家畜肉的感官检验主要是以色泽、黏度、弹性、气味、骨髓状况、煮沸后肉汤等几个方面来确定肉的新鲜程度。

1. 新鲜肉

肌肉有光泽，色淡红均匀，脂肪洁白；外表微干或有风干膜，微湿润，不粘手，肉液汁透明；刀断面肉质紧密，富有弹性，指压后的凹陷能立即恢复；具有每种家畜肉的正常的特有气味，骨腔内充满骨髓，呈长条状，稍有弹性，较硬，色黄，在骨头折断处可见骨髓的光泽；煮沸后的肉汤透明澄清，脂肪凝聚于表面，具有香味。

2. 不新鲜肉

肌肉色较暗，脂肪呈灰色，无光泽肌肉变黑或淡绿色，脂肪表面有污秽和霉菌或出现淡绿色；外表有一层风干的暗灰色膜或表面潮湿，肉汁液浑浊，并有黏液；切断面呈暗灰色，新切断面很黏，刀断面肉比新鲜肉柔软，弹性小，指压后的凹陷恢复慢，稍带腥味，有酸的气味或氨味、腐臭气；骨髓与骨腔间有小的空隙，骨髓较软，颜色较暗，呈灰色或白色，在骨头折断处无光泽；煮沸后的肉汤浑浊，脂肪呈小滴浮于表面，无鲜味。

3. 腐败肉

无光泽；表面极干燥并变黑或者很湿、黏；肉质松软而无弹性，指压后凹陷不能复原；有刺鼻的腐败臭气；骨髓变形软烂，有的被细菌破坏，有黏液且色暗，并有腥臭味；煮沸后的肉汤污秽带有絮片，有霉变腐臭味，表面几乎不见油滴。

(二) 畜肉的保管

畜肉保管常用的方法有加热（如畜肉罐头制品）、低温冷冻、腌制、脱水干制、加防腐剂、射线照射、气调保藏等。目前，应用最多的是低温冷冻保藏法，它能较长时间保持肉的组织结构状态，抑制微生物生长、繁殖，降低酶的活性而限制一些不利的生物化学反应，延长肉的成熟时间，尽量避免自溶和腐败过程的出现，是一种应用最为广泛、效果好且经济的保藏方法。肉的冷藏依据温度差异分为冷却保藏和冻结保藏。

1. 肉的冷却保藏

肉的冷却保藏是指经过冷却后的肉类在 0℃左右（一般不超过 4℃，不低于 –1.5℃）条件下进行保藏。冷却保藏不能完全使微生物停止生长繁殖，只能起抑制作用，所以它只能短期保藏。冷藏时，空气的湿度及流速至关重要，湿度过高，流速过低，往往会引起肉表面霉菌的繁殖加快；湿度过低，流速过高，则会引起肉的干耗增大，所以应尽可能调节适宜的温度、湿度和空气流速，避免肉表面发黏、发霉、变软、变色及产生不好的气味等。

2. 肉的冻结保藏

肉在较低温度下冻结时，动物组织内部脱水形成冰晶，使微生物的生长繁殖和酶的活性受阻。降低冻结肉的储藏温度可以有效地延长储藏期。

肉冻结保藏时，应调节适当的湿度，防止肉类过分干耗。存放肉时，留取一定的空隙，保证空气有一定的流速，同时注意保藏时间，同类原料先存的先用，避免超过保藏期，注意肉色和脂肪的变化。解冻后的肉由于肉汁外溢，极易腐败，应尽量使用完，用不完的可冷藏，但时间不宜过长。

第六节　禽类原料

一、禽类原料概述

（一）禽类原料的组织结构特点

从烹饪加工和利用的程度来看，禽体由肌肉组织、脂肪组织、结缔组织和骨骼组织构成，但其比例因家禽的种类、品种、年龄、生长环境、禽体部位不同而略有差异。

1. 肌肉组织

肌肉组织是禽体最有食用价值的部分，富含人体所需的优质蛋白质。禽类肌纤维的粗细与禽的种类、品种、部位、年龄、性别、生长环境有关：一般老龄禽肌纤维较粗，公禽比母禽肌纤维粗；水禽肌纤维比鸡粗；不同部位肌纤维粗细也不一样，活动量大的部位肌纤维粗。

2. 脂肪组织

禽类的脂肪组织除了在体腔内部或皮下沉积外，还均匀地分布在肌肉组织中。禽类脂肪中亚油酸多，熔点低，使禽肉比畜肉更鲜嫩味美，特别是分布在肌肉组织中的脂肪，营养价值很高，且易消化。脂肪在皮下沉积使皮肤呈现一定颜色，沉积多的呈微红色或黄色；沉积少的则呈淡红色。

3. 结缔组织

禽体中的结缔组织含量比畜肉低，所以禽肉比畜肉更柔软更鲜嫩，易于人体消化吸收。一般来说，结缔组织与禽的活动量有关，活动量大的比活动量小的禽结缔组织多，幼禽结缔组织比老禽少，白肌中含结缔组织较少，红肌含结缔组织相对较多。

4. 骨骼组织

禽类的骨骼是禽体的支架，具有轻便而坚固的特点，含有丰富的钙质。禽类的骨骼结构大致相同，可分为长骨、短骨和扁平骨，其中只有长骨中有骨骼，短骨和扁平骨中没有。

（二）禽类原料在烹饪中的应用

1）禽类原料可作为菜肴主料和配料。禽类的肌肉发达，结缔组织少，纤维又极其柔细，故适用于多种烹调方法。禽类多作为主料，如江苏的三套鸭、豆苗山鸡片，北京的烤鸭，四川的樟茶鸭子、口水鸡，广东的东江盐焗鸡、烧鹅等。禽类原料作为配料，可与荤菜搭配，如鸡火烩鱼肚、黄桃鸡片炒墨鱼等，也可以与素菜搭配，如鸡丝拌洋菜、鸡粥白灵菇等。

2）禽类原料可作为菜肴调辅料。禽肉中构成鲜味的物质较多，是鱼翅、燕窝、鲍鱼、海参等上等原料的调辅料，可补足一些干货原料鲜味的不足。

3）禽类原料可作为糕点、小吃的馅料，如三丁包等。

4）禽类原料还可制成各种加工制品如咸鹅、咸板鸭、风鸡等，这些原料具有风味独特，便于运输，便于储藏等特点。

二、常用禽类原料的种类

（一）家禽类原料

家禽是指人类为满足对肉、蛋等的需要，在长期的人工饲养的条件下逐渐驯化而成的，能生存繁衍且有一定经济价值的鸟类，如鸡、鸭、鹅、鹌鹑、家鸽等。

家禽按用途分类，可分为肉用型、蛋用型和蛋肉兼用型。肉用型以产肉为主，体型较大，肌肉发达，躯体宽而身短，外形丰满，行动迟缓，性成熟晚，性情温顺，如九斤黄、狼山鸡、洛岛红鸡、北京填鸭、建昌鸭等；蛋用型以产蛋为主，体型较小，活泼好动，性成熟早，如来航鸡、仙居鸡、金定鸭、绍鸭等；肉蛋兼用型，体型介于肉用型和蛋用型之间，同时具有两者优点，如浦东鸡、寿光鸡、娄门鸭、高邮鸭、白洋淀鸭等。

（二）家禽类原料主要品种介绍

1. 鸡

鸡属雉科原鸡属，是我国最主要的家禽。我国是世界上最早驯养鸡的国家，目前全世界鸡的品种约有 300 多个，按品系可分为 170 种，其中饲养较多的有 70 多种。鸡按主要用途可分为肉用、蛋用、肉蛋兼用等类型，代表品种如下。

1）九斤黄又称山东鸡、交趾鸡，原产山东，是著名的肉用鸡。此鸡体躯大，羽毛有黄、黑、灰和麻酱色等几种，以黄色为最多，生长快，易育肥，肉质肥美、柔软，充满脂肪，现在长江中下游一带饲养较为普遍。

2）来航鸡原产意大利，因从来航港输往国外而得名，是世界上著名的蛋用鸡品种。羽毛有白、黄、黑等色，以白色为最多。此鸡年产蛋量在 200 枚以上，最好的能产 365 枚，蛋重 50g 左右，蛋壳为白色。

3）寿光鸡原产山东寿光，是肉蛋兼用鸡。羽毛有黑、褐等色，以黑色居多。此鸡体型较大，肉质肥美，蛋比较大，年产蛋量 140~160 枚，蛋重 60~75g，现分布较广。

4）浦东鸡原产于上海川沙、奉贤一带，是肉蛋兼用鸡。公鸡背上的羽毛为红黄色，腹下黑红色，尾羽黑色；母鸡的羽毛尖部呈浅棕色，其他部分均为淡黄色。该鸡体躯高大，肌肉丰满，肉质肥美，但成熟较迟，年产蛋量约 150 枚，蛋重约 60g。

5）泰和鸡又称乌骨鸡、武山鸡，原产于江西泰和县武山地区，是一种药食兼用鸡，自古以来就驰名中外，羽毛洁白。此鸡身躯短小，乌皮、乌骨、乌肉，且内脏、脂肪均为黑色，是药膳的原料，年产蛋量约 80 枚，蛋重 30~50g，蛋壳淡褐色。

鸡在烹饪中应用广泛，既可整料烹制，又可割成不同的部位使用，可做热菜、冷菜、羹汤，也可做火锅、小吃、点心、粥饭等，适用于多种烹调方法。此外，鸡的肫、肝、心、肾、血、油等经加工后也都是较好的烹饪原料，但要注意鸡的肺、嗉囊、淋巴、气管不能食用。

2. 鸭

鸭属鸭科河鸭属，家鸭系由野生绿头鸭和斑嘴鸭驯化而来的，在世界各地分布很广，我国是世界上最早把野鸭驯化成家鸭的国家之一。良种家鸭约 20 多种，可分为肉用鸭、蛋用鸭和肉蛋兼用鸭三类，代表品种如下。

（1）北京鸭又称填鸭、白鸭　北京鸭原产于北京北部水源丰富的玉泉山一带，为世界著名的肉用鸭品种之一。北京鸭全身羽毛洁白，带乳白色光彩，肌肉纤维细致，富含脂肪并且在皮下和肌肉间分布均匀，提高了肉质的风味，是中国名菜"北京烤鸭"的专用原料。北京鸭从孵出到应用只需三个月，体重可达 3~4kg。

（2）绍鸭　绍鸭原产于浙江绍兴、萧山一带，故名。绍鸭为优良蛋用鸭，是麻鸭中首屈一指的代表，其颈细长，中部有一白环，体小身狭，臀部较大，每只鸭年产蛋 225~300 枚，蛋重 50~60g。

（3）建昌鸭　建昌鸭原产于四川凉山彝族自治州的西昌、德昌、宁南等地，为肉蛋兼用鸭，以生产大肥肝而闻名，故有"大肝鸭"的美称。建昌鸭生长快，体型大，成熟早，产肉多，肝肥大，肉肥而不腻，香味浓郁，是筵席上的佳品。

（4）娄门鸭　娄门鸭又称苏州大鸭，原产于江苏苏州娄门地区，为优良肉蛋兼用鸭。公鸭头顶和翅呈绿色而带乌金色光泽，体躯长方形，头大喙阔，肉质细嫩而白。年产蛋量 100~150 枚，蛋重 70g 以上，壳白色。

（5）高邮鸭　高邮鸭原产于江苏高邮、宝应、兴化一带，现主要产于安徽中部巢湖周围各县，为肉蛋兼用鸭。高邮鸭，体型较大，瘦肉率高，为南京板鸭的主要原料。此外，高邮鸭还以产双黄蛋著称，年产蛋量 160~200 枚，蛋型大，重为 80~85g，壳多呈白色，少有青色。

（6）白洋淀鸭　白洋淀鸭原产于河北的白洋淀地区，为肉蛋兼用鸭，其体大肉嫩，是驰名华北的特产。鸭肝肥大，每只鸭肝重达 400g 左右，最大的可达 500g 以上，是珍贵的烹饪原料。

（7）番鸭　番鸭又称瘤头鸭、洋鸭、麝鸭，原产于中美和南美洲热带地区，是世界著名的优质肉用型鸭种，现在福建、广东等省已大量繁殖，是世界著名的肉用鸭品种。番鸭头部两侧和脸上长有赤色肉瘤，体质强健，肉厚且细嫩，味美油多。

（8）白沙鸭　白沙鸭是广东省地方优良品种，主要产于广东省汕头地区，肉蛋兼用型新品种，具有体型大、产肉能力强、肉质好、产蛋多等优良性能，适合在高温潮湿气候和水田放牧饲养。白沙鸭为褐色麻羽，眼上方有由白色羽组成的斑纹，似眉毛，故又称此鸭为白眉鸭。

鸭肉肉质丰满细嫩，肥而不腻，皮薄香鲜。鸭在烹饪中应用广泛，多以整只烹制，在宴席中多作为大件使用，最适合烧、烤、蒸、卤、酱等烹调方法，也适合扒、煮、焖、煨、炸、熏等烹调方法。将鸭切成小件，可采用熘、爆、烹、炒等方法制作。鸭既可作为主料，也可作为配料，还可做面点的馅料。此外，鸭的头、颈、掌、翅、皮、肫、肝、心、血、胰、肾、肠等，皆是烹调的上好原料。

3. 鹅

鹅又称家雁，舒雁，属鸭科雁属。一般认为欧洲鹅起源于灰雁，外形硕大，颈粗短，躯平，头部无肉瘤。中国鹅起源于鸿雁，体躯呈斜方形，颈长，喙颈部上端有明显的肉瘤。现我国水乡和丘陵等地区放牧饲养鹅。鹅生长快，肉质美，寿命较其他家禽长。鹅的品类很多，按用途可分肉用、蛋用、肉蛋兼用三类；按体型大小分为大、中、小三种，以中、小型居多。中国的优良鹅种产量居世界首位。大型鹅有狮头鹅；中型鹅有溆浦鹅、奉化鹅、象山白鹅；小型鹅有中国鹅、太湖鹅、清远鹅、兴国灰鹅等。

（1）狮头鹅　狮头鹅原产于广东省饶平县，为肉用型鹅。羽毛灰褐色或灰白色，头大眼小，公鹅脸部有很多黑色肉瘤，并随年龄而增大，略似狮头，故名。狮头鹅生长快，成熟早，肉质优良，其体重为全国鹅种之最。

（2）溆浦鹅　溆浦鹅主产于湖南省溆浦县，为肉用鹅，体型高大，体质结实，羽毛着生紧密，体躯稍长，有白、灰两种颜色。溆浦鹅具有体型大、生长快、耗料少、觅食力强、适应性好等特点，其肥肝性能特别优良。

（3）奉化鹅　奉化鹅主产于浙江奉化地区，以形体大、羽毛洁白、胸肋发达、臀部丰满、肉质嫩、滋味美著称，特别是清明时节的清明鹅，肉质更是鲜美。它可以烹调成扣鹅、烤鹅、香酥鹅、花椒鹅、块鹅、笋炒鹅块等菜，成为宴席上的佳肴。奉化鹅生长迅速，环境适应性强，为加工冻光鹅远销海外的优良品种。

（4）象山白鹅　象山白鹅主产于浙江象山县。象山白鹅属我国的优良地方品种，体型中等，以其早期生长速度快、肉质好、经济性状优而闻名。为我国主要出口产品之一。

（5）太湖鹅　太湖鹅主产于江苏苏州、无锡等地，为肉蛋兼用鹅。太湖鹅羽毛纯白，喙、跖蹼均呈橘红色。体态高昂，体质强健，肉质优良，产蛋率高，是苏州名产糟鹅的主要原料。现根据育鹅期的早晚，分为早春鹅、清明鹅、端午鹅、夏鹅等。

（6）扬州鹅　扬州鹅是我国首次利用国内鹅种资源育成的新品种，是理想的中型鹅种，主要产于江苏苏中及苏北地区，尤其以扬州地区较多。早期生长快，耐粗饲，肉质鲜美、肌间脂肪丰富，含水量低，加工成品率高，适口性好，是制作扬州盐水鹅、风鹅的主要原料。

（7）清远鹅　清远鹅羽毛大部分呈乌棕色，又称乌棕鹅，黑鬃鹅，主产于广东省清远县。清远鹅体型较小，早熟，骨细肉嫩，育肥性较好，肉味鲜美，适应性强，食量小，觅食力强。羽黑灰，头顶、颈背鬃状羽毛深黑，腹毛有白色与灰黑色之分，喙、肉瘤和蹼均为黑色，肉质细嫩，滋味鲜美，是广东制作烧鹅的主要原料。

（8）伊犁鹅　伊犁鹅主产于新疆伊犁哈萨克自治州，伊犁鹅体型中等，与灰雁非常相似，颈较短，胸宽广而突出，腿粗短，羽毛可分为灰、花、白三种颜色。

鹅与鸡、鸭相比，其肉质稍粗，且有腥味；与家畜相比，鹅肉结缔组织少，肉纤维较细，具有较多的鲜味。

鹅在烹饪中常以整只烹制，既可制作筵席常用菜，又可整料出骨，制作高难度工艺脱骨菜。嫩鹅还可以加工成各种小件形态，适用于烤、炸、烧、扒、熏、炖、焖、煨、煮、蒸、卤、酱等多种烹调方法，适用于咸鲜、咸甜、酱香、烟香、五香、腊香、葱油、姜汁、红油、咖喱、麻辣、椒麻等多种调味味型。除鹅肉外，鹅翅、鹅蹼、鹅舌、鹅肠、鹅肫是餐桌上的美味佳肴的烹饪原料。

4. 鹌鹑

鹌鹑，又称赤鹑、红面鹌鹑、秃尾巴鸡，属雉科鹌鹑属。鹌鹑体型近似雏鸡，头小尾秃，有野生和家养两种。目前，我国各地均有人工饲养。肉质肥嫩而香，比其他家禽更鲜美可口，富于营养，是家禽中具有特殊风味的品种，其代表品种有日本鹌鹑、朝鲜鹌鹑、中国白羽肉鹑。

鹌鹑入馔，多以整只烹制为佳；鹌鹑脯细嫩香鲜，可批片、切丝或剞上花纹烹调；鹌鹑腿筋多，常切成条、块、丁制馔；还可以取肉剁末斩蓉。鹌鹑内脏也是上好的烹饪原料。鹌鹑鲜品适宜多种烹调方法和多种味型。

5. 家鸽

家鸽，属鸠鸽科鸽属。家鸽起源于原鸽，是人类最早驯化的鸟类之一，相传中国自秦汉起就已开始养鸽。家鸽体呈纺锤形，羽毛紧凑，羽毛有灰、白、红、黄、黑及雨点等，颈部常有金属光泽。家鸽经长期人工选育，品种极多，按用途可分为肉鸽、信鸽和观赏鸽三类。烹调应以肉鸽为主，其他鸽也可入馔。肉鸽的主要品种如下。

（1）石岐鸽 石岐鸽因产于中国广东省中山市石岐镇而得名，由及仑替鸽与当地鸽杂交选育而成。石岐鸽体形小，是我国大型食用鸽品种之一，骨软肉嫩，体呈芭蕉花蕾型，以体长、翼长和尾长为特征。公鸽重750g，母鸽重600g左右。石岐鸽生产性能好，一年可产蛋7~8对，粗放易养，耐粗料，性温驯，骨软、肉嫩，深受消费者欢迎。

（2）美国王鸽 美国王鸽是大型肉用种鸽，育成于美国，体形矮胖，嘴短而鼻瘤细小，头盖骨圆且向前隆起，尾短而翘，性情温顺。我国自1977年开始引进白王鸽和银王鸽两个品种。银王鸽体形大于白王鸽，生产性能好。

家鸽体态丰满，肉质细嫩，纤维短，滋味浓鲜，芳香可口。肉用鸽的最佳食用期是在出壳后25天左右，此时又称乳鸽。乳鸽肥嫩骨软，肉滑味鲜美，属于高档原料。

家鸽在烹调中应用广泛，可做冷菜、热菜、羹汤或面点馅心。家鸽常以整只烹制，适用于炸、炖、烤、烧、蒸、煨、扒等多种烹调方法。鸽脯细嫩，可切丝、片、丁或剞上花纹，适用于炒、烹、熘等烹调方法，鸽腿筋多而小，常切成条、块制馔。此外，鸽舌、鸽胸、鸽脑、鸽肫等也是上好的烹饪原料。

三、禽蛋及禽蛋制品

（一）禽蛋的烹饪运用

禽蛋是指雌禽为了繁衍后代排出体外的卵，包括鸡蛋、鸭蛋、鹅蛋、鸽蛋、鹌鹑蛋等。这些蛋的结构基本相似，化学组成大同小异。

1）禽蛋可作为主料，单独成菜，如炒鸡蛋、炖鸡蛋等。

2）禽蛋可作为配料，用于各种造型菜，如将蛋白、蛋黄分别蒸熟后制成蛋白糕和蛋黄糕，通过刀工或模具造型后，广泛用于各种造型菜式中，起到配色、配形的作用。

3）禽蛋可作为浆糊原料，如蛋清浆、全蛋糊、蛋黄糊、蛋泡糊等。

4）禽蛋可作为黏合料，用于制作各式丸菜、糕菜及各类蓉、泥、胶的黏合原料。

5）禽蛋可作为调味料，如用蛋黄可制成沙拉酱用于调制各种原料。

6）禽蛋可以用于制作各种小吃、糕点，如金丝面、银丝面、蛋糕、蛋烘糕等。

（二）常见禽蛋品种介绍

1. 鸡蛋

鸡蛋又称鸡卵、鸡子，是蛋类中最主要的一种，呈椭圆形，表面一般呈浅白色或棕红色。鲜蛋表面有似白色的霜，蛋重约50g，大的可达100g以上，较少见。

鸡蛋含有丰富的蛋白质、脂肪、维生素和铁、钙、钾等人体所需要的矿物质，尤其是维生素A的含量高，且多存于蛋黄中。

2. 鸭蛋

鸭蛋又称鸭子，呈椭圆形，个体比鸡蛋大，表面较光滑，颜色有白色，青色或青灰色，蛋重70~90g，鸭蛋在烹调中可代替鸡蛋，但腥气较重。

3. 鹅蛋

鹅蛋呈椭圆形，个体很大，表面较光滑，呈白色，蛋重80~100g，成熟后质地粗于鸡蛋、鸭蛋。

鹅蛋其蛋白质含量低于鸡蛋，脂肪含量高于其他蛋类，鹅蛋中还含有多种维生素及矿物质，但质地较粗糙，草腥味较重，口味不及鸡鸭蛋。

4. 鸽蛋

鸽蛋是雌鸽排出的卵，呈椭圆形，个体小，蛋重15g左右。表面颜色通常为白色，壳薄易碎，含水量很高，蛋质细嫩，成熟后也呈半透明状。

烹饪中用途广泛，是珍贵的烹饪原料。

5. 鹌鹑蛋

鹌鹑蛋是人工驯养的雌性鹌鹑排出的卵，接近圆形，个体很小，蛋重仅3~4g，表面有棕褐色斑点，壳薄易碎。鹌鹑蛋含水量为73%左右，味鲜细嫩。

鹌鹑蛋中的蛋白质、脂肪含量比鸡蛋高，营养丰富，且鹌鹑蛋中营养分子较小，所以比鸡蛋营养更易被吸收利用。鹌鹑蛋产量较大，在烹饪中逐渐取代了鸽蛋的地位，入馔多为整用，也可作为花色菜肴中点缀装饰之用。

（三）禽蛋制品

禽蛋制品是指以新鲜禽蛋为原料，经加工后制成的加工性烹饪原料。禽蛋制品按制作工艺的不同，大致可分为三类，即再制蛋类、冰蛋类和干蛋类。再制蛋类在烹饪中较为常用。

1. 再制蛋类

再制蛋是在保持禽蛋原形的情况下，经过一系列加工而制成的制品，包括皮蛋、咸蛋、糟蛋等。

（1）皮蛋 皮蛋又称变蛋，又因蛋黄可呈现墨绿、草绿、茶色、暗绿及橙红等色，又称为彩蛋，凝固的蛋清中常有松花状结晶而又称为松花蛋。皮蛋通常以鸭蛋为主料（也可以鸡蛋、鹌鹑蛋为主料），以食盐、石灰、纯碱、茶叶等为配料制作而成。皮蛋是我国独特的风味产品，生产历史悠久，主要产地在湖南、四川、河北、江苏、浙江、山东、河南等地。著名品种有湖南洞庭湖地区的湖彩蛋和益阳皮蛋，江苏的高邮彩蛋、宝应皮蛋和洪泽湖硬心皮蛋，四川的水川松花皮蛋，河北的廊坊胜芳松花京彩蛋，河南的修武五里源松花蛋等。皮蛋因加工用料和条件不同，可分为硬心皮蛋和溏心皮蛋两种。前者在制作时，要加入氧化铅或氧化锌，使蛋黄凝固，无溏心；后者制作时添加草木灰等，使蛋黄中心呈稠黏液状。

皮蛋在烹饪中适合熘、炸、煮等烹调方法，用于热菜制作中，也可以制作小吃、粥品等。冷菜如青椒皮蛋、姜汁皮蛋、剁椒皮蛋等；热菜如糖醋皮蛋、焦熘皮蛋等；粥品如皮蛋瘦肉粥等。

（2）咸蛋 咸蛋又称腌蛋、盐蛋，是以鸭蛋、鸡蛋、鹅蛋等新鲜禽蛋放在浓盐水中浸泡或用含盐的泥土包在蛋的表面腌制而成的蛋类制品。通常以鸭蛋作为原料，我国南北朝时已有制作。目前，全国各地均有制作，尤以双黄蛋加工的咸蛋，色彩更美，风味别具一格。著名品种有江苏高邮双黄咸蛋，湖北沙湖咸蛋，以及洞庭湖西岸生产的湖南西湖咸蛋，浙江兰溪等地的黑桃蛋等。

咸蛋由于制作方法的不同，可分为：

1）黄泥蛋，是将鲜鸭蛋加黄泥和食盐制成。

2）灰蛋，是将鲜鸭蛋加草木灰及食盐制成。

3）咸卤蛋，是将鲜鸭蛋在盐水中浸泡制成。

咸蛋通常煮后即可直接食用，常作为随饭小菜或制作冷菜。油炒后颇似蟹黄，故常用于热菜中。此外，咸蛋黄还常作为面点的馅心或小吃用料，如蛋黄月饼、咸蛋粽子，或做咸蛋粥等。

（3）糟蛋 糟蛋是以新鲜禽蛋裂壳后（不破坏壳内膜），用酒糟、食盐、醋等腌渍而成的蛋制品。糟蛋生产历史悠久，为我国传统的出口土特产之一。以浙江平湖地区生产的糟蛋较为有名，四川、河南等地也有出产。著名品种有浙江平湖糟蛋，四川宜宾糟蛋，河南陕县糟蛋等。

优质的糟蛋蛋壳与壳下膜应完全分离，全部或绝大部分脱落，蛋质较嫩；蛋白呈乳白色，光亮而洁净，形如胶冻；蛋黄软呈半凝固状，为橘红和黄色；

蛋白与蛋黄分明，气味芬芳，无酸味和异味，滋味浓郁，醇香鲜美，食之沙甜可口，有回味者为佳。

糟蛋在烹饪中主要用于冷食或作冷拼的原料，一般不制作热菜，因为加热蒸煮会使糟蛋散失香味。

2. 冰蛋类

冰蛋是把蛋的内容物混合均匀后，再经冻结而成的蛋制品，冰蛋类制品分为冰全蛋、冰蛋白和冰蛋黄三种。鲜蛋经冰冻后，增加了耐贮性，又基本保持了原有风味。但是冰蛋的水分较多，且有微生物存在，必须在 −18℃以下的冷库或冰箱中保藏。

冰蛋品的解冻是冻结的逆过程。解冻的目的在于将冰蛋品的温度回升到所需要的温度，使其恢复到冻结前的良好流体状态，获得良好的可逆性。常见的解冻方法有常温解冻、流水解冻、微波解冻等。冰蛋的用途不如鲜蛋广，因在保藏与解冻过程中细菌大量繁殖，在烹饪过程中必须用高温彻底加热。

3. 干蛋类

干蛋类制品是将质量良好的鲜蛋打破去壳，取其内容物烘干或用喷雾干燥法脱去蛋液中的水分，从而制得含水量不超过 4.5%的粉状蛋制品。根据其成分不同，干蛋类制品可分为干全蛋、干蛋白和干蛋黄三种。质量正常的蛋粉，当再吸收水后就能基本恢复蛋的原来性质。使用干蛋粉做菜时，加热处理前不要把蛋粉和水的混合物放置时间过长，以免残余的微生物繁殖，烹调时要彻底加热，并且不宜用蛋粉制作过厚的不易熟透的蛋饼。

四、禽类及其制品的品质鉴定及保管

（一）鲜活禽类的品质鉴定

鲜活禽类的品质鉴定主要是检验其健康状况和老嫩程度。

1. 健康状态

活禽类的健康状态通常采用感官检验法来观察。一般健康禽的主要特征是羽毛丰润、清洁、紧密，有光泽，脚步矫健，两眼有神；握住禽的两翅根部，挣扎有力，用手触摸嗉囊无积食、气体或积水；头部的冠、头部无毛部分无苍白、发紫或发黑现象；眼睛、口腔、鼻孔无异常分泌物；肛门周围无绿白稀薄粪便黏液。反之则为不健康禽。

2. 老嫩程度

禽类的品种很多，其成年期各不相同，在不同的生长期中，其肉质的老嫩程度有较大的差别。下面介绍几种禽类的老嫩选择鉴别。

（1）鸡的老嫩鉴别 根据鸡的生长期及老嫩程度的不同，一般可分为以下几种。

1）仔鸡也称嫩鸡，指尚未到成年期的鸡。仔鸡羽毛未丰，体重一般在 0.5~0.75kg，胸骨软，肉嫩，脂肪少，嘴软，爪上鳞片细嫩，适宜炒、爆、炸。

2）当年鸡也称新鸡，已到成年期，但生长时间为一年左右，其羽毛紧密，胸骨较软，嘴尖发软，后爪趾平稍长，体重一般已达到各品种的最大重量，肥度适当，肉质嫩，适宜炒、爆或烧、炸、煮或供出肉加工等。

3）老鸡指生长期在两年以上的鸡，此时羽毛一般较疏，皮发红，胸骨硬，爪、皮粗糙，鳞片状明显，趾较长石硬且成钩状，羽毛管硬，肉质老，但含氮浸出物多，适宜制汤或炖焖。

（2）新鸭和老鸭的鉴别 新鸭喉管软，羽毛有天蓝色的光泽；老鸭体较重，嘴上花斑多，喉管坚挺，胸部底骨发硬，羽毛色泽暗污。

（3）鸽的老嫩鉴别 鸽子按年龄有乳鸽、中鸽、老鸽之分。乳鸽眼润白色，大都有小黄羽，身上羽毛尚未长全，肉质鲜嫩；中鸽有黄色眼圈，羽毛已长全，肉质次之；老鸽眼圈红色，肉质较老。

（二）光禽的品质鉴定

光禽是指宰杀后，拔净羽毛的整禽，因内脏取出的多少而有全净膛、半净膛、不净膛之别。全净膛即将禽宰杀后保留肝、肾，其余脏器自切口取出；半净膛即禽宰杀处理干净后从肛门拉出全部下肠管，其他脏器保留在体腔内；不净膛即禽宰杀处理干净后，脏器仍全部保留在体腔内。

光禽的新鲜度一般可分为新鲜、次鲜和变质三个等级，主要通过感官检验的方法对其嘴部、眼部、皮肤、脂肪、肌肉、制成的肉汤等方面来进行检验。

（1）嘴部 新鲜禽的嘴部有光泽，干燥，有弹性，无异味。次鲜禽的嘴部无光泽，部分失去弹性，稍有异味。变质禽的嘴部暗淡，角质部软化，口角有黏液，有腐败气味。

（2）眼部 新鲜禽的眼球饱满，眼球充满整个眼窝，角膜有光泽。次鲜禽的眼球皱缩凹陷，晶体稍浑浊。变质的禽，眼球干缩下陷，有黏液，角膜暗淡，晶体浑浊。

（3）皮肤 新鲜禽的皮肤有光泽，因品种不同，可呈淡红和灰白色等，具有该禽特有的气味。次鲜禽的皮肤色泽转暗，表面发潮。变质禽的皮肤无光泽，呈灰黄色，有的地方带淡绿色，表面湿润有霉味或腐败味。

（4）脂肪　新鲜禽的脂肪色白，稍带淡黄色，有光泽，无异味；次鲜禽的脂肪色泽变化不太明显，但稍带有异味。变质禽的脂肪呈淡灰色或淡绿色，有酸臭味。

（5）肌肉　新鲜禽的肌肉结实而有弹性，具有正常的色泽。鸡的腿肉为玫瑰色，有光泽，胸肌为白色；鸭、鹅的肌肉为红色，稍湿不黏，有特殊的香味。次鲜禽的肌肉弹性变小，用手指压后凹陷恢复较慢，且恢复不完全，有轻度不愉快味。变质禽，指压后凹陷不能恢复，留有明显痕迹，肌肉为暗红色、暗绿色或灰色，有腐败味。

（6）制成的肉汤　新鲜禽的肉汤透明、芳香，表面有大的脂肪油滴。次鲜禽的肉汤不太透明，脂肪滴小，香味差或无鲜味。变质禽的肉汤浑浊，有白色或黄色絮状物，有腥臭气味，几乎无脂肪滴。

（三）禽蛋及其制品的品质鉴定

1. 带壳禽蛋鉴定的方法

1）鲜蛋的蛋壳外观粗涩，没有光泽，无裂纹，蛋壳表面有一层白色或粉红色霜状石灰质粉粒。若鲜度下降，表面变得光滑、有光泽。若有内容物浸出，大多数为腐败蛋。

2）振荡鲜蛋的内容物没有移动性，即使摇动也没有声音。但陈蛋，由于水分的蒸发，内容物收缩，因此摇动就有声音。

3）蛋壳具有对光线的半通透性，如果使蛋向着光从对侧看时，可以看清一部分内容物的状态，如气室的大小、蛋黄的位置、蛋壳上小的裂纹、血液等异物、蛋壳内面的霉斑点和有无胚胎发育等。透视法是鉴定蛋内部质量较好的方法。一般新鲜蛋的蛋黄显圆形且居中，转动慢，气室小，蛋白浓厚；陈蛋的蛋黄扁大，或者散开，转动快，气室变大，蛋白变稀；腐败蛋的内容物呈暗黑色、暗浊色。

2. 蛋制品的品质鉴定

1）皮蛋的质量鉴定主要从以下几个方面进行：蛋壳完整，两蛋轻敲有清脆声，并能感到内部弹动。剥去蛋壳，蛋青凝固完整，光滑洁净，不粘壳，无异味，呈棕褐或绿褐，有松枝花纹；蛋黄味道清香浓郁；稍具或无辛辣味、无臭味。

2）咸蛋以壳青白者，无空头，蛋白为纯白色，无斑点，质嫩，蛋黄为红黄色，油多，全蛋滋味咸淡适中，无异味者为佳。品质优良的咸鸭蛋具有

"鲜、细、松、沙、油"六大特点，煮（蒸）熟后切开断面，黄白分明，蛋白质地细嫩，蛋黄细沙，呈朱红（或橙黄）色起油，周围有露水状油珠（俗称掌心化油），中间无硬心。

（四）禽蛋及其制品的保管

1. 光禽和禽肉的保管

1）冷却保藏。光禽和禽肉如能在一周内用完，可在冷却状态下保存。如鸡肉，在温度为0℃，相对湿度85%~90%的条件下，可保藏一星期左右。

2）冷冻保藏。宰杀后成批的光禽或禽肉，如果需要保藏较长时间，必须进行冷冻保藏，即先在−30℃~−20℃，相对湿度85%~90%的条件下冷冻24~48h，然后在−20℃~−15℃，相对湿度90%的环境下保存，在低温的环境下控制微生物的繁殖速度。

2. 禽蛋的保管

（1）冷藏法　冷藏法是利用冷藏环境中的低温抑制微生物的生长繁殖和蛋内酶的作用，延缓蛋内的生化变化，以保持鲜蛋的营养价值和鲜度。鲜蛋冷藏前要先经过检验，剔出粪污、霉污、破损等次劣蛋。冷藏时，鲜蛋要经过预冷。鲜蛋在冷藏期间，室内温度低可以延缓蛋的变化。但温度低也会造成蛋的内容物冻结，并且膨胀而使蛋壳破裂。根据实际情况，温度一般掌握在4℃比较合适，最低不得低于0℃，相对湿度为82%~87%。在冷藏期间，要特别注意控制和调节温度、湿度，若温度、湿度忽高忽低，会增加细菌的繁殖速度或使盛器受潮而影响蛋的品质。

冷藏法保藏蛋品虽然比其他保藏方法好，但时间不宜过长，否则同样会使蛋变质。一般在春、冬季节，蛋可储存三个月，在夏、秋季节，蛋储存不超过两个月，就要出库。

（2）浸渍法　浸渍法的基本原理是利用化学反应产生不溶性沉积物质，堵塞蛋壳气孔。一般采用石灰水法、水玻璃法或涂膜法等。

1）石灰水法是利用蛋内呼出的二氧化碳和石灰水作用生成不溶性的碳酸钙，凝结于蛋壳上，将蛋壳的气孔闭塞，从而阻止微生物的侵入。这种方法费用较低，设备简易，可将鲜蛋储存8个月左右。

2）水玻璃又名泡花碱，其化学名称为硅酸钠，是一种不挥发性的硅酸盐溶液。鲜蛋浸过玻璃溶液后，硅酸胶体就包围在蛋壳外面，形成一层薄的干涸水玻璃层，闭塞气孔，使蛋内水分不易蒸发，减弱蛋内的呼吸作用，同时又阻止微生物侵入。通常在20℃的室温条件下，鲜蛋可储存4~5个月。

3）涂膜法是将矿物油、聚乙烯醇等被覆剂涂布在鲜蛋蛋壳表面堵塞蛋壳气孔，以阻止蛋内逸出二氧化碳和微生物侵入蛋内。

第七节　水产品类原料

一、水产品类原料概述

（一）水产品类原料的分类

水产品类原料是指生活在水中可供食用的动、植物性原料。水产品种类繁多，有淡水产品、海水产品；有动物性原料、植物性原料等。水产品按品种类别分有鱼类、虾蟹类、贝类、软体类、两栖爬行类等。

（二）水产品类原料的烹饪运用

水产品原料是烹饪原料中非常重要的一类原料，它种类繁多，并具有各自的特点，营养价值高，质地鲜嫩，口味鲜美，在烹饪中运用极为广泛。

1）整只（条）使用，作为制作宴席的大件菜肴原料，如清蒸刀鱼、清蒸大闸蟹等。

2）作为花式造型菜肴的主要原料，如菊花鱼、松鼠鳜鱼、金毛狮子鱼、蛙式鲈鱼等。

3）作为制作生食、冷菜的原料，如刺身澳龙、盐水河虾、醉蟹等。

4）作为制作泥蓉类菜肴原料，如清汤鱼圆、扒酿海参、百花鱼肚等。

5）作为制作点心的馅心原料，如鱼肉水饺、笋尖鲜虾饺等。

6）作为调制菜肴口味的原料，如鱼浓汤、虾子、蟹肉等。

7）作为制作大众菜肴的原料，如红烧鱼块、鲫鱼汤等。

二、常用淡水鱼的种类

我国疆域内陆较大的江河有5000多条，江河湖库等内陆淡水水面3亿多亩（2000多亿平方米），水域辽阔，气候适宜，水产资源丰富，品种繁多，是人类蛋白质食品的良好来源。

（一）洄游性淡水鱼

鱼类因季节的变化、寻找食物、生殖等原因，要周期性结群做长距离的定向游动，叫作洄游。洄游性淡水鱼类有鲥鱼、刀鲚、鲟、鳗鱼、银鱼等。

1. 鲥鱼

鲥鱼又称时鱼、三来、三黎鱼、迟鱼，背黑绿色，鳞下多脂肪，是名贵的食用鱼。鲥鱼体呈长椭圆形，较侧扁，体长 25~40cm。4~6 月生殖季节，鲥鱼溯河而上，在江河的中、下游产卵繁殖。分布在我国南海及东海，也见于长江、珠江、钱塘江等流域的中下游。

由于鲥鱼鳞片富含脂肪，故烹调加工时不去鳞，以增加鱼体的香味，宜带鳞蒸食，是名贵的食用鱼类，为江南席珍。鲥鱼的烹调方法很多，以清蒸、清炖、烤、红烧最为常见，其中以保持原汁原味的清蒸技法居多。

2. 刀鲚

刀鲚又称刀鱼、毛花鱼、野毛鱼、凤尾鱼、属洄游鱼类。每当春季，刀鱼成群溯江而上，形成鱼汛。农谚有"春潮迷雾出刀鱼"，是春季最早的时鲜鱼。刀鱼体形狭长侧薄，颇似尖刀，银白色，肉质细嫩，但多细毛状骨刺，肉味鲜美，肥而不腻，兼有微香。刀鱼是江苏扬州、镇江焦山一带的主要水产品之一，境内长江水域均可捕获。前期刀鱼雄性多，体大，脂肪多；后期雌性居多，体小，脂肪少。清明后，刀鱼肉质变老，俗称"老刀"。现在市面上的刀鱼，大多是湖刀、海刀和河刀，虽然都是刀鱼，但其口感和品质远不能与长江刀鱼相比。现在刀鲚已经可以人工养殖了。

刀鲚在烹饪中制作菜肴主要是整条制作，主要烹调方法有烧、蒸、炸、煎等，清明节前因其鱼鳞中还有较多的脂肪且鱼鳞较软，所以一般不去鳞加工，烹调时多以清蒸为主，常配以鲜嫩的春笋。

3. 鲟

鲟又称腊子、着甲等，我国有一级保护动物中华鲟和长江鲟等，它们生在江河里，长在海洋中，在那里成长、发育，成熟期需 9~12 年，完全成熟后，再迁移到我国浅海地区进入河口，在那里肥育、栖息。秋季，鲟顺长江逆流而上，直至长江上游的金沙江一带产卵繁殖，幼鱼孵出后，便跟随着亲鱼远征，向河口、海洋游去。具有经济价值的有西伯利亚鲟、施氏鲟、俄罗斯鲟等，现已有人工养殖。

鲟的肉质鲜美，刺少骨脆，适宜于多种烹调方法，或用于加工。代表菜式如红烧鲟鱼、炒鲟鱼片等。鲟卵也是名贵原料，可加工成名贵的黑鱼子酱。另外，鲟的骨骼的骨化程度普遍地减退，终生具脊索；且脑颅的软骨壳大部为骨化。因此，除鲟的鳔可制鱼胶外，其鼻骨、脊骨可制鱼脆，尤以鼻骨最为名贵，称为龙骨。

4. 鳗鱼

鳗鱼学名鳗鲡，又称河鳗、白鳝、青鳝，为鳗鲡科鳗鲡属鱼类，体细长，前部近圆筒形，后部侧扁，为洄游性鱼类，平时生活在淡水中，秋后成体鱼洄游入海产卵，亲鱼产卵后死去，卵在海中成幼鱼后再进入江河生长肥育，分布于长江、闽江、珠江等水系。鳗鱼生长速度快，肉质细嫩，现已进行人工养殖。

鳗鱼入馔，肉色洁白，质嫩而皮肥肉细，入口肥糯，滋味鲜美。烹调宜于清蒸、清炖、红烧、黄焖、红扒、煨煮等旺火长时间加热的方法。鳗鱼还可斩蓉为馅，或制成鱼丸、鱼糕、鱼香肠等，另外鳗鱼经腌渍后风干又称鳗鲞，风味独特。鳗鱼的口味变化幅度较大，咸鲜、酱汁、葱油、红油、烟香、甜香、麻辣等味型无不适宜，且色味皆优。

5. 银鱼

银鱼俗称面丈鱼、面条鱼，为鲑形目银鱼科鱼类的通称，为洄游性鱼类，常见的有三种：太湖新银鱼、大银鱼、前颌间银鱼。其共同特征为：体细长、透明、头平扁、后部稍侧扁、口大、两颌和口盖常具锐牙。背鳍和腹鳍各一个，体光滑无鳞，仅雄鱼臀鳍基部两侧各有大鳞一纵行。栖息于近海、河口或江湖淡水中上层。我国的太湖盛产银鱼。

银鱼入馔，肉质细腻，鲜嫩爽口，食用方法较多，可烹制出多种味美可口的肴馔。银鱼的烹调以炒、炸方法为佳。此外，熘、汆、蒸、焖、烤、烧等方法也可，调味以咸鲜、椒盐、茄汁味为多，尤以咸鲜味更能突出银鱼新鲜之本味。

（二）淡水鱼

1. 青鱼

青鱼又称乌鲭、青鲩、黑鲩、乌鲩，为鲤科青鱼属鱼类，栖息于水的中下层，主食螺蛳等小型水生动物。青鱼生长迅速，个体较大，成鱼最大的个体可达 70kg。每年农历十二月最为肥美，为我国主要淡水养殖鱼类之一，与草鱼、鲢鱼、鳙鱼合称"四大家鱼"。

青鱼自古入馔，在烹饪中，因其肉多刺少，色白质嫩味鲜，皮厚胶多，最宜于红烧、清蒸，也可用于熘、炸、炒、烹、煎、贴、焖、扒、熏、烤等烹调方法。青鱼适用于多种味型，可用多种方法调味。可整用，也可分档后切成块、条、片、丝、丁或斩蓉制缔。

2. 草鱼

草鱼又称鲩鱼、草鲩、混子、草根鱼、厚鱼，栖息于水的中下层，以水草为主要饵料，是我国主要淡水养殖鱼类之一。草鱼广泛分布于我国除新疆和青藏高原以外的广东至东北的平原地区，长江和珠江水系是主要产区。一年四季均产，每年5~7月为生产旺季。人工养殖的草鱼，多在9~11月上市。

草鱼肥厚多脂，肉质细嫩，适用于清蒸、滑炒、红烧、煎、炸等多种烹调方法，几乎适应各种口味。草鱼可整条烹制，也可分料取用，加工成块、段、条、丁、片、丝、蓉等均可。但草鱼含水量大，草腥气重，出水易腐烂，所以用其制菜，一要鲜活；二要多放酒、醋、葱、姜等调料；三不宜长时间烹烧，否则会影响肴馔的质地和风味。

3. 鳙鱼

鳙鱼又称花鲢、黑鲢、黄鲢、胖头鱼，生活于水的中上层，主要以浮游生物为食，分布于中国东部平原各主要水系，尤其是长江流域下游和珠江地区。

鳙鱼头大，富含胶质，肉质肥润，常配以豆腐、粉皮、粉丝成菜，风格独具，为鱼菜佳品，也是其入馔的独到之处。鳙鱼肉质不及鲫鱼、青鱼、鳜鱼等鱼肥美，但冬季肉质较厚实，只要合理配料，精心烹制，口味也佳。民间以清蒸、红烧、白烩、炖汤为多。

4. 鲢鱼

鲢鱼又称白鲢、鲢子、跳鲢，生活于水的上层，以浮游生物为食，主产于我国长江中下游及黑龙江、珠江、西江等水域。

鲢鱼入馔，由来已久，其烹调方法较多，常用清蒸、红烧、炖焖、油炸等，也适用于煮、煎、汆等法。鲢鱼可整鱼烹制，也可加工成段、块、蓉等成菜。

5. 鲫鱼

鲫鱼又称鲫瓜子、鲫壳子、喜头鱼，属杂食性鱼类，适应性强，除青藏高原外，广布于全国各地水系中。湖北梁子湖、河北白洋淀、江苏六合龙池所产的鲫鱼尤佳。鲫鱼四季皆产，以春、冬两季肉质最佳。

鲫鱼肉嫩味鲜，可做粥、做汤、做菜、做小吃等，尤其适于做汤，鲫鱼汤不但味香汤鲜，而且具有较强的滋补作用，非常适合中老年人和病后虚弱者食用，也特别适合产妇食用。鲫鱼也可用烧、酥、蒸等烹调方法制成各种菜式。

6. 鲤鱼

鲤鱼又称鲤拐子、鲤子、龙鱼等，栖息于水的底层，杂食性，主要品种有江西婺源一带水系的荷包红鲤，广西桂林、全州一带稻田中的禾花鲤，广东高要市的文鲤等。

鲤鱼肉质肥厚、坚实、鲜美，适宜整条或切块鲜烹。由于鲤鱼常栖息于水底层，略有土腥味，食用前可放在水池中放养1~2d，加工时需放尽淤血，并注意抽去其脊骨两侧的白筋，可清除鲤鱼的土腥味。烹制鲤鱼的方法很多，鲜品可用于白烧、清蒸、软熘、煮汤等。对于肉质较粗，土腥味较大的鲤鱼，则多用于红烧、干烧、酱汁等。鲤鱼还可制成熏鱼、糟鱼、咸鱼、风鱼等，风味也佳。

7. 鳜鱼

鳜鱼又称桂鱼、季花鱼、石桂鱼。鳜鱼为中国特产，分布于全国各地的江河、湖泊中，主产于洞庭湖，春季产量大。鳜鱼生长速度快，个体较大，现已人工养殖。

鳜鱼肉质洁白细嫩，肉多刺少，适用于多种烹调方法。鳜鱼鲜活品最宜于清蒸，醋熘也佳，还可以烧、炸、烤等；筵席大菜多整用，也可取肉加工成片、丝、块、丁、蓉入馔。鳜鱼背鳍上的棘刺有毒，被刺伤后可引起肿痛，甚至有发热、畏寒等症状，加工时应予注意。

8. 鳝鱼

鳝鱼又称为黄鳝、长鱼等，我国除西北高原外，均有分布，夏季肉质最佳。

鳝鱼的肉厚刺少，鲜味独特，适于多种烹调方法和调味，常切段、丝、条入馔，烹制时宜与蒜瓣相配，成菜后加胡椒粉风味更佳。代表菜式如干煸鳝丝、红烧鳝段、脆鳝等。由于死后的黄鳝体内含较多的组胺而具有毒性，所以不宜食用。

9. 泥鳅

泥鳅又称为鳛、鳗尾泥鳅，鱼纲鳅科动物，我国除青藏高原外，各地淡水中均产，5~6月为最佳食用期。

泥鳅的肉质细嫩，刺少，味鲜美，主要适于烧、炸及氽汤的烹制方法。代表菜式如酥炸泥鳅、软烧泥鳅、泥鳅钻豆腐等。

10. 鳊鱼

鳊鱼为鲤科鳊亚科鱼类，体侧扁呈菱形。通常所说的鳊鱼有三种：长春鳊、团头鲂、三角鲂。

（1）长春鳊　又称鳊鱼、长身鳊、草鳊，栖身于水的中下层，我国南北各地江河、湖泊均产，为重要的经济淡水鱼类之一，曾作为养殖对象，现已逐渐被团头鲂所取代。长春鳊肉味鲜美，以清蒸为佳，也可红烧、干烧、氽汤等。

（2）团头鲂 团头鲂又称团头鳊、武昌鱼，栖息于水的下层，主要分布在长江中下游一带通江的湖泊，如梁子湖、鄱阳湖等。梁子湖入长江的水道樊口一带所产者尤为肥美，为长江中下游的重要淡水经济鱼类。团头鲂肉质细嫩，富含脂肪，肥腴适口。团头鲂烹调时适用于多种烹调方法和多种调味，以清蒸最佳。

（3）三角鲂 三角鲂又称角鳊、乌鳊，与团头鲂颇相似，但口呈窄弧形，背鳍刺较头长为长，尾柄长与高约相等。三角鲂食用方法与长春鳊和团头鲂相同。

鳊鱼肉味鲜美，脂肪含量丰富，尤其是团头鲂，产量高，肉味好，常以红烧、干烧、蒸等烹调方法制作菜肴。

11. 黑鱼

黑鱼学名乌鳢，又称乌鱼、生鱼、财鱼，生活于水草茂盛及有浑浊泥底水域，性凶猛，除西北地区以外，全国各地均有分布，常年均有生产。

黑鱼在我国自古捕食，其肉质厚实紧密，成熟后色白而较挺嫩，少刺。可整用，也可取肉切段、片、丁、丝等，适用于炒、炖、烧、氽等多种烹调方法。黑鱼肉也可制蓉，但质地比较粗老。

12. 罗非鱼

罗非鱼又称非洲鲫鱼、南洋鲫鱼、越南鱼等，属于鱼纲丽鱼科动物，原产热带非洲，后广泛移植于东南亚，再传入我国。

罗非鱼的肉质比鲫鱼细嫩而微甜，刺少但粗硬，适用于煮、烧、炸、熏、蒸等多种烹制方法，一般整尾入烹。将鱼去鳞剖腹洗净后，放入盆中倒一些黄酒，就能除去鱼的腥味，并能使鱼滋味鲜美。代表菜式如清蒸罗非鱼、干烧越南鱼等。

三、常用咸水鱼的种类

我国的沿海地处温带、亚热带和热带，毗邻我国边缘的海有渤海、黄海、东海和南海，海岸线全长18000多km，沿海有大小岛屿3000多个，海岸线迂回曲折形成了许多港湾河汊。通入海洋的许多河流将大量的有机质带入海中，使海洋浮游生物大量繁殖，为鱼类提供了丰富的饵料。这些优越的自然环境条件，决定了我国沿海鱼类种类繁多，其中有许多是具有经济价值的食用鱼类。

1. 大黄鱼

大黄鱼又称大黄花、大鲜、黄瓜鱼，主要分布于黄海南部及东海、南海，为我国四大海洋经济海产品（大黄鱼、小黄鱼、带鱼、乌贼）之一，现资源大大减少，成为名贵鱼种。大黄鱼的汛期旺季，广东为10月，福建为12月至来年3月，浙江为5月，以舟山群岛产量最多。

大黄鱼肉质细嫩，味鲜美，呈蒜瓣状，肉多刺少，加工时要揭去头皮，多供鲜食，适用于蒸、烧、熘、焖、炸等多种烹调方法，通常整料使用，也可切块、条等形成菜，或出肉做羹。大黄鱼除鲜用外，还可制成黄鱼鲞，黄鱼的鳔可制作鱼肚。

2. 小黄鱼

小黄鱼又称小黄花、小鲜、小黄瓜、黄鳞鱼、小春鱼，主要分布于东海南部、黄海和渤海，主要产地在江苏、浙江、福建、山东等沿海地区，为主要经济鱼类之一，产期在3~5月和9~12月。

小黄鱼肉质鲜嫩细腻，呈蒜瓣状，刺少肉多，肉易离刺，味鲜美近似大黄鱼，烹饪方法与大黄鱼同，但因其体形较小，多以整料入馔，或出肉制羹。

3. 带鱼

带鱼又称白带鱼、海刀鱼、鳞刀鱼，主要分布于西北太平洋和印度洋，我国南北沿海地区均产，以东海产量最高，为中国海洋四大经济鱼类之一，年产量居全国鱼类之冠。

带鱼肉嫩体肥、味道鲜美，丰腴油焖，只有中间一条大骨，无其他细刺，鱼刺滑软，味道极鲜，有"开春第一鲜"之誉，入馔适用于炸、熘、煎、烹、烧、扒、炖、焖、蒸、煮、熏、烤等多种烹调方法，以清蒸为最佳，带鱼烹调时适应多种调味方式。带鱼成形宜段、条、块等较大形态。它还可被加工成各种罐头食品。

4. 鲈鱼

鲈鱼又称花鲈、鲈板，为常见的食用鱼类之一，夏、秋季大量捕捞，现已人工养殖。

鲈鱼肉质白嫩清香，肉为蒜瓣状，最宜清蒸、红烧、炖汤，若佐以鸡汤烹煮味道尤佳。鲈鱼入馔多作主料，也可与其他原料配合成菜。鲈鱼除整条烹制外，还可切片、切丝、剁段、剞花、斩蓉，可用于炸、熘、炒、烹、煎、贴、汆、扒、熏等多种烹调方法，但都需突出其清淡特点。

5. 鳕鱼

鳕鱼又称银鳕鱼、鳘鱼、大口鱼、大头鳕，我国产于黄海、渤海和东海北部，为黄海北部的重要经济鱼类。

鳕鱼肉质洁白，细嫩鲜香，烹调中适用于蒸、炸、炒、焖、烧、煎等烹调方法，体型大的鳕鱼多取肉加工成块、片、丁、条等形状入馔。

6. 石斑鱼

石斑鱼又称石斑、鲙鱼，多栖息于热带及温带底质多岩礁的海区，分布于印度洋和太平洋西部。每年4~7月我国北部湾及广东沿海产量较高，种类颇多，常见的青石斑、东星斑、老虎斑、老鼠斑等40多个品种，有些品种相当名贵，价格不菲。

石斑鱼营养丰富，肉质细嫩洁白，味道鲜美，类似鸡肉，素有"海鸡肉"之称。石斑鱼适用于蒸、熘、炒、爆、炸等多种烹调方法，鱼肉吸水性强，可取肉制成鱼丸或馅心。我国福建、广东一带的人们喜食石斑鱼。

7. 鲐鱼

鲐鱼又称油筒鱼、青花鱼，是暖水性结群鱼类。鲐鱼分布于太平洋西部，我国近海均产，以东海和黄海产量较多，渔期一般春汛为4~7月；秋汛为9~12月，南海沿海全年都可捕捞。

鲐鱼入馔多做家常菜。鲐鱼可鲜食、干制、腌制或制罐头。其中以腌制、熏制、干制品为多，且风味别致。鲜食，一般适用于烧、煎、烤、熘等烹调方法，因其皮下脂肪丰富且有腥味，调味宜稍重些。鲐鱼选用时应选用较新鲜的，防止因时间过长，鱼肉内产生组胺而出现中毒现象。

8. 鲨鱼

鲨鱼为软骨鱼纲侧孔总目各种鱼的通称，肉食性海洋鱼类，我国沿海均产，约有140多种。鲨鱼主要经济种类有扁头哈那鲨、姥鲨、白斑星鲨、真鲨、路氏双髻鲨、白班角鲨、日本扁鲨等。

鲨鱼肉质粗糙有韧性，适用于煮、蒸、炸、炒、熘、焖、烧等烹调方法。鲨鱼除肉可运用外，皮可制作鱼皮，唇部可干制成鱼唇，吻侧软骨可干制成明骨，鳍可加工成鱼翅，均为名贵烹饪原料。

9. 加吉鱼

加吉鱼学名真鲷，又称加级鱼、铜盒鱼，有红鳞加吉和黑鳞加吉之分，主要摄取珍贵贝类及甲壳动物为食，主要产地在辽宁大东沟，河北秦皇岛、山海关，山东烟台、龙口、青岛。山东蓬莱海湾历来盛产加吉鱼，其中红鳞加吉鱼尤为名贵。每年初春时令，香椿树上的叶芽长至寸长，便是捕获加吉鱼的黄金季节，立春至初伏为丰产季节。

加吉鱼肉多刺少，肉质细密软滑，色泽洁白，味鲜少腥，鲜美异常，为名贵食用鱼类，适用于蒸、烧、炖、熘、烤等烹调方法，以清蒸最佳，可以突出原料的色泽和丰腴。加吉鱼因体形大小适中，常以整条上席，成为筵席主菜。加吉鱼头部皮间组织含胶质丰富，而且富含脂肪，煨汤味道鲜美异常，故民间有"加吉头，鲅鱼尾"之谚。

10. 银鲳

银鲳又称鲳鯾、白鲳、镜鱼、草鲳，我国沿海均有出产，以东海、南海出产较多，四五月产的品质最佳，数量最多；九、十月也有出产，但产量较少。银鲳以河口和秦皇岛产的为最好。

银鲳为名贵海产鱼类之一，肉多刺少，肉质细嫩肥美，适用于蒸、烧、熘、炸、熏、煎、烹、烤等烹调方法，最宜清蒸、红烧。常用银鲳多为鲜冻制品，化冻后去磷、去鳃，剖腹去内脏洗净即可。

11. 比目鱼

比目鱼为鲽形目所有鱼类的总称，因其眼睛长在一侧故名比目鱼。比目鱼包括鲆、鲽、鳒、鳎、舌鳎科等的鱼类。我国沿海均产，大多数种类栖息于近海，很少进入深海，少数种类可进入淡水区。

12. 金枪鱼

金枪鱼又称青干、长鳍、海星，为金枪鱼科鱼类，分布于印度洋和太平洋西部。我国产于南海和东海南部，为海洋名贵鱼类之一。

金枪鱼常年生活在海域深处，肉质细嫩，蛋白质含量高达20%，脂肪丰富，口感好，味极佳。金枪鱼常生食，故要求鲜度好，一般商品鱼为速冻品。此外，金枪鱼也可炸、熘、糟、焖、烧等，鱼肝常用于制鱼肝油。

四、其他动物性水产品原料

(一) 虾类

虾类是属于甲壳纲十足目游泳亚目的动物。虾类身体大而侧变，外骨骼薄而透明，前端额剑侧扁，具齿，腿细长，腹部发达，腹部的尾节与其附肢合称为扇，其形状是鉴别虾类的特征之一。

虾的种类很多，以海产虾的种类和资源量居多，常作为烹饪原料运用的品种有青虾、淡水小龙虾、白虾、对虾、龙虾、基围虾、罗氏沼虾、虾蛄等。

1. 青虾

青虾也称沼虾、河虾，属长臂虾科，体青绿色，有的并带有棕色斑纹，广泛生活于淡水湖、河、池、沼中，以白洋淀、微山湖、太湖所产最佳，4~9月为上市旺季。

青虾以鲜活者为佳，要求体形完整，头、步足不脱落，外壳透明、光亮，肉紧密而有韧性，无异常气味。

青虾入馔，多以整尾使用，适用于煮、炝、爆、炒等烹调方法，也可去壳取肉，即虾仁，成菜。青虾还可用来制泥蓉，制成花色菜肴，其籽也可干制成虾子。

2. 淡水小龙虾

淡水小龙虾学名克氏原螯虾，又称蝲蛄、红螯虾、小龙虾，为蝲蛄科原螯虾属虾类，现已在安徽、浙江、北京、天津、湖北等地人工养殖或自行野生，常栖息于水草较多的静水湖泊、沼泽、池塘和水流缓慢的河流和小溪中，每年的6~8月上市。

小龙虾体内的蛋白质含量较高，虾肉内锌、碘、硒等微量元素的含量也高于其他食品。淡水小龙虾虽可食部分较少，但味鲜美，一般多带壳炒、爆、煮、蒸成菜，多用于家常菜品，也可剥取虾仁，制成各式佳肴，江苏盱眙一带食之成风。

3. 白虾

白虾按生长环境不同，通常可分为湖白虾和海白虾两种，主要品种有太湖白虾、脊尾白虾等。

太湖白虾学名秀丽白虾，是"太湖三白"之一。该虾虾体透明，煮熟后呈白色，由此而得名。太湖白虾形小壳薄，肉质细嫩，口味鲜美，营养价值高。

白虾入馔，色香味形俱佳，适用于醉、爆、炒等烹调方法，成菜各有特色。白虾还可晒制成虾干，能久贮，食用方便，去壳后成为白虾仁，为太湖名产。

海白虾又称白虾、五须虾、迎春虾、脊尾白虾，体长5~9cm，额角侧扁细长，我国沿海均产之，尤以黄海和渤海产量较多。每年4~10月都可捕获，是我国近海重要经济虾类，近年已开始人工养殖。

海白虾肉质细嫩，味道鲜美，适用于焯、爆、炒等多种烹调方法。海白虾除供鲜食外，还可加工成海米，因其呈金黄色，故也有"金钩虾米"之称。海白虾卵可干制成虾子，也是上乘的海味干品。

4. 对虾

对虾又称明虾、大虾，为对虾科对虾属虾类的通称，因北方市场常成对出售而得名。对虾个体很大，对虾种类很多，主要分布于热带和亚热带浅海，有重要经济价值的有加州对虾、墨吉对虾、长毛对虾、班节对虾、澳大利亚对虾、日本对虾等。我国近海特产中国对虾分布于黄海、渤海、南海北部及广东中西部近岸水域，年产量达万吨以上，是中国黄海、渤海重要的水产资源之一，现已人工饲养。

对虾捕捞季节为春秋两季，春季所产对虾肥大质佳，秋季质量略次。

对虾肉嫩色白，脑肥味美，对虾入馔，可带壳，也可去壳；可整形，也可分头、身、尾等部位分别入烹。整形多带壳盐水卤制，食时佐以姜、醋味道最佳。此外，还可用烧、炒、炸、煎、熘、烹、烤等法。"虾脑"是较好的鲜味调味品。

5. 龙虾

龙虾为龙虾科龙虾属虾类的通称，因体形及运动方式似传说中的龙而得名，龙虾体粗壮。我国主要产有中国龙虾、波纹龙虾、锦绣龙虾、密毛龙虾等，主要分布于浙江、福建、台湾、广东及广西沿海，其中以中国龙虾和锦绣龙虾较常见。

龙虾肉质厚实，味道鲜美，属高档原料，多鲜食，生吃最能体现龙虾本味，也可取出虾肉，适用于焗、炒、熘、炸等烹调方法成菜。

6. 基围虾

基围虾学名刀额新对虾，又称麻虾、沙虾，为对虾科新对虾属虾类。这是在沿海地区的滩涂、洼地上圈地围建虾池，引进海水，以这种方式人工养殖的虾，主要分布于东南沿海，尤其广泛分布于华南沿海各地，是重要的经济虾类之一。

基围虾体肥壳薄，肉质非常嫩，营养丰富，适宜多种烹法，是酒楼食肆供应食客的重要虾肴，经济价值较高。

7. 罗氏沼虾

罗氏沼虾又称马来西亚大虾、金钱虾、万氏对虾等，20世纪70年代自日本引入我国，目前主要在南方10多个省市推广养殖，以广东发展最快。

罗氏沼虾个体大，生长快，可食部分含蛋白质20.5%、脂肪19.7%，入馔适用于煮、烧、炸等烹调方法。

8. 虾蛄

虾蛄又称东方虾蛄、皮皮虾、虾耙子、虾公驼子，喜栖于浅水泥沙或礁石裂缝内，是沿海近岸性品种，我国南北沿海均有分布，南海种类最多。

虾蛄味道鲜美，价格低廉，营养丰富，适用于炸、炒、蒸、爆等多种烹调方法，为沿海群众喜爱的水产品。虾蛄现在也成为沿海城市宾馆、饭店餐桌上最受欢迎的佳肴之一。

（二）蟹类

蟹类是甲壳纲十足目爬行亚目的动物。身体背腹扁平近圆形，额剑背腹扁平或无。头胸甲发达，腹部大多退化紧贴在头胸甲的腹面，但其形状可用于识别雌雄。雌蟹的腹部为圆形，称"圆脐"；雄蟹的腹部为三角形，称"尖脐"，其步足发达，螯肢更甚。蟹的种类多，尤其是以海蟹为多。海蟹盛产于4~10月，淡水蟹则产于9~10月。在繁殖季节，雌蟹的消化腺和发达的卵腺一起称为蟹黄；雄蟹发达的生殖腺称为脂膏，都是名贵美味的原料。民间流传着"九月团脐十月尖"的说法，可见食用淡水蟹的最佳时节。

我国的蟹类共有600余种，较常见的食用蟹至少在20种以上，作为烹饪原料运用的主要有淡水产的中华绒螯蟹、螃蜞；海产的三疣梭子蟹、锯缘青蟹、花蟹等。

1. 中华绒螯蟹

中华绒螯蟹又称河蟹、螃蟹、毛蟹、大闸蟹，方蟹科绒螯蟹属，是我国著名的淡水蟹，在我国分布很广，资源丰富。中华绒螯蟹产于辽河一直到福建沿海诸省的河湖中，著名的品种有湖北霸州市的胜芳蟹、江苏常熟阳澄湖的红毛湖蟹、南京江蟹、安徽清水大闸蟹、上海崇明螃蟹等。每年金菊盛开，正是河蟹肥壮，卵满黄多之时，此时吃河蟹，持螯赏菊，十分惬意，故有"菊黄蟹肥""蟹味上桌百味淡"之说，现已人工养殖。

中华绒螯蟹肉质细嫩，味道鲜美，营养价值高，历来被人们视为珍品佳肴，它还有养精益气、理胃消食、散诸热、通经络、解结散血等药用功效。在烹调中，必须活用，食法很多，有多种用蟹烹制的菜肴和点心，可适于蒸、炒、炖、焗、醉等法，可作为主料，又可作为配料，熬制蟹油还可作为调味料，在诸种蟹馔中，最能显示其特点的食法是原只清蒸。

2. 螃蜞

螃蜞学名红螯相手蟹，又称蟛蜞，穴居于近海地区的江河、沼泽、泥岸中，分布于我国江苏、山东、浙江、福建和广东等地。我国以长江中下游地区的江螃蜞最为著名。

螃蜞味鲜肉嫩，宜炒、醉等烹调方法。螃蜞出肉率低，常在民间食用，现也成为江鲜酒楼的特色招牌菜。

3. 三疣梭子蟹

三疣梭子蟹又称蝤蛑，简称梭子蟹，我国沿海均有分布，以渤海产量最高，质量好。在日本、朝鲜等国也有踪迹，每年 4~7 月为产卵期，最为肥美，春秋两季为生产旺季。

三疣梭子蟹是大型食用蟹类，肉味鲜美，营养丰富，在国内外享有盛名，具有较高的经济价值，在烹调中，整蟹宜于清蒸、炒。蟹肉、蟹黄可制作多款菜品，也可用于面点，用蟹制作菜肴要注意突出其鲜味，多用咸鲜口味。

4. 锯缘青蟹

锯缘青蟹简称青蟹，一般雌的叫膏蟹，雄的叫肉蟹，主要产于我国的浙江、福建、广东等沿海地区，每年 8~10 月为采捕期，以广东产的青蟹最为著名。

青蟹味道鲜美，是沿海地区的名贵海产品，成熟蟹一般每只 500g 左右，大的可达 2kg，肉质细嫩，味美，营养价值高，是著名的食用蟹，适用于蒸、焗、炒、爆等多种烹调方法，是宴席上的佳肴，蟹腿上的肉可干制成蟹肉，便于储存和长途运输，也是味美的上佳食品。

5. 花蟹

花蟹属梭子蟹科，有花红蟹、蓝花蟹之分。花蟹头胸甲为菱形，两侧具长棘，雄蟹浅红或暗紫色，有青白色或褐色云斑，"花蟹"之名由此而来，雌蟹则多为浅红色或土黄色。花蟹螯足长大，末对步足亦似桨适游，常群栖浅海海底，盛产于福建、广东一带，每年 6~8 月是捕获季节。

花蟹捕捞量大，营养食用价值高。花蟹味道鲜美，肉质松嫩，适用于蒸、爆、炒、焗等烹调方法，是沿海地区常用的烹饪原料。

（三）贝类

贝类动物的外表形态上差异较大，如腹足纲的海螺、鲍鱼；瓣鳃纲的河蚌、文蛤。贝壳的数目和形状因不同种类而不同，腹足类为单一螺旋形；瓣鳃类为两个，呈瓣状。贝壳的主要成分是碳酸钙，还含有少量的贝壳素及其他无机物和有机物等。

1. 田螺

田螺学名中华圆田螺，又称螺蛳，广泛分布于华北和黄河平原、长江流域等地，是我国常食的淡水螺之一。秋季田螺最肥美。

田螺可食用部位是其足，肉中水分含量高，结缔组织多，故适合于快速加热烹调，质地才脆嫩，如用爆、氽、炒、焓等方法烹制菜品，加热时间稍长，其肉变得硬缩，显得老韧，一般调味厚重。

田螺在烹调前要用清水反复洗净，并用竹刷搅洗至污物去尽，再用清水养3~4d，每天换水几次，直至螺内的泥沙、粪便全部排净，然后剪去壳顶，便于烹调入味和食用。

2. 海螺

海螺学名皱红螺，又称红螺，我国沿海均产，主要产于南海和东海，以山东省、辽宁省、广东省产量较多，产期在9月中旬至来年5月。

海螺肉味鲜美，质地脆嫩，营养丰富，制作菜肴时忌加热过度，否则肉质老，咀嚼不烂，素有"盘中明珠"的美誉。海螺适用于爆、炒、焯等旺火速成的烹调方法，如山东名菜油爆海螺等。

3. 鲍鱼

鲍鱼古称鳆，又称镜面鱼、九孔螺、海耳。鲍鱼的种类很多，分布也很广，全世界约有90多种，我国沿海分布约8种，著名的有北方的皱纹盘鲍和南方的杂色鲍。皱纹盘鲍以大连及长山岛出产较多，在国内鲍类中个体最大，长8~12cm，表面为灰棕色，有粗糙而不规则的皱纹，生长线明显，常有苔藓虫类等附着物，末端有4~5个开孔，其肉质细嫩柔韧，口感上好，是我国各种鲍类中品质最好、价格最高、最受欢迎的种类。在我国，杂色鲍以台湾及东南沿海地区出产较多，体形为中小型，长6~8cm，表面暗红色，有20余个疣状突起，末端有6~9个开孔，也称九孔鲍。由于其生长速度较快等特点，养殖产量远超过皱纹盘鲍，其肉质口感、市场价格虽不及皱纹盘鲍，也是鲍中较好的品种。

目前，市场上有鲜鲍、速冻鲍鱼和罐头制品及干制品出售。干制品以干燥、形态完整、大小均匀、个大者为好。一般为三个商品种类：紫鲍，个大，色紫，质好；明鲍，个大，色黄而透明，质也好；灰鲍，个小，色灰暗，不透明，表面有白霜，质差。

从大小来看，鲍鱼个体较大者质量好，价格也高，所以有按头数（个数）计数的习惯。每500g有两个鲍鱼，称两头鲍，以此类推，有三头鲍、五头鲍、十头鲍、二十头鲍等。两头鲍比较难得，因此常有"有钱难买两头鲍"之谚。干鲍鱼坚硬如石，需涨发，发制后呈乳白色或浅黄色，肥厚柔滑。

鲍鱼肉味道可口，鲜而不腻，富含矿物质、维生素类，但脂肪含量极低，且具有滋阴清热、明目之功效，是公认的保健美食，素称"海味之冠"。鲍鱼的壳，中药称石决明，因其有明目退翳之功效，古书又称之为"千里光"。石决明还有清热平肝、滋阴潜阳的作用，可用于医治头晕眼花、高血压及其他炎症。

鲍鱼的吃法很讲究。品鲍的同时，应挑选大鹅掌、日本辽参、花胶、天白大花菇作为配料，注意勿与辣酱、芥菜、豉油等一并食用，以免破坏了鲍鱼的鲜美感觉。鲍鱼可整用或切片、丝、丁等，并适用于多种烹调方法，各大菜系都以此为名贵原料，菜品繁多。

4. 响螺

响螺又称长辛螺，主产于潮汕沿海，但资源少，所获不多。渔民常用其壳做吹号，声音洪亮，故有响螺之称。

响螺体大肉嫩，营养丰富，味道鲜美，市场十分畅销，价格虽昂贵但仍供不应求。响螺成菜，多以旺火速成的炒、爆等法，保持响螺肉质滑、爽、脆、嫩的特点。

5. 泥螺

泥螺又称为泥糍、麦螺、黄泥螺、吐铁等，我国沿海均有出产，是典型的潮间带底栖匍匐动物，多栖息在泥沙滩上，在风浪小、潮流缓慢的海湾中尤其密集，以东海和黄海产量最多。

泥螺是江、浙、沪、闽沿海一带民众喜食的螺类。因泥螺的体表黏液及内脏中含有一种毒素，经腌制后可以破坏，故大多经盐渍、酒渍后食用，也可烧、炒、拌，成菜味道鲜美、清香脆嫩、丰腴可口。泥螺代表菜式有糟醉泥螺、美味泥螺、清炒泥螺等。

6. 香螺

香螺是常见的食用螺类，生活于近海稍深的岩石间，产于黄海、渤海，以大连沿海岛屿所产者最为有名。

香螺的腹足发达，肉质鲜嫩脆爽，鲜美清香，烹饪用途同其他螺类，适于多种烹调方法，也可干制。香螺代表菜式有香油橙螺、油爆香螺、白灼香螺。此外，也可制成罐头，如大连地区所产的豉油海螺罐头，肉块整齐，质地细嫩，清鲜爽口。

7. 河蚌

河蚌又称河歪、河蛤蜊，蚌因为河湖中盛产，易得，价廉，多为民间食用，以清明前后最为肥美。

河蚌肉在烹饪中以制汤烹制为多，汤汁浓白味鲜美，可用烧、烩、炖、煮等方法成菜。民间将其与咸鱼或咸肉一起炖，别有风味。民间还有用蚌肉炒韭菜，或蚌肉烧青菜、金花菜，拖面糊煎和生拌吃法。炖蚌的汤可用来煮面条。食用河蚌肉或汤时一般要加胡椒粉，一方面可以去腥，另一方面可以去除河蚌的寒性。

8. 扇贝

扇贝为扇贝科部分贝类的通称，我国沿海均产，已发现的有30余种，最常见的是栉孔扇贝，分布在辽宁的旅顺、大连以及山东半岛一带沿海，生活于低潮线以下，水流较急，盐度较高，透明度较大的海区。

扇贝是海产贝类珍贵品种之一，其闭壳肌肥大、鲜嫩，所制干品味美，又富含肝糖、己氨酸、琥珀酸等营养成分，被誉为"天下绝品"，适用蒸、爆、炒等速成烹调方法，以求成菜质、味俱佳。

9. 牡蛎

牡蛎俗称蚝，别名蛎黄、海蛎子，是牡蛎科贝类通称。世界上约有100多种，我国沿海产的有20多种，现已人工养殖的有近江牡蛎、长牡蛎、褶牡蛎和太平洋牡蛎等。每年冬至开始到次年清明是牡蛎的收获季节，我国民间有"冬至到清明，蚝肉肥晶晶"的俗谚。

鲜牡蛎肉除生食外，可将肉拌少许干淀粉，轻轻揉搓后用清水冲洗，使其雪白干净，即可烹制，可作为主配原料，适用氽、炒、煎、烧、烤、炸等多种烹调方法，也可做冷菜、热菜、羹汤、火锅料等，还可制成干品和鲜味调味品"蚝油"。

10. 文蛤

文蛤属瓣鳃纲帘蛤科文蛤属的海产贝类，在我国沿海一带均产，江苏启东吕四、如东等地为著名产区，农历七八月间为捕挖文蛤最盛的季节，此时的文蛤群集，且体壮膘肥。其味鲜美异常，被誉为"天下第一鲜"。

文蛤入馔，方法多种多样，可将文蛤肉文火煨汤，鲜美可口，别有风味；急火烩炒，肉嫩汁鲜，如配以肉丝或蛋皮炒食，或拌以面粉制成蛤肉圆，味鲜适口。文蛤分泌出来的乳汁，还是高级调味品，烧菜中放一点便觉鲜香四溢，煨汤则色似乳，味醇甘美。

11. 蛏子

蛏子又称蛏子皇，是蛏科和竹蛏科贝类的通称。其代表品种有缢蛏和竹蛏。

（1）缢蛏 缢蛏又称蛏仔、蜻，属蛏科缢蛏属。贝壳呈长卵形或柱形，四角呈圆弧。壳面黄色或黄绿色，因从壳顶到腹缘有一条微凹的斜沟，形似缢痕而得名，我国沿海均产，主要分布在山东、浙江、福建等省的沿海，以舟山六横佛渡岛所产最为著名，现在已进行人工养殖，夏季为生产旺季。

（2）竹蛏 竹蛏又称竹节蛏，为竹蛏科竹蛏属，贝壳延长呈长方形，更似两片竹片，且两壳合抱成竹筒状，故而得名。我国沿海均分布，主要产于江苏、浙江、福建等省，日本也盛产，现已进行人工养殖，夏季盛产。

蛏子肉细嫩，味鲜美，营养丰富，鲜食、干制均可。蛏子鲜食，适用醉、拌、炒、氽、蒸、爆等烹调方法。蛏子制成蛏干，以色泽密黄，干燥，无折碎，气味清香者为上品。蛏干质地坚硬，烹制前需经蒸、煮而涨发，才能入馔，加工时所留汤汁经过滤浓缩可制成鲜味调味品"蛏油"。

12. 日月贝

日月贝又称为长肋日月贝、海扇蛤，为扇贝科动物，栖息于沙质浅海底，分布于我国南部沿海以及日本、东南亚、大洋洲等地，春秋两季为盛产期。

日月贝的肉质鲜嫩，味美，鲜品可采用氽、烧、爆、蒸等方法烹调。日月贝代表菜式有蒜蓉日月贝、芙蓉日月贝等。除鲜食外，将日月贝后闭壳肌和外套膜数个编在一起加工而成的干制品即为广东等地有名的海珍品"带子"，为干贝的一种，质量较好。

（四）软体类

1. 章鱼

章鱼又称为石吸、八带鱼、八爪鱼等，为蛸科动物的通称，我国南北沿海均有分布，常见品种有短蛸、长蛸及真蛸等。章鱼亚圆或卵圆形，无鳍，头上生有八腕，腕的长度相当于胴部的2~5倍，腕间有膜相连，长短相等或不等；腕上吸盘无柄，无肉鳍，壳退化。

章鱼鲜品和发制后的干品适合炒、烧、蒸、炖、煮等多种烹调方法。章鱼代表菜式有炒八带鱼、水煮八带鱼、章鱼炖蹄髈、章鱼炖乌鸡等。

2. 乌贼

乌贼又称乌贼鱼、墨鱼、目鱼，属乌贼科，雄体身上有花点，雌体背上发黑。雄性乌贼的生殖腺可加工成干制品，称"黑鱼穗"或"乌鱼穗"，雌性乌贼的卵腺干制品称"黑鱼蛋"或"乌鱼蛋"。我国沿海各地常见的乌贼是曼氏无针乌贼和金乌贼，为四大海洋渔产之一，主要产于南海、东海和黄海等海域。

墨鱼干以个体均匀，身体扁平而肉厚，身干且完整，色棕红略透明，有香味者为佳。

乌贼的吃法很多，可作为主配料，适用于拌、炒、爆、烧、熘等烹调方法，也可斩蓉制成缔子菜，如灌汤墨鱼球等，乌鱼蛋、乌鱼穗更是上等的烹饪原料。

（五）两栖爬行类

1. 龟

龟俗称乌龟，泛指龟鳖目的所有成员，是现存最古老的爬行动物。大多数龟均为肉食性，以蠕虫、螺类、虾及小鱼等为食，主要栖息于江河、湖泊、水库、池塘及其他水域。通常龟是可以在陆上及水中生活的，也有长时间在海中生活的海龟。

龟肉和龟板具有滋阴壮阳、去湿解毒、防癌抗癌、益肝润肺、益阴补血等功效。龟壳可熬制成龟胶，是常用的中药。龟可为人类提供肉、蛋和龟甲。龟通常可用烧、炖等烹调方法制作菜肴。

2. 甲鱼

甲鱼又称为鳖、团鱼、水鱼、王八等，为爬行纲鳖科动物，生活于河湖、池沼中。我国除个别省份外，均有分布，现供食用的以养殖品种为多。

甲鱼的肉质鲜美，裙边尤为肥嫩适口，为宴席珍贵原料。甲鱼入烹可整只红烧、清炖或清蒸，也可将裙边及肉取出分别食用。甲鱼代表菜式有红烧甲鱼、清蒸团鱼、霸王别姬等。应用时需注意：死亡后的甲鱼含有大量的组胺，可引起食物中毒，故不宜食用。另外，甲鱼的血液中可能寄生着对人体有害的寄生虫，也不宜生饮。

3. 牛蛙

牛蛙又称喧蛙、食用蛙，因其叫声大而得名，鸣叫声洪亮酷似牛叫，故名牛蛙，为北美最大的蛙类。牛蛙原产于美国东部，后被引进西部各州和其他国家，目前我国主要靠养殖生产，全国各地均产，主要集中于湖南、江西、新疆、四川、湖北等地，商品蛙主要在秋冬季上市。牛蛙主要品种有沼泽绿牛蛙、西方牛蛙、印尼牛蛙、非洲牛蛙、非洲大牛蛙等。

牛蛙常用于炒、炖、烧等烹调方法，如炒牛蛙、泡椒牛蛙、干锅牛蛙等。

五、常用水产类原料的品质鉴定及保管

（一）水产品的品质鉴定

1. 鲜鱼的品质鉴定

（1）新鲜的鱼　鱼体具有鲜鱼固有的鲜明的本色和光泽，体表黏液清洁、

透明；鱼鳞发光，紧贴鱼体，鳞层明显、完整而无脱落；眼睛澄清、明亮、饱满，眼球黑白界限分明；鳃盖紧闭，鱼鳃清洁，鳃丝鲜红清晰，无黏液和污垢臭味，肌肉坚实而有弹性，用手指压凹陷处能立即复原。鲜鱼还有一种特有的鲜腥味，煮沸后的汤汁清浓白，口味鲜美。

（2）陈腐的鱼　体色暗淡无光，黏液，鳞片松，易脱落，不完整，鳞层不明显；鳃盖松弛，鱼鳃黏液增多，颜色呈现灰色或灰紫色，有显著腥臭味；眼球凹陷，上面覆有一层灰色物质，甚至眼坏了；肌肉松软，无弹性，肚腹膨胀，骨肉分离，并有明显的腐臭味，煮沸后的汤汁浑浊，有一定的臭味。

2. 冻鱼的品质鉴定

冷冻鱼的品质优劣，不如新鲜鱼容易识别，因此只能看它的眼球、体表色泽和硬度，或将鱼切开检查内部。

（1）新鲜冻鱼　优质品眼球凸起，黑白分明，洁净无污物；体表清洁无污物，色泽鲜亮，肛门紧缩；鱼体冻得坚实，硬物敲击能发出清晰响声；切开鱼体无离刺现象，内脏完整不破裂。

（2）劣质冻鱼　劣质品鱼眼下陷周围起白蒙，体表有污物，皮色灰暗无光泽，肛门突起；鱼体温度高而松软；用刀切开鱼身，有离刺现象，脊骨处有红线，胆囊不完整，有破裂。

3. 虾类水产品的品质鉴定

市售的鲜虾以鲜活者为佳，已死的生虾在选购时需认真加以鉴别。

（1）新鲜的虾　体形完整，外壳透明光亮，体表呈青白色或青绿色，头节与躯体紧连，肉体硬实而有韧性，须足无损，蟠足卷体，体表无污秽物黏着，无异常气味。

（2）陈腐的虾　外壳暗淡无光泽或变红，体质柔软，肉质松软、黏腐，有腥臭味或胺臭味，头节与躯体易脱落，甲壳与虾体易分离，往往是不新鲜或变质的，不宜选购。

4. 蟹类水产品的品质鉴定

（1）河蟹的品质鉴定　河蟹一定要选择个体是活的，如果河蟹已经死亡则不能食用，因为死河蟹中含有大量的细菌和河蟹死后产生的大量组胺，食用后会产生食物中毒。

河蟹优质品背甲呈墨绿色，腹部白色或灰白色，双螯强健，八足齐全，金爪黄毛；反应敏捷，活泼有力，行动迅速。河蟹爬动时，以腹部悬空者为最佳；肉质坚实，肌肉含水量少，甲壳坚硬，用手指紧捏蟹脚，蟹脚坚硬，放在手掌上掂量感觉到厚实沉重。

河蟹劣质品背甲青黑色或灰黄色，腹部黑褐色或黄锈色，螯、足残缺不全，黑爪黑毛；反应迟钝，活动能力弱，爬行时腹部贴底。用手抓起背甲，如发现八足下悬（俗称"撑脚蟹"），则表示该蟹即将死亡，肉质较空，肌肉含水量多，甲壳较软，用手指紧捏蟹脚，蟹脚较软。掂量时给人以空虚轻飘的感觉。

（2）海蟹的品质鉴定　海蟹因在捕捞后不能立即上岸出售，一般都以冷藏的方法保藏其新鲜度，现在随着科学技术的发展，也能将海蟹活养出售，活海蟹品质鉴别可以参考河蟹的鉴别方法。

1）新鲜海蟹体表色泽鲜艳，背壳纹理清晰而有光泽；腹部甲壳和中央沟部位的色泽洁白且有光泽，脐上部无胃印；鳃丝清晰，白色或微褐色；肢体连接紧密，提起蟹体时，不松弛也不下垂。

2）次鲜海蟹体表色泽微暗，光泽度差，腹脐部可出现轻微的"印迹"，腹面中央沟色泽变暗；鳃丝尚清晰，色变暗，无异味；肢体连接程度较差，提起蟹体时，蟹足轻度下垂或挠动。

3）腐败海蟹体表及腹部甲壳色暗，无光泽，腹部中沟出现灰褐色斑纹或斑块，或能见到黄色颗粒状滚动物质；鳃丝污秽模糊，呈暗褐色或暗灰色；肢体连接程度很差，在提起蟹体时蟹足与蟹背呈垂直状态，足残缺不全。

5. 贝类水产品的品质鉴定

贝类的原料种类很多，每一种贝类原料都有其特性，品质鉴别的标准也不一样，下面就通常用于鉴别贝类品质的方法做介绍。

（1）优质品　挑选贝类时一定要检查是否新鲜，贝口紧合者一般为活品。迅速遮挡住待挑选贝类和其主要光源，健康的贝类应迅速的闭合，腹足肉完整，在闭合时没有外露。优质贝类体大，肉肥。

（2）劣质品　迅速遮挡住待挑选贝类和其主要光源，反应不灵敏的，腹足肉不完整，在闭合时外露过多。贝类体小，肉瘦的，最好不要挑选。

（二）常用水产品的保管方法

水产品如果是活体，保管时只保证其生命的延续即可，但很多海产品因在海上停留时间很长，不可能保证水产品始终为活体，只能用低温保管，将水产品置于低温下，可抑制自身的生理消耗，细菌也不可能繁殖，从而防止了腐烂，延长水产品的保存时间。水产品保管的方法现在大体上分为活养、冰藏、冷藏及冷冻等。

1. 活养

活养包括有水活养和无水活养两种。活的淡水鱼、虾适于清水活养；部分海鱼、虾等可采用海水活养。用呼吸道呼吸的螃蟹等水产品可无水活养。活养可使水产品保持鲜活状态，减少其体内污物，减轻异味。

2. 冰藏

冰藏是利用冰来储藏食物的一种方法。如果温度不在0℃以下，鱼类的自身消化和细菌的分解作用就不能完全停止。因此，在不具备简单冷却设备的小型渔船内，或在运输过程中均需利用冰块进行冷却。具体方法为在桶、箱中，一层碎冰一层水产品排放。

3. 冷藏

冷藏是以机器作用所产生的低温，进行食品储藏的一种方法。冷库内的温度可保持在0℃左右，只能稍微延长保存期，与冰藏法一样，不能完全防止鱼类的自身消化和细菌的分解作用。

4. 冷冻

冷冻是将鱼肉冻结而进行储藏的一种方法，是使新鲜状态的鱼肉能长期储藏的一种最有效的办法。将鱼类置于0℃以下就会冻结，但在-20℃以上冻结，由于冻结缓慢，形成最大冰结晶生成带需要很长的时间，而且在细胞内形成较大的冰结晶体，在解冻时会产生很多的水珠，影响鱼肉的风味。采取急速冷冻法冻结的鱼肉，细胞内的冰晶体很小，对细胞无损伤。近年来，正逐渐推广液氮（-196℃）瞬间冻结法。

第八节　干货类原料

一、干货类原料概述

（一）干货原料的概念和分类

干货制品类原料又称干货、干料，是指除鲜活原料以外，一切可供食用的干制品，即将鲜活的动物性原料和植物性原料个体的全部或局部组织经过脱水干燥而制成的干制品的总称。

干货类原料的品种数量繁多，特点各异，根据其生长环境和原料性质可分为陆生植物性干料、陆生动物性干料、海味动物性干料、海味植物性干料、菌类干料几大类。

（二）干货原料的品质特点

1）水分含量少，便于保管和运输，避免变质，调节市场供应，有利于烹饪原料的开发和广泛利用。

2）原料内部物质浓缩，形成了干料各自特殊的风味。

3）组织紧密，干、硬、韧、老，不能直接加热食用，只有涨发后才能使用。

（三）干货类原料的烹饪应用

1）用于制作菜肴的主辅料：如笋干、莴苣干等。

2）增加菜肴的特殊风味，调色、调香：如干香菇、黑木耳等。

3）作为菜肴配料，增加菜肴品种：如梅干菜。

4）作为提鲜调味原料：海米、虾子、干蟹肉、干贝等。

二、常用干货类原料的种类

（一）陆生植物性干料

1. 黄花菜

黄花菜是将鲜黄花的花蕾采摘后经晾晒或烘干而成的干品。黄花菜原产于亚洲和欧洲，我国黄花菜产地较广，主要产于河南、河北、山东、湖南、山西、江苏、四川等省，其中以湖南、山西、江苏省产量最多，质量也最好。质量以色黄有光泽、味香、条长肥壮、干燥者为佳。黄花菜代表品种有湖南茶子龙黄花菜、山西大同黄花菜、河南三刀菜等。

新鲜黄花菜含有秋水仙碱，食用时要煮透，或烹调前用热水浸泡数小时，以除去秋水仙碱，否则秋水仙碱在体内易被氧化产生二秋水仙碱，易导致食物中毒。

黄花菜在烹饪中既可作为菜肴主料，也可作为配料，适用于炒、烧、炖等烹调方法，通常作为配料，还可以用来制作汤菜。如黄花菜炒肉丝、黄花菜烧肉、黄花菜炖蹄髈等。

2. 梅干菜

梅干菜又称咸干菜、霉干菜，是用鲜雪里蕻腌制而成的，主要产于浙江绍兴、慈溪、余姚等地，质量以色泽黄亮或黑褐、菜细嫩、圆心、咸淡适度、香气正常、身干、无杂质、无硬梗者为佳。

梅干菜适用于炒、炖、蒸、烧等烹调方法，常作为肉类原料和水产类原料菜肴的配料，有除腥、解腻、增香的作用，夏季用梅干菜与肉同烧，肉不易变馊，如梅菜扣肉、梅菜烧仔排等。

3. 玉兰片

玉兰片是以鲜嫩的冬笋或春笋为原料，经加工干制而成的，因形如玉兰花，色白如玉，故称玉兰片。玉兰片主要产于福建、湖南、江西、浙江等地。玉兰片按采收时间不同可分为冬片、桃片和春片，以冬片最好。玉兰片品质以色泽玉白，无霉点或黑斑，片小肉厚，节密，质地坚脆鲜嫩，无杂质者为佳。

玉兰片在烹饪中主要作为菜肴配料，适用于炒、烧、炖、焖等烹调方法，也可作为面点的馅心原料。

4. 贡菜

贡菜是用薹菜加工干制而成的制品。我国主要产于江苏睢宁、邳州市，安徽的涡阳县等地，具有色泽碧绿，鲜美清香，脆嫩爽口等特点。贡菜以根条均匀、无霉烂、色泽碧绿、干燥者为佳。

贡菜适于拌、炒、制汤等烹调方法，还可以腌渍后食用。

(二) 陆生动物性干料

1. 干肉皮

干肉皮是猪肉皮经煮熟或除去皮下脂肪及杂毛晒干或自然晾干而成。干肉皮为肉色，富含胶原蛋白和弹性蛋白。

干肉皮以外表洁净，色白亮，无残余肥膘，皮质坚厚，干爽，无杂质，无异味者为佳。

涨发后的干肉皮适用于拌、烩、炖、扒等烹调方法，既可以单独成菜，也可以与其他原料组合成菜，如凉拌发皮、炒三鲜、菜心扒肉皮等。

2. 蹄筋

蹄筋是有蹄动物蹄部的肌腱及相关联的关节环韧带干制而成的。按选用的原料品种不同可分为猪蹄筋、牛蹄筋、羊蹄筋、鹿蹄筋等；按选用部位不同可分为前蹄筋和后蹄筋。猪蹄筋产量较多，鹿蹄筋最为名贵；前蹄筋质量较差，后蹄筋质量较好。干蹄筋以色正、干爽、透明、无残肉、无异味、无霉变者为佳。

蹄筋含有较多的胶原蛋白和弹性蛋白，都属于不完全蛋白质，营养价值不高，但因其富含胶质，口感柔糯、肥美润滑，为烹饪中常用的干货原料。

蹄筋适用于炖、煨、扒、烧、烩、爆等烹调方法，如干烧蹄筋、蒜头牛筋、虾子烧蹄筋等。

3. 哈士蟆

哈士蟆又称雪蛤，学名中国林蛙，主要产于黑龙江、吉林、辽宁和内蒙古等地。烹饪中使用的雌蛙输卵管的干制品即哈士蟆油，色褐黄，干爽，具有哈士蟆特有的气味。民间将哈士蟆与熊掌、猴头蘑、飞龙一起称为"东北四大山珍"。

哈士蟆适用于烧、炖、蒸、煨等烹调方法，如冰糖哈士蟆、海米哈士蟆、百合哈士蟆等。

4. 燕窝

燕窝又称燕菜，是雨燕科金丝燕属的几种燕类用唾液与羽毛、纤细海藻、未及消化的小鱼虾等混凝而筑成的燕巢。我国燕窝多产于南海诸岛、福建、海南岛等地，尤以海南岛万宁燕窝最为著名。

燕窝按色泽和品质不同可分为白燕、毛燕和血燕三大类。

1）白燕又称官燕、贡燕，是金丝燕第一次筑的窝，由于筑窝时间充足，所以筑的较为细致，色白，透明光洁，杂质少，质量最佳。

2）毛燕又称乌燕，是金丝燕第二次筑的窝，由于筑窝时间较为紧迫，窝体不规整，含较多黑色羽毛，色灰暗，杂质较多，质量次于白燕。

3）血燕是毛燕被采后金丝燕第三次筑的窝，因产卵期临近，十分匆忙，窝形不规则，体小色暗并带有紫黑色血丝，唾液少而羽毛和海藻等杂质多，质量相对较差。

燕窝以形状完整，根小毛少，棱条粗壮，色白而略有清香者为佳。

燕窝在烹饪中多用来制作汤羹菜，适用于蒸、煨、扒、炖等烹调方法，如清汤燕窝、冰糖燕窝、绣球燕菜等。

（三）海味动物性干料

1. 鱼翅

鱼翅是用大、中型鲨鱼或鳐鱼等软骨鱼的鳍加工而成的干制品。在我国主要产于广东、福建、浙江、山东、台湾等地。另外，日本、泰国、菲律宾等国也生产鱼翅。

鱼翅主要按鱼的种类、生长部位、色泽和加工方法进行分类。

（1）按鱼的种类可分为鲨鱼翅和鳐鱼翅

1）可加工成鱼翅的鲨鱼主要有宽纹虎鲨、欧式椎齿鲨、灰鲭鲨、姥鲨、扁头哈那鲨、乌鳍真鲨等。

2）可加工成鱼翅的鳐鱼主要有尖齿锯鳐、许氏犁头鳐、圆犁头鳐等。

（2）按生长部位可分为背翅、胸翅、臀翅和尾翅　背翅翅多肉少，质量最好；胸翅翅少肉多，质量仅次于背翅；臀翅形小，肉多翅少，质量较前两者差；尾翅形大，肉多翅少，质量最差。

（3）按色泽可分为白翅和青翅　白翅一般由生长于热带海洋的软骨鱼制作而成，颜色白黄，质量最佳；青翅一般由生长于温带海洋的软骨鱼制作而成，颜色灰黄，质量一般，生长于寒带的软骨鱼制成的鱼翅色青，质量最差。

（4）按加工方法可分为原翅和净翅　原翅是未经过褪沙、去皮、去肉而直接干制的原只鱼鳍。在加工过程中按是否利用腌渍脱水干制而成，又可分为淡翅和咸翅。淡翅质量较好，咸翅易吸湿回潮质量较差。

净翅是经过复杂工序处理后的干鱼翅。净翅的筋针称为翅针，翅筋散乱的称为散翅，排列整齐有序的称为排翅，零乱翅筋合在一起的称为翅饼。

鱼翅以翅板大而厚，翅筋粗长，肉洁净，无霉变，无异味，无虫蛀，无油根，无夹沙，无灰筋者为佳。

鱼翅适用于烧、烩、蒸、扒、焖等烹调方法，如黄焖鱼翅、鸡蓉烩鱼翅、凤尾鱼翅、燕菜扒鱼翅、扒通天鱼翅等。

2. 鱼肚

鱼肚是由大中型硬骨鱼的鳔或胃加工干制而成的，是一种名贵的干货原料，在我国主要产于广东、福建、浙江、江苏、辽宁等地。

鱼肚按鱼的品种不同可分为如下几种。毛鲿肚由毛鲿鱼的鳔制成，形大，呈椭圆形，体壁厚实，色浅黄。黄唇肚由黄唇鱼的鳔制成，形大，壁厚，呈椭圆形并带有两根胶条，扁平，色浅黄，有光泽。鳗鱼肚由海鳗或鹤海鳗的鳔制成，形小，呈牛角形，壁薄，色浅黄。半透明黄鱼肚由大黄鱼的鳔制成，形较小，壁薄，色浅黄，呈叶片状鱼肚以片大，厚而紧实，色浅黄而有光泽，肚形平整，洁净，无异味者为佳。

鱼肚适用于烧、扒、炖、烩等烹调方法，如百花鱼肚、白扒鱼肚等。

3. 鱼皮

鱼皮是用鲨鱼、鳐鱼或鱼背部的厚皮干制而成的，以皮厚面大，无破孔，洁净有光泽者为佳，主要产于广东、山东、江苏、福建、辽宁等地。鱼皮主要品种有犁头鳐皮、虎鲨皮、公鱼皮、老鲨皮、青鲨皮和真鲨皮等。犁头鳐皮黄褐色，皮厚坚硬，质量最佳；虎鲨皮用豹纹鲨和狭文虎鲨的皮加工制成，皮厚坚硬，黄褐色；公鱼皮是用沙粒的皮加工制成的，灰褐色，皮面有颗粒状的骨鳞；老鲨皮较厚，有尖刺，灰黑色；青鲨皮为灰色或灰白色。

鱼皮适用于烧、烩、炖、扒、焖等烹调方法，如红烧鱼皮、三鲜鱼皮等。

4. 干贝

干贝是用扇贝、日月贝、江珧贝等贝类的闭壳肌加工干制而成的。扇贝闭壳肌的干制品称为干贝，粒形圆整均匀，色泽浅黄，肉质细嫩，只有一个柱心，质量最佳。日月贝闭壳肌的干制品称为带子，体小扁圆，口味微甜，质量次于干贝。江珧贝闭壳肌的干制品称为江珧柱，粒形较大，纤维较粗，有两个柱心，质量次于前两种。干贝主要产于沿海地区，如广东、福建、山东、辽宁等地。

干贝以粒形完整，干燥，色泽浅黄，坚实饱满，有光泽，无杂质，表面有白霜者为佳。

干贝适用于烧、烩、蒸等烹调方法，如芙蓉干贝、鸡蓉干贝等。

5. 淡菜

淡菜又称海红、壳菜，是用贻贝肉干制而成的，主要产于福建、广东、浙江、辽宁等地，以个大，肉厚坚实，色泽浅紫或棕红，有光泽，干燥，味鲜，无杂质者为佳。

淡菜适用于烧、煨、炖、烩等烹调方法，如淡菜炖白蹄、淡菜烩蹄筋；也可以制作汤菜，如淡菜甲鱼汤等。

6. 海参

海参又称海鼠、乌龙，为棘皮动物。海参品种较多，大体可分为刺参和光参两大类。刺参主要品种有梅花参、仿刺参、绿刺参、花刺参等；光参主要品种有白尼参、玉足参、乌乳参、海地瓜等。海参主要产于辽宁、海南岛、广西、西沙群岛等地，以个体大，质硬，形体饱满完整，肉厚，无杂质，无虫蛀者为佳。

海参适用于烧、扒、烩、煨、蒸、酿等烹调方法，因其本身不显味，需借助鲜味较足的原料增鲜，如扒海参、葱烧海参、红焖海参等。

7. 鱿鱼

鱿鱼学名枪乌贼，也称柔鱼，属枪乌贼科。我国产量最大的是中国枪乌贼。鱿鱼主要分布在南海、泰国海域、马来群岛、澳大利亚昆士兰海域。鱿鱼入馔除鲜食外，常加工成干制品——鱿鱼干。枪乌贼加工的体型较小，肉薄，淡红色；柔鱼加工的片大而狭长，肉厚，呈淡黄色。鱿鱼干以片大、肉厚、表面明亮光滑者为上品，色白、肉稍薄的品质也佳。

鱿鱼适用于烧、烩、爆、炒等烹调方法，如爆炒鱿鱼卷、清炒鱿鱼等；也可直接烤熟食用。

8. **虾米**

虾米是用中小型虾经盐水煮、晒干、去头去壳后的干制品。用海产的虾制成的虾米又称海米；用淡水虾制成的虾米又称湖米。

虾米质量以个体大小均匀，形态完整，肉质坚硬，色泽鲜艳光洁，盐度轻，干燥，无异味，无虫蛀者为佳。我国沿海各地和内陆水域均产虾米。

虾米在烹饪中多作为菜肴的配料，起增鲜作用，如海米扒菜心、海米西芹等。

9. **海蜇**

海蜇是将捕获后的鲜海蜇用明矾和盐压榨处理除去水分，洗净后再用盐渍制成的干制品。海蜇的伞部称为蜇皮，口腕部称为蜇头。蜇皮以片张完整，破孔少，色白或淡黄，光泽鲜润，无红点，无杂质，脆嫩滑爽者为佳；蜇头以完整，肉质坚厚，色泽棕黄，口感脆嫩，无杂质，无异味者为佳。我国沿海均产海蜇，福建省、浙江省产的海蜇称为南蜇，质量最好；山东省产的海蜇称为东蜇，质量次于南蜇；天津市产的海蜇称为北蜇，质量较次。

海蜇营养丰富，除含蛋白质、脂肪外，还含有钙、铁、磷、碘等无机盐。

海蜇在烹饪中多凉拌成菜，蜇皮切成细丝，蜇头片成薄片，适用于多种口味，如糖醋蜇头、蒜拌蜇丝、葱油海蜇等；也可炒、烧或制汤，如红烧蜇头、海蜇羹、芙蓉海蜇等。

（四）海味植物性干料

1. **紫菜**

紫菜又称子菜、索菜、膜菜，为红毛菜科紫菜属藻类植物的统称，是一种重要的经济海藻。紫菜广泛分布于世界各地，以温带海域为主，我国辽东半岛、山东半岛以及浙江、福建沿海均有出产。紫菜主要品种有圆紫菜、坛紫菜、条斑紫菜、甘紫菜等。紫菜是采集鲜品后经加工干制而成的，紫菜干制品主要可分饼菜和散菜两类。

紫菜的品质以色黑紫有光泽，表面光滑滋润，片薄质嫩，大小均匀，干燥味香，无泥沙，无杂质者为佳。

紫菜是日本料理寿司的主要原料。在中餐中，紫菜可作为主配料，适宜拌、炝、蒸、煮、烧、炸、氽等烹调方法，还可作为馅心原料，起提味作用。

2. 海带

海带又称江白菜，为海带科海带属一年生或两年生海藻。海带主要产于我国辽东半岛和山东半岛、浙江、福建等地。朝鲜、日本的沿海地区也产海带。海带一般在夏季收采上市。产地多供应鲜品，商品海带多为干制品，可分为盐干海带和淡干海带两种。

海带的品质以形态宽长，色深褐，肉质厚实，干燥，无泥沙、杂质者为佳。

海带适用于拌、烧、炒、烩、炖等烹调方法，如海带烧肉、凉拌海带、海带炖豆腐等；也可制汤，如海带冬瓜汤；还可以作为面点馅心以及菜肴配色、配形原料。

（五）菌类干料

1. 木耳

木耳又称黑木耳、云耳、黑菜，属木耳科木耳属。我国木耳主要产于东北、华中地区和西南各省，通常加工成干制品应市。黑木耳按季节可分为春耳、伏耳、秋耳三种，以春耳为最好。黑木耳按形状特征可分为粗木耳和细木耳两种，细木耳体质轻，耳质细腻，入口柔糯，品质优良。黑木耳通常加工成干品应市，常年供应。

黑木耳的品质以色黑有光泽，肉厚，朵形大而均匀，体轻干燥，无杂质，无碎屑，无霉烂者为佳。

黑木耳在烹饪中应用广泛，既可用作主料，也可以用作配料，适用于炒、烧、烩、炖、拌等烹调方法，如木耳炒肉、拌木耳等，还可以制汤或作为菜肴配色、装饰料以及面点的馅心原料。

2. 银耳

银耳又称白木耳，属银耳科银耳属。我国许多地区均有栽培银耳，以福建产量最多，品质最优，通常加工成干制品应市，著名的品种有四川通江银耳、福建漳州雪耳等。银耳质量以朵大肉厚，色泽黄白，味清香，底板小，干燥，涨发率高，胶质重者为佳。

银耳在烹饪中多用于汤羹菜的制作；也可用于炒、烩等烹调方法，多用甜味，如银耳莲子羹等。

3. 香菇

香菇又称香菌、香蕈，为白蘑科香菇属。香菇按生长季节可分为春菇、秋菇和冬菇；按品质可分为花菇、厚菇、薄菇和菇丁，其中以花菇质量最优。我国自古就有半人工栽培香菇，现已发展为全人工栽培。香菇主要产于福建、浙江、安徽、江西、贵州等地，通常以干品应市。

香菇质量以子实体完整，大小均匀，色泽正，味香浓，肉质厚，菌褶白，菌柄短而粗壮，干燥，无杂质，表面有白霜者为佳。

香菇在烹饪中应用较广，既可用作主料，也可用作配料，适用于炒、炖、烧、煮、煨等烹调方法，如香菇菜心、香菇炒肉片、素鳝丝、香菇煨鸡等；也可制成汤菜，如香菇豆腐汤；还可以作为面点的馅心、拼制冷盘，并常用于配色。

4. 竹荪

竹荪又称竹参、竹笙，在我国主要产于西南地区，广东、广西、浙江等地也有出产，现已有人工栽培。多以干制品应市，干制前去掉菌盖部分。竹荪质量以个体大，色微黄，网状菌幕松软，形完整，质柔软，无杂质者为佳。

竹荪适用于烧、扒、炒、烩、涮等烹调方法，尤其适于制作汤菜。夏季竹荪还有保持菜肴不腐不馊的功能，如四川名菜——推纱望月等。

5. 猴头菇

猴头菇又称猴头菌、猴头蘑，为齿菌科猴头菌属，是一种珍贵的食用菌。我国猴头菇主要产于东北、华北和西南地区，以黑龙江大小兴安岭所产的最为著名，现已有人工栽培。猴头菇质量以个体大，形状完整，色泽浅黄，干燥，无杂质，无虫蛀，菌刺完整者为佳。

猴头菇在烹饪中可作为主料，也可作为配料，可荤可素，适用于炒、煲、炖、烧、扒等烹调方法，如扒猴头、御笔猴头等。

6. 羊肚菌

羊肚菌又称羊肚子、羊肚菜，属马鞍菌科羊肚菌属，我国主要产于云南、山西、青海、四川、甘肃、新疆等地，多为野生，也有半人工栽培。羊肚菌质量以子实体完整，个体均匀，干燥，无杂质者为佳。

羊肚菌适用于炒、烧、烩、扒、炖等烹调方法，也可做馅或做汤，如羊肚菌鱼汤片、红烧羊肚菌、羊肚菌烧肉等。

7. 口蘑

口蘑又称白蘑，为白蘑科白蘑属，子实体菌盖平展，扁圆稍内卷，色泽淡黄，菌肉白色，厚而致密，菌柄粗壮，通常以干制品应市，有"草原明珠"之称。口蘑主要产于内蒙古草原和河北坝上等地，因其集散地在张家口，故统称口蘑。口蘑按当地商品分类可分为白蘑、青蘑、黑蘑、杂蘑四档，白蘑为上品。口蘑主要品种有内蒙古口蘑、香杏口蘑、雷蘑等，质量以个体均匀、肉质厚、不破碎、菌柄短壮，干燥，无虫蛀，无杂质者为佳。

口蘑适用于炒、熘、烩、扒、烧等烹调方法，也可以做汤或做面点馅心，如肉片口蘑烧白菜、口蘑豆腐汤等。

三、干货类原料的品质鉴定及保管

（一）干货类原料的品质鉴定

干货类烹饪原料包括的品种较多，品质各异，特征不同，干制的方法不同，以及在储藏、保管、运输过程中外界条件的影响，干货类烹饪原料的品质也会发生变化。对其品种的检验应根据其共同特点和必备的基本要求进行品质鉴定，主要以感官检验为主。

1）看：就是对干货原料进行观察，看杂质含量，形状是否整齐、均匀、完整，色泽是否为干货规定色泽，是否有虫蛀和霉烂。

2）嗅：就是对干货原料进行气味鉴别，以气味来确定干货是否具有本身固有的清香味，确定干货的新陈，以及干货是否发生变质和霉变。

3）敲、摸：就是对干货进行敲打和触摸，以此来确定干货的含水量，干货原料的含水量越少越好。

（二）干货类原料的保管

1）库房要干燥、通风、凉爽，避免阳光照射，可安装温度计和湿度计，定时检查室内温、湿度，防止库房内温度和湿度越过许可范围。

2）干料虽经日晒、密封保藏，但时间过长仍会回软、潮湿乃至发霉变质，所以要常晒常查。

3）原料应放置在货架上，保证原料至少离地面25cm，离开墙壁10cm，以便于空气流通和清扫，并随时保持货架和地面的干净，防止污染。

4）原料存放应远离自来水管道、热水管道和蒸汽管道，以防受潮和湿热霉变。有些干料需放置石灰、明矾、亚硫酸氢钙等干燥剂、防霉防腐剂加以保藏，使干料不易受潮变质。

5）经常检查是否有虫、鼠咬破袋子。

6）有毒及易污染的物品，如杀虫剂、去污剂以及清扫用具等，不要放在库房内。

7）原料应整理分类，依次存放，保证每一种原料都有其固定位置，便于管理和使用。干料不能和含水量高的新鲜原料存放在同一处所，以免增加空气湿度，使干料受潮。动物性干料与植物性及藻类、菌类的干料，应分类保藏，不能混合，以避免干料产生异味。

8）入库原料需注明进货日期，以利于按照先进先出的原则进行发放，定期检查原料的保质期，不能超越干料的保存期限，应及时食用。

9）干货库应定期进行清扫、消毒，预防和杜绝虫害、鼠害。

第九节　调、辅类原料

一、调制原料

（一）调味原料

调味原料又称调味品，是指在菜点制作过程中用量较少，但能提供和改善菜点口感的一类原料。

调味原料按味别的不同分为单一调味料和复合调味料。单一调味料又分为咸味调料、甜味调料、酸味调料、鲜味调料、香辛味调料五大类。复合调味料是指用两种及以上的单一调味料或复合调味料经加工再制成的调味料，如糖醋味、红油味、香糟味、芥末味等。由于使用的配料、比例及加工习惯的不同，复合调味料的种类很多。

1. 咸味调味品

咸味是两种可单独成味的基本味之一，是各种复合味的基础味，在调味中具有举足轻重的作用。

单一或复合咸味调料中的咸味主要源于氯化钠。其他盐类如氯化钾、氯化铵、溴化钾、碘化钠等也都具有咸味，但同时也有苦味、涩味等味感。因此，只有氯化钠的咸味最为纯正。

（1）食盐　食盐是以氯化钠为主要成分的咸味调味品。按照加工程度的不同，食盐可分为原盐（粗盐）、洗涤盐、再制盐（精盐）三种。原盐和洗涤盐的加工精度低，不但有苦味等异味，而且对人体还有不利的影响。因此，日常生活中常选用色泽洁白、味道纯正的再制盐作为食用盐。目前，我国普遍在再制盐中添加碘，以增加内陆和山区人民对碘的摄入。按照盐的来源，我国所产的食盐分海盐、湖盐、井盐、矿盐、土盐等。土盐因为杂质多，一般不作为食用盐。

1）海盐：从海水中晒取的，是食盐的主要来源，约占我国食盐总产量的84%。山东省是我国四大产盐区（山东省、辽宁省、河北省、江苏省）之一，产量居全国首位。

2）湖盐：又称池盐，是由内陆的咸水湖中提炼的，呈不规则的块状结晶，水分和杂质含量很少，不经过再加工即可食用。我国湖盐资源十分丰富，青海省的茶卡、察尔汗和内蒙古的雅布赖都是著名的湖盐产区。

3）井盐：钻井汲取地下卤水（或将水灌于地下盐层，使盐溶解后再汲取卤水）再经熬制而成。我国四川省、云南省均有井盐生产，以四川自贡产量较大，历史上称自贡为"盐都"。井盐因其形状不同，又分为花盐、巴盐、筒盐、砣盐四种。

4）矿盐：又称岩盐，是蕴藏在地下的大块岩层，经开采后取得，产量较少，新疆和青海等地均有生产。矿盐的结晶坚实而透明，如水晶状，质量很高，氯化钠含量高达99%，但是其中缺乏碘质，常食易引起甲状腺肿大。

在烹调过程中，食盐是最基本的调味品之一。在菜点中加入食盐，可为菜肴赋予基本的咸味，同时具有助酸、助甜和提鲜的作用。少量的食盐不但可增加肉蓉、肉糜的黏稠力，还可促进面团中面筋质的形成。利用食盐可改变原料的质感、助味渗透及防止原料的腐败变质。食盐还可作为传热介质，常用于盐炒花生、盐发海参、蹄筋以及用于盐焗类菜肴如盐焗鸡等的制作。

（2）酱油 酱油是我国传统的咸味调味料，应用非常广泛。酱油的成分比较复杂，除食盐外，还含有多种氨基酸、糖类、有机酸及呈香成分等。根据其所用的原料及生产方法的不同，酱油可分为天然酱油、化学酱油和固体酱油三种。

1）天然酱油：俗称红酱油，是以豆饼、麸皮、食盐、水等为原料，经蒸制、制曲、制酱坯、滤汁液等，利用微生物自然发酵酿制而成的。天然酱油味厚鲜美，风味独特，营养丰富。

2）化学酱油：以豆饼、食盐、水等为原料，再用盐酸将豆饼中的蛋白质水解，然后用纯碱中和，经煮焖加盐水，再压榨过滤取汁液、加入酱色制成，味道鲜美，但缺乏香味。

3）固体酱油：以液态酱油、糖及其他调味原料为原料经浓缩制成的，品种随原料的不同而有差异。固体酱油风味独特，使用方便，营养丰富，便于保管，是较好的调味品。将固体酱油用5~6倍的开水溶解后即可使用，也可在烹调时直接放入菜肴中。

酱油的呈味以咸味为主，也有鲜味、香味等。在烹调中具有为菜肴确定咸味、增加鲜味的作用；还可增色、增香、去腥解腻。多用于冷菜调味和烧、烩菜品之中。由于酱油在加热时会发生增色反应，因此长时间加热的菜肴不宜使用酱油，而可采用糖色等增色。此外，还需注意菜品色泽与咸度的关系，一般色深、汁浓、味鲜的酱油用于冷菜和上色菜；色浅、汁清、味醇的酱油多用于加热烹调。

（3）酱类　酱是我国传统的调味品，是以豆类、谷类为主要原料，以米曲霉为主要的发酵菌，经发酵制成的糊状调味品。酱除具有咸味外，还具有独特的酱香味、鲜甜味和特殊的酱色。

在烹调中，酱类可改善原料的色泽和口味，增加菜肴的酱香风味，并具有解腻的作用。酱在使用时要准确掌握用量，以防酱味掩盖原料本味。调味前若酱过稠，需用少量水或油稀释，并用小火温油炒香。保管酱时要注意防霉、防高温，必要时可以用植物油隔绝空气。烹调中常用的酱类品种有豆酱、甜面酱、豆瓣酱三种。

（4）豆豉　豆豉是以整粒大豆为主要原料，经曲霉发酵后制成的颗粒状咸味调味品，为我国传统的调味料之一，主产于长江流域及以南地区，以江西、湖南、四川、广西等地所产为佳。

豆豉按风味可分为咸豆豉、淡豆豉、甜豆豉、臭豆豉等；按形态可分为干豆豉、湿豆豉、水豆豉等；按制作中是否添加辣椒，又可分为辣豆豉和无辣豆豉。

豆豉成品色泽多为棕黑色或黄褐色，具有浓郁的醇香和鲜甜味。在烹调中，豆豉具有提鲜增香、除异解腻、配形赋色的作用。豆豉适用于多种蒸、炒、烧、拌类菜肴，是"豉汁味"的主要调味料；也可单独炒、蒸后佐餐食用，如制作潮州豆豉鸡、豆豉牛肉、豉汁蒸排骨、豆豉鱼、回锅肉、拌兔丁、川北黄凉粉等菜品。

豆豉在使用时要注意用量，防止压抑主味；还需根据菜品的要求正确选择使用颗粒或是蓉泥形式。另外，在储藏时要防止霉变，尤其是含盐量较低的淡豆豉更应注意。

2. 甜味调味品

甜味是除咸味外可单独成味的基本味之一。呈现甜味的物质有许多，如单糖、双糖、低聚糖、糖醇、某些氨基酸（如甘氨酸）、人工合成的物质（如糖精）等。此外，某些植物中还含有天然的甜味物质，如甘草糖、甜叶菊糖等。

甜味调味品在烹饪中具有重要的作用，可作为甜味剂单独用于制作甜菜、甜羹、甜馅等；可参与其他多种复合味型的调制，如糖醋味、家常味、鱼香味等；利用某些甜味调味品，如蔗糖在不同温度下的变化，还可增加菜点的光泽和色泽。此外，甜味调味品之间具有相互增加甜度的作用，并可降低酸味、苦味和咸味。

在食品工业和烹调中常用的甜味调味品有食糖、糖浆、蜂蜜、糖精等。

（1）食糖 食糖的呈甜物质为蔗糖，是烹饪中最常用的一种甜味调料，主要从甘蔗、甜菜两种植物中提取。按照加工方法、成品的色泽和形态的不同，食糖有红糖、白砂糖、绵白糖、冰糖、方糖等不同的形式。

1）红糖又称土红糖，是以甘蔗为原料，经土法制取的食糖。红糖按外观不同可分为红糖粉、片糖、条糖、碗糖、糖砖等，成品的纯度较低，色从浅黄至棕红都有，结晶颗粒较小，易吸潮熔化，甜度高。在烹调中红糖常用于复制酱油、卤汁等色深复合调味料的制作，或制作色泽较深的甜味菜点，并且是民间制作滋补食物的常用甜味料。

2）白砂糖为质量最佳的一种食糖。其晶体颗粒均匀，颜色洁白，甜味纯正，甜度稍小于红糖，在烹调中常用于菜肴的调味、糖色的炒制等。

3）绵白糖又称面糖，成品晶体颗粒细小，为粉末状，甜度与白砂糖接近。按加工方法的不同，绵白糖分为精制和土制两种。精制绵白糖色泽洁白，晶体软细，质量较好；土制绵白糖色泽微黄发暗，质量较差。绵白糖的溶解性高，适合味碟的调制、面团的赋甜等。

4）冰糖为白砂糖的再制品，常用于药膳的制作、药酒的浸泡，也可用于馅心的制作。

5）方糖为优质白砂糖的再制品，甜味纯正，主要用于饮料的赋甜，如咖啡。

食糖在烹调过程中具有重要的作用，是制作菜点、小吃等常用的甜味调味品，并且具有和味的作用；在腌制肉制品，如香肠、香肚时加入适量的食糖可增加制品的保水能力，提高嫩度；利用食糖在不同温度和不同pH时的变化，可制作挂霜类、拔丝类、琉璃类以及亮浆类菜点；利用食糖在高温下的焦糖化反应制作糖色；在发酵面团中加入适量食糖可促进发酵。此外，还可利用糖腌、糖渍的方法制作果脯、蜜饯等。

（2）糖浆 糖浆又称为化学糖稀，是以淀粉为原料，在酸或酶的作用下，经过不完全水解而制得的含有多种成分的甜味液体。糖浆的糖分组成为葡萄糖、麦芽糖、低聚糖、糊精等。常用的糖浆有饴糖、淀粉糖浆和葡萄糖浆。各种糖浆均具有良好的持水性（吸湿性）、上色性和不易结晶性。在烹饪运用中，糖浆除常作为甜味调味品使用外，还用于烧烤类菜肴的上色、增加光泽，如烤乳猪、烤鸭、叉烧肉等；在糕点、面包、蜜饯等制作中使用糖浆，具有增色增甜、使制品不易变硬等作用，在酥点的制作中不宜使用糖浆，以免影响酥脆性。此外，糖浆可阻止蔗糖的重结晶，故在熬制拔丝菜肴的糖液时加入适量的糖浆，可使拔丝效果更好。

果葡糖浆是新型的淀粉制品，主要组成成分为葡萄糖和果糖，其甜度相当于蔗糖，现在已广泛应用于面包、糕点、饼干、饮料等食品的生产中。

（3）蜂蜜　蜂蜜是由蜜蜂采集花蜜酿制而成的天然甜味食品，通常为透明或半透明状的黏性液体，带有独特的芳香气味，主要成分葡萄糖、果糖等糖类，还含有一定量的含氮物质、矿物质以及有机酸、维生素和来自蜜蜂消化道中的多种酶类，营养丰富，具有益补润燥、调理脾胃等功效。

蜂蜜除在日常生活中作为营养滋补品食用外，还用于糕点、蜜汁菜肴等菜点的制作，具有增甜、保水、赋予菜品独特风味等方面的作用；也可作为面包、馒头、粽子、凉糕等的蘸料。蜂蜜代表菜式有诗礼银杏、蜜汁火方、蜜汁肘子、蜜汁藕片等。

（4）糖精　糖精的化学名称为邻磺酰苯甲酰亚胺，是将从煤焦油中提炼出来的甲苯，经过碘化、氯化、氧化、氨化、结晶脱水等一系列化学反应后人工合成的甜味剂，成品为白色或无色的粉末或晶体，无臭，略有芳香气，易溶于水。但糖精溶液在长时间加热和酸性溶液中易分解生成少量的苯甲酸而产生苦味，因此要尽量避免在长时间加热的食物中和酸性食物中添加糖精。

随着科学技术的发展，目前在食品中添加的甜味剂还有木糖醇、山梨醇、麦芽糖醇、二肽及氨基酸的衍生物等。木糖醇为白色粉末，甜度与蔗糖相近，它不为酵母、细菌所发酵，因此具有防龋齿的作用。而且，木糖醇在体内的代谢与胰岛素无关，不会增加血糖含量，特别适合糖尿病人食品的赋甜。欧美许多国家已将其用于面包、点心、果酱等。山梨醇的甜度为蔗糖的 50%~70%，在血液中不受胰岛素的影响，是一种可用于糖尿病、肝病患者食品加工的甜味剂。

3. 酸味调味品

酸味是酸性物质离解出的氢离子在口腔中刺激味觉神经后而产生的一种味

觉体验。自然界中的酸性物质大多数源于植物性原料，如苹果酸、柠檬酸、酒石酸等，以及微生物发酵产生的醋酸、乳酸等。

酸味具有缓甜减咸、增鲜降辣、去腥解腻的独特作用，还可以促进钙质的溶解和吸收，促进蛋白类物质的分解，保护维生素 C，刺激食欲，帮助消化。此外，酸遇碱可发生中和反应而失去酸味；在高温下，酸性成分易挥发也可失去酸味。因此，在使用酸味调味品时，需注意这些变化的发生。

在烹饪过程中，酸味很少单独成味，而是同其他调味原料一起使用调制复合味，如咸酸味、甜酸味、酸辣味、鱼香味、荔枝味等。常用的酸味调味品有食醋、番茄酱、柠檬酸等。

（1）食醋　食醋是液状酸味调味品，品种繁多，按加工方法的不同，一般分为发酵醋和合成醋两类。

1）发酵醋：即酿造醋，为我国传统的食用醋，是以谷类、麸皮、水果等为原料，以醋酸菌为发酵菌将乙醇氧化成乙酸而制成的酸味调味品。发酵醋除含 5%~8% 的醋酸外，还含有乳酸、葡萄糖酸、琥珀酸、氨基酸、酯类及矿物质和维生素等其他成分。成品酸味柔和、鲜香适口，并具有一定的保健作用。

我国生产的发酵醋种类很多，如糖醋、酒醋、果醋、米醋、熏醋等，以米醋质量为最佳。常见的名醋有山西老陈醋、四川麸醋、镇江香醋、浙江玫瑰米醋、丹东白醋等。此外，在中西餐中使用的还有鸭梨醋、柿醋、苹果酒醋、葡萄酒醋、色拉醋、铁强化醋等。

2）合成醋：即化学醋，是以冰醋酸、水、食盐、食用色素等为原料，按一定比例配制而成的液状酸味调味品。合成醋仅具有酸味，无鲜香味，并有一定的刺激性。

在烹饪中，食醋具有赋酸、增鲜香、去腥膻的作用，是调制酸辣味、糖醋味、鱼香味、荔枝味等复合味型的重要原料；在原料的初加工中，可防止某些果蔬类原料酶促褐变的发生，并可使甜味减弱、咸味增强、高汤的鲜味提高。此外，食醋还可使肉质老韧的肌肉组织软化，并具有一定的抑菌、杀菌作用和一定的营养保健功能。

由于醋酸不耐高温，易挥发，在使用时应根据需要来决定醋的用量和投放时间。如在烧鱼时用于腥味的去除，应在烹制开始时加入；如是制作酸辣汤等呈酸菜肴，应在起锅时加入，或是在汤碗内加醋调制；如是用于凉拌菜起杀菌的作用，则应在腌渍时加入。

（2）番茄酱　番茄酱是以成熟期的番茄为主要原料，经破碎、打浆、去除皮和籽、浓缩、装罐、杀菌而成的糊状酸味调味品。番茄酱成品色泽红艳、味酸甜。其酸味来自苹果酸、酒石酸、柠檬酸等，红色主要来自番茄红素。

番茄酱除直接用于佐餐外，还是制作甜酸味浓的"茄汁味"热菜、某些糖粘类和炸制类冷菜必用的调味品。番茄酱代表菜式有茄汁鱼花、茄汁大虾、茄汁牛肉、茄汁锅巴、茄汁鸡球、茄汁排骨等。番茄酱使用前需用温油炒制，使其呈色呈香更佳。

（3）柠檬酸　柠檬酸广泛分布于多种植物的果实中，尤以柠檬中含量最多，可通过化学方法合成或以淀粉为原料经微生物发酵制得，成品为无色晶体，酸味极强。天然柠檬汁尚具有浓郁的果香味。

在烹饪中，柠檬酸具有赋酸、护色、保护维生素 C 的作用，常用于西式菜肴和面点的制作，并且是食品工业中制作糖果、饮料的主要酸味剂。目前，柠檬酸在中餐烹调中也有使用，如香橙排骨、西柠软煎鸡、西柠煎鸭脯等。

4. 鲜味调味品

鲜味是一种优美适口、激发食欲的味觉体验。鲜味可使菜点风味变得柔和、诱人，能促进唾液分泌、增强食欲。

在自然界中，鲜味物质广泛存在于动物性原料和植物性原料中，在实际应用过程中应突出主配原料的鲜味。需要加以注意和利用的是，鲜味需在咸味的基础上才能体现，而且在调味方面存在"鲜味相乘"原理，即多种鲜味物质的呈鲜作用远远强于一种鲜味物质。

在烹饪中经常使用的鲜味调味品有味精、腐乳汁、鸡精、高汤、蚝油、鱼露、虾油、菌油等。

（1）味精　味精又称味素，其主要成分为谷氨酸钠，是以面筋蛋白质、大豆蛋白等为原料经水解法或以淀粉为原料经微生物发酵制得的粉末状或结体状鲜味调味品。易溶于水，微有吸湿性，味道鲜美，溶于 3000 倍的水中仍具有鲜味。

味精的最佳溶解温度为 70~90℃，在一般烹调加工条件下较稳定，但长时间处于高温下，易变为焦谷氨酸钠而使鲜味丧失。另外，在碱性条件下，味精会转变为谷氨酸二钠，鲜味丧失；在酸性条件下，溶解度降低，而使呈鲜能力下降甚至消失。

味精在烹调中主要用于味淡菜肴的增鲜，使用时要与食盐配合，酸甜类菜肴一般不用。菜肴中添加味精多在出锅前或装盘后进行，不宜将味精与原料一同进行加热。

（2）腐乳汁 腐乳也称豆腐乳，是将豆腐坯接种毛霉后，再加入香料、盐等发酵制成的佐餐食品。在发酵过程中，溢出的卤汁即腐乳汁中含丰富的游离氨基酸，是传统中餐制作中使用的鲜味调味品。

腐乳汁滋味鲜美，风味独特，在烹调中具有提鲜增香、调味解腻的作用，常用于烧、蒸等方法制作的菜肴中，如腐乳鸡、腐乳鸭、乳香螺片、腐乳烧肉等；也可直接拌在菜内和放味碟中，如在涮羊肉中用来制作蘸食调料。

（3）鸡精 鸡精是以味精、食用盐、鸡肉（鸡骨）的粉末或其浓缩抽提物、呈味核苷酸二钠及其他辅料为原料，经混合、干燥加工而成的复合调味料。成品呈颗粒状，色乳黄，具有浓郁的鸡的鲜香风味。在烹饪中，鸡精常用于冷热菜肴、汤品、面点馅心等的赋味增鲜。

5. 香辛味调味品

香辛味调味品简称香辛料，是指烹调中使用的具有特殊香气或刺激性成分的调味物质。香辛味主要源于一些挥发性成分，在烹饪中，香辛料具有赋香增香、去腥除异、添麻增辣、抑菌杀菌、赋色、防止氧化的功能。此外，有的香辛料还具有特殊的生理和药理作用。

香辛料大多源于植物体的根、茎、叶、花、果实和种子，大部分为干制品，如八角、茴香、丁香、桂皮、花椒等；有的也使用鲜品，如姜、葱、蒜等。

根据香辛料主要作用的不同，可分为麻辣味调味品和香味调味品两大类。麻辣味调味品是以提供麻辣味为主的香辛料，有的还具有增香增色、去腥除异的作用。香味调味品又称香料，是以增香为主的香辛料，根据香型不同分为芳香类、苦香类和酒香类三大类。

（1）花椒 花椒又称山椒、秦椒、蜀椒，是芸香科植物花椒的果实，其叶也可作调味品。原产于我国北部和西南部，以四川汉源、西昌等地所产品质优良。

花椒的果实为蓇葖果，圆球形，幼果绿色，成熟时呈红色或酱红色。果皮具有特殊的香气和强烈持久的麻味。其香味来自花椒油香烃、水芹香烃、天竺葵醇、香茅醇等挥发油；麻味来自山椒素。花椒以色红、果皮细腻、香麻浓郁、籽少者为佳。

在烹调中，花椒除颗粒状外，常加工成花椒面、花椒油等形式，是调制麻辣味、糊辣味、葱椒味、椒麻味、怪味等味型必用的调味品，适用于炒、炝、炖、烧、烩、蒸等多种成菜方法，还可作为面点、小吃的调料，或配制粉末状味碟，如椒盐碟、麻辣碟等。

（2）胡椒　胡椒又称木椒、浮椒、玉椒等，是胡椒科藤本植物胡椒的干燥果实和种子。胡椒为中西餐烹调中最主要的香辛调味料之一，主产于马来西亚、印度尼西亚、泰国及我国的华南和西南地区。

胡椒的辣味成分主要为椒脂碱、辣椒碱，香味成分主要为大茴香萜、倍半萜烯等。由于采摘的时机和加工方式的不同，胡椒主要分为黑胡椒和白胡椒两类。黑胡椒又称黑胡，是将刚成熟或未完全成熟的果实采摘后，堆积发酵1~2d，当颜色变成黑褐色时干燥而成的。黑胡椒气味芳香，有刺激性，味辛辣，以粒大饱满、色黑皮皱、气味强烈者为佳；白胡椒又称白胡，是将成熟变红的果实采摘后，经水浸去皮、干燥而成，以个大、粒圆、坚实、色白、气味强烈者为佳。此外，还有绿胡椒，即将未成熟的果实采摘下来，浸渍在盐水、醋里或冻干保存而得。

在菜肴制作中，胡椒具有赋辣除异、增香提鲜的作用，适用于咸鲜或清香类菜肴、汤羹、面点、小吃中，是热菜"酸辣味"的主要调料。颗粒状胡椒常用于煮、烧、炖、卤等菜式的制作；胡椒粉的香辛气味易挥发，因此多用于菜点起锅后的调味，如清汤抄手、清炒鳝糊、白味肥肠粉、鲫鱼汤等。

（3）辣椒　辣椒是在世界范围内广泛应用的一种辣味调料，品种多，运用形式多样，如干辣椒、辣椒粉、辣椒油、辣椒酱、泡辣椒及酢辣椒等，是调制糊辣味、红油味、鱼香味、麻辣味、酸辣味、怪味、家常味等味型必用的调味原料。

1）干辣椒：又称干海椒，是用新鲜尖头辣椒的老熟果晒干而成的。干辣椒主产于云南、四川、湖南、贵州、山东、陕西、甘肃等地，品种有朝天椒、线形椒、羊角椒等，成品色泽红艳、肥厚油亮、辣中带香。

干辣椒在烹饪中运用极为广泛，具有去腥除异、解腻增香、提辣赋色的作用，广泛使用于荤素菜肴的制作。使用时应注意投放时机，准确掌握加热时间和油温，从而保证既突出其辣味又不失鲜艳色泽。

2）辣椒粉：又称辣椒面，是将干辣椒碾磨成的一种粉面状调料。因辣椒品种和加工的方法不同，辣椒粉品质也有差异，选择时以色红、质细、籽少、香辣者为佳。

辣椒粉在烹调中的应用较广，不仅可以直接用于各种凉菜和热菜的调味，或用于粉末状味碟的配制，而且还是加工辣椒油的原料。

3）辣椒油：用油脂将辣椒面中的呈香、呈辣和呈色物质提炼而成的油状调味品。成品色泽艳红，味香辣而平和，是广为使用的辣味调味料之一，主要用于凉菜和味碟的调味。

4）辣椒酱：即豆瓣酱，也是一种常用的辣味调料，即将鲜红辣椒剁细或切碎后，加入或不加蚕豆瓣，再配以花椒、盐、植物油脂等，然后装坛经发酵而成，为制作麻婆豆腐、豆瓣鱼、回锅肉等菜肴及调制"家常味"必备的调味料，使用时需剁细，并在温油中炒香，以使其呈色呈味更佳。

5）泡辣椒：又称鱼辣子，常以鲜红辣椒为原料，经乳酸菌发酵而成，成品色鲜红，质地脆嫩，具有泡菜独有的鲜香风味，是调制"鱼香味"必用的调味料，使用时需将种子挤出，然后整用或切丝、切段后使用。

6）酢辣椒：将红辣椒剁细，与糯米粉、粳米粉、食盐等调味原料拌和均匀，装坛密封发酵而成。酢辣椒成品辣香中带有酸味，鲜香适口，可直接炒食或作配料运用。

（4）芥末 芥末又称芥末面，属于辛辣味调味品，是十字花科一年生草本植物芥菜的种子经除去油脂后干燥、粉碎制得，主要有白芥和黑芥两种。

芥末的主要辣味成分是黑芥子苷，经酶解后所产生的挥发油（芥子油）具有强烈的刺鼻辛辣味。使用时先将芥末粉用温开水、醋调制成糊状，然后静置半个小时，再加入植物油、白糖、味精等搅匀即可。

在烹饪中，芥末多用于冷菜、冷面等的调味，成为独特的"芥末味"，如芥末鸭掌、芥末菠菜、芥末金针菇等，也可作味碟，用于生食肉类食品的去腥除异。

（二）调色原料

调色原料是指在菜肴和面点制作过程中主要用来增加或调配成品色彩的原料。

在食品中运用的调色原料，可分为两类：食用色素（包括天然色素和合成色素）和发色剂。

1. 食用色素

食用色素是以食品着色为目的食品添加剂，来自动植物的烹饪原料，具有不同的色泽，但在烹调加工过程中由于加热、遇酸、氧化等而导致褪色或变色。所以，有时可通过使用食用色素改善、强化、赋予菜点的色泽。食用色素按照来源的不同，可分为食用天然色素和食用合成色素两大类。

（1）食用天然色素 食用天然色素是指从生物体组织中直接提取的色素，按照来源可分为植物色素、动物色素和微生物色素。植物色素，如胡萝卜素、叶绿素、姜黄、可可粉等；动物色素，如紫胶虫色素、胭脂虫色素等；微生物色素有红曲色素和核黄素等。

食用天然色素具有调色自然、色彩丰富、安全性较高、有一定的营养和药理作用等优点,但同时也具有溶解性差、不易均匀染色、有的有异味、着色能力差、色调不稳定、难以任意调色、成本高等缺点。

我国允许使用的天然色素有红曲色素、焦糖色素、叶绿素、姜黄色素、甜菜红、紫胶虫色素、辣椒红、越橘红、红花黄、栀子黄、β-胡萝卜素等。

1)红曲色素又称红曲,是将红曲霉属中的红曲霉、紫红红曲霉等菌种接种于蒸熟的大米后经培育而得到的制品。红曲色素成品为不规则的红色米粒,外表呈棕红色或紫红色,质清脆,微有酸味。提取出的红曲色素纯品为针状结晶,熔点为136℃,不溶于水,可溶于乙醇、丙酮、醋酸等有机溶剂。

红曲色素的色调鲜艳,性质稳定,对蛋白质染着性好。在烹调及食品加工中,红曲色素多用于肉类菜点及肉制品、豆制品等的着色,如樱桃肉、叉烧肉、粉蒸肉、腊肉、香肠、火腿、豆腐乳等,使用量可根据菜点呈色的需要而定。

2)焦糖色素又称焦糖色、酱色,是以糖类物质为原料在160~180℃的高温下加热发生焦糖化反应后而得到的制品,成品为红褐色或黑褐色的胶状物或固体。

在烹饪中,应用的焦糖色素是烹调师熬制的糖色,即将冰糖或白砂糖等糖类物质与少量植物油脂在高温下加热到一定程度而制得。糖色通常用于长时烹调方法如红烧、红扒等,制作的菜点色泽红润光亮,风味别致,尤其以冰糖制作的糖色更为色正光亮。

3)叶绿素是自然界中一切绿色植物体内所含的色素。植物是通过叶绿素将太阳能转变为化学能。

叶绿素可通过工业生产从绿色植物、蚕沙中提取,并制成溶解性大、稳定性高的叶绿素铜钠盐,最大使用量为0.5g/kg。

在烹饪中,常挤取绿色蔬菜叶片的汁液或直接把绿叶用于菜点的着色,如菠菜、小白菜等的叶片常用于翡翠饺子、三色鱼圆、菠菜面等的制作。

由于叶绿素在酸性条件下容易转变为褐黄色的脱镁叶绿素,在制作以绿色蔬菜为主配料的菜点、汤品时,一般不添加酸性调味品,如食醋、柠檬酸等,以尽可能保持原色。

4)姜黄色素是从姜科多年生草本植物姜黄的地下根状茎中提取的黄色色素。姜黄色素纯品为橙色粉末,有胡椒芳香,稍带苦味;不溶于冷水,溶于乙醇、丙二醇，易溶于冰醋酸和碱溶液；在碱性溶液中呈红褐色，在中性、酸性溶液中呈黄色，易因铁离子存在而变色；耐还原性、染着性强，但耐光性、耐热性差。

在我国民间，使用姜黄色素的传统方法是将姜黄洗净、晒干、磨成粉末而制成姜黄粉，常用于腌渍菜、果脯蜜饯以及咖喱粉等的增香及着色。因辛辣味浓，不宜直接添加于其他食品中，使用量可根据菜点和制品的需要而定。

5）甜菜红是从红甜菜的肉质根中提取的有色化合物的总称。甜菜红成品为红色或红紫色的结晶样粉末；可溶于水，微溶于乙醇，不溶于无水乙醇；水溶液呈红色至紫红色；染着性好，但耐热性较差。

甜菜红可对多种食品染色，着色均匀，色泽鲜艳，稳定性强，无任何杂味和异味，食用安全性很高，使用量一般为 0.5~5.0g/kg。

6）紫胶虫色素又称紫胶色素、虫胶色素，是昆虫纲同翅目胶蚧科的紫胶虫在寄主植物上分泌的紫胶原胶中的一种色素成分，主产于东南亚和我国四川、云南、台湾等地。紫胶虫色素纯品在 pH 小于 4.5 时为橙黄色，在 pH 为 4.5~5.5 时为橙红色，pH 大于 5.5 时为紫红色。

紫胶虫色素多用于汽水、果子露、红绿丝、糖果、罐头等食品的着色，最大使用量为 0.5g/kg。

（2）食用合成色素　食用合成色素又称苯胺染料，是以煤焦油为原料用人工方法合成的色素。与天然色素相比，具有色彩鲜艳、附着力大、性质稳定、着色力强、可以任意调色、使用方便、成本低廉等优点，但安全性低，超过规定用量时有一定的致畸、致癌等毒副作用，且没有营养价值。所以，使用合成食用色素时必须严格控制使用量。

我国 2008 年颁布的关于食品添加剂使用的国家标准规定，允许使用苋菜红、胭脂红、柠檬黄、日落黄、靛蓝五种食用合成色素。食用合成色素在烹饪中常用于中西面点、红绿丝、胶冻及食雕作品等的染色；在食品工业中用于果汁粉、水果糖、罐头、果冻、冷饮制品等的着色。

1）苋菜红为均匀的紫红色粉末，无臭，溶于水，不溶于油脂，0.01% 水溶液呈玫瑰红色，具有良好的耐光性、耐热性、耐盐性、耐酸性，在碱性溶液中变成暗红色，常用于鱼糕、腊肠、糕点以及寿桃、喜字蛋糕等面点的着色、点缀，发酵食品不宜使用，最大使用量为 0.05g/kg。

2）胭脂红又称丽春红，为红色至深红色粉末，无臭，溶于水呈红色，耐光性、耐酸性较好，但耐热性、耐还原性相当弱，遇碱变成褐色。胭脂红可用于鱼糕、火腿、红肠、酱菜、淡红色小虾、中西式糕点等食品的着色、点缀，最大使用量为 0.05g/kg。

3）柠檬黄又称淡黄，为橙黄色粉末，无臭，水溶液呈黄色，耐热性、酸性、光性、盐性好，耐氧化性较差，遇碱稍变红，还原时褪色。柠檬黄可用于咸菜、鱼贝类小菜、咖喱粉等食品的着色，并用于褐色、蛋黄色、橙黄色、豆沙色等多种颜色的调色，最大使用量为 0.1g/kg。

4）日落黄又称橘黄，为橙色的颗粒或粉末，无臭，易溶于水，溶液呈橙黄色，耐光性、耐热性、耐酸性都非常强，耐碱性较好，但在碱性环境下呈红褐色，还原时褪色。柠檬黄可用于中西糕点、黄色酱萝卜、海胆酱等食品的着色，并用于金茶色、赭石色等颜色的调色，最大使用量为 0.1g/kg。

5）靛蓝为蓝色均匀粉末，无臭，水溶液呈深蓝色，但溶解度很低，热、光、酸、碱、氧化都很敏感，还原时褪色，但染色附着力好。靛蓝很少单独使用，多与其他色素混合后调制成绿色等色。靛蓝可用于中西式糕点、馅料、冷食、饮料等，最大使用量为 0.1g/kg。

2. **发色剂**

发色剂是指能同食品中的某些成分作用而使制品呈现良好色泽的一类化学成分，可分为亚硝酸盐、硝酸盐和硫酸亚铁两类。亚硝酸盐、硝酸盐常用于肉类制品，如火腿、腊肠、卤牛肉、卤鸡肫等的发色；硫酸亚铁常用于蔬果制品如盐渍菜的发色。发色剂可单独使用，或与抗坏血酸钠、异抗坏血酸钠等发色助剂共同使用。

亚硝酸盐、硝酸盐的发色原理在于：硝酸盐在细菌的作用下被还原成亚硝酸盐，亚硝酸盐在一定酸性条件下，会生成亚硝酸。由于亚硝酸不稳定，很易分解产生亚硝基而与肌红蛋白结合生成鲜艳而稳定的红色亚硝基肌红蛋白。当亚硝基肌红蛋白遇热后，即转变为鲜红色的亚硝基血色原，从而使肉显出鲜红色。除具有发色作用外，亚硝酸盐还有抑菌作用，可防止肉毒杆菌等微生物引起的食物中毒，并有增强产品风味的作用。

使用时应注意：由于亚硝酸盐、硝酸盐过量进入人体时，会引起肠原性青紫症的发生，甚至危害人的生命，因此必须严格控制用量。亚硝酸钠的最大使用量为 0.15g/kg，硝酸钠的最大使用量为 0.5g/kg，硝酸钾的最大使用量为 1.0g/kg。

（三）调香原料

香味调味品是指各种香气浓厚的调味品，具有增加菜点香味、压异矫味的作用。产生香味的物质主要是挥发性的芳香醇、芳香醛、芳香酮、芳香醚及酯类化合物。烹饪中运用的香味调料现已达到 120 多种。在应用过程中，芳香类、苦香类调料有时单独使用，有时混合使用；可单独或按一定比例混合后磨粉、制酱、浸油后使用；多数用于酱、卤菜中，也可在炒、炸、烧等菜肴中使用，还可用于调制凉拌菜的味汁或蘸汁，而花香味的芳香料多用于甜菜、甜点、小吃等。酒香类调料除多用于矫味外，还可制作糟醉菜肴及其他带酒香的菜肴。此外，荷叶、竹筒等清香宜人，可赋予菜肴清雅的香味，并常作为包卷料使用。

1. 芳香调味品

芳香类调味品是香味的主要来源，广泛存在于植物的花、果、种子、树皮、叶等部位，气味纯正，芳香浓郁。芳香调味品在烹饪中具有去腥除异、增香的作用。

（1）八角　八角又称大茴香、大料、八角茴香等，为木兰科植物八角茴香的干燥果实，是我国特有的香料，主产于广东、广西等地。

八角的香气主要源于茴香脑。在炖、焖、烧、卤等成菜方式中以及制作冷菜时，常用八角来增香去异味，调剂风味。同时，八角也是配制复合调料如五香粉、十三香等的重要原料。

（2）小茴香　小茴香又称茴香、小茴、谷茴香、小香等，为伞形科多年生宿根草本植物茴香的果实，原产地中海地区，我国普遍栽培。

小茴香的双悬果呈椭圆形，形如稻粒，黄绿色，果棱尖锐。小茴香气味芳香，所含挥发油成分主要为茴香醚、小茴香酮、茴香醛等。小茴香在烹调中主要用于烧、卤菜式的制作，并作为配制复合调料的重要原料。

（3）丁香　丁香又称丁香子、鸡舌，为桃金娘科常绿小乔木丁香的干燥花蕾。丁香原产于印度尼西亚马鲁古群岛，现世界许多国家都有栽培，具浓烈的特征性香气、一定的辛辣味和苦味，但加热后味道会变柔和。丁香在烹饪中常用于配制卤汤、制作卤菜，或用于菜肴的制作，如丁香鸭子、玫瑰肉、荷叶粉蒸肉等，并作为配制复合调料的重要原料。使用中应注意：丁香的香味十分浓郁，用量不宜过大。

（4）香叶　香叶又称月桂叶，为樟科月桂树属常绿小乔木月桂的树叶，叶具有丰富的油腺，揉碎后，散发出清香的香气。月桂的树皮也是甘甜、温和、芳香的调味香料，剥下晒干后成为细长且两边卷起的形态。月桂的叶及树皮所含精油的主要成分为桉叶素及芳樟醇、丁香酚和柠檬醛等。香叶在烹饪中常用于肉类、鱼类的烹制，具有去腥除异增香的作用。

（5）芝麻及其制品　芝麻又称乌麻、油麻、脂麻、胡麻等，为脂麻科一年生草本植物芝麻的种子，原产于非洲，我国广泛栽培。芝麻的种子有黑、白、红三种。芝麻除作为加工芝麻油、芝麻酱的原料外，也可以直接食用，如制作糕点、元宵等的馅料，点心、烧饼的面料，也可作为菜肴的原料，如芝麻羊肉丸子、芝麻肉排等。

芝麻酱又称麻酱，是选用上等芝麻，经筛选、水洗、焙炒、风净、磨酱等工序制作而成的，成品色浅灰黄，质地细腻，富含脂肪、蛋白质和多种氨基酸，具有浓郁的芝麻油香味。芝麻酱在烹饪中用于凉拌菜肴、面条，或作为烙饼、花卷的馅料以及涮羊肉等的蘸料，也可用于菜肴的调味，如麻酱鲍鱼、麻酱海参等。

芝麻油又称香油、乌麻油、麻油等，是从芝麻籽中提炼出来的脂肪。芝麻油因加工方法的不同，可分为小磨香油和大槽麻油。前者色深黄，有浓烈的悦人油香，多用于菜点、汤品、馅料的增香，但用量不宜过大，且在热菜起锅时淋入；后者色较浅，香味较淡，可作为烹调用油。

（6）孜然　孜然又称安息茴香，为伞形科草本植物安息茴香的种子，我国主产于新疆南部地区。孜然的双悬果形似小茴香，黄绿色，具有浓烈的特殊香气。孜然在烹饪中常用于牛、羊肉菜式的去膻、除异、增香，如手抓饭、烩羊肉；也多用于烧烤品中，如烤羊肉串、烤里脊等。孜然可整粒用于炖、烧菜式中，但多碾成粉末状，成菜后加入。

（7）蜜玫瑰　蜜玫瑰是将蔷薇科植物玫瑰的花朵用糖渍制成的花香调味品，含有玫瑰油、丁香油酚、香茅醇等成分，有浓郁的芳香味。蜜玫瑰在烹饪中一般用作甜点、甜菜、小吃及糕点馅的增香赋甜料，如元宵馅、玫瑰八宝馅、冰粉、玫瑰甑糕等。

（8）姜黄　姜黄为姜科多年生草本植物，原产亚洲南部，我国东南部至西南部均有分布。

姜黄的根状茎由于含姜黄色素，而呈黄色；并因含主要成分为姜黄酮、姜黄醇和姜黄烯醇的挥发油而具有香气，可作为芳香调味料使用，也是制作咖喱粉的基本原料，并且可用于蜜饯、果脯、腌菜、牛肉干等的上色。

（9）复合香味调料　复合香味调料是由两种或两种以上的香辛调味品按照一定的比例配合后磨制而成的粉状调味料，在中餐烹饪中常用的，如五香粉、咖喱粉、十三香等。

五香粉在各地的配方有所不同，传统加工中常用花椒、桂皮、八角茴香、丁香、小茴香制成，也可加入味精、盐、辣椒粉制成"五香鲜辣粉"。五香粉具有纯正的五香味，主要用于调制五香味型的菜肴，如五香熏鱼、五香兔肉等；或用于五香味咸菜的腌制，如五香萝卜干、五香大头菜等。在我国北方地区，五香粉常被直接加入炒菜、饺子馅中，或是用于凉拌菜的调味。

　　咖喱粉是用姜黄、白胡椒、芫荽、小茴香、碎桂皮、干姜、大茴香、花椒等原料配制而成的复合调味品，源于印度，故以印度所产最为有名。咖喱粉成品颜色姜黄、味辣而香。

　　咖喱粉为中西餐烹饪中常用的调味增色增香料，是"咖喱味"味型必用的原料，多用于烹调牛肉、羊肉、鸡、鸭、马铃薯等菜式，也常用于汤品中。咖喱粉成菜色彩金黄，味香带辣，富有特色，代表菜点如咖喱鸡、咖喱牛肉、咖喱土豆、咖喱饭等。

　　（10）食用香精　食用香精在食品工业中是一种重要的添加剂，主要用来掩盖原料自身的不良气味，以及增加食品的香味。例如，制作蛋糕、饼干时经常使用的杏仁香精、桂花香精，制作凉糕时使用的薄荷香精等。

　　在烹饪中，当大批量制作凉菜或兑制热菜调味汁、制作酱卤类制品时，也可运用食用香精来调味增香，如玫瑰兔丁、桂花肚等。在使用食用香精时，一定要严格按照比例，不可用量过大，否则容易使菜肴香味过浓，无法食用。

　　2. 苦香类调味料

　　苦味是一种基本味。在自然界中，苦味调味原料有很多，如白豆蔻、草豆蔻、肉豆蔻等。苦味物质主要为生物碱、苷类和肽类等。

　　（1）白豆蔻　白豆蔻也称为豆蔻、壳蔻、白蔻仁、蔻米等，为姜科多年生常绿草本豆蔻的果实，我国广东、广西、云南、贵州等地都有分布。

　　白豆蔻的蒴果卵圆形，种子暗棕色，含有豆蔻素、丁香酚、松油醇等成分，芳香苦辛。白豆蔻可以用来去异味、增辛香，还可以用来配制各种酱汤供酱牛肉、卤猪肉、烧鸡之用，也是咖喱粉的原料之一。

　　（2）草豆蔻　草豆蔻也称为漏蔻、草蔻、大草蔻、偶子、草蔻仁、飞雷子等，为姜科多年生草本植物草豆蔻的果实，产于我国广东、广西等地。

　　草豆蔻的蒴果球形，直径约3cm，熟时金黄色，具有芳香、苦辣的风味，常用来去除原料的异味，增加香味。草豆蔻多用于制作卤汤、作卤菜，如酱牛肉、卤猪肝、卤鸡翅、烧鸡、卤豆腐等，中医认为其味辛，性温，可以温中燥湿、祛寒行气。

（3）肉豆蔻　肉豆蔻又名肉果，为肉豆蔻科常绿乔木肉豆蔻的果实，原产于印度尼西亚马鲁古群岛，在热带地区广为栽培。

肉豆蔻的果实近球形，果皮带红色或黄色，成熟后裂为两半，露出深红色的假种皮称为肉豆蔻衣，其内有坚硬的种皮和种子。肉豆蔻衣和种子均具有略带甜苦味的浓烈香气。香味来源比较复杂，主要有肉豆蔻醚等香味物质。肉豆蔻在烹饪和食品加工中作为调味香料运用于卤、烧、蒸等成菜方式中，常与其他香味调料如花椒、丁香、陈皮等配合使用。

（4）砂仁　砂仁又称缩砂仁、春砂仁等，为姜科多年生草本植物砂仁的果实，我国广东、广西、云南和福建等地有产。

砂仁的蒴果长圆形，紫色，干燥后为褐色，常用的有三种：阳春砂（产于广东阳春等地）、海南砂（产于海南等地）、缩砂（产于泰国、缅甸的一些地区）。

砂仁的果实芳香浓烈。香味成分主要有右旋樟脑、龙脑、乙酸龙脑酯、芳香醇、橙花醇等。砂仁在烹饪中用于制卤菜、配卤汤以及炖、焖、烧等成菜方式，代表菜式，如砂仁肘子、砂仁蒸猪腰等。

（5）草果　草果又称草果仁、草果子，为姜科多年生丛生草本植物草果的果实，我国的云南、贵州、广西等地，以及东南亚地区均有出产。

草果的蒴果卵状椭圆形，成熟后为红色，含有芳樟醇、苯酮等成分，味辣而稍有甜味，具浓烈的苦香味。草果以果大饱满、色泽红润、香味浓郁、无异味者为佳。

草果是烹饪中常用的一种香料调味料，多用于制作火锅汤料、卤汤、复制酱油等，也可用于烧菜及拌菜，如草果煲牛肉、果仁排骨等。此外，草果对兔肉的草腥味具很好的去除作用，在使用时可拍破后用纱布包裹，以利于香气外溢。

（6）山奈　山奈又称砂姜、山辣、山奈子等，为姜科多年生宿根草本植物山奈的干燥地下块状根茎，原产于印度，我国广东、广西、云南等地有栽培。

山奈的根茎呈黄色，多切片晒制成干片后使用，味浓辣，具有独特的香气。香味成分主要为龙脑、桉油精、香豆精类等。山奈以身干、色白、片大、厚薄均匀、芳香者为佳。

山奈在烹调中多用于肉类的去腥除异增香，是制作卤汤、酱汤的重要调味料，成菜风味别致，但用量不宜过大，否则苦味明显。

（7）白芷　白芷又称芳香、泽芬、香白芷等，为伞形科草本植物兴安白芷、杭白芷、川白芷等的干燥根，主产于我国北部、中部至东部地区。

白芷的根苦香浓烈。苦香成分主要为白芷醚、香柠檬内酯、挥发油、白芷毒素、白芷素等。白芷在烹饪中多用于肉类原料的去腥除异增香，常用于卤、酱类菜的香味配料，也可用于菜肴的烹制，如川芎白芷鱼头。

（8）荜茇　荜茇又称为鼠尾、补丫、椹圣等，为胡椒科多年生藤本植物荜茇的果实，原产于印度尼西亚、越南、菲律宾。我国云南、贵州、广西等地也产荜茇。

荜茇的果为小浆果，聚生于穗状花序上，干燥后为细长的果穗，具有类似于胡椒的特殊香气，并有一定的辛辣味，含胡椒碱、棕榈酸、四氢胡椒酸、芝麻素等呈香成分。荜茇在烹调中具有矫味、增香、除异的作用，多用于烧、烤、烩等成菜方式和制作卤汤，代表菜点，如荜茇鱼头、荜茇鲫鱼羹、荜茇粥等。

（9）茶叶　茶叶是以山茶科多年生常绿木本植物茶的鲜嫩叶芽加工干燥制成的日常冲泡饮品。由于生长环境及加工制作方法的不同，茶叶的品种繁多，名茶如西湖龙井、黄山毛峰、洞庭湖碧螺春、河南信阳毛尖、庐山云雾茶等。茶叶中含有茶多酚、生物碱和多种芳香成分，具有提神醒脑、利尿强心、生津止渴、醒酒解毒、降血压等作用。

因茶叶具有独特的清香苦味，在烹饪中可作为主料、配料成菜，如云雾大虾、花茶鸡柳、红茶焗肥鸡、碧螺春饺、新茶煎牛排、龙井汆鲍鱼等；作为调味料可直接用于菜肴、小吃的调味，如五香茶叶蛋；或用作熏料加工制作特色菜品，如四川的樟茶鸭、安徽的茶叶熏鸡等。此外，茶叶也是少数民族制作酥油茶、奶茶等的必用原料。

3. **酒香类调味品**

酒在人类的日常生活中即是饮品，又是烹调中常用的重要调味料。按生产工艺的特点，酒可以分为蒸馏酒、发酵酒和配制酒三类；按酒度高低不同，酒可分为低度酒和高度酒两类。

酒中的主要成分是乙醇，此外还含有其他的高级醇、酯类、单双糖、氨基酸等多种成分，具有去腥除异、增香增色、助味渗透的作用。由于低度酒中的呈香成分多，酒精含量低，营养价值较高，所以常作为烹调用酒，如黄酒、葡萄酒、啤酒、醪糟等。高度酒多用于一些特殊菜式的制作，如茅台酒、五粮液、汾酒等。

（1）黄酒　黄酒又称料酒、老酒、绍酒，是以糯米和黍米为原料，加麦曲和酒药经发酵制得的一种低浓度压榨酒。黄酒运用于动物性原料做菜肴时，使肉、脏腑、鱼类等的组织中和鱼类身体表面的黏液里含有腥臊异味，这些物质在加热时能被酒中的酒精所溶解，并随气化的酒精一齐挥发，这样就除去了腥味；黄酒中的氨基酸还能与糖结合成芳香醛，产生诱人的香气，如制作酒焖肉；在烹饪肉、禽、蛋等菜肴时，调入黄酒能渗透食物组织内部，溶解微量的有机物质，从而使菜肴质地松嫩。

（2）醪糟　醪糟又称酒酿、米酒、甜酒酿等，是以糯米为原料，经曲霉、根霉、酵母等发酵酿制而成的食品，成品色白汁浓、味甘醇香，营养丰富，即可直接食用，也是烹调中的调味佳品。醪糟常用于烧菜、甜羹或制作风味小吃，也可用于糟制菜品；醪糟还是腌制泡菜、酿造豆腐乳的增香原料，代表菜点，如醪糟蛋、醪糟鸡、醪糟粉子、醪糟豆腐羹、醪糟鸡蛋等。

（四）调质原料

调质原料通常是指在菜点制作过程中用来改善菜点的质地（或质构）和形态的添加剂。按在菜点制作过程中的作用不同，调质原料可分为膨松剂、凝胶剂、嫩肉剂等。

1. 膨松剂

膨松剂又称膨胀剂、疏松剂，是促使面团膨胀，使制品具有疏松绵软或酥脆质感的一类食品添加剂。通常在加热前的和面过程中将膨松剂掺入面坯，当蒸制或烘烤时，膨松剂受热分解产生气体，使面坯起发，在内部形成均匀而致密的多孔性组织，从而使成品具有酥脆或膨松的特点，主要用于糕点、饼干、馒头、包子等面点的制作。

膨松剂通常分为化学膨松剂和生物膨松剂两大类。碱性膨松剂是化学性质呈碱性的一类膨松剂，主要包括碳酸氢铵、碳酸氢钠、碳酸钠等。复合膨松剂是一种高效化学膨松剂，主要包括明矾和发酵粉等。生物膨松剂主要是微生物进行膨松，主要包括酵母及老酵面等。

（1）碱性膨松剂　碱性膨松剂可使面坯起发，并具有去酸的作用，多用于糖和油脂含量较多的糕点制品；还可用于干货原料的涨发，解除油腻、去除哈味，软化畜禽的肌肉纤维以及保护绿色蔬菜的色泽。由于各种碱性膨松剂的性质不同，碱溶液的浓度和用量也有变化，在具体应用时，应视碱性膨松剂的种类适当运用。

1）碳酸氢铵：又称碳铵、臭粉、重碳酸铵等，为无色透明的粉状结晶，有氨臭气味；稍有吸湿性，易溶于水，水溶液呈碱性。碳酸氢铵对热不稳定，

60℃即分解出氨、二氧化碳和水。

碳酸氢铵在烹调中主要用于面点的制作，常与碳酸氢钠配合使用，主要适用于薄形烤制面点，如饼干等。

2）碳酸氢钠：又称小苏打、重碳酸钠、重碱等，为白色结晶性粉末，无臭，味稍咸，其水溶液呈弱碱性。碳酸氢钠加热到60~150℃即产生二氧化碳，至270℃失去全部二氧化碳。

碳酸氢钠多用于小吃、糕点、饼干的制作以及面团的膨发。在使用过程中宜先将碳酸氢钠溶于适量的冷水中，防止在成品中出现黄色斑点或膨松不均匀。碳酸氢钠常与碳酸氢铵混合使用，两者混合后也可用于一些菜肴的制作，改善菜肴的质感，如蚝油牛肉、爆肚尖等。

3）碳酸钠：又称纯碱、苏打、食用碱面，为白色粉末或细粒。碳酸钠在烹调中广泛用于面团的发酵，起酸碱中和的作用，并可使面团的弹性和延展性增加，也常用于鱿鱼干、墨鱼干等的涨发，达到最佳的涨发效果，使用量一般为0.5%~1.0%。

（2）复合膨松剂 复合膨松剂是指含有两种或两种以上起膨松作用的化学成分的膨松剂。复合膨松剂按照结构形式分为一剂式复合膨松剂、二剂式复合膨松剂。一剂式复合膨松剂较常用的是明矾，二剂式复合膨松剂常用的是发酵粉。

1）明矾：又称钾明矾、钾矾、钾铝矾，为无色透明、坚硬的大块结晶或结晶碎块和白色结晶性粉末，是含有结晶水的硫酸钾和硫酸铝复盐；无臭，味微甜，有酸涩味；溶于水、不溶于乙醇，在甘油中能缓缓溶解。

明矾多与碳酸氢钠配合使用，作为油条等油炸食品的膨松剂，具有使制品膨松、酥脆的作用，用量过多会使制品具有苦涩味。在食品加工中，明矾还可用于防止果蔬变色，并用于海蜇、银鱼等水产品的保脆加工。

2）发酵粉：又称焙粉，是由碱性剂、酸性剂和填充剂组成的复合膨松剂。碱性剂主要是碳酸氢钠，用量为20%~40%，其作用是与酸反应生产气体；酸性剂主要有柠檬酸、明矾、酒石酸氢钾、磷酸二氢钙等，用量为35%~50%，其作用除了与碱性剂反应产生气体外，还能分解碳酸氢钠、降低成品的碱性；填充剂主要是为淀粉、脂肪酸等，用量占10%~40%，其作用在于防止膨松剂吸湿结块，增加膨松剂的保存性，并能在产生气体时调节产气速度，使气泡均匀发生。

发酵粉主要是使面团起发，在烹饪中用于面点的制作，如馒头、包子及部分糕点，特别适用于油炸食品。

（3）生物膨松剂　生物膨松剂是指含有酵母菌等发酵微生物的膨松剂。当这些微生物在面团中生长繁殖时，将糖分解成 CO_2，并生成醋酸、乳酸、乙醛、酯类等风味成分，而且酵母菌不但本身具有较高的营养价值，在发酵过程中还可产生某些营养成分，所以生物膨松剂除了能使面团起发外，还可增加制品的风味和提高制品的营养。

生物膨松剂的最佳发酵温度应控制在 25~30℃，且用量宜大。温度过低，用量少，则发酵速度缓慢；温度过高，杂菌易生长，产生大量的酸性物质而使制品风味劣变、弹性减弱。

目前，广泛使用的生物膨松剂主要是纯种的商品酵母和老酵面。

商品酵母是由产气能力强、具生香作用、耐高温的啤酒酵母、卡尔酵母等菌种经纯种培养而成的产品，主要有压榨酵母和活性干酵母两种。

1）压榨酵母：又称面包酵母、新鲜酵母，是将纯种培养的酵母菌经离心、压榨而成的块状成品。压榨酵母活力较强，发酵前不需要促活，一般使用量为面粉的 0.5%~1%。使用时用 30℃的水将压榨酵母溶化成均匀的酵母液，以便均匀调制于面团中。压榨酵母应保存于 4℃以下，保存期为半个月。

2）活性干酵母：将压榨酵母低温脱水后而制成的淡褐色粉末状物。活性干酵母含水量低于 10%，发酵力较压榨酵母弱，使用量为面粉的 1.5%~2%。由于活性干酵母处于休眠状态，故使用前需经活化，即在加有少许糖、盐的 4~5 倍温水中静置 5~10min，以恢复酵母的发酵能力。活性干酵母可在常温下保存，保存期限随温度不同而异，在 0℃左右可保存两年。开封后的活性干酵母应保存于冰箱或其他阴凉干燥处。

3）老酵面：又称老面、发面起子、老肥、酵头等，是通过面团中固有的细菌和酵母的生长而达到起发目的的生物膨松剂。其中最重要的发酵菌为乳酸菌和酵母菌。乳酸菌可产生乳酸、醋酸、酒精及部分 CO_2，酵母菌则产生大量 CO_2。但由于发酵过程中产酸较多，常常需要在发酵结束时加入纯碱中和。

在烹调中，老酵面常用于馒头、包子、花卷、面饼等中式发酵面制品的制作，国外多用于生产传统的粗黑麦面包、意大利水果蛋糕等，用量一般为面团的 10%~40%。

2. 凝胶剂

凝胶剂又称增稠剂、糊料，主要是用于改善食品的物理性质，增加食品黏度，使食品黏滑适口的一类食品添加剂。此外，还可增加食品的稳定性，丰富食物触感，并可按照菜点的要求形成胶冻。

　　按照来源的不同，凝胶剂可分为植物凝胶剂、动物凝胶剂和微生物凝胶剂三大类。植物凝胶剂主要从含有淀粉的谷类、薯类、豆类或含有海藻多糖的海藻中制取，如淀粉、果胶、琼脂等；动物凝胶剂是从含有胶原蛋白的肉皮、骨头、鱼鳞等动物性原料中制取，如明胶、皮冻、鱼胶等；微生物凝胶剂则是从某些微生物如黄单胞菌的代谢产物中提取的，如黄原胶。

　　使用凝胶剂时，为使风味协调，在制作胶冻类、水晶类鲜甜菜点时，一般植物性原料宜选用植物性的增稠剂，动物性原料宜选用动物性增稠剂。琼脂、淀粉等本味不明显的植物凝胶剂也常用于荤类菜点的制作。

　　（1）植物性凝胶剂

　　1）淀粉：又称为芡粉、粉面，广泛存在于植物的变态根、变态茎、果实及种子中。在工业生产上大多以玉米、小麦、马铃薯、甘薯、木薯等为原料，经过浸泡、破碎、过筛、分离淀粉、洗涤、干燥和成品整理等工序制得，为我国传统的增稠剂。淀粉成品为白色而具有光泽的粉末或块状，无味无臭，在冷水和乙醇中不溶解，水中加热至55~60℃则吸水糊化，形成半透明凝胶和胶体溶液。

　　2）菱角淀粉：又称菱粉，是用菱角加工而成的淀粉，质佳。菱角淀粉成品呈粉末状，颜色洁白且有光泽，细腻而光滑，黏性大，但吸水性较差，产量较少。

　　3）绿豆淀粉：又称绿豆粉，是用绿豆加工而成的淀粉，质佳。绿豆粉成品色泽洁白，含直链淀粉较多，热黏度高，稳定性和透明度均好，糊丝较长，凝胶强度大，宜作勾芡和制作粉丝、粉皮、凉粉的原料，因价格较贵，作勾芡原料多用于饭店的烹调。

　　4）豌豆淀粉：又称豆粉，是用豌豆种子加工而成的淀粉，质佳。豌豆淀粉成品色泽洁白，质细，手感滑腻，黏度高，涨性大，是质量最好的淀粉之一。

　　5）马铃薯淀粉：又称土豆粉，是用马铃薯块茎加工而成的淀粉，质佳。成品色泽洁白，有光泽，粉质细，59~67℃即快速糊化，黏性较大，糊丝长，透明度好，但黏度稳定性差，涨性一般，常作为上浆、挂糊的原料。

　　6）玉米淀粉：产量大、加工精细，是从玉米中提取的淀粉，是烹调中使用普遍、用量最大的淀粉之一。玉米淀粉成品色白而细腻，64~72℃时糊化，速度较慢，黏度上升缓慢，糊丝较短，透明度较差，但凝胶强度好，在使用过程中宜用高温，使其充分糊化，以提高黏度和透明度。

7）甘薯淀粉：又称山芋粉、红薯粉，是用甘薯的块根加工而成的淀粉，质较差。甘薯淀粉成品色泽灰暗，糊化温度高达 70~76℃，热黏度高但不稳定，淀粉糊较透明，凝胶强度很低。用其制作的粉丝韧性差，勾芡效果不佳，多单独或同谷类、豆类淀粉混合后用于淀粉制品的加工。

由于淀粉可提高原料的吸水、保水能力，保护菜点的营养成分，增加菜点的光泽或色泽，并在不同的烹调温度下赋予菜点或柔滑鲜嫩或外酥里嫩的质感，所以淀粉在中式烹调中应用广泛，常用于原料的上浆、挂糊、拍粉及菜肴的勾芡；用于蓉、泥、糕、丸等工艺菜的黏结成型；增加汤品、甜羹的稠度；作为面粉的填充剂，在酥类糕点制作时用于降低面筋的膨润度，减少成品收缩变形的程度，使制品具有酥、松、脆的口感。此外，各种来源的淀粉还是加工凉粉、粉丝、粉皮、西米等淀粉制品的原料。

8）琼脂：又称洋粉、冻粉、琼胶，是石花菜、江蓠及其他红藻类植物中提取的一类海藻多糖，为琼胶糖和琼胶果胶的混合物。琼脂成品为白色或淡黄色粉末，吸水性和持水性高，冷水中不溶解，但能吸水膨胀为凝胶块，熔点为 80~100℃，1%琼脂溶液在 35~50℃时可形成坚实的凝胶。

琼脂在烹饪中运用较广，琼脂凝胶切成条状作为凉拌菜的主料；用于制作胶冻类菜肴，以及增加肉冻的韧性；熔化后添加适量色素浇在盘底，冷却后用于花式工艺菜的制作；常作为如绿豆羹、芸豆糕等夏令应时凉点的增稠剂和凝固剂；将琼脂与糖液混合后作为蜜饯、萨其马等食品的糖衣，增加食品的风味特色；还可用于汤包馅心的调制等。

9）果胶：从植物果实中提取的由半乳糖醛酸缩合而成的多糖类物质，与糖、酸、钙作用可形成凝胶，为常用增稠剂之一；成品为白色至淡黄色无定性物，稍有特殊气味，易溶于水，对酸性溶液稳定。商品果胶有果胶粉和液体果胶两种。

在烹饪中，果胶可作为水果冻如枇杷冻、桃冻等的凝胶剂，也可作为果冻、果酱馅料等的用料。在食品工业中，果胶常用于低浓度果酱、果冻、果胶软糖、巧克力等食品中，用于提高产品质量，改善风味；也可用作冰淇淋、雪糕等冷饮食品的稳定剂；还可防止糕点硬化和提高干酪的品质等。

（2）动物性凝胶剂

1）食用明胶：从动物的皮、骨、韧带、肌腱中提取的高分子多肽。食用明胶成品为白色或淡黄色半透明的薄片或粉末，在热水中溶解成溶胶，冷却后成为凝胶。

在烹调中，食用明胶多用于冷菜和一些工艺菜品的制作，也可用于糕点的制作，如汤包、水晶鸭方、水晶肴肉等。在食品工业中，明胶广泛用于肉类罐头、果冻、糖果的制造，使用浓度通常为15%，若低于5%，则难以形成凝胶。

2）皮冻：又称皮质或皮汤，是以新鲜的猪皮为原料，去净杂毛和脂肪后，加入水或鲜汤煮制、凝结而成的胶冻。皮冻主要成分为胶原蛋白，与酸、碱共热后会丧失凝胶性。

皮冻可直接用作凉拌菜的主料或配料，也常用于汤包馅心的调制。根据皮冻的硬度可以分为硬冻和软冻两种。加工硬冻时，猪皮与水的比例为1:1~1:1.5，多用于夏季；加工软冻时，猪皮与水的比例为1:2~1:2.5，多用于冬季。

3. 嫩肉剂

嫩肉剂是使肌纤维水解或通过增加肉的持水性而使肉嫩度提高的一类食品添加剂，如有机酸、碱性膨松剂、食盐、蛋白酶等。有机酸主要用于工业食品的致嫩加工，烹饪中很少使用；碱性膨松剂主要是靠腐蚀作用致嫩。在烹饪行业中，原料致嫩主要使用木瓜蛋白酶致嫩。

目前，市售嫩肉剂大多为木瓜蛋白酶配合食盐、淀粉、碱性膨松剂等制成，依淀粉的多少分为嫩肉粉和嫩肉淀粉。嫩肉剂在烹饪中主要用于肉类原料成熟前的腌制，使成菜具有软嫩柔化的口感，使用量为2%~3.5%，拌匀后静置10~20min，即可使嫩度提高15%~40%。嫩肉剂若用量过大、静置时间过长，会使成菜绵软、弹性减低而影响口感。

二、辅助原料

辅助原料是指在烹调过程中，既不是主、配料，也不是调味料，但对烹饪工艺的顺利进行和菜点质地、色泽的形成具有重要作用的一类原料。辅助原料虽然不能单独成菜，但在菜点的制作过程中起着重要的作用，是体现菜肴烹调技艺、保证菜品质量、形成菜肴风味特色等的不可或缺的原料。常用的辅助原料有食用油脂、食用淡水等。

（一）食用油脂

食用油脂是指供人类食用的无毒、富含营养的油和脂的总称，一般采用压榨、萃取、熬煮等方法从动物体或植物的种子中制取。食用油脂是三大热能营养素之一，除脂肪外，还含有磷脂和多种脂溶性维生素，为人类不可缺少的营养素来源之一。

　　按照加工方法和品质特点，食用油脂可分为普通食用油脂、高级食用油脂。高级食用油脂主要指高级烹调油和色拉油；按照来源，可分为植物油脂和动物油脂、再制食用油脂三大类。动物油脂均来自陆生和水生动物的脂肪组织及陆生哺乳动物的乳汁中，其中水产动物油脂和奶油中高不饱和脂肪酸，以及脂溶性维生素含量较多，故营养价值高。植物油脂主要源于植物的种子及某些谷粒的胚芽和麸糠中。再制食用油脂主要有人造奶油、起酥油等。

1. 食用油脂在烹饪中的作用

食用油脂在烹饪中使用广泛，是制作菜肴和面点不可缺少的原料。

　　（1）作为常用的传热媒介　由于油脂的燃烧点高达360℃，故可储藏大量的热能，并使之迅速传递到原料，使原料快速成熟，并不会造成水溶性营养物质的流失。食用油脂若温度过高，则有可能导致对人体有害物质的产生。使用油烹法时，温度不宜太高。

　　（2）可调节菜肴的质感

　　1）由于油烹法加快了烹调的速度，缩短了原料成熟的时间，保护了原料内部的水分，而使菜品具有鲜嫩、滋润的口感。

　　2）在一般的烹调加热条件下，热油的温度高于水分蒸发的温度，因此原料在热油中经过一定时间的煎、炸加热后，可使原料表面甚至内部的水分蒸发，而使菜点具有外酥里嫩或松、香、酥、脆的口感。

　　（3）可作为色香调料使用

　　1）由于香味成分多为脂溶性成分，在油脂中有良好的溶解性。因此，芝麻油、奶油、鸡油、辣椒油、咖喱油等均可用于菜点的增香、调香。

　　2）色泽鲜艳的辣椒油、咖喱油还可用于增色、调色。

　　3）在高温油脂中，食品表面发生羰氨反应，形成金黄色、黄褐色的呈色物质。

　　4）菜肴装盘后，在表面淋上油脂，可增加菜肴的光泽度和滋润感，故有"明油亮芡"的说法。

　　（4）常作为面点制作的原料　食用油脂是调制油面团、制作起酥点心不可缺少的原料，能使制品起酥，层次清晰，香酥可口，达到应有的质量标准。如在荷花酥、丹麦面包的制作时，常在面团中加入大量的油脂。

　　（5）作为烹调的润滑剂　在菜肴烹调时，原料下锅前一般都需要少量的油脂滑锅。一方面可防止原料粘锅和原料之间相互粘连；另一方面通过翻拌，使原料吸附油脂，增加菜肴的滋味和亮度。

（6）具有保温作用　由于油脂的表面能较高，具有较好的保温作用。如过桥米线、牛油火锅、麻婆豆腐、水煮肉片等均利用了这一作用。

（7）可用于某些干货原料的涨发　油发是中餐烹饪中常用的干货涨发方法之一。在低温油中，原料中的水分蒸发，结缔组织缓慢受热收缩。当收缩到最大限度时，膨胀力大于收缩力，胶原纤维细胞膜开始膨胀，直至细胞膜破裂，形成海绵状质地。食用油脂多用于含胶质丰富、结缔组织紧密的干货原料的涨发，如蹄筋、肉皮、鱼肚的涨发。

（8）具有保色作用　某些色浅或无色的食用油脂，如猪油、色拉油作为烹调用油时，具有保色、护色的作用。

1）滑熘类菜肴：在制作滑熘类菜肴时，使用的油脂色素含量少，色泽乳白或清澈，不含糖类，熔点高，不易氧化变色。在一定温度（低温）下加热，迅速操作，使原料内部的糖不能分解，从而保持了原料的色泽。

2）部分用猪油制作的酥点：若在面团和制时加入猪油或色拉油，则面粉中的糖、氨基酸不能溶解。当用恒温烤制时，羰氨反应不能发生，故成品颜色洁白。

（9）具有造型作用

1）当油温较高时，原料表面的结缔组织受热迅速凝固而定型，如脆皮鱼条、松鼠鱼等。

2）在高油温下，动物性原料的肌纤维组织急剧收缩，可呈现各种花纹形状，并迅速成熟、保持脆嫩，如腰花、鱿鱼卷、鱼花、肚花、肉花等的成型。

3）若油脂加入面团中，在加热过程中，对面团组织具有一定的分层作用，可使面坯按规定的要求起酥，形成特殊形状，如千层酥、荷花酥的制作。

2. 食用油脂的种类

（1）植物油脂

1）花生油是从花生仁中制取的食用油脂。花生油在夏季为透明的液体，在冬季则为黄色半固体，属于半干性油脂，我国主要产区在东北、华北等地。

按加工方法和精炼程度的不同，花生油可分为毛花生、过滤花生油和精炼花生油三种。毛花生油呈深黄色，含有较多的水分和杂质，浑浊不清，但可食用；过滤花生油较为澄清，但不易保管；精炼花生油透明度较高，所含水分和杂质较少，因经炼制除去了游离酸，不易酸败，是良好的食用油。另外，用冷压法提取的花生油颜色浅黄，气味和滋味均好；用热压法提取的花生油则是浅橙黄色，有炒花生的气味。

花生油的脂肪酸构成较好，易于人体消化吸收，还含有麦胚酚、磷脂、维生素 E、胆碱等对人体有益的物质。

2）豆油是从大豆种子中制取的食用油脂，我国主产于东北地区。按照加工方法的不同，豆油有冷压豆油和热压豆油两种，冷压豆油的色泽较浅，生豆气味淡；热压豆油由于原料经过高温处理，出油率高，但是色泽较深，并带有较浓的生豆气味。按加工程度的不同，豆油可分为粗豆油、过滤豆油和精炼豆油三种。粗豆油为黄褐色；精炼豆油大都为淡黄色，黏性较大，在空气中久放后，豆油油面会形成一层薄膜。

豆油的脂肪酸构成较好，并含有丰富的亚油酸和较多的维生素 E、维生素 D，所以营养价值较高，是品质最佳的食用油脂之一。但豆油有特殊的豆腥味，且加热时会产生较多的泡沫，所以在烹调时应加以注意。

3）菜籽油又称菜油，是从油菜籽中制取的食用油脂，主产于长江流域和西南各省，是我国主要的食用油脂之一，产量居世界首位。

普通的菜籽油呈深黄色，含有油菜籽特有的芥酸气味，且有涩味；粗制菜籽油呈黑褐色；精制的则为金黄色。

菜籽油色黄，常用于深色或带色菜肴的制作；在常温下菜籽油为液态，适合做凉菜时调味或作为辣椒油、咖喱油等的加工用油。此外，还是制作色拉油、人造奶油等的原料油。

4）棉籽油是从棉花籽中制取的食用油脂，按照加工方法的不同，棉籽油可分为毛棉籽油、过滤棉籽油、半精炼棉籽油和精炼棉籽油四种。毛棉籽油呈黑红色，含有毒性成分棉酚，故不能食用；过滤棉籽油可供食用，但需在高温下使棉酚分解；半精炼棉籽油是将棉籽油加碱炼制后再经过滤而成的，可供食用；将半精炼棉籽油再次过滤，即成为色泽浅淡的精炼棉籽油，食用品质最佳。

由于棉籽油风味佳、稳定性高、融合性好，因此除用于烹调外，还是加工色拉油、蛋黄酱、起酥油的理想原料。

5）橄榄油是从橄榄果中制取的食用油脂，为世界上最古老和最重要的油脂之一。目前，全世界橄榄油的产地集中在西班牙、意大利、希腊等国家，是地中海沿岸国家使用广泛的油脂之一。

橄榄油富含不饱和脂肪酸，口感丰富，且含有浓郁的橄榄果的香味。优质的橄榄油外观为浅淡黄色，黏度小，低温下仍然澄清透明，为优质的烹调用油和凉拌用油。在西式沙拉酱的调制中，橄榄油为常用的原料。但由于口味和产量的原因，我国的橄榄油消费量不大。

食用植物油脂除以上几种外，还有玉米油、小麦胚芽油、椰子油、葵花子油、棕榈油、茶籽油等。

（2）动物油脂

1）猪油又称大油，是从猪的储备脂肪组织如板油、网油和肥膘中提炼熬制的食用油脂，为我国饮食中使用最普遍的动物油脂。用板油熬炼的猪油质量较优。优质猪油呈液态时透明清澈，在10℃以下呈固态时为白色的软膏状，有良好的滋味。猪油的熔点较低，易被人体吸收。但存放时间不宜过长，特别是在高热潮湿的夏季，猪油极易发生氧化而发生酸败，产生"哈喇味"，不宜食用。

猪油可广泛运用于熘、烧、烩等方法，制作白色或浅色菜肴；由于起酥性好，故为制作各种酥点常用的起酥油；未炼制的猪油可制作水晶馅等特殊馅心；猪网油可包裹原料制作清蒸、叉烧等特殊菜肴，使菜肴产生香酥或滋润感；在八宝锅蒸等甜菜中可使菜品明亮滋润、香气浓郁。

2）牛油是从牛的脂肪组织中提炼熬制的食用油脂，熔点高，在常温下为坚硬固态。

由于牛油的熔点高于人体的体温，不易被人体消化吸收，在烹调中使用较少，常用于制作油茶和牛油炒面；在牛油火锅中作为锅面浮油，用于防止香气和水分散失，并具有保温作用。此外，牛油也是加工高熔点的人造奶油和起酥油的原料。

3）羊油是从绵羊或山羊的脂肪组织中提炼熬制的食用油脂。熔点高，不易消化，在常温下为坚硬的固态。绵羊油无膻味，山羊油膻味较浓。羊油在烹调中的运用与牛油相似。

4）鸡油又称明油，是从鸡的脂肪组织中蒸制或熬制的食用油脂，熔点很低，常温下呈液态，色金黄。在烹调运用中，鸡油可增加菜点的色泽、亮度和鲜香风味，常在起锅前加入荤素菜肴和小吃、汤品中。

5）乳脂是黄油（奶油）的基本成分，为从牛奶中分离制得的食用油脂。乳脂的脂肪酸构成广泛，熔点（31℃）和完全固化点（-40℃）差别很大。因此，在较大的温度范围内具有可塑性，便于加工和食用。乳脂营养丰富，含有多种维生素，具有独特的奶香味，从而受到人们的喜爱。

从加工上看，富含乳脂的天然奶油按照含水量的不同可分为鲜奶油和脱水奶油。鲜奶油是将牛乳用油脂分离器或静置等方法分离出的乳脂。脱水奶油又称白脱油、黄油，是将搜集的鲜奶油经或不经发酵、搅拌、凝集、压制而成的黄色半固体状物。

由于奶油具有独特的乳香，口感细腻滑嫩，是西菜和西点制作中普遍使用的食用油脂，具有增色、赋香、改善口感的作用。制作西式奶汤时可使汤汁洁白如乳；可直接涂抹在面包上食用；或供配制糕点、糖果之用；通过搅拌充入空气的奶油具有一定的硬度和可塑性，是西式糕点裱花装饰和保持糕点外形的常用原料。此外，奶油也是常用的起酥油之一。

（3）再制食用油脂　再制食用油脂是以植物油脂或动物油脂为原料，经氢化、交酯反应、分离、混合等工序后得到的具有一定性状的食用油脂。这是因为天然食用油脂中所含的杂质较多，通过对其进一步改良加工，改变其化学组成和物理性质，使油脂具备更好的可塑性、起酥性、酯化性、可熔性和氧化性，从而使食品品质获得最佳效果。

1）色拉油可由豆油、菜籽油、玉米油、棉籽油、葵花子油等植物油单独或混合精炼而成，主要经过脱胶、脱酸、脱色、脱臭及脱蜡等工序，成品色浅，味道清淡。色拉油的食用安全性高，不易氧化，储藏期长，而且在高温下也不易发生氧化、热分解、热聚合等反应。

色拉油可以生食，多用于凉拌菜肴的制作；由于脱掉了挥发性物质，故发烟点升高，适于高温加热，且色浅，常用于保色菜肴的制作。此外，还常作为制造人造奶油以及调制蛋黄酱、沙拉酱的原料油。

2）氢化油又称硬化油，多以豆油、花生油、椰子油、棉籽油、葵花子油等原料经过氧化作用，使不饱和脂肪酸变为饱和脂肪酸，而成为固态油。

氢化油的色泽为蓝白色或蛋黄色，无臭无味，其可塑性、乳化性、起酥性和稠度都优于一般的油脂。由于氢化油不含胆固醇，常用来代替猪脂、牛脂等动物脂肪。

3）人造奶油又称麦淇淋，是以氢化油为原料，添加乳化剂、色素、香料、食盐、维生素、防腐剂等，经混合、乳化等工艺制成的再制食用油脂。由于来自植物油，不含胆固醇，其消费量已不低于天然奶油。人造奶油具有良好的可塑性、充气性、延展性。按用途，人造奶油可分为烹饪用和加工用两大类，烹饪用人造奶油可用于面包的涂抹，或作为烹调用油；加工用人造奶油则在起酥性、可塑性、融合性、乳化性、分散性、稳定性等加工性能上有一定的要求，多用于食品工业中。

4）起酥油又称雪白奶油，是动、植物油脂经精制加工或硬化、混合、速冷、捏合等处理而得到的具有可塑性、乳化性等加工性能的再制食用油脂。一般不直接食用，主要用于食品工业中加工面包、蛋糕、焙烤点心、奶油裱饰等的原料用油或油炸类食品的用油。

（二）食用淡水

食用淡水是指符合饮用水水质标准的淡水，为无色无味的透明液体，是参与烹饪的主要辅助原料，在烹饪中具有重要的作用。

1. 水的性质

纯净的水是无色、无味道、无气味的透明液体。

水的沸点随着外界压力的增大而升高，在一个标准大气压下，水的沸点是100℃。减压时，沸点降低；加压时，沸点升高。欲使食物脱水而又不需要高温时，可以利用减压的办法；欲缩短食物成熟时间，需提高蒸煮温度，可利用高压烹饪炊具。

在冰点时，水分冻结，体积膨胀，冰晶形成，从而使富含水分的原料或食品在冷冻保藏时造成组织的损坏；另外，冰在融化时可以吸收食物的热量而使其降温，常用于冷藏和冰镇食物。

水具有很强的溶解能力，可以溶解离子化合物、非离子极性化合物，有些不溶于水的高分子化合物，如蛋白质、多糖、脂肪等，在适当条件下可以分散在水中，形成乳浊液或胶体，如制作奶汤、胶冻即利用了此原理。

水的比热容较大，在烹饪中广泛作为传热介质使用，如煮、烫、汆等加热方式；还可采用漂洗等方法使原料迅速降温。当利用蒸汽传热时，水蒸气在食物表面由气态转化为液态，释放出大量的潜热，从而使食物在短时间内成熟，并避免了水溶性营养物质的损失。

2. 水在烹调中的作用

（1）水是烹调中最常用的传热介质　许多烹调方法，如汆、炖、煮、烧、扒、煨、卤等，以及原料的初加工处理，如焯水、水煮等都离不开水。用水传热的特点在于传热均匀、穿透性好，而且温度低，可保护养分、保色、不会产生有害物质。

（2）水是烹调中最主要的溶剂，具有分散和稀释的作用

1）分散作用。水可溶解固体原料，使之均匀分散，如盐、味精、苏打、

食碱可溶于冷热水中；淀粉、胶原蛋白、果胶溶于热水中；面粉中的麦谷蛋白和麦醇溶蛋白在水中，可形成面筋蛋白质；许多水溶性的呈味物质在水溶液的环境中发生多种呈味反应，使菜点鲜香可口。

2）稀释作用。在烹调过程中，若菜肴、汤品的味道过重，可加水降低调味品的浓度。盐分较高的原料，通过水浸也可使盐度降低。

（3）水是原料初加工的重要媒介

1）洗涤作用。洁净的水不但可以除去原料表面的污物杂质，使原料清洁，符合卫生要求，而且还可以去除原料中某些不良的呈味物质。例如，苦瓜、陈皮、杏仁等原料可以通过水浸、水煮等方法除去部分苦味；萝卜、竹笋、菠菜、叶用甜菜等经焯水处理可除去辣味、苦涩或酸涩味；牛羊肉、内脏等动物性原料通过水浸和焯水可去除血污及腥膻异味。

2）原料涨发。许多干货原料在使用前需浸泡在冷水、温水或热水中，使原料吸水，最大限度地恢复其原来的新鲜状态，利于成菜，而油发和碱发也离不开水。

（4）水是构成菜点的成分之一　某些菜肴在制作时必须添加一定量的水才能满足成菜的质量要求，如汤羹、炖菜、烩菜等。在制作面点制品时，水是水调面团的重要原料，可以使面团具有一定的弹性和可塑性。

（5）水可影响菜肴的质感　含水量的多少是决定原料质地的主要因素之一。原料中水分含量越高，则质地越脆嫩或柔嫩。在烹饪加工过程中，常常通过浸泡、搅打等方式增加植物性或动物性原料的水分含量，以改善其质地。

（6）水对烹饪原料的色泽有一定的影响　水可阻止某些原料的氧化褐变。如马铃薯、藕、茄子及部分水果等含有多酚类物质，切配后若在空气中暴露时间过长，则易发生褐变，使切面的色泽变褐发黑，影响成品色泽。但若将切好的原料浸泡在冷水中，由于水的隔氧作用，使酶促褐变难以发生，从而保持了原料的本色。另外，绿色蔬菜在水中短时间焯烫，可使叶绿素游离，色泽更加碧绿，如沸水焯烫过的菠菜、荷兰豆，色泽鲜艳。

（7）水有利于发酵正常进行　在各种发酵过程中，发酵菌的生长均离不开水。因此，水是发酵菌正常生长繁殖的基本条件之一，如泡菜、酸菜、发酵面团等。

此外，水还有杀菌防腐的作用，沸水可以杀灭大量的病原菌和腐败菌；而将原料浸泡在洁净的冷水中也可在短时间内抑制微生物的繁殖，如豆腐浸水。

三、调、辅类原料品质鉴定及保管

（一）调、辅类原料品质鉴定

1. 食盐的品质鉴定

食盐的品质鉴定主要从食盐的颜色、外形、气味、滋味等方面进行。食盐颜色洁白坚硬光滑，呈透明或半透明；不结块，无反卤吸潮现象，无杂质，晶粒大小不匀，无气味具有纯正的咸味为佳。

2. 酱油的品质鉴定

酱油的品质鉴定主要从色泽、体态、气味、滋味等方面进行。酱油以色泽棕褐色或红褐色（白色酱油除外），色泽鲜艳，无肉眼可见的悬浮物，无沉淀，浓度适中，具有酱香或酯香等特有的芳香味为佳。

3. 食醋的品质鉴定

食醋的品质鉴定主要从色泽、体态、气味、滋味等方面进行。食醋以色泽琥珀色，棕红色或白色，无悬浮物和沉淀物，香气正常，无其他异味为佳。

4. 味精的品质鉴定

味精的品质鉴定主要从色泽、外形、气味、滋味等方面进行。味精色泽洁白光亮色泽灰白色，无杂质，晶粒大小均匀，具有鲜咸肉的美味，略有咸味（含氧化钠的）为佳。

5. 辛辣原料的品质鉴定

辛辣料是采用植物果实和种子粉碎而配制成的天然植物香料，如五香粉、胡椒粉、花椒粉、咖喱粉、芥末粉等。辛辣料的主要原料有八角、花椒、胡椒、桂皮、小茴香、大茴香、辣椒、孜然等。辛辣料色、香、味具有该种香料植物所特有的色、香、味，无结块、发霉、生虫或有杂质为佳。

（二）调、辅类原料保管

1. 容器的选择

有腐蚀性的调料，应该选择玻璃、陶瓷等耐腐蚀的容器保存。含挥发性的调料，如花椒、大料等应该密封保存；易发生化学反应的调料，如调料油等油脂性调料，由于在阳光作用下会加速脂肪的氧化，故存放时应避光、密封；易潮解的调料，如盐、糖、味精等应选择密闭容器保存。

2. 环境的选择

环境温度要适宜，如葱、姜、蒜等，温度高易生芽，温度太低易冻伤；湿度太大，会加速微生物的繁殖，加速糖、盐等调味品的潮解；湿度过低，会使葱、姜等调味品大量失水。

3. 方法的选择

不同性质的调料应该分别保管，如新油与使用过的油不宜相互混合。调料也应及时使用，现用现加工，应根据烹饪使用量决定加工数量。

第三章

刀工工艺技术

第一节　刀工的意义和基本要求

一、刀工的概念及要求

（一）刀工的概念

刀工是根据烹调和食用的具体要求，采用适当的刀具和刀法，将经过初步加工和整理的烹饪原料加工成一定立体形状的操作过程。我国的菜肴历来讲究色、香、味、形、器、质、养、洁、意，而其中的形、质和意与刀工有着极为密切的关系。

几千年来，我国劳动人民，特别是从事烹调工作的技术人员通过不断实践，创新、总结出很多精巧的刀工技术，积累了丰富的宝贵经验，使我国烹调技术中的刀工，不仅具有精湛的技术性，而且具有较高的艺术性。

（二）刀工的基本要求

1. 操作姿势正确、规范

在刀工操作过程中，动作必须自然、优美、规范。用刀的基本方法一般是以拇指与食指捏住刀箍，全手握住刀柄，手心要空，握刀时手腕要灵活而有力，一般用小臂和手腕的力量。控制原料的手（控手），随刀的起落而均匀地向后移动。刀的起落高度，一般刀刃不能超过控手中指的第一骨节。总之，控手持物要稳，持刀手落刀要准，两手的配合要紧密而有节奏。

刀工是比较细致而且劳动强度较大的手工操作，除了平时注意锻炼身体，保证健康的体格，有较耐久的臂力和腕力外，还要有正确的刀工操作姿势。刀工的基本操作姿势，主要从既能方便操作，有利于提高工作效率，又能减少疲劳，有利于身体健康等方面来考虑。正确的操作姿势，一般情况下，操作时应两脚自然分立站稳，上身略向前倾，前胸稍挺，不要弯腰曲背，精神集中，目光注视菜墩上两手操作的部位，身体与菜墩应保持一定的距离，菜墩放置的高度应以方便操作为准。

2. 密切配合烹调方法

刀工一般情况下是与配菜同时进行的，也就是边切边配，可以说刀工是烹调前的最后一道工序。原料成形是否符合要求，直接影响菜肴质量的高低，如炒、爆、汆等烹调方法，所采用的火力强、加热时间短，成品要求脆嫩或滑爽，就要注意将原料加工得薄小一些，过分厚大就不易成熟。反之，如果是烧、炖、煮、煨等烹调方法，采用慢火，加热时间较长，成品要求酥烂、入味，原料形状就要厚大一些，如果原料的形状过分薄小，就容易碎烂甚至呈糊状，既影响质量和美观，也影响食用。所以，刀工要密切配合烹调，适应烹调的需要。

3. 刀法运用恰当，力求整齐、均匀、利落

在刀工操作过程中，各种刀法必须运用恰当，同时还要掌握好各种刀法的操作要领。由于原料有脆、韧、松、软、硬、有骨和无骨等区别，在刀工处理过程中所采用的刀法也应有所不同。一般情况下，脆性原料采用直刀法中的直切加工，韧性原料采用推切、拉切或锯切加工，硬的或带骨的原料采用剁的刀法加工。

经过刀工处理的各种原料，必须整齐划一，大小、粗细、厚薄均匀，没有连刀现象，否则不但会影响成品的美观，而且还会造成成熟度不一致。刀工要达到整齐、均匀、利落，除了加强基本训练外，还必须注意：①刀刃无缺口，时刻保持锋利；②墩面要平整，切忌凹凸不平；③运刀用力要均匀，切勿前重后轻，先用力后松劲。

4. 合理用料

合理使用原料，是整个烹调工艺流程中的一条重要原则，刀工过程中更应遵循，主要应掌握计划用料，合理搭配，大材大用，小材小用，落到成材，以达到物尽其用。特别是将大料改小时，落刀要心中有数，务必使各档原料都能得到充分利用。

5. 符合卫生要求

在刀工操作过程中，从原料的选择，到工具、用具的使用，都要做到清洁卫生，生熟原料要分墩、分刀进行加工，做到不污染、不串味，确保所加工的原料清洁与卫生。

二、刀工的作用

刀工不仅能改变和决定原料的形状，而且对菜肴制成后的诸多方面都起着重要的作用。

1. 便于成熟

烹饪原料品种繁多，形态、质地各异，烹调方法多样，制作特点各不相

同。刀工要因料而宜，因烹调方法而决定所加工原料的形状。大形整只的原料只有通过刀工处理，才能形成整齐划一的较薄小的形状，才能便于成熟，并能保证各种原料成熟度一致，较好地突出菜肴的风味特色。

2. 便于入味

许多烹饪原料，如不经过刀工处理，烹调时调味品的滋味就不容易渗透到原料内部。只有通过刀工处理，将原料由大改小，由厚改薄或在原料表面剖上一定深度的刀纹，调味品才可能迅速渗入原料内部，使其成品口味均匀一致。

3. 便于食用

中餐取食历来就有"横竖入口"的说法，中餐的取食工具主要是筷子或汤匙，因此形状过大的原料食用起来是不方便的，如整头的猪、牛、羊，整只的鸡、鸭、鹅等，不经刀工而直接烹调，食用时就很不方便，而经过去皮、剔骨、分档、切、片、剁、剖等刀工处理后再烹调，或烹调后再经刀工处理，食用时就方便多了。

4. 整齐美观

刀工能把各种不同形状的原料加工得整齐美观，各种原料形状规格一致，整齐划一，长短相等，粗细厚薄均匀，看上去清爽、利落，外形美观，诱人食欲。至于花色菜肴，更显出刀工的作用。所谓"欣赏出食欲"，就是赞美刀工美化原料形态的技艺，如在某些原料表面划上一些不同深度的刀纹，经加热后，就能形成各种不同的美丽的花色形态，或将原料切割成各种动、植物形态，如花草、飞鸟、鱼虫等，从而使菜肴的形态更加美观。

第二节　刀工工具的使用和保养

一、刀具的种类及用途

中餐烹调所使用的原料种类繁多，性质各异，有的带骨，有的带筋，有的韧性较强，有的质地脆嫩。另外，中餐烹调所使用的烹调方法多样，有的需小火长时间加热，有的需要旺火速成。只有了解和掌握好各种类型刀具的不同性质和用途，才能根据原料的不同性质和不同的烹调方法选用相应的刀具，将不同性质的原料加工成整齐、美观、均匀一致，适用于烹调的形伏。

刀具的种类繁多，较为常见常用的有切刀、片刀、砍刀、尖刀、烤鸭刀、剪刀、羊肉片刀、镊子刀、刮刀、雕刻刀、整鱼出骨刀。

（1）切刀（前切后砍刀）　切刀刀身略宽，长短适中，应用范围较广，既能用于切、片、剁等加工片、条、丝、丁、末、块、蓉泥等原料形状，又能用于加工略带碎小骨或质地较硬的原料，应用较为普遍，如图3-1所示。

（2）片刀　片刀特点是重量较轻，刀身较窄而薄，钢质纯，刀口锋利，使用灵活方便，主要用途是加工片、条、丝等原料形状，如图3-2所示。

图3-1　切刀

图3-2　片刀

（3）砍刀　砍刀刀身比切刀长而宽、重，刀背呈弓形，目前行业内也有使用一种外形似板斧的砍刀。砍刀主要加工带骨或质地坚硬的原料，如砍猪头、鸡、鸭、鹅、排骨等，是一种专用刀具，如图3-3所示。

（4）尖刀　尖刀刀形前尖后宽，基本呈三角形，重量较轻。尖刀多用于剖鱼和剔骨，还有一种刀刃略长的尖刀，在西餐制作中使用较多，如图3-4所示。

图3-3　砍刀

图3-4　尖刀

（5）烤鸭刀（也叫小片刀）　烤鸭刀形状和片刀基本相似，区别在于刀身比片刀略窄而短，重量轻，刀刃锋利，专用于片熟烤鸭肉，如图3-5所示。

（6）剪刀（剪子）　剪刀多用于加工整理鱼、虾类原料，如剪须和鱼鳍等，如图3-6所示。

（7）羊肉片刀　羊肉片刀重量较轻，一般500g左右，特点是刀刃中部呈弓形，刀身较薄，刀口锋利，是切涮羊肉片的专用刀具。目前，行业内多使用电动刨刀。

图 3-5　烤鸭刀

图 3-6　剪刀

（8）镊子刀　镊子刀刀身长约 20cm，前半部分是刀，呈三角形；后半部分是镊子，也是刀柄部分。镊子刀主要用于对原料的初步加工，可用于割、剖、刮等，镊子部分专供摘毛。

（9）刮刀　刮刀体形较小，刀刃不太锋利，多用于刮去菜板上的污物，另外还有专用于鲜鱼除鳞、植物性原料去皮的专用刮刀。

（10）雕刻刀　雕刻刀是用于食品雕刻的专用工具，种类很多，多由用者自行设计制作，如图 3-7 所示。

（11）整鱼出骨刀　整鱼出骨刀刀身长约 35cm，宽约 2cm，刀头前部较锋利，是整鱼出骨的专用刀，如图 3-8 所示。

图 3-7　雕刻刀

图 3-8　整鱼出骨刀

二、磨刀技术

1. 磨刀的工具

磨刀有专用的磨刀石，常用的磨刀石总体上有粗磨刀石、细磨刀石两种，再细分可分为天然雕凿磨石和人工合成磨石。

（1）天然雕凿磨石　天然雕凿磨石是由天然黄砂石石料或天然青砂石石

料雕凿而成的。天然黄砂石石料雕凿的磨石，俗称粗石，质地松而粗，但砂石坚硬，多用于新刀开刃，或将有缺口的刀刃磨平。天然青砂石石料雕凿的磨石，俗称细石，颗粒细腻，质地坚实，易将开过刃的刀磨快且不伤刀刃，应用较多。

（2）人工合成磨石　人工合成磨石俗称油石（也可用水）。油石一般有固定尺寸，可根据需要灵活选购。油石为金刚砂人工合成，质地坚硬，一般分为上下两面，即粗面和细面，使用方便。磨刀时，一般是先在粗面将刀磨出锋口，再在细面上将刀磨快。这样二者结合，既能缩短磨刀时间，又能提高刀刃锋利程度。

2. 磨刀方法

磨刀前先要把刀面上的油污擦洗干净，再把磨刀石安放平稳，以前面略低，后面略高为宜，磨刀石旁边放一碗清水。磨刀时，两脚自然分开或一前一后站稳。胸部略微前倾，一手持刀柄一手按住刀面的前段，刀口向外，平放在磨刀石面上，然后在刀面或磨刀石面上淋水，将刀面紧贴磨刀石，后部略翘起，前推后拉。磨刀时用力要均匀，视石面起砂浆时再淋水，将砂浆冲掉，刀的两面及前、中、后部位都要轮流均匀磨到。两面磨的次数及力度基本相等，只有这样才能保持刀刃平直、锋利。磨完后洗净、擦干刀面，后将刀刃朝上，放在眼前观察，如果刀刃上看不见白色的光亮，表明刀已磨好。也可将刀刃轻轻放在菜墩上，以刀自身重量前推或后拉，如有涩的感觉，即表明刀口锋利；反之，还要继续磨。

第三节　基本刀法

一、刀法的概念

刀法是使用刀具的各种方法，也就是将烹饪原料加工成一定形状时所采用的各种不同的运刀技法。

各种刀法能否熟练运用，是体现刀工技术好坏的主要标准。只有熟练地掌握和运用各种刀法，才能使刀工达到准、快、巧、精、美的要求。刀法是我国烹调师在长期的实践中根据原料的性能、形态以及烹调的具体要求逐步探索积累而成的。随着烹调技术水平的不断发展和提高，刀法也将不断改进。厨师通过学习，不但要正确地掌握和运用各种刀法，而且要在技能熟练的基础上不断丰富其内容和提高技术水平。

二、刀法在烹饪中的作用

1. 形象性

各种不同的刀法，可以创作出千姿百态、生动形象的各种形态，如丁、丝、条、片、块、玉兔、蝴蝶、秋叶等，就是通过不同的刀法，使烹饪原料改型，通过不同的烹调方法制熟入味，从而体现出中国烹饪的形与意。

2. 艺术性

刀法本身就是一门艺术，运用不同的刀法，将极普通的原料加以修饰，呈现在食客面前的实际上是一件件珍贵的菜肴艺术品，特别是花色拼盘、食品雕刻等，所以说"刀法实际上是技术与艺术的结晶"。

三、刀法的种类及要求

刀法的种类很多，各地的刀法名称和操作要求虽有差异，但基本方法和要求是一致的。操作时，根据刀刃与菜墩或原料接触的角度，可以把刀法分为直刀法、平刀法、斜刀法、剖刀法、其他刀法五类。常用的具体刀法有切、片(批)、剁、剖等。

(一) 直刀法

直刀法是指刀刃与菜墩或原料接触成直角的一类刀法，主要包括切、剁、砍等。

1. 切

一般用于无骨的原料，操作要领是将刀对准原料，由上而下垂直切下去。由于无骨的原料也有老、嫩、脆、韧的区别，故在切时又有许多不同手法。根据刀的运行方向和力度大小，主要有以下几种具体切法。

(1) 直切(又称跳切)　直切一般用于加工脆性原料，如萝卜、莴苣、黄瓜等。要领是，左手按稳原料，右手持刀，一刀一刀垂直地切下去，如图 3-9 所示。

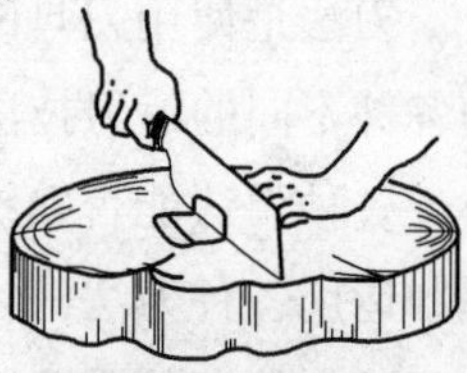

直切的具体要求如下：

1) 左右两手必须协调配合，切时左手手指自然弯曲呈蟹爪状按稳原料，中指第一关节抵住刀身，随

图 3-9　直切

刀的运行，手指自然向后移动；右手执刀以左手向后移动的距离为标准，将刀紧贴着左手中指指背下切。左手向后移动的距离是否均匀，是决定原料大小、厚薄均匀与否的关键。因此，必须注意随时做左手向后移动的练习。

2）右手持刀向左边移动边切，这种移动是一种连续而有节奏的间歇运动，即移动一点儿，切一刀，再移动一点儿，再切一刀，每次移动的距离不能忽宽忽窄，那样会造成原料形状不整齐、不均匀。

3）下刀应垂直，刀刃不能向内或向外偏斜。

（2）推切 推切一般用于比较薄小的原料，这些原料如用直切法容易破碎散裂。推切的操作方法是，刀刃垂直向下，由里向外推动下去，着力点在刀的后端，一刀推到底不再拉回来。切猪肉丝、熟肥肉、百叶等都适宜用推切法，如图3-10所示。

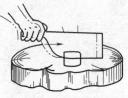

图 3-10 推切

（3）拉切 拉切一般用于切质地略带韧性的原料。拉切的操作方法是刀刃垂直向下，由外向里拉，刀的着力点在前端。例如，切肉片，往往叫拉肉片。有时拉切与剁结合运用，先直剁再向里拉切，也叫剁拉切，如切鸡丝等，如图3-11所示。

（4）锯切（又称推拉切） 锯切适用于质地松散的原料。例如，切羊肉、回锅肉、火腿、面包等。锯切的操作方法是先将刀向前推，然后再向后拉，这样一推一拉，像拉锯一样切下去，如图3-12所示。

图 3-11 拉切

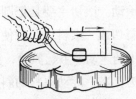

图 3-12 锯切

锯切的具体要求如下：

1）落刀要直，不能偏里或偏外。如果落刀不直，不仅切下来的原料形状厚薄不一，而且还会影响到以后的落刀部位。

2）落刀不能过快，用力也不能过重，应先轻轻锯拉数下，待刀切入原料一半或2/3左右时，再用力切下去。

3）锯切时左手要按稳原料，一刀未切完时手不能移动，因刀要前推后拉，若移动，落刀就会失去依据。

（5）铡切　铡切有两种切法，一种是切时右手握住刀柄，并使刀柄高于刀的前端，左手按住刀背前端使之着墩，并将刀刃的前部按在原料上，然后对准要切的部位用力向下压切下去；另一种是右手握住刀柄，将刀放在原料要切的部位，左手握住刀背前端，两手交替用力压切下去，如图3-13所示。此外，还有一种类似铡切的方法，右手握住刀柄，将刀刃放在原料要切的部位上，左手掌用力猛击刀背，使刀切下去。

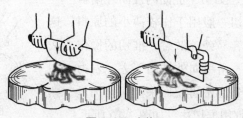

图3-13　铡切

铡切法通常适用于带壳的或体小形圆易滑的，以及略带较小骨头的原料，如切螃蟹、烧鸡、盐水鸭、带壳的蛋类等。

图3-13中左图所示切法，要将刀对准要切的部位，并且不使原料移动，压切时动作要快，做到干净利落，一刀切好，以保持原料整齐，并且不使原料内部的汁液滋出；右图所示切法除上述要求外，还要求两手用力。

（6）滚切　滚切是在刀的运行中将原料滚动，所以也叫滚料切。每切一刀，将原料滚动一次，然后再切再滚动。滚切主要是把圆形或腰圆形的、质地爽脆的原料切成"滚料块"时使用的刀法，如切萝卜、土豆、山药、胡萝卜、笋等，如图3-14所示。滚切具体要求为：左手滚动原料的斜度要适中，右手紧跟原料

图3-14　滚切

的滚动将刀以一定的角度切下去。这种刀法可以切成多种多样的块，如剪刀块、瓦楞块、木梳背块等。关键是在切同一种块形时刀的角度应基本保持一致，这样才能使切下来的原料大小一致。

2. 剁

剁是将无骨的原料制成蓉泥状的一种刀法，主要用于制馅和丸子等。剁有单刀剁和双刀剁两种。为了提高工作效率，通常左右两手各持一刀同时操作，这种剁法也叫排剁，而单刀剁也叫作直剁。

（1）排剁　排剁一般适用于将无骨软性的原料加工成蓉泥状，两刀之间要

间隔一定的距离。操作时两刀一上一下，从左到右、从右到左地反复排剁，每剁一遍要翻动一次原料，直至原料剁成细而均匀的蓉泥。如遇天冷，可以将刀放在温水中浸一浸再剁，以免粘刀，如图3-15所示。

（2）直剁　直剁一般适用于较硬而带骨的原料。剁时左手扶稳原料，右手将刀对准要剁的部位，用力直剁下去，要一刀剁断，才能保持原料整齐，若再剁第二刀，就很难照原来的刀口剁下去，这样不仅影响原料形状整齐，而且会使原料带有一些碎肉碎骨，影响菜肴质量。因此，直剁要准而有力，一刀剁到底，如图3-16所示。

图 3-15　排剁

图 3-16　直剁

3. 砍

砍通常用于加工带骨的或者质地坚硬的原料。砍的操作方法是右手紧握刀柄，对准要砍的部位，用力砍下去。砍有直砍、跟刀砍、开片砍等几种。

（1）直砍　直砍是将刀对准原料要砍的部位用力向下直砍，一般多用于加工带骨的动物性原料，如图3-17所示。

图 3-17　直砍

直砍的具体要求如下：

1）要用臂膀的力，这与要用腕力的切法不同，用的力要比切大。

2）原料要放平稳，左手持料应离落刀点远一些，以防砍伤。

3）砍时要把刀柄握紧，最好一刀砍断。

（2）跟刀砍　凡一刀砍不断，须连砍数刀方能砍断的，叫跟刀砍，如图3-18所示。

跟刀砍具体方法为：对准原料要砍的部位先直砍一刀，将刀嵌进原料要砍的部位，然后左手扶稳原料，随着右手上下起落直至砍断原料。跟刀砍时，刀必须稳稳地嵌在原料上，不能使其脱落，否则容易发生砍空或伤手等事故。

图 3-18 跟刀砍

（3）开片砍 开片砍一般适用于加工大型整只的动物性原料，如猪、羊等。砍时将整只猪、羊后腿分开吊起来，先用刀在背部从尾至头将肉割至骨头，然后顺脊骨开片砍到底，使其分为两半，如图 3-19 所示。

图 3-19 开片砍

（二）平刀法

平刀法（又称片刀法、批）是刀面与墩面或原料平行或接近平行的一种刀法，一般用于加工无骨的原料，如图 3-20 所示。其操作方法是将刀平着批进原料，而不是从上而下地切入，可分为推刀片、拉刀片、平刀片、抖刀片等几种具体的方法。

1. 推刀片

这种片法一般适用于加工较脆的原料，如茭白、冬笋、榨菜等。操作方法是左手按稳原料，右手持刀，放平刀身，使刀面与墩面或原料接近平行，然后由里向外将刀刃推入原料，如图 3-21 所示。

图 3-20 平刀法

图 3-21 推刀片

推刀片具体要求如下：

1）按原料的左手不能按得太重，以使原料在片时不致移动为度，随着刀刃的推进，左手手指可稍翘起。

2）按住原料的左手食指与中指应分开一些，以便观察原料的厚薄是否符合要求。

2. 拉刀片

这种片法一般适用于略带韧性的原料，如片各种肉片等。

拉刀片的操作方法是左手按稳原料，右手执刀，放平刀身，使刀面与墩面或原料接近平行，刀刃片进原料后不是向外推，而是向里拉进去。拉刀片的要求基本与推刀片相同，不同之处只是刀在片进原料后的运动方向与前者相反。

3. 平刀片

平刀片是将刀身放平，使刀面与墩面或原料几乎完全平行，沿刀刃所指方向一刀片到底的一种刀法，如图 3-22 所示。平刀片适用于加工无骨的软性原料，如豆腐、肉冻、熟猪血等。

图 3-22　平刀片

平刀片具体要求如下：

1）刀的前端要紧贴墩的表面，刀的后端略微提高，以控制所需要的厚薄。

2）刀刃要锋利，先将刀慢慢推入原料，再一刀片到底。

4. 抖刀片

抖刀片适用于加工柔软而略带脆性的原料，如豆干、松花蛋、腰片等，如图 3-23 所示。

抖刀片的方法是左手按稳原料，右手执刀，刀刃吃进原料后将刀前后移动，同时上下均匀抖动，使刀在原料内呈波浪式地推进，直至抖片到底。抖刀片的作用是美化原料的形状。

图 3-23　抖刀片

（三）斜刀法

斜刀法是刀面与墩面或原料接触形成斜角的一种刀法，具体方法主要有斜刀片和反刀片两种，如图 3-24 所示。

1. 斜刀片

斜刀片一般适用于质软、脆性或韧性而体形较小的无骨原料，如片各种肉片、腰片、鱼片、肚片和片白菜等都可以采用。斜刀片的操作方法是用左手手指

图 3-24　斜刀法

按稳原料左端，右手持刀，刀面呈倾斜状，片时刀背高于刀口，使刀刃以原料表面靠近左手的部位向左下方运动，斜着片入原料。这样片成的片或块形成斜面，面积就较横断面略大一些。此种片法亦称磨刀片，加工成的原料形状就叫磨刀片，如图 3-25 所示。

2. 反刀片

这种片法一般适用于脆性原料,如脆肚等。反刀片的操作方法是刀背向里,刀刃向外,刀身微呈倾斜状,刀片进原料后由里向外运动。具体要求是左手按稳原料,右手持刀,并以左手中指上部的关节抵住刀身,使刀紧贴着左手中指的关节片进原料,左手向后移动时其间隔应基本相同,以使片下来的原料大小、厚薄一致,如图3-26所示。

图 3-25　斜刀片

图 3-26　反刀片

(四) 剞刀法

剞刀法是以直刀法和斜刀法为基础,对原料进行切、片,形成不断、不穿的规则刀纹。刀纹的深度应根据原料的性质、成形要求及具体用途而定。一般情况下,进刀深度为原料厚度的2/3或3/4左右。剞的主要目的是使原料在烹制时易于入味,可以在用旺火短时间烹调时迅速成熟而保持原料的质地脆爽或鲜嫩,并可使原料在加热后形成各种不同的美丽形状,给人们以快感和艺术享受。

剞的要求是在原料表面剞的刀纹要深浅一致,距离相等,整齐均匀,互相对称。在具体操作过程中,由于原料成形要求和剞的次数不同,可分为一般剞法和综合剞法两大类。

1. 一般剞法

一般剞法也称为单一剞法,就是只采用一种剞法即可达到原料成形的要求。在具体操作过程中,由于运刀方向和角度的不同,常用的一般剞法主要有以下几种。

1) 直刀剞,具体操作与直刀切相似,只是不将原料切断。

2) 推刀剞,具体操作与推刀切相似,只是不将原料推切断开。

3) 拉刀剞,具体操作与拉刀切相似,只是不将原料拉切断开。

4) 斜刀剞也称为抹刀剞,具体操作与斜刀片相似,只是不将原料片断。

5) 反刀剞属于斜刀法中的一种,操作时刀刃向外,刀背向内,具体方法与反刀片相似，只是不将原料片断。

2. 综合剞法

各种剞刀法，除了单独加工原料使其成形外，还经常综合运用同时加工一种原料形状，也就是直刀法和斜刀法综合运用，在行业中称为混合刀法，也叫刀工美化或花刀。

所谓刀工美化，就是使用混合刀法，在原料表面剞一些有相当深度的刀纹，经过加热，使之卷曲成各种不同的美丽形状。原料经过加工美化后，根据成形状态不同，花刀可分为多种，常用的主要有麦穗形花刀、荔枝形花刀、梳子形花刀、蓑衣形花刀、菊花形花刀、卷形花刀、柳叶形花刀、球形花刀、蜈蚣形花刀、佛手形花刀、网眼形花刀、百叶形花刀等。

（五）其他刀法

所谓其他刀法，是指除了直刀法、平刀法、斜刀法、剞刀法几类刀法以外，在刀工中使用的一类特殊刀法，较为常用的有以下几种。

1. 斩

斩一般用于加工畜、禽等肉类带筋的原料。操作时，刀尖接触原料，将筋斩断而保持原料的整形，以增加原料的松嫩感。

2. 剔

剔一般用于去骨、分档取料等。操作时，刀路要灵活，下刀要准确，随部位不同交叉使用刀尖、刀跟，分档正确，取料要完整，剔骨要干净。

3. 剖

剖指用刀将整形原料破开的刀法，如鸡、鸭、鱼等取内脏时，先用刀将腹部剖开。此刀法要根据烹调需要灵活掌握好下刀部位和刀口的大小。

4. 刮

刮是用刀将原料表皮杂质或污垢清除掉的一种刀法。操作时，刀身垂直、刀刃接触实物，横着运刀，如刮鱼鳞、刮菜墩表面的污垢等。

5. 削

削指用刀平着将原料表面去掉一层或加工成一定形状的一种刀法，如莴苣、黄瓜、鲜笋等原料去皮，某些原料外形加工等。

6. 剜

剜指用刀具挖空原料内部或进行原料表面处理的一种刀法，如剜去苹果核、梨核，剜去山药、土豆等原料低于表面的斑点等。

7. 旋

旋指用刀将某些原料表面的一层取下，可分为手上操作和墩上操作两种。手上操作是将原料拿在手中，刀刃进入原料表面，旋转原料，刀随旋转进入原料。墩上操作又称旋刀批，是将原料放在墩面上，刀刃朝左、刀贴墩面进入原料表层，使原料向后滚动，刀随着行进，把原料表层旋下来，如酸辣黄瓜皮中的黄瓜皮就是采用旋的刀法加工而成的。

8. 砸

砸指用刀背将原料加工成蓉泥状的一种辅助刀法。砸多是配合剁的刀法加工原料，这样能使原料形状更细腻或平整。

9. 拍

拍指用刀身拍破或拍松原料的一种刀法。操作时，将刀身平着拍向原料，使原料破裂或松散，如蒜泥拌黄瓜和糖拌小萝卜就是先用刀身将黄瓜和小红萝卜拍松，再另改刀或直接使用的。

第四节 基本料形加工

采用不同的刀法并经过刀工处理后，原料就形成了既便于烹调，又方便食用的各种形状。常见的烹调原料经刀工处理后的基本形状主要有块、片、条、丝、丁、粒、末、段、蓉泥等。

一、块

块是采用切、砍、剁等刀法加工成的。凡质地较为松软、脆嫩，或是质地虽较坚硬，但去骨去皮后可以切断的原料，一般可采用切的刀法成块。例如，蔬菜类可以用直切的刀法；已去皮去骨的各种肉类，可以用推切或拉切的刀法；原料松软而易散的，可采用锯切的刀法。凡原料质地较为坚硬而且有皮带骨的，则可用砍或剁的刀法成块。因为用来加工成块的原料，先要加工成段、条状，块形的大小是否适宜和均匀，除了熟练地运用各种刀法外，还取决于成段、条状原料的宽窄、厚薄是否一致。这就要求先把原料加工成宽窄、厚薄一致的段、条。块的种类很多，常用的有**菱形块**、**大小方块**、**长方块**、**排骨块**、**劈柴块**、**大小滚料块**等。

1. 菱形块（也叫象眼块）

菱形块加工方法是先将原料切成厚大片，再按边长规格将其改成长条，最后斜切成菱形块。其规格为长对角线约 3.3cm，短对角线约 2cm，厚约 1.5cm。

2. 大小方块

大小方块一般指厚薄均匀、长短相等的块形。边长约 3.3cm 以上的叫大方块，边长约 3.3cm 以下的叫小方块，用切或剁等刀法加工而成。

3. 长方块（又叫骨牌块）

长方块形状如骨牌，一般厚约为 0.8cm，宽约为 1.6cm，长约为 3.3cm。

4. 排骨块

切成约 3.3cm 长的类似猪软肋骨形状的块就叫排骨块。

5. 劈柴块（又叫柴把块）

劈柴块加工方法是先用刀将原料顺长切为两半，再用刀身拍一拍，切成条形的块，其长短厚薄不一，因形似劈柴，故得名。劈柴块多用于冬笋或茭白等原料的加工，如油焖茭白等。另外，凉拌黄瓜也有用劈柴块的。

6. 大小滚料块

大小滚料块用滚刀切的方法加工而成，一般用于加工圆形植物性原料，如黄瓜、土豆、山药、胡萝卜等。加工时必须先在原料的一头斜着切一刀，再将原料向里滚动，再切一刀，这样连续地切下去，滚动幅度大，切出的块为大滚料块，滚动幅度小，切出的块即为小滚料块，也叫梳子背。块形大小的选择，主要根据烹调的需要而定。

二、片

片有多种成形方法，某些质地较硬的脆性原料可以采用切的方法，其中植物性原料多可采用直切，韧性原料可采用推切、拉切或锯切等，薄而扁平的原料可采用片的刀法。片有多种多样的大小、厚薄和形状，常用的有柳叶片、象眼片、月牙片、夹刀片、磨刀片等。

1. 柳叶片

这种片薄而窄长，形状像柳树的叶子，一般用切或削的刀法加工而成。

2. 象眼片

象眼片也叫菱形片，形似象眼块但薄，一般用切、片等刀法制成。

3. 月牙片

月牙片是先将圆形或近似圆形的原料切为两半，再顶刀切成半圆形的片。

4. 夹刀片

一端切开成为两片，另一端连在一起的片，叫作夹刀片，即用切的刀法，一刀不断一刀切断。

5. 磨刀片

磨刀片是用斜刀片的刀法加工而成的。因片时将原料平放在墩上，用刀自左到右像磨刀一样，一刀一刀地片下去，故称磨刀片。

以上各种片均有厚薄之分，习惯上把厚度 0.2cm 以内的片叫薄片，0.5cm 以上的片叫厚片。从烹调的要求来看，一般氽汤用的片要薄一些；用于滑炒的要稍厚一些；某些易碎烂的原料，如鱼片、豆腐片等，要厚一些；质地坚硬而带有韧性或脆性的原料，如鸡肉片、猪肉片、牛肉片、羊肉片、笋片等，则可稍薄一些。

三、条

条的成形方法是先把原料批成厚片再切成条，其粗细取决于片的厚薄，大小取决于片的长短。条有粗细之分，粗条一般是长 4~6cm，宽厚各 1.5cm；细条长 4~6cm，宽厚各 1cm。

四、丝

切丝时先要把原料加工成片形，然后再切成丝。

切丝时要将片排成瓦楞形或整齐地堆叠起来。前法适用于大部分的原料，效果也较好；后法因堆叠得高，切到最后手扶不住，容易倒塌。另外，某些片形较大、较薄的原料，如青菜叶、鸡蛋皮等，可先将其卷成筒状，然后再顶刀切成丝。丝有粗丝、细丝和银针丝之分。性质韧而坚的原料，可以加工得细一些。丝的粗细主要取决于片的厚薄，丝要细首先片要薄。因此在切片时，就应考虑到丝的粗细而加工成适宜的厚度，丝的长度一般以 5cm 左右为宜。切丝时要注意以下几点。

1）加工片时要注意厚薄均匀，切丝时要切得长短一致，粗细均匀。

2）原料加工成片后，不论采取哪种排列法都要排叠得整齐且不能叠得过高。

3）左手按稳原料，切时原料不可滑动，这样才能使切出来的丝粗细一致。

4）根据原料的性质决定顺切、横切或斜切。例如，牛肉纤维较长且肌肉韧带较多，应当横切；猪肉比牛肉嫩，筋较细，应当斜切或顺切，使两根纤维交叉搭牢而不易断碎；鸡肉、猪里脊肉等质地很嫩，必须顺切，否则烹调时易碎。

五、丁、粒、末

丁、粒、末都是在条的基础上继续加工而制成的。

1. 丁

丁是大于粒、末的小块，其大小视烹调的要求和原料的情况而定。丁的成形一般是将原料切或片成厚片，再将片切成条，然后再顶刀切成丁。丁的种类很多，常用的有骰子丁、豌豆丁等。丁的大小不同，一般大丁是 2cm 见方，小丁是 1cm 见方，碎丁是 0.5cm 见方。

2. 粒

粒较丁小一些，大的如绿豆粒，小的似小米粒，成形方法基本上与丁相同。粒的大小主要取决于丝或条的粗细。

3. 末

末略小于小米粒，将丁或粒再切小或剁碎即可，也可先将原料切或批成片，再切成细丝，然后顶刀切成末。

六、段

段一般用剁或切的刀法制成，每一种的具体要求，根据原料的性质和烹调的需要而定。

七、蓉泥

蓉泥是采用排剁的方法制作的，其质量要求是将原料剁得极细，形成蓉泥状。剁蓉泥的原料一般有鸡、虾、鱼、肉等。在制蓉泥之前，先要将原料的骨、筋、皮等去掉，剁制鸡、鱼、虾等蓉泥还需要适当搭配一些猪肥膘，以增加蓉泥的黏性。其比例是，鸡蓉约放 1/3 猪肥膘，肉、鱼、虾蓉等约放 2/3 猪肥膘。

八、剞刀法成形的形状

剞刀法成形的形状常见的主要有以下几种。

1. 麦穗形

先用斜刀法在原料表面剖上一条条平行的斜刀纹，再将原料转一个角度，用直刀法剖上一条条与斜刀纹相交叉的平行直刀纹，然后改刀成条状，加热后就卷曲成麦穗形状了，如麦穗腰子、麦穗鱿鱼等原料，如图 3-27 所示。

图 3-27　麦穗形花刀

2. 荔枝形

制法与麦穗花刀相同，只是剖刀后将原料改刀成象眼块，加热后即卷曲成荔枝形状，如图 3-28 所示。

图 3-28　荔枝形花刀

3. 梳子形

先用直刀在原料表面剖出均匀直刀纹，再把原料横过来切成片，烹熟后像梳子形状。这种刀法多用于质地较脆、硬的原料，如梳形萝卜等，如图 3-29 所示。

图 3-29　梳子形花刀

4. 蓑衣形

在原料的一面像麦穗花刀那样剖一遍，再把原料翻过来，用推刀法剖一遍，其刀纹与正面斜十字刀纹形成交叉纹，两面的刀纹深度约为原料厚度的 4/5，再将原料改刀成 3cm 见方的块。经过这样加工的原料，提起来两面通孔，呈蓑衣状，如图 3-30 所示。

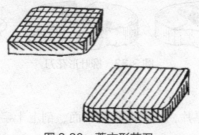

图 3-30　蓑衣形花刀

5. 菊花形

先将原料的一端切成一条条平行的薄片（但不切到底），深度约为原料厚度的 4/5，另一端 1/5 连着不断，然后再转 90° 垂直向下切，使原料厚度的 4/5 呈丝条状，厚度的 1/5 仍然相连而呈块状，加热后即卷曲成菊花状，如图 3-31 所示。

图 3-31　菊花形花刀

6. 卷形

将原料的一面剖上十字花刀，其深度为原料厚度的 2/3，然后改成长方块，加热后呈卷形。这种刀法一般适用于加工脆性原料，如鱿鱼、乌鱼等，如图 3-32 所示。

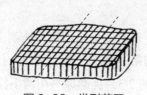

图 3-32　卷形花刀

7. 柳叶形

这种刀法一般用于剖鱼，先在全身中央从头至尾顺长剖一刀纹，并以这一刀纹为中线在两边斜顺着剖上距离相等的刀纹，即呈柳树叶状，如图 3-33 所示。

图 3-33　柳叶形花刀

8. 球形

将原料切或片成厚片，再在原料的一面，剖上十字花刀，刀距要密一些，深度为原料的 2/3，然后改成正方块或圆块，加热后即卷曲成球形。此种刀法一般适用于加工脆性或韧性的动物性原料，如图 3-34 所示。

9. 蜈蚣形

常以猪黄管为原料，先将猪黄管洗净，放入水锅中煮透，捞出撕去油筋，用筷子翻过来，放入汤锅氽透捞出晾凉。将黄管横放在墩上，用直刀法每隔 4cm 横剖一刀，深至原料的 1/2，而后每隔一格对角斜剖一刀，将剖开的刀纹向两边展开后即为蜈蚣形，如图 3-35 所示。

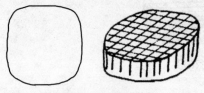

图 3-34　球形花刀　　　　　　　　　　　　图 3-35　蜈蚣形花刀

10. 佛手形

先将原料加工成椭圆形或长方形的厚片，然后顺长 1/2 切四刀，形似手指，连着的 1/2 形似手掌。

11. 网眼形

先将原料加工成厚片，在表面上采用直刀法剖上一条条平行的直刀纹，然后将原料翻转过来，剖上与第一面交叉的直刀纹（行业中习惯称两面交叉剖直刀），深度都约为原料厚度的 2/3，提起原料用两手撑开，呈网眼状。

12. 百叶形

一般用于剖鱼，操作时先用刀直剖至鱼的脊骨，再贴骨横片进去（并不片断）。此种刀法应注意刀距要相等，左右面要对称，提起后呈百叶窗形，如糖醋黄鱼一类，鱼的改刀就采用此种刀法加工成形。

第四章
鲜活原料初步加工工艺

第一节　鲜活原料初步加工的意义和原则

鲜活原料是指从自然界获取后未经任何加工处理（如干制、腌制等）的原料，在烹饪中使用广泛，是最常见的一大类，主要包括新鲜的蔬菜、水产品、家禽、家畜等。这些原料由于自身的生长特点一般不宜直接用于烹调食用，必须经过一系列的初加工，才能成为符合精制菜肴的净料。因此，鲜活原料的初加工是指对鲜活烹饪原料通过宰杀、整理、洗涤等方法，以除去原料不能食用的部分，原料由毛料变为净料，成为烹制菜肴的备用材料的过程，也就是烹调原料由毛料最大限度转变为净料的加工过程。

一、鲜活原料初加工的意义

烹饪原料的初加工技术是烹饪技术的重要组成部分，在菜肴制作过程中占有极其重要的地位，其作用具体表现在以下几个方面。

1. 讲究卫生，符合营养需求

各种鲜活原料都含有丰富的营养素，同时也存在许多有害人体健康的因素，因此要对其进行合理的初加工，使其达到卫生要求。由于不同的原料所含营养素的种类和数量各不相同，只有合理搭配原料，才能使菜肴中所含营养素种类齐全、数量充足、比利适当，从而满足人体对各种营养素的需求。荤素搭配取长补短，营养丰富。

2. 利于菜肴成熟，便于入味

鲜活原料种类繁多，性质各异，需运用不同的刀法对其进行适当合理的刀工处理，使其大小、形状、老嫩达到菜肴要求，再经过烹调，达到成熟度一致，才能使菜肴达到其质量要求，同时也便于原料入味。

3. 便于食用，利于消化吸收

鲜活原料一般不能直接烹调，更不宜直接食用。通过对其进行初加工，可使原料清洁卫生，达到卫生标准，经烹制后，便于食用，促进人体消化吸收，符合健康饮食的要求。

4. 丰富菜肴品种，美化菜肴形态

不同的鲜活原料经过初加工，运用不同的刀法，可以加工成不同的形状，再运用不同的加热方法，不同的调味和配料方法，不同的盛装工艺，可以制作出形态各异、品种繁多的美味佳肴。

5. 物尽其用，降低成本

不同品质的菜肴对原料的选用有不同的要求。根据不同原料的性质、大小形状、老嫩程度，物尽其用。运用不同的加工方法和烹调方法，不仅可以保证和提高菜肴的质量，还可以降低菜肴的制作成本。

二、鲜活原料初加工的原则

1. 合理使用原料，去粗取精，物尽其用，降低成本

这是所有原料在初加工过程中都应注意遵循的总原则。无论何种原料，必须先去除其不能食用或品质较差的部分，再加工成符合各种烹调需求的净菜。不仅要求去除污秽和不能食用的部分，还包含去除边角废料及留作他用的下脚料，以便合理烹调，还可降低原料成本。

2. 必须注重原料卫生与营养

购进的原料大部分都带有泥土杂物、虫卵、皮毛、内脏等，这些都必须在烹调和食用前清理和洗涤干净才能使用。如蔬菜要去泥、杂物，洗干净，鱼类要去鳞和内脏等，否则不能食用。在初加工时要注意保持原料的营养不受损失。如鲥鱼的脂肪含量较高，在初加工时只需将鱼表面洗干净，而不要将鱼鳞刮去，否则脂肪损失较大，直接影响菜肴的鲜香味。

3. 必须适应烹调的需要，合理用料

在初加工原料时，既要使原料干净可食用并符合烹调要求，又要注意节约，合理利用原料，如笋老根可吊汤，黄鱼膘留下晒干可制作鱼肚干料等。只有二者兼顾，才能做到物尽其用，降低成本，增加收益。

4. 根据原料的品种质地，采用不同的加工方法

相据原料的品种、老嫩、体积大小等不同，加工方法也各不相同。

三、鲜活原料初加工的方法

鲜活原料的种类繁多、品种各异，初加工方法也各不相同，应根据原料的具体情况灵活采用，常用方法如下。

1. 择剔

动、植物性原料本身常具有不宜食用或不宜同时烹制的部分，必须将其择净剔除，才能保证取得质量上乘的净料。

2. 宰杀

宰杀通常用于生命活动旺盛的动物性原料的初加工，如活鸡、活鸭、活鱼、活兔等鲜活原料。常用的宰杀方法有颈部刺杀、溺死、敲打致死、灌死等。

3. 煺毛、剥皮或刮鳞

煺毛、剥皮或刮鳞主要用于动物性原料的初加工，如鸡、鸭、兔、鱼等，必须除去不能食用的皮、毛等。

4. 去皮

去皮适用于一些蔬菜的初加工。常用的去皮方法有削（如莴笋、萝卜、冬瓜等）、刮（如丝瓜、藕、山药、姜等）和剥（如洋葱、蒜、豌豆、蚕豆等）。

5. 开腔去内脏

此法系动物性原料的一道重要的加工工序，根据烹调的需要一般采用腹开、肋开、背开三种开腔方法。无论采用哪一种，都要注意不能挖破其苦胆及肝脏，否则会影响原料的成菜质量。

6. 清洁和洗涤处理

清洁和洗涤处理是保证原料及菜品质量的关键。

第二节　蔬果类原料初步加工工艺

一、新鲜蔬菜的初加工工艺

（一）新鲜蔬菜初加工的原则

1. 讲究清洁卫生

从市场上购进的各种原料，一般都带有污秽、杂物，有些原料本身还带有一些不能食用的部分。如新鲜的蔬菜在购进时，常带有老叶、泥沙、污物，有的还带有虫、菌等，因此必须经过择剔、洗涤、清理等加工处理后才能切配、烹调，供人们食用。尤其是对一些生食的原料，清洁卫生更为重要。

2. 合理加工，保持原料的营养成分

在对原料进行加工的过程中，由于原料的品种不一样，采取的加工方法也不同，其对原料的加工和影响程度也有所不同。在原料初步加工过程中，首先要了解原料中主要营养素的种类和性质，然后采用科学的加工方法，使营养成

分不受或少受损失。如青菜、菠菜等叶菜类，是人体维生素和矿物质的重要来源之一，而这些原料中的营养成分，很容易在洗涤加工中溶解、流失，也容易遭受日光、空气的影响而受到破坏。

3. 按使用要求正确加工，保证原料的质量

初加工是为切配和烹调服务的，因此在初加工中就要考虑原料在后期烹调时所使用的烹调方法，以保证成品菜点的色、香、味、形等诸方面不受损害。例如：为了使叶菜类原料保持原有的鲜艳碧绿，必须放入沸水锅内略烫即出；如果要去除根茎类蔬菜内的苦涩味，就必须放入冷水锅内慢煮。如果对以上两种蔬菜原料做错误的处理，不但会造成营养素破坏，而且也不利于除去根菜类原料的异味，最终影响菜肴质量。

4. 合理利用原料，减少损耗，降低成本

在初加工时要根据原料的特性及食用价值，综合处理原料有价值的部分，使物尽其用，降低成本。对一些尚可食用，但加工过程比较复杂的原料，如蔬菜中新鲜的老叶虽然不能食用，但可切成细丝，用油炸成菜松，用于围边点缀；也可以焯水后代替蒸笼垫垫在蒸笼上，使蒸出来的菜肴或点心带有清香味。原料的节约和合理使用在很大程度上取决于初步加工。

（二）新鲜蔬菜的初加工工艺

1. 叶菜类

叶菜类是指以鲜嫩的菜叶与菜柄作为食用部位的蔬菜，常见的有大白菜、小白菜、青菜、菠菜、卷心菜、油菜、韭菜、生菜等。其加工方法有以下几种。

（1）择剔、整理　将蔬菜原料中的黄叶、老叶、枯叶、老帮、老根、污物、杂草、泥沙等不能食用的部分择除、剔掉，并进行初步整理。

（2）将择剔、整理好的蔬菜，用清水洗涤　用清水洗涤时应注意蔬菜品种的不同和季节、用途的不同，分别采用不同的洗涤方法。

1）冷水洗涤：此方法适用于对大多数蔬菜的洗涤。将择剔、整理后的蔬菜在清水中浸泡、清洗，以除去泥沙等污物，再反复冲洗干净，置于清洁的盛器中沥干水。

2）盐水洗涤：此方法适用于对秋冬季节蔬菜的洗涤。此时的叶或叶柄表面带有虫卵，若只用冷水洗涤很难收缩脱落，从而洗掉虫卵。具体方法是将择剔、整理后的蔬菜先放入浓度为2%的食盐溶液中浸泡约5min，然后用清水冲洗干净。应注意不宜在盐水中浸泡时间过长，否则会影响原料的质量。

3）高锰酸钾溶液洗涤：此方法主要适用于生食凉拌的蔬菜。各种烹饪原料在初加工之前，或多或少地会带有一些细菌、病毒。生食凉拌的原料因不再加热，更要注意卫生，以确保食用者的健康。这类蔬菜原料的洗涤方法是：将择剔、整理后的原料放入浓度为 0.3% 的高锰酸钾溶液中浸泡 5min，然后用清水洗涤干净，放在清洁的盛器中，防止细菌、病毒或其他杂物的再次污染。

2. 根菜类

根菜类原料是指以肥大的根部为食用部位的蔬菜，如山药、萝卜、胡萝卜等。

（1）削皮、整理　将根菜类原料根据烹调要求削去外皮。

（2）洗涤　将整理后的根菜类原料用清水洗涤干净，视烹调的需要进行焯水或不焯水处理。一般根茎类原料大多含有一定量的鞣酸，去皮后容易氧化变色。这些原料去皮后应立即浸入清水中，以防变色。

3. 茎菜类

茎菜类原料是指以肥大的茎部作为食用部位的蔬菜原料，如冬笋、莴笋等。

（1）剥壳、去皮、整理　将茎菜类原料外表的壳、皮去掉，然后切掉老茎，剔除不能食用的部分，再进行适当的整理。

（2）洗涤　将剥壳、去皮、整理后的茎菜类原料用清水洗涤干净，根据烹调要求，进行焯水或不焯水。焯水时要用冷水下锅，慢火煮熟，然后用冷水浸泡备用。

4. 花菜类

花菜类原料是以植物的花部器官为食用部分的蔬菜，如黄花菜、花椰菜、白菊菜、韭菜花等。

（1）初步整理　去蒂、花心和茎叶，或将花瓣取下。

（2）洗涤　用清水漂洗干净，洗涤时要保持原料的完整。

5. 果菜类

果菜类原料是以植物瓠果为食用部位的蔬菜，如黄瓜、丝瓜、冬瓜、南瓜等。

（1）去皮、去子　有些瓜类原料（如冬瓜、南瓜等）的皮、子硬而老，应将其除去。这些原料应先去掉外皮，然后剖开，去掉中间的子、瓤。

（2）洗涤　将去皮、去籽的瓜类原料整理，用清水洗涤干净，不需去皮、去籽的原料可直接用清水洗涤。

6. 食用菌类

以无毒菌类的子实体为食用部位的蔬菜称为食用菌类蔬菜，如平菇、草菇、金针菇、猴头菇等。

食用菌类应切去根部，去掉杂物；洗净备用。

二、果品类的初加工工艺

（一）果品类加工的原则

1. 根据原料的特征进行加工

加工时要根据原料的形状、品种、成熟度的不同选择具体的加工方法，尽量保持可食部位的完整性。

2. 根据成菜的要求进行加工

同一种原料因成菜的要求不同而要采取不同的加工方法，如在去皮、去瓤时，怎么去，去多少都要注意。

3. 根据节约的原则进行加工

在择剔加工时要避免浪费，切不可乱择乱切，要尽量保留原料可食部位，对择除的原料也要加以综合利用。

（二）果品的初加工工艺

1. 鲜果类

（1）初步整理　去蒂、去叶柄、去皮。

（2）洗涤　用清水冲洗、搓洗、刷洗等。

2. 干果类

干果的果皮干燥，使之失去了食用价值，但其种子可以食用。初步加工时一般去除其果皮，保持其果肉完整。

第三节　畜类原料初步加工工艺——分档取料

一、分档取料的意义

分档取料就是对已经宰杀和初步加工的家禽、家畜、鱼类等整只原料，按照烹调的不同要求，根据其肌肉组织、骨骼的不同部位、不同质量，准确地进行分档切割的方法。分档取料是技术细致、要求较高的工艺，若分档不正确，取料有误，不仅会降低切配效果，还会影响烹调和整个成菜的色、香、味、形和经济效益。因此，在实践中必须按照大料大用、小料小用、精料精用、物尽其用的原则，认真学习、掌握分档取料的知识及技术。

二、分档取料的关键

1. 熟悉原料的各个部位，准确下刀是分档取料的关键

例如，从家禽、家畜的肌肉之间的隔膜处下刀，就可以把原料不同部位的界限基本分清，这样才能保证所用不同部位原料的质量。

2. 必须掌握分档取料的先后顺序

取料如不按照一定的先后顺序，就会破坏各个部位肌肉的完整，从而影响所取用的原料的质量，同时造成原料的浪费。

三、分档取料的作用

1. 提高菜肴质量，突出烹调特色

由于同一种原料不同部位组织结构的差异，在烹调过程中会产生不同的变化，从而影响到菜肴成品的质感。因此，需要根据烹调方法和菜肴特色而选用不同部位的原料。如同是猪肉，炒肉丝应选用里脊肉，扣肉应选用五花肉，冰糖圆蹄应选用肘子肉等。只有因菜取料和因料施法，才能保证烹调特色和菜肴质感，反之就达不到菜肴应有的质感和特色要求。

2. 合理使用原料，避免浪费

家畜、家禽，特别是家畜，其特点是体大肉多。它们的肉品质量随部位而异，部位不同，特性有别，所以要根据其质量的差别，合理地将它们配以各种适宜的烹调方法，才能物尽其用，不浪费原料。例如，鸡胸肉是鸡全身最嫩的部位，肉纹细而瘦肉多，适宜于拉丝、切片，炒、烩皆宜；而鸡小腿肉肌腱筋络较多，只适宜切丁后爆、炒。这说明肉质的部位特性不同，但都有合适的使用方法，只要我们能识其性而善于按部位选择，并且灵活运用，就可提高原料的使用价值。

四、畜类原料的分档取料

（一）猪肉的分档取料

猪肉的分档取料，如图 4-1 所示。

① 猪头肉里面包括上下牙颌、耳朵、上下嘴尖、眼眶、核桃肉等。猪头肉皮厚、质地老、胶质重，适宜凉拌、卤、腌、熏、酱腊等。

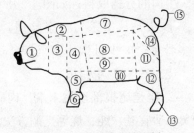

图 4-1　猪肉的分档取料

② 上脑肉皮薄，微带脆性，瘦中夹肥，肉质较嫩，适宜卤、蒸、烧和做汤，或炒回锅肉等。

③ 颈肉（又称槽头肉、血脖）肉质地老、肥瘦不分，宜于做包子、饺子馅，或红烧、粉蒸等。

④ 前腿肉半肥半瘦肉质较老，适宜凉拌、卤、烧、腌、酱、腊等，常见菜品有咸烧白（芽菜扣肉）等。

⑤ 前肘（又称前蹄髈）皮厚、筋多、胶质重，适宜凉拌、烧、制汤、炖、卤、煨等。

⑥ 前脚爪（又称前蹄、猪手）质量比后蹄好，此处只有皮、筋、骨骼，胶质重，适宜烧、炖、卤、煨等。

⑦ 里脊肉肉质嫩，适宜炒、炸等。

⑧ 腹肋此处肉皮薄，有肥有瘦，肉质较好，适宜蒸、卤、烧、煨、腌，可烹制甜烧白、粉蒸肉、红烧肉等。

⑨ 五花肉因一层肥一层瘦，共有五层，所以叫五花肉。其肉质较嫩，肥瘦相间，皮薄，适宜烧、蒸，可烹制咸烧白、红烧肉、东坡肉等。

⑩ 奶脯肉（又称下五花肉、拖泥肉等）位于猪腹部，肉质差，多泡泡肉，肥多瘦少，一般适宜烧、炖，可烹制炸酥肉等。

⑪ 后腿肉肉好、质嫩，有肥有瘦，肥瘦相连，皮薄，适宜凉拌、卤、腌、做汤，可烹制姜汁白肉、回锅肉等。后腿肉包括坐臀、元宝肉、黄瓜条。

⑫ 后肘（又称后蹄髈）质量较前蹄差，其用途相同。

⑬ 后脚爪（又称后蹄）质量较前蹄差，其用途相同。

⑭ 后臀尖肉质嫩、肥多瘦少，适宜凉拌、卤、腌、做汤，可烹制姜汁白肉、回锅肉。

⑮ 猪尾皮多、脂肪少、胶质重，适宜烧、卤、凉拌等。

通过以上分档后所剩余的碎肉都可用来制作肉馅，肉皮则可用来炸皮肚或炒皮丝，骨头制汤。

（二）牛肉的分档取料

牛肉的分档取料，如图 4-2 所示。

① 头是从宰杀刀口至脑顶骨处，皮多骨多，肉少且肉中多筋膜，适宜酱、烧、煮等烹调方法。

② 尾是尾根部至尾末端，肉质较肥美，适宜煮、炖、烧等烹调方法。

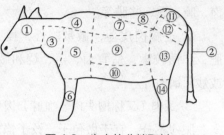

图 4-2　牛肉的分档取料

③ 颈肉即牛脖颈肉，肉质较差，可用于红烧、炖、制馅等。

④ 上脑位于脊背前部，靠近后脑处，主要包括背最长肌和斜方肌等，肉质肥嫩，可切丝、丁、片、条、块等，适宜烤、炒、烧、涮等烹调方法。

⑤ 前腿位于上脑下部，颈肉后部，即胸肉，主要包括胸升肌和胸横肌、三角肌等。其中胸升肌、胸横肌肉质较老，适宜酱、红烧、炖等烹调方法。

⑥ 前腱子是牛的前臂骨周围，即牛前膝下部，蹄的上部。前腱子肌肉紧凑，肉质较老，筋腱较多，适于酱、煮、烧等烹调方法。

⑦ 里脊又称牛柳，是牛肉中最嫩的一块肉。牛柳肉质细嫩，可切丁、丝、条、片、块等，适于烤、熘、炒等烹调方法，可制作蚝油牛柳、烤牛排、烤肉片等菜肴。

⑧ 外脊又称"西冷"，是位于牛脊背两侧的肌肉，肉质细嫩又较大，所以是使用价值较高的一块肉，可代替里脊使用，可切丝、丁、片、条、块等，适宜于爆、炒、炸、熘、火锅涮肉等多种烹调方法，可以制作烤牛排、烤肉片、蚝油牛肉等菜肴。

⑨ 腑肋位于胸部肋骨处，肉中夹筋，肥瘦均匀，适宜红烧、炖、煨等烹调方法。

⑩ 胸脯又称"奶脯"，位于腹部，肉层较薄，附有筋膜，一般用于红烧等烹调方法。

⑪ 米龙位于尾根部，前接外脊，即臀股二头肌大米龙和半腱肌小米龙，相当于猪的臀尖，其肉质较嫩，可切丝、丁、片、条等，适宜炸、炒、爆、熘等烹调方法。

⑫ 里仔盖又称"底板"，位于后腿紧贴肉皮的一块呈梯形的肉，前后薄，中间厚，相当于猪的坐臀肉。该肉上半部肉质较嫩，下半部稍老，肌纤维较紧密，可切丁、丝、条、片、块等，一般可用于炒、炸、熘等烹调方法。

⑬ 仔盖位于元宝肉与里仔盖左右相连处，相当于猪的黄瓜条肉，肉质细嫩，用途与米龙相同。

⑭ 后腱子在牛的胫骨周围，即牛后膝下部，蹄的上部。后腱子肉肌肉紧凑，肉质较老，筋腱较多，适于酱、煮、烧等烹调方法。

（三）羊肉的分档取料

羊肉的分档取料，与猪肉、牛肉类似，如图4-3所示。现将羊的部位和用途概述如下。

① 羊头：筋、皮、骨多，肉少，适合酱、煮等。

② 羊尾：绵羊尾脂肪较多，没有瘦肉，质感肥腻，膻味浓烈，适合于炒、爆、炸等；山羊尾皮多肉少，质感肥腻，适合干烧、卤、酱、白煮、炖汤等。

③ 颈肉也称脖肉，筋多质老，结缔组织多，适合烧、煮、酱、炖、卤等。

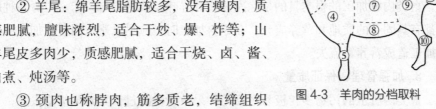

图4-3　羊肉的分档取料

④ 前腿包括前胸和前腱子的上部。前胸、中胸肉肥瘦相间，质感脆嫩，适合炒、氽等；其他部位肉质较差，适合烧、卤、酱、煨等。

⑤ 前腱子色红筋多，肉质老硬，适合卤、酱、烧、炖、焖等。

⑥ 脊背包括里脊、外脊等。里脊位于脊椎骨后端，紧靠脊骨的肉，长条状，纤维细长，是羊肉中最嫩的一块肉，外面包着筋膜，使用前剔去筋膜，用途很广，炸、熘、爆、炒、煎等都适宜。外脊位于脊椎骨的外面，是长条状的肉，肉质最好，用途很广。

⑦ 肋条又称羊肋、方肉。肋条肉位于肋骨外侧，去掉肋骨即为肋条，板形，外部包有一层薄膜，肥瘦混合，质地松软，适于扒、烧、焖和制馅等。

⑧ 胸脯：前部肥多瘦少、无筋膜，性嫩脆，适合烤、爆、炒、烧、扒、焖等；胸脯后部（肋骨的后端，常称腰窝）肥瘦相间，内有筋膜，肉质较老，适合卤、酱、烧、炖等。

⑨ 后腿比前腿肉多而嫩。位于臀尖的肉称大三岔（或称大三叉，一头沉），在羊尾巴根的前端，肉质松嫩，肥瘦参半，上部有一层夹筋，剔去筋后肉质嫩，适合炒、煎、炸、氽、烩、烤、涮等。位于腿内侧裆部的肉称磨裆肉，形如碗状，肥多瘦少，纤维交错，形状如碗，肉质粗松，边上有薄筋，适合烤、炸、爆、炒等。其他部位的肉如黄瓜条肉、元宝肉等，肉质较嫩，用法同脊

背肉。

⑩ 后腱子肉质和用途与前腱子相同。

五、畜类内脏初加工工艺

(一)畜类内脏初加工的原则和要求

1. 洗涤干净,除去异味

畜类原料有的含有一定的异味,尤其是内脏里的杂物较多,污秽而油腻,特别是肠和肚,腥臊异味较重,在清洗时必须去除。

2. 保持原料质地,保存营养

畜类内脏加工的根本目的是除净杂质和异味,改进原料风味。但每一种原料都有其固有的质地和营养成分,在原料加工时,应尽量避免因过度加工或不当加工造成营养素流失。

3. 加强管理,保证质量

畜类内脏里的污物多,极易污染,如果放置时间过长其异味很难去除,且容易使原料颜色发黑。因此,应及时加工处理,防止污染变质,并尽快用于烹调。

(二)畜类内脏初加工工艺

畜类内脏及四肢主要包括心、肝、肺、腰、肠、头、尾、爪、舌等。由于这些原料黏液较多,异味重,并且各肌体组织结构相差很大,洗涤加工工艺既复杂又各不相同,同一种原料往往采用多种方法才能完成。

内脏及四肢常用的加工方法有里外翻洗法、盐醋搓洗法、热水烫洗法、刮剥洗涤法、灌水冲洗法及清水漂洗法等。

(1)里外翻洗法 里外翻洗法主要用于肠、肚等内脏的洗涤加工。由于这些原料里面黏液较多,异味重,外面带有油脂和污物,必须采用里外翻洗法洗净。一面洗净后,再将另一面翻过来洗涤,直至里外的黏膜及油膜被全部洗净和摘除。

(2)盐醋搓洗法 肠、肚等在翻洗之后,加盐、醋反复揉搓,去除黏液和腥臭味后,再用清水冲洗干净。

(3)热水烫洗法 热水烫洗法是用于加工腥气味较重或有白膜的原料,如肚、舌、肠等。具体方法是将初步洗涤干净的原料放入沸水锅中烫一下,待白膜转白时捞出,然后刮去白膜,洗去黏液,用清水洗净。

(4)刮剥洗涤法 刮剥洗涤法适用于加工外表带有污垢、硬毛和硬壳的原料，如猪爪、猪舌等。方法是先刮除污垢，有毛的地方要用镊子拔掉或用刮刀刮净余毛，有爪壳的要去爪壳，有白膜的要刮净白膜，再用清水或热水洗净。

（5）灌水冲洗法　灌水冲洗法主要用于洗涤肺和肠等，肺泡中常存有血污，不易清除。洗涤方法有两种：一种是用剪刀将肺的大小气管剪开，用清水反复冲洗；另一种是将气管套在水龙头上，把水灌满后，用双手挤压，使污水流出，如此反复数遍，直至将血污冲净，肺叶呈白色。

（6）清水漂洗法　清水漂洗法主要用于脑、脊髓等原料。其质地极嫩，容易破损，只能放在清水中轻轻漂洗，并用牙签或小刀剔除血衣和血筋，然后洗净备用。

（三）畜类内脏初加工实例

1. 猪肚的洗涤

猪肚加工步骤：盐醋搓洗→里外翻洗→热水烫洗→冲洗干净。

用刀割去或用手撕去表面油脂，将猪肚放入盆内，加入食盐和醋，用双手反复搓洗，使猪肚上的黏液脱离，用水洗净。将猪肚翻转过来，再加上食盐和醋搓揉，洗去黏液，然后放入冷水锅中加热至沸，捞出后刮净猪肚内壁白膜，再将里外冲洗干净即可。

2. 猪肠的洗涤

猪肠加工步骤：灌水冲洗→盐醋搓洗→里外翻洗→冷水冲洗。

用手伸入肠内，把口大的一头翻转过来，用手指撑开，灌注清水，使肠子翻转过来，然后用手摘去或用剪刀剪去猪肠上的油脂、污物。再将猪肠放入盆内，加入盐和醋，反复搓洗，用清水冲洗干净，再把肠子翻转过来。

3. 猪舌的洗涤

猪舌加工步骤：清水冲洗→热水烫洗→洗涤整理。

猪舌表面有一层硬的舌苔，不仅污物多，而且异味重，若不除干净，将严重影响菜肴质量及食用者的健康。其具体的操作方法是先用水洗净猪舌，在舌的中间从舌根到舌尖插入一根筷子，以防加热时弯曲，影响加工。将猪舌放冷水锅稍煮，待舌表面凝固，捞出用小刀刮去舌苔，再用水洗涤即可。

4. 猪爪的洗涤

猪爪加工步骤：刮剥洗涤→清水冲洗。

用小刀刮净硬毛、细毛和脚趾间的污物，剥去爪壳，冲洗干净即可。也可以将猪爪放在火上烤，燎去爪上的硬毛和细毛，再刮净污物，剥去爪壳洗净。

第四节　禽类原料初步加工工艺

一、禽类初加工的原则和要求

1. 宰杀时必须割断气管、血管，放净血

割断气管可以使家禽尽快死亡，以利于后续的初加工顺利进行；如果气管割不断，那么家禽就不能立即死亡。割断血管可以使血液放净，否则肉里有瘀血，将影响肉的色泽和味道。

2. 掌握好烫毛的水温和时间

烫毛时的水温和时间与家禽的品种、老嫩以及季节等因素有关。一般鸭、鹅等水禽类烫泡时间可长些，鸡、鸽子、鹌鹑等则应烫泡时间短些。家禽质老的，水温应高些，时间可长些；质嫩的，水温应低些，时间应短些。冬季水温应高些，时间应长些；夏季水温应低些，时间应短些；春秋季节应适中。烫毛用水量以淹没家禽为宜。

3. 煺净禽毛，注意清洁卫生

煺净禽毛要掌握好烫泡的水温和时间，也要认真、细致。有些家禽有许多绒毛、细毛不容易煺干净，要用镊子去净绒毛，或用火燎去。宰杀的禽类必须洗涤干净，特别是腹腔，要反复冲洗，去净血污。

4. 充分利用原料，做到物尽其用

家禽中除了胆、食包、气管、淋巴必须去掉，其他各部分均可利用。头、爪可吊汤或卤制、酱等，肫皮可供药用，肝、肠、心和血液可用来烹制菜肴，禽毛可加工成羽绒制品。在初加工时都要注意加以利用，不可随意丢弃。

二、禽类初加工工艺

家禽一般的加工方法步骤为宰杀、泡烫和煺毛、开膛取内脏、内脏洗涤。

1. 宰杀

鸡、鸭、鹅都采用割断血管、气管的方法宰杀，用左手虎口将鸡翅钳住，小指钩住鸡右腿，右手捏住鸡头向后翻转，左手拇指和食指捏住颈骨后面的皮，右手持刀在第一颈骨处下刀，割断气管、血管。宰杀后，右手握住鸡头向

下，左手上抬，使血流入事先准备好的容器里。鸭、鹅个大体重，可以先用绳吊起来，然后宰杀。

2. 泡烫和煺毛

在家禽完全死亡而体温尚未完全冷却时进行，过早过迟都不易煺毛。泡烫所用的水温根据家禽的老嫩和季节的变化而定。一般情况下，鸡用80~90℃的热水，先烫脚、头，再烫全身；鸭、鹅用60~80℃的热水，整只泡入搅拌，以煺尽羽毛，而又不破坏禽皮为原则。

3. 开膛取内脏

开膛取内脏的方法，可视烹调及菜肴的要求而定。较常用的方法有腹开、肋开和背开三种。无论用哪种方法，都要把内脏去净，不能弄破胆、肝及其他内脏，否则会影响成品的质量。

（1）腹开 先在家禽颈与脊椎之间开一刀，取出嗉囊和食管，再在肛门与肚皮之间开一条6~7cm长的刀口，伸手入腹，用手撕开内脏与禽身粘连的膜，轻轻拉出内脏，洗净腹腔内的血污，并将其体内外冲洗干净，此法应用广泛。

（2）肋开 先取出嗉囊和食管，然后在翅膀下开4~5cm的刀口，再将食指和中指伸入腹内，轻轻撕开内脏与禽身粘连的膜，取出内脏，用清水洗净腹中血污。此法适用于烤制的家禽，如烤鸭、烤鸡等。这种开口方法可以避免烤制时漏油，从而使制品更肥美。

（3）背开 在家禽的背脊处，从臀尖到颈部剖开，取出内脏，用清水洗净腹腔中血污。此法适用于整禽上席的菜肴，如清蒸全鸡、料子全鸡、洋葱扒鸡等。整禽上席时胸脯朝上，见不到刀口，使菜肴外观丰满、美观。

4. 内脏洗涤

家禽的内脏除嗉囊、气管、食管、胆囊不能食用，其他部分均可食用。

（1）肫 割去前段食管及肠，将肫剖开，除去污物，再剥掉内壁黄皮（内筋），撕去外表筋膜，冲洗干净即可。

（2）肝 用剪刀剪去附着在肝脏上的胆囊，用清水洗净即可。去胆囊时不可将其碰破。

（3）肠 将肠理直，洗净附着在肠上的两条白色的胰脏，然后剖开肠子洗掉污物，用盐、醋搓擦，去掉黏液和异味，洗涤干净后再用开水略烫即可。

（4）血 将已凝结的血放入开水中浸熟或用水蒸熟，加热时间不可过长，火力不可过大，否则血块起孔，影响食用效果。

（5）油脂 把油脂洗净，切碎后放入碗内，然后加葱姜上笼蒸至油脂熔化后取出，去掉葱姜即可做明油用。

（6）心、腰、成熟的卵蛋　洗净后可制作菜肴。

三、禽类原料的分档取料

鸡、鸭、鹅等禽类原料的骨骼结构及肌肉组织结构基本相同，现以鸡肉为例介绍家禽的分档取料，如图 4-4 所示。

① 鸡头主要是骨骼，肉少，含胶原蛋白丰富，可用于制汤、卤、酱。

② 鸡颈主要是皮，皮下含有淋巴（食用时应去除），皮韧而脆，肉少而细嫩，可用于制汤、煮、卤、酱、烧等。

图 4-4　鸡肉的分档取料

③ 鸡背是鸡背部两边各有一块像板栗的肉，俗称"栗子肉"，此肉不老不嫩、无筋，可用于爆、炒等用。

④ 鸡翅膀俗称"大转弯"，分三个部分，靠近鸡身依次向外为翅根、翅中、翅尖。鸡翅膀不宜出肉（特别是翅尖），可用于酱、烧等。

⑤ 鸡脯肉即鸡的胸脯肉，其中紧贴胸骨有两条肉，是鸡身上最细腻的部位，俗称"鸡牙子"。胸脯肉多用于爆、炒、熘或制蓉。

⑥ 腿肉较厚、筋多、较老，一般用来切丁、斩块，可用于烧、炖、焦熘等。

⑦ 鸡爪又称凤爪，皮厚筋多，含胶原蛋白丰富，可用于制汤、酱、卤、烧；也可用于制作冷菜。

第五节　水产品原料初步加工工艺

一、水产品初加工的原则和要求

水产品在一般情况下，在正式烹饪前都须经过初步加工处理，如宰杀、刮鳞、去鳃、取内脏、褪沙、剥皮、洗涤等。这些处理方法，必须根据不同的品种和用途合理使用。初步加工应符合如下几个方面的要求。

1. 符合卫生要求

水产品的初步加工，应根据原料的本身性质采用相应的加工方法，除去不宜食用的部分，如鳞、鳃、内脏，以及沙粒、硬壳、黏液等，使其符合卫生要求，保证菜肴质量。

2. 根据用途和品种加工

水产类的品种不同，其加工方法也不完全一样。对于有鳞的鱼类，如鲤鱼、鲫鱼等的初加工，应分别进行去鳞、去鳃、去内脏、洗涤等工序。对于一些无鳞的鱼类，只少一个去鳞的工序。那么对于鲜活的小鲨鱼应该有褪沙的工序。对鲜活的鲥鱼、白鳞鱼初加工时可不去鳞。同一种品种的水产品，因其用途不同，初加工方法也不一样，如鲤鱼若烹调一般的菜肴就可以采用腹开取内脏，如果制作造型菜，用鱼制成盛器就要用背开取内脏的方法。

3. 不碰破苦胆

鱼类的胆囊容易破裂，在加工时要注意保护，否则胆汁就会渗入鱼肉，影响原料的味道和颜色，有的胆汁还含有毒素，影响人体健康，因此在加工时要特别小心。

4. 合理用料，减少损耗

在加工鱼类原料时，要合理分档取料，头、尾、中段等各有特点。鱼头可用于制作多种菜肴如剁椒鱼头、鱼头豆腐汤等；鱼尾可用于红烧；中段用途更广，可切丝、片、丁、制茸等；鱼骨可用来吊汤或油炸后烹制成"酥鱼"。鱼子、鱼鳔也都可以烹制菜肴。鳞可用于炸制或熬鱼鳞冻等。总之，在初步加工时，应尽量保留和利用可食用的部分，这样可以减少损耗，降低成本。

二、水产品初加工工艺

水产品初步加工方法大体上有宰杀、剪须脚、开壳、刮鳞、去鳃、除内脏、褪沙、剥皮、烫泡、洗涤等几个步骤。

（1）刮鳞 刮鳞适用于加工骨片鳞的鱼类，如黄鱼、鲤鱼、鲫鱼、草鱼等，刮鳞时不能顺刮，必须逆刮。其方法是将鱼身平放在案板上，鱼头朝左，鱼尾朝右，左手按住鱼头，右手持刀，从尾部向头部戗刮过去，将鱼鳞刮净。刀与鱼的夹角应根据鱼鳞的特点及鱼的新鲜度来确定，一般情况下刀与鱼的夹角为45°左右。

（2）去鳃、除内脏 用手挖去鱼鳃，对有些鱼类，如黑鱼、鳜鱼、鲈鱼等，因鱼鳃生长点牢固，并且鳃上还有刺，容易刺伤手，可用剪刀剪去。取鱼内脏，应根据鱼的大小和用途不同，采用以下不同的方法。

1）腹开取内脏，从鱼的腹部正中间把鱼腹剖开，取出内脏。此法用于体形较大，不用整鱼上席的鱼。

2）侧开，从鱼的左侧，紧贴腹鳍，从头至尾把鱼腹剖开取出内脏。此法多用于整条上桌的鱼类，如鲤鱼等。

3）背开，在鱼的背部，紧贴脊骨片开，去掉脊骨取出内脏，多用于特殊造型的菜肴。

4）口中取内脏，先在鱼的肛门上侧横割一刀，使肠子与鱼身分离，再用两根筷子从口腔插入腹腔，夹住鱼鳃和内脏用力往一个方向绞动，卷出内脏。此法主要用于体形较小，而又需保持体形完整的鱼类，如鲈鱼、鳜鱼等。

（3）褪沙　褪沙主要用于加工鱼皮表面带有沙粒的鱼类，如鲨鱼。褪沙的水温及时间应根据原料的老嫩来确定。方法是将鱼放入热水中烫泡，待沙粒凸起能煺掉时，立即捞出用小刀、软布或用手褪沙。沙粒煺净后要洗涤干净，再进行其他初步加工。

（4）剥皮　对于鱼皮粗糙、颜色不美观的鱼类进行剥皮处理，如马面鱼、比目鱼等。

（5）烫泡　烫泡多用于鱼体表面有黏液而腥味较重的鱼类，如鳝鱼、河鳗、海鳗等，甲鱼也多进行烫泡煺皮。烫泡时加热时间不宜长，以免烫破表皮。

三、水产品的分档取料与出肉

（一）鱼类的分档取料

鱼类的体形较为相似，烹调时一般都需要进行分档取料，如图4-5所示。鱼体通常可分为鱼头、鱼尾、鱼中段三部分。

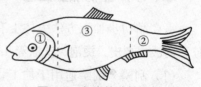

图4-5　鱼类的分档取料

① 下鱼头应紧靠胸鳍后端，垂直下刀。鱼头一般肉少骨多，常用于煮汤，如砂锅鱼头等。

② 去鱼尾要紧靠臀鳍前端垂直下刀。鱼尾肉质鲜嫩，可单独红烧或煮汤，也可与鱼头合用制作风味佳肴，如红烧青鱼头尾、红烧划水等。

③ 鱼中段即去掉头尾的鱼身，烹调时通常需将鱼身一剖为二。具体操作方法是将鱼平放在砧墩上，头向左，背朝里，左手按住鱼，右手持刀从尾部直

切入鱼体，碰到鱼骨时将刀放平，紧贴鱼骨平片到头部，取下两面的鱼肉（不带鱼骨的称软面，带有鱼骨的称为硬面）。中段肉厚，软面去肚裆后可切片、丁、丝、条等，也可制鱼蓉。取下的鱼腹部分，肉质肥嫩，可做出风味菜肴，如红烧肚裆等。不去肚裆的硬面可用于红烧、干烧等。

一条整鱼可分解为鱼肉、鱼皮、鱼骨、鱼头、鱼尾五个部分。

（二）一般鱼类的出肉加工

1. 棱形鱼类的出肉加工

棱形鱼类的出肉加工是把鱼放在案板上，头朝外，鱼腹朝左，用片刀在鱼的背部沿着背脊骨横片进去，片下腮后到鱼尾的肉，然后再片另一面。这样，鱼的头、尾、背骨就和鱼肉分离，留出两片连皮的鱼肉。然后再把一片连皮的鱼肉放在案板上，皮朝下，用片刀从中部切到鱼皮为止，然后沿皮斜刀片下鱼肉；另一端鱼肉也用同样的方法片下。另一面鱼也用此法片下净肉。

2. 扁形鱼类的出肉加工

以鲳鱼为例，先将鱼头朝外，腹向左平放在菜墩上，顺鱼的背侧线划一刀直至脊骨，再顺着刺骨批进去，直到腹部边缘，然后将一面鱼肉带皮取下，再将鱼翻过来，用同样的方法，将另一面鱼肉取下。最后将余刺和骨去掉即可，这类鱼肉体形较薄，一般适用于整片煎、炸等。

3. 长形鱼类的出肉加工

（1）鳝鱼生出骨法　用刀将鳝鱼从喉部向尾部剖开腹部，去内脏，洗净抹干，再用刀尖沿脊骨剖开一长口，使背部皮不破，然后用刀铲去椎骨即成鳝鱼肉。鳝鱼肉可制作炒蝴蝶片、生爆鳝背、炖鳝酥等。

（2）鳝鱼熟出骨法　先用锅将清水烧沸，加入盐、醋、葱、姜、黄酒，然后倒入活鳝鱼，迅速加盖，烫至鳝鱼的嘴张开，捞出用清水洗净，放在墩面从腹部下刀划开。背部完整的叫"单背划"，背部划成两条的叫"双背划"。

（三）虾的出肉加工

常见的虾类主要有海虾和河虾两种。海虾的代表为对虾；河虾一般产在江、湖、河中。现将其初步加工方法分述如下：

（1）对虾　首先剪去虾的须爪，剥去外皮，再取出虾头部的沙包和脊背部的沙线，用凉水洗净即可。

（2）青虾　首先把青虾用凉水洗两次，让虾吐出泥沙和杂物洗净，再进行出肉加工。出虾仁一般采用挤的方法，一手捏住虾的头部，一手捏住尾部，将虾肉向颈部一挤，虾肉即脱壳而出。但挤出的虾肉，只有虾身，没有虾头。对较大的虾，则用剥的方法。剥速度慢些，但肉形完整，出肉率高。虾仁出好后，应用清水加盐洗净，沥干后存放冰箱备用。

（四）蟹的出肉加工

出蟹肉也叫出蟹粉。出肉前先把蟹煮或蒸至壳呈红黄色。出肉时分为腿、螯、脐、身四个部位处理（应注意死大闸蟹多变质有毒，不宜食用）。

（1）出腿肉　蟹腹朝上，头朝外，用手向前扳下蟹腿，剪去两头。可利用擀面杖在蟹腿上挤压，即可挤出腿肉。

（2）出螯肉　扳下蟹螯，先用刀轻拍破壳，再剥掉壳，即取出肉。

（3）出蟹黄　扳下蟹脐，挖下小黄，再剥去蟹壳（蟹的背甲），挖出蟹黄即可。

（4）出身肉　整只蟹除去腿、螯、背、脐后，即为蟹身。用刀将蟹身片开，再用尖刀剔出蟹肉。

（五）贝壳类的出肉加工

（1）鲜贝　摘去鲜贝黄和脐（靠一边的硬筋），用凉水洗净即可。

（2）鲜鲍鱼　将鲍鱼去掉硬壳，用凉水洗一次，摘掉鲍鱼的边缘，用凉水洗净即可。

（3）鲜海螺　将海螺由壳内抠出，用刀把海螺盖处的皮切去，摘去螺黄及硬肉，再用凉水洗净。

第六节　整料出骨

一、整料出骨的意义和作用

为了烹制出原料精细、造型美观的菜肴，往往要将鸡、鸭、鱼等整只原料进行"整料出骨"。所谓整料出骨，是剔出整只原料中全部或主要骨骼，而基本保持原料原有完整形态的一项加工技术。整料出骨的作用如下：

1. 提高菜肴价值，展示精湛厨艺

利用鸡、鸭、鱼制作的菜肴难以计数，其价值各不相同。同样的原料烹调出的菜肴，价值高低除了取决于辅料和调料的贵贱之外，再就是取决于工艺的难易程度。加大工艺的复杂性和技术的难度是提高菜肴价值的重要手段。整料

出骨是一种工艺性较强、技术难度较大的原料加工技术。

2. 促进形态美观，便于食用

经整料出骨的鸡、鸭、鱼等，由于去掉了坚硬的骨骼，躯体变得柔软，便于改变形态，制成有象征性的精美菜肴，如荷包鲫鱼、花篮鳜鱼、葫芦鸭子等。去掉骨骼还可免去食用者吐骨的麻烦。

3. 便于加热成熟，易于原料入味

鸡、鸭、鱼的完整组织形态，对热能向内部的传递和调料向原料内部的扩散及渗透，都有一定的阻碍作用。通过整料出骨，虽然原料外形仍保持完整，但其内壁组织却遭到了较大程度的破坏，这无疑会促进成熟，利于入味。这一作用在原料内腔填满辅料和调料时更为明显。

二、整料出骨的操作要求

1. 选料必须精细

凡用整料出骨的原料，必须选用肥壮多肉，大小老嫩适宜的原料。鸡要选用一年左右，尚未开始生蛋的。鸭应当选用 8~9 个月的肥壮母鸭。整鱼出骨以选用 500~700g 重的、肉质肥厚的鱼为好，如鳜鱼、鲤鱼、鲭鱼、黄鱼等。用于整鱼出骨的鱼必须是新鲜鱼或活鱼，否则出骨后不易成形。

2. 初步加工必须认真

鸡、鸭烫毛时，水的温度不宜太高，烫的时间不宜太长，否则去骨时皮易破裂。鱼类在刮鳞时，不可碰破鱼皮，以便保证整鱼出骨的质量。

3. 去骨必须谨慎，且下刀准确

去骨时要注意不能破损外皮，选准下刀的部位，做到进刀贴骨，剔骨不带肉，肉中无骨。

由于当前科技水平的发展，机械化生产程度的不断提高，人工去骨多已被现代化生产所代替。烹饪所需要的原材料有些已加工成半成品，不需要我们再进行"出肉"或"分档取料"，然而从事烹饪的新老技术人员，了解这些知识，掌握这些技能，还是非常必要的。为了继承、发展、开拓我国的烹饪技能，更离不开烹饪工作者灵巧的双手。这是机械化所代替不了的，至少现阶段还是如此。

三、整料出骨的方法

（一）鸡的整料出骨方法及关键

家禽中以鸡、鸭等比较适合于整料出骨。它们的肌体组织构造非常相似，

所以出骨的方法和关键大同小异。下面以整鸡出骨为例。

1. 整鸡出骨的方法

（1）划破颈皮，斩断颈骨　首先在鸡颈右侧，翅肩上约 6.5cm 处划一直刀口，长约 6.5cm，再把刀口用手撑开，去掉气管、食管和嗉囊，然后将颈骨从刀口处拉出平放在砧墩上，用刀在靠近鸡头处（宰杀刀口处）斩断。要注意刀尖不要碰到颈皮，也不能将原刀口撕大。

（2）去翅骨　斩断颈骨后，将鸡尾部朝下，从颈部刀口处将皮翻开，使鸡头下垂，连皮带肉用手缓缓向下翻剥，到两个翅膀的关节（骱骨）露出后，用刀将连接翅关节的筋腱割断（割时刀贴骨），使翅膀与鸡腔骨脱离，再将翅骨抽出（翅骨有粗细两根），于翅膀的转弯处斩掉。

（3）去身骨　翅骨剔出后，将鸡的胸部朝上，平放在砧墩上，一手拉住鸡颈，一手按住鸡龙突骨，向下按一按，把突出的骨略为压低一些，以免下翻时骨尖戳破鸡皮。然后将皮肉继续向下翻剥，当剥到背部时（背部肉少皮薄，要防止拉破），要一手拉住鸡颈，一手拉住鸡背部的皮肉，轻轻翻剥，如遇到皮骨连得较紧，不易剥下时，可用刀在皮和骨之间轻轻划割，再行翻剥。剥到腿部则应将鸡胸朝上，一手执左大腿，一手执右大腿并用拇指扳着剥下的皮肉，将两腿向背部轻轻掰开，使股骨关节露出，用刀将连接关节的筋腱割断，使鸡的股骨与身骨脱离，再继续向下翻剥，直剥到肛门处，把鸡尾椎骨斩断（注意不可割破尾部的皮），鸡尾仍应连在鸡身上。这时除后腿骨外，鸡身的全部骨骼均与皮肉分离。骨骼取出后（内脏仍包在身骨中），再将肛门处直肠割断，洗净肛门中的粪便。

（4）出后腿骨　首先将腿皮翻开，顺胫骨至股骨沿骨用刀尖在腿肉上划一刀口，刮净骨上端，左手抓住腿肉，右手拉取下股骨。取胫骨时先将胫骨靠近跖骨用刀背敲断，或用刀跟斩断（注意不可碰破腿皮），同取股骨一样取下的胫骨，再将鸡腿皮翻转上来。

（5）翻转鸡皮　完成上述步骤后，用清水将鸡肉洗净，再翻过面来，使鸡皮朝外，鸡肉朝里，从外观上看，仍然是只完整的鸡。

2. 整鸡出骨的技术关键

整鸡出骨，既要将鸡身体内所有骨骼全部去尽，又要保证鸡的表皮完好无损（颈部的正常刀口除外），是一项要求较高、难度较大的原料加工技术。工作人员要掌握此项技术，关键要注意如下几个方面。

（1）选用原料　鸡的大小、肥瘦、老嫩等均对整鸡出骨的操作有所影响。

鸡体过大或过小，过肥或过瘦，过老或过嫩，都不利于出骨，轻则增大出骨的难度，重则难以进行整鸡出骨。一般选用生长约一年，尚未生蛋的肥壮母鸡（俗称仔母鸡）较为适合。这种母鸡个体大小适中，质地不老不嫩，而且皮肤的弹性较足，韧性较强，去骨时不易撕裂，烹调时不易胀破，这与鸡体内结缔组织的含量及强度有关。

（2）处理原料　在整鸡出骨之前，将鸡进行恰当处理是十分必要的。一般应做到：宰杀时放尽血液，以免鸡的皮下遭其污染，影响成菜质量；烫毛时水温和时间适度，以防鸡的表面发脆，在褪毛和出骨时破裂。对于刚宰杀的活鸡，要么在宰杀后 15min 内出骨，要么就冰冻一段时间后再出骨。活鸡经宰杀后不久便会进入尸僵阶段，鸡身由柔软变得僵硬，鸡皮发脆，不便出骨。进入成熟阶段后，鸡的躯体又变得柔软而有弹性，这正是出骨所要求的。然而从尸僵转入成熟，在自然条件下所需时间较长，宰后速冻有助于缩短鸡的尸僵期。此外，在动刀进行整鸡出骨之前，最好用手将鸡的腿、翅膀及身体揉捏一下，使鸡体变得更加柔软，以利于出骨加工。

（3）出骨　操作整料出骨要达到预定的质量要求，操作技巧的运用特别重要。行刀操作时注意下刀准确，只割断肉骨相连的筋膜；力度适当，该轻就轻，该重就重；刀法正确，紧贴骨骼进行剔刮；用刀灵活，根据出骨过程中不同情况下的需要，刀跟、刀尖、刀刃（中刃）、刀背交叉变换，综合运用。另外还要注意刀和手的协调配合和交替使用。在保证质量的前提下，整个动作熟练准确，简洁准确，轻重缓急，起伏连贯，具有节奏和韵律感。

（二）鱼的整料出骨

整鱼出骨的操作过程较整鸡出骨要简单一些。鱼的出骨方法主要有鳃出法、背出法等。

1. 鳃出法

将鱼洗净，去鳞、鳃、鳍后，从鳃部取出内脏，擦干水。将鱼平放在菜墩上，掀起鳃盖，把头与龙骨连接的部位斩断（勿把肉和皮切断），再用平刃钢刀或竹刀（用竹片削成长约 30cm，宽 3cm 以上，前部略窄，两侧有刃）。从鱼鳃中伸进鱼体内，紧贴鱼刺慢慢向鱼尾推进，便于刺和鱼肉分开，先处理腹部，再处理背部，然后将鱼翻个面，用同样的方法，使另一面的鱼刺和鱼肉分开。再从鱼尾处将尾骨敲断，注意不要敲破皮（即鱼尾通过鱼皮与鱼肉仍连接着），并从鱼鳃部轻轻取出鱼刺。

此方法的优点是能够保持鱼体表皮完好无损，适合于制作高档菜肴，缺点是所出骨的鱼不宜过小或过大，一般在 600g 左右。鱼过大时骨刺较硬，不易取出。

2. 背出法

背出法是一种较常用的整鱼出骨的方法。操作时分以下两步进行。

（1）出脊椎骨　将鱼去鳞、鳃、鳍后，平放在菜墩上，鱼头朝外，鱼背朝右。左手按住鱼腹，右手用刀紧贴着鱼的脊椎骨上部片进去，从鳃后到尾部，片开一条刀缝，然后将按住鱼腹的左手向下掀一掀，这条缝口便张裂开来，再从缝口贴骨向里片，片过鱼的脊骨椎，并将鱼的胸骨与脊椎骨相连处片断（片时不能碰破鱼腹的肉）；当鱼身的脊椎骨与鱼肉完全分离后，将鱼翻身，使头朝里，鱼背朝右，放置在墩上，再用同样的方法使另一面鱼肉与脊椎骨完全分离；然后从背部刀口处将脊骨拉出，在靠近鱼头和鱼尾处将椎骨斩断，鱼身体的整个骨架就基本取出来了。此时鱼头尾仍与鱼肉连在一起。

（2）出胸肋骨（刺）　将鱼头上背右平放在菜墩上，左手从刀口处翻开鱼肉，在被割断的胸骨与脊椎骨相连处，胸骨根端已露出肉外，将刀身略斜，紧贴着一排胸骨的根端横片进去，刀从近鱼头处向尾部拉出，先将近鱼尾处的胸骨片离鱼身，再用左手将鱼尾处的胸骨提起，用刀将鱼头处的胸骨片离鱼身，这样一面的鱼胸骨就全部取下，然后再将鱼翻身掉头，用同样的刀法将另一面的胸骨片去，最后将鱼身合起，外形上仍保持鱼的完整形态。

用此法除骨的鱼，适合于制作瓤馅类鱼肴等。

第五章

干货原料加工工艺

第一节　干货涨发加工的意义

一、干货原料涨发的目的

干货原料是将烹饪原料运用日晒、风吹、烘烤、灰焰、腌渍等干制加工方法，使新鲜的原料脱水干燥而成的干制品。根据干制品的具体特性，干货原料可分为动物性干制品和植物性干制品两大类。

干货原料的复水并不是干燥历程的简单反复。这是因为干燥过程中所发生的某些变化并非是可逆的。干货原料复水性下降，究其原因是有些细胞和毛细管萎缩和变形等物理变化的结果，但更多的还是胶体中物理变化和化学变化造成的。

由于干料多样性的存在（品种的多样性，同种多品级性，同料干制加工的多样性），在使用不同的涨发方法的情况下，干料重新吸水、湿润、膨化后再吸水，可回到原料原有的柔软状态，以达到食用的目的。

干货原料的涨发就是利用干货原料的物理性质，采用各种涨发方法使干货原料吸水，最大限度地恢复其原有的鲜嫩、柔软、爽脆的状态，同时去除原料的异味和杂质，使其合乎食用的要求。

二、干货原料涨发的意义

1. 作为菜肴主料，具有特殊风味

干货原料中的山珍海味在烹调中大多作为主料。它们在宴席的大菜或主要菜肴中，具有独特的风味特点，形成了许多脍炙人口的名菜，如红烧大群翅、蒜子鱼皮、鸭包鱼翅等。

2. 作为菜肴配料，具有特殊风格

干货原料涨发后由于其松软、脆嫩、味美等特点，因此在与其他原料组成配合时可形成特殊风格，如干贝珍珠笋、猴头蘑扒菜心、香菇炖鸡等。

3. 作为菜肴馅料，具有特殊味道

涨发后的许多干货原料，如干贝、鱼肚、海参、海米等，可用来作为菜肴的馅料，具有特殊味道，如菠饺鱼肚等。

三、干货原料涨发的要求

干货原料的涨发操作是一个比较复杂的过程，要使干货原料达到预期的涨发效果，需做到以下几点。

1. 注意原料的产地和性质

不同地区的同种原料性质各不一样，不同性质原料的涨发要求也不一样。了解干货原料的产地、种类和性质是采用正确的涨发方法的前提，如鱼翅中的吕宋黄、金山黄等翅板较大、沙大、质老，涨发时需多次煮、焖、浸、漂，才能褪沙、除腥、回软；而对皮薄质软的一般鱼翅，浸、泡、煮、焖的次数就少些。

2. 准确鉴别干货原料的品质

干货原料的品质有老、嫩、优、劣之分，其受干制方法和保藏等因素的影响，涨发时需鉴别原料的品质，以便取得良好的涨发效果。如咸水鱼翅质地稍软，由于回潮而带黏性；淡水鱼翅质地坚硬；熏板翅涨发时外面沙粒很难除尽，需细心除沙；油根翅易回潮，翅根刀割处的肉腐烂，呈紫红色、腥臭，需浸泡至软，去腐肉再行涨发。

3. 掌握程序，认真操作

干货原料不同的涨发方法有不同的涨发程序，有各自的技术要领，每个操作环节紧密相连，如有不慎则前功尽弃，所以必须掌握各种涨发方法的程序，认真操作，如油发蹄筋要掌握好油温，用碱水去油时要掌握好碱水的浓度和水温。

第二节　干货涨发的方法及原理

干货原料涨发又称"发料"，是指利用干货原料本身可以吸收水分的性质，采用各种发料方法，使其最大限度地吸收水分，尽量恢复原有状态的操作过程。干货原料涨发主要有水发、碱发、油发、盐发等方法，而水发是干货原料涨发中应用最广泛、最普遍的一种。

一、水渗透发料法

水发就是将干货原料放在水中，使干货原料最大限度地吸收水分，使干货原料中的物质软化、体积膨胀、异味消失，恢复其原有状态的一种涨发方法。

（一）基本原理

鲜活的动、植物性原料体内富含大量的水分。含水分多的原料容易腐败，不宜长时间储存。为了较长时间储存和运输方便，我们把一些适宜脱水干制的原料加工成干料。但这些干料不能直接使用，必须补给水分尽量恢复原状后方可使用。所以用水来浸泡干料，使水沿着原来体内水分蒸发而出的通道进入干料体内。由于水的渗透扩散作用，使干料体积逐渐膨胀而变得软韧，基本恢复原状，以供烹调使用。

将干料放入水中，干料会逐渐吸水膨胀，质地由坚韧而变得柔软、细嫩或脆嫩、黏、糯、软，以达到烹调加工的要求。用水涨发干料的优点在于能保持原料中的营养成分不受破坏或少受损失，操作简便，使用面广。

（二）涨发方法

1. 冷水发

冷水发是指把干料放在室温条件下的冷水中，将干料直接静置，使其自然吸收水分，尽量恢复新鲜时软、嫩状态的涨发过程。冷水发料的优点是操作简单易行，并能基本保持原料原有的鲜味和香味。

冷水发主要适用于一些植物性干制原料，如银耳、木耳、黄花菜、粉丝等。冷水发是热水发、碱水发的预发过程，可以提高干制原料的复水率，以避免或缓解某些干制原料的表面破裂和受到碱溶液的直接腐蚀。一般有浸发和漂发两种涨发方法。

2. 热水发

热水发指用60℃以上的水，将干制原料放入热水中浸泡，使原料加速吸收水分而体积膨胀，是冷水发的继续。热水发的干制原料应先用水浸泡，再把干料放在热水中涨发，使其成为松软嫩滑的全熟或半熟的半成品。

热水发主要利用热水的传导作用，促使干料体内分子加速运动，加快吸收水分。热水发主要适用于组织致密、蛋白质丰富、体形较大的干制原料。根据干制原料的不同，热水发有泡发、煮发、焖发、蒸发等几种涨发方法。

（1）泡发　泡发是将干制原料置于容器中，用沸水直接冲入容器中涨发的过程，主要适用于粉条、腐竹、虾米和经碱发后的鱿鱼。有时容器需加盖，以保持温度的持久性。

（2）煮发　煮发是将干料放入涨发水锅中，由低温到高温逐渐加热至沸腾状态，使干货原料体积膨胀的涨发过程。此法主要适用于体大厚重和体质特别坚韧的干制原料，如熊掌、海参、牛蹄筋、鱼翅等。煮发时间为 10~20min 不等。有的时候还需要适当保持一段微沸状态，有的还需反复煮发。

（3）焖发　焖发是和煮发相连并相辅相成的方法。将干制原料加热煮沸，而后置于保温的容器中或换小火保持一定的温度，持久加热直至发透，这实际上是煮发的后续过程。用煮发的涨发方法发料，加热必须适度、适时，既不能用急火，也不能煮得时间过长（以防止原料外层皮开肉绽，而内部却仍未发透）。所以水的温度要因物而异，一般为 60~85℃不等，并且在煮到一定程度时需改用微火，或将锅端离火口，盖紧盖子使温度逐渐下降，让原料由外到里全部涨发透。

（4）蒸发　蒸发是将干制原料放入盛器皿内，加入水或高汤、料酒，置于蒸笼内，加热 2~3h，使其涨发的过程。凡不适于煮发、焖发的干料，或者焖发后仍不能发透的原料均可采用此法。蒸发不但可以保持原料的特色风味和形态，还可以增加原料的鲜美滋味。

蒸发主要适用于一些体小易碎或具有鲜味的干制原料。蒸发可最大限度地保持原料的形状和鲜味，使其形状不易改变和减少营养流失。对一些高档原料，蒸发可以有效增加原料本身的鲜味和去除其中的异味，如干贝、海米、蛤士蟆、乌鱼蛋、燕窝、鱼翅等。

热水发料是一种广泛应用的发料方法，应根据原料的性质、品种，采用不同的水温和涨发形式。可采取一次性的形式，也可采取多次反复和不同方法合用的形式。此法加工后的原料已成为半熟、全熟的半成品，经切配后就可烹调成菜，因此对菜肴的质量影响很大。过度则形、质软烂不美观；发不透则僵硬，无法食用。只有掌握好发料的时间、火候，才能获得较好的发料效果。

二、碱渗透发料法

（一）基本原理

碱发是将干制原料置于碱溶液中进行涨发的过程，主要适用于一些坚韧的动物性原料，如鱿鱼、蹄筋等。

碱发利用的是纯碱的电离和"腐蚀"作用，在水的浸润作用下，使干货原料带上电荷，加强亲水基的亲水作用，使其能充分吸水回软并适度除韧。纯碱是一种强电解质，在水中完全电离，产生的碳酸根离子发生水解生成氢氧根离子而使溶液呈碱性。干货原料放在溶液中，碱会对表面膜"腐蚀"，方便水对干货原料的渗入；稀碱溶液中的氢氧根离子能破坏蛋白质的一些副键，使蛋白质轻度变性，这样就使肌肉纤维结构发生松弛，也有利于碱水的渗透和扩散；碱能促使油脂的水解，消除油脂对水分扩散的阻碍，加快了水分渗透和扩散的速度；碱溶液使蛋白质的亲水基团大量暴露，从而使蛋白质的亲水性大大增强，加快了干货的吸水，令体积膨润，经过碱发的原料，体积会比一般浸发的涨大几倍；在碱的化学作用下有些原料变得爽脆；碱水溶液还具有脱脂作用，经过碱水浸泡后，原料不但易吸水涨大，而且能去除油脂，变得洁净；碱发后的原料放在清水中漂洗时，由于渗透压的原理仍然会继续膨胀。

（二）涨发方法

1. 碱面（碱粉）发

碱面发是先将干料用冷水或温水泡至回软，再用花刀切成小块并在表面沾满碱面，涨发时先用开水冲烫成形，然后用清水漂净碱分。此法的优点是沾有碱面的原料可存放较长的时间，用多少发多少，随用随发。

2. 碱水发

（1）生碱水　生碱水（又称石碱、碳酸钠）腐蚀性较弱，适宜于富含蛋白质的原料。方法是将 10kg 冷水（秋冬可用温水）加入 500g 的碱面，待碱面溶化后调和均匀即为 5% 的生碱水溶液。在使用中还可以根据需要来调节浓度。在浓度较小的情况下，可涨发燕窝、猴头等高档原料。

在涨发过程中，应将浸泡回软的原料放入碱水中，待涨发到一定程度时，再根据烹调的要求，放入 90℃ 的热水中烫泡，然后将原料放入清水中除去表面的碱分，即可用于制作菜肴。一般用于烧、烩类菜肴的制作。

（2）熟碱水　熟碱水（又称混合碱溶液）是利用碱和石灰混合后发生化学反应，生成强碱物质氢氧化钠的原理配制。在 9kg 开水中加入 350g 碱面和 200g 生石灰拌和，使其冷却，沉淀后取其清液，即可用于干料涨发。

碱水发在操作过程中要注意以下几点：

1）必须根据原料质地性能确定用碱量，不能过多。

2）掌握碱水浸发的时间，透身即可。

3）涨发后必须用清水漂去碱味。

4）禁止使用有致癌作用等有损身体健康的碱性物质，如烧碱等。

三、膨松吸水发料法

（一）基本原理

膨松吸水发料法指原料投入传热介质（油、盐）中，骤然受热使原料内部聚集在组织空间的水发生汽化，组织内部的压力加大到一定程度，冲破组织外逸，破坏了原料的原始组织结构，使体积膨胀，原料所含的部分油脂排出，使质感膨松，主要适用于猪皮、蹄筋、鱼肚的涨发。

（二）膨松方法

1. 油发（油作介质膨松法）

油发又称为炸发，就是用油将干货原料炸透，使其达到膨胀、疏松、香脆的方法。油发干料是通过油的传热，使干料中的结合水受热汽化膨胀和蛋白质胶体颗粒受热后产生膨胀并定型，经水浸润后便可回软。油发需结合碱溶液浸泡和清水漂洗，利用碱的电离作用和脱脂作用脱去油脂，使其清洁干净。油发干货的一般过程是先用温油浸炸，再用热油炸至膨起。食用油经过加热可以达到比较高的温度，一些胶质含量比较大的动物干货原料，如鱼肚、花胶、蹄筋等在较高油温作用下，会逐渐膨胀发大，并且变得疏松香脆，比原来体积增大几倍，用水浸发后，变得松软香滑。油发的关键在于掌握好以下几点：原料落锅油温，浸炸过程的油温和时间，原料捞起的油温，原料涨发的程度等。油温会因原料质地性能不同而有所区别，油温掌握不好，涨发质量便会差，甚至完全失败。油发的操作具有一定的难度。

2. 盐发（盐作介质膨松法）

盐发是将干制原料置于加热的大量盐粒中，使化学结合水汽化，形成物料组织的空洞结构，使之膨胀松脆，再复水成为半成品的涨发方法。盐发的作用原理与油发基本相同，一般可用油发的原料也可用盐发。

在涨发过程中食盐呈全颗粒状，传热没有液态的油脂那么均匀，操作时需要不停翻炒，经常焙、焖。盐发对干货原料的含水量要求不太严格，受潮回软的也可以涨发。因为盐发所需时间较长，所以允许原料在涨发过程中干燥。

四、干货原料涨发的注意事项

1. 了解干货原料的产地、性能与老嫩、好坏

同一种干货原料，由于产地不同，其质地也有所不同。即使是产地相同的同一干货原料，也有大小、老嫩之分，或因脱水干制方法的不同，使干货原料的性质也有差异。因此，要了解干货原料的产地，善于分辨同一干货原料的不同特点与性质，相应地采取合适的涨发方法，以期收到最佳的涨发效果。

2. 熟悉和掌握干货原料涨发过程的具体操作要求和操作方法

有些干货原料涨发容易，程序简单，如香菇等，浸泡冷水，去伞柄洗净即可。但有些干货原料，涨发加工程序繁复，颇费工夫，如鱼翅涨发要经过反复数次的清水浸，沸水煲，中间又要除沙脱骨，最后还需经过长时间炖，前后需要两三天时间，且在加热的过程中，什么时候需旺火，什么时候应中火、微火，也十分讲究。如果不了解鱼翅涨发过程需经过什么环节，每个环节的具体要求怎样，是不能把鱼翅涨发好的。

干货原料在涨发时，逐步回软返嫩，因此在除污去杂时要小心谨慎，不要破坏原料的原来形体，不要把一些易碎易断的原料弄得支离破碎，凌乱不堪。在浸漂时，还必须注意容器的干净清洁，不能用沾有油腻、污垢的容器浸泡或漂洗，以免影响原料的质量，尤其是对一些名贵的干品，更需认真对待。

3. 干制原料涨发后要妥善保存

干制原料涨发后保存方法有冰镇法、换水法、阴凉保存和通风保管等，保存方法不当会造成原料损失。

第三节　干货涨发实例

一、植物性干货原料的涨发实例

1. 香菇

香菇营养丰富，味道鲜美，将香菇放在容器内，倒入 60~70℃热水，加盖闷 2h 左右，然后用手顺一个方向搅动，使菌褶中的泥沙脱落，片刻后，将香菇轻轻捞出，原汁水滤去杂质留用。

注意事项：吸水要充分，体形完整，无杂质，整体回软，无硬茬。

2. 木耳

将木耳（包括黑木耳、银耳）放在盛器内，加冷水浸泡 2~3h，使其缓慢吸收水分，待其体积膨大后，用手掐去根部及残留的木质，然后用水反复冲洗，双手不断挤捏，直到无泥沙时即可。

注意事项：吸水要充分，体形完整，无杂质，色泽要黑亮。

3. 莲子

将莲子倒入碱开水溶液中，用硬竹刷在水中搅搓冲刷，待水变红时再换水，刷 3~4 遍，莲子皮脱落，呈乳白色时捞出，用清水洗净，滤干水分后，削去莲脐，用竹扦捅去莲心，洗净加清水上笼蒸 15~20min，换清水备用。

注意事项：注意蒸发的时间，做到酥而不烂，保持原料外形完整。

4. 竹荪

干竹荪涨发时用热水浸泡 3~5min，捞出放温水中加少许碱浸泡，去净杂质，漂洗干净备用即可。

注意事项：涨发的竹荪要色泽洁白，成形完整。

5. 虫草

先将虫草放在盛器内，用冷水抓洗两遍，洗去灰沙，然后去除杂草，放在小碗里，加入葱、姜、料酒、清汤或水，上笼蒸约 10min，等到虫草体软饱满，即可取出待用。

注意事项：虫草涨发要彻底，无杂质，无残缺，形态完整。

6. 口蘑

口蘑分为口丁、口片、口蘑三种。口丁是较小的蘑菇，白色，伞顶未展开，质量较好；口片是已经展开的大口蘑干片，以无梗、色泽白中带黄，只形整齐者为上品；口蘑是原只蘑菇，质量和口片大体相同，由于带梗，涨发性较差。口蘑常用涨发方法有两种。

1）用水洗净，剪去老根，放盆内，添水上笼，蒸 10min，捞入开水中，原汁留用。

2）将口蘑先在冷水中浸泡 0.5h 捞出，用刷子刷去菌伞和菌柄上的泥沙，再用剪刀将菌根剪去。用清水洗净，放在温水中浸泡，浸泡后的汁不要扔掉，澄清后去掉沉淀物即可以使用。

注意事项：用温水浸泡时，水不宜太多，否则会影响口蘑的本味。

7. 猴头菌

猴头菌的涨发方法是先用冷水浸软，再用开水泡 1~2h，放在清水中剥去老根，切成厚片，每片上须带上猴毛，并用清水煮透，换水再煮，如此三四遍祛除苦味。然后放在盆中加少许葱段、姜片、料酒和鸡肉、上汤上笼蒸 1~2h 备用，用时再切成小型的片或块即可。

注意事项：涨发猴头菌时一定先用温水把它泡至回软，洗净泥沙，再换水煮至涨透，然后把涨透的猴头菌去掉根蒂和长毛。

8. 冬笋

将冬笋用淘米水浸泡 10h 左右，取出洗净入冷水锅煮沸，然后原汤浸焖直至水凉，待其变软后取出，切去老根。洗净入冷水锅中煮沸浸泡，这时如有泡好的应挑出，比较老硬的还需继续煮焖，直到全部涨发好为止。

9. 海带

先将海带用冷水浸发 0.5h，然后用细毛软刷边刷边冲洗，刷去白色的灰沙和盐，再放在盛器内，用热水泡发 10min，然后将已发透的海带取出，倒入少许米醋，捏擦海带表皮，使表面黏液浮起，最后用清水反复冲洗干净即可。

注意事项：海带涨发时要避免涨发过度，以免引起海带爆皮破碎。海带的涨发率是 700%~800%。

二、动物性干货原料的涨发实例

1. 蹄筋

蹄筋的涨发方法有多种，如油发、水发、水油混合发及盐发等。

（1）油发 油发是将蹄筋放入冷油或温油锅中，油量宜多，将油温逐渐升高，同时用手勺不断搅动，待蹄筋漂起并有气泡产生时，将锅端移火口，用余热焐透蹄筋。待蹄筋逐渐缩小，气泡消失，再继续加热，可反复几次。待全部涨发、松脆膨胀后捞出沥干油，放热碱液中浸泡 15s 左右，捞出用温水漂洗干净即可。油发蹄筋涨发率高、时间短，但口感稍差些。一般 1kg 干货原料可涨发成 4~5kg 湿料。

（2）水发 水发是将蹄筋用淘米水浸泡稍软，捞出后放在沸水盆中，继续浸泡数小时至回软捞出，再放入盆中，添加鲜汤、姜片、葱段、料酒，上笼用旺火沸水较长时间蒸至无硬心即成。水发蹄筋色白、口感糯、韧，弹性足，但涨发率较低，存放时间较短。一般 1kg 干货原料能够涨发成 2~3kg 湿料。

2. 蛤士蟆油

蛤士蟆也叫中国林蛙，肉体和蛤士蟆油（雌蛙输卵管的干制品）是两个食用部分。

1）将蛤士蟆用水洗净，再用温水浸泡回软，剖开腹部，取出蛤士蟆油。将取出油的蛤士蟆放入冷水锅煮沸，浸闷数小时，捞出用温水漂洗干净即可。

2）将取出的蛤士蟆油用温水浸泡 2h，使之初步回软，除去表面黑筋洗净，然后装入盛器内，加清水蒸透即可。

注意事项：蛤士蟆油涨发后的体积要达到原体积的 5 倍。

3. 燕窝

燕窝也称燕菜，为高级烹饪原料和滋补品，其涨发分四个步骤。

（1）沸水浸泡 将燕窝用沸水浸泡回软，再用温水漂洗干净。

（2）拣毛　把漂洗好的燕窝放入冷水中，使其自然漂浮，用小镊子仔细拣净其绒毛，再换冷水浸泡。

（3）提质　提质是燕窝涨发的关键步骤。将浸泡的净燕窝放入容器内加入碱粉和沸水闷至水转凉，使其迅速涨发（体积增大三倍），以手捻着有柔软滑嫩之感、不发硬为标准。涨发不足可重复数次。通常15g燕窝加碱粉3g、沸水750g。

（4）漂洗　将提质后的燕窝用冷水漂洗，去掉碱分、涩味即成半成品。

注意事项：发制燕窝时，应控制好水温与发制时间，要经常检查，视季节和燕窝质地加以调节，以防发不透留有硬芯，或发得过度而导致溶烂。发好的燕窝应尽快使用。涨发燕窝的水与工具、器皿都要清洁，不可沾有污物，否则影响质量，拣毛时最好盛入白色盆内便于操作。

4. 鱼翅

鱼翅类同于海参，不同产地和质地的鱼翅，视翅老、大、厚和嫩、小、薄的不同，发料流程有所不同。鱼翅分为老、嫩两种，前者以老黄翅（金山黄、吕宁黄、香港老黄）为最老，后者以小包装散翅为典型代表，但总体上是反复水发结合煮发。

（1）老黄翅　首先将鱼翅剪边，冷水浸泡12h左右，使之回软，换水用小火先煮后焖2h左右，取出，刮洗翅沙，边刮边洗，如除不尽沙，可用开水焖至沙涨突起后再刮洗，转换清水，小火焖4~6h，至翅根部涨开取出，除根、割腐肉，换水继续焖1h左右，至鱼翅黏糯，分质提取，洗净浸泡于清水中待用。

（2）小包装散翅　先洗去浮尘，用85~90℃热水泡发1h捞出，换高汤或清水，上笼中火蒸发2h左右，洗净浸泡于清水中待用。

鱼翅在涨发中应注意，不能沾有油类、盐、酸等物质，发好的鱼翅忌用铁器盛装。因为铁的某些化学反应会使其产生黄色斑痕。

注意事项：涨发前，必须将鱼翅的大小、老嫩分开，以便分别处理，防止嫩的发烂、老的发不透；忌用铜、铁或带有碱、盐、矾、油等物质的容器盛装，以防污染鱼翅造成黑迹黄斑，影响质量；发好的鱼翅不能放在水中浸漂过久，以免发臭变质。

5. 海参

海参的品种较多，质地差别很大，涨发方法也有所不同。目前，行业中以水发较常见，有些地区也使用油发、火发。

海参涨发一般是水发、泡煮相结合。不同品种和质地的海参具有不同的涨发特性，如红旗参、乌条参、花瓶参等皮薄肉嫩型的海参，应少煮多泡；而大乌参、岩参等皮坚质厚型的海参，需先用火烤，再采用少煮多焖的方法。其具体涨发过程如下：

（1）皮薄肉嫩型　浸泡于冷水中至回软，再放入冷水锅中烧开，改用小火保温焖 2~3h 取出，剖腹去肠及韧带，洗净后放入锅中，加清水烧沸后转小火焖 2h 左右捞出，换清水再烧沸后焖至充分涨发捞出，撕去腹膜，刮去表面黑衣，洗净后置于冷水中浸泡待用。

（2）皮坚肉厚型　先放在火上将参外皮均匀烤焦，然后刮除焦皮，见到深褐色的肉质即止。先用热水保温浸泡 12h，待参体回软时，剖腹去肠杂洗净，再放入开水锅煮 0.5h，原水浸泡 12h，另换水烧开 5min，仍原汁浸泡，如此两三天即成。

注意事项：一是确保清洁，发制过程中和发好后都不要沾到油、盐、酸、碱；二是剖腹去肠杂时，不要碰破腹膜，注意保持形体完整；三是涨发时勤换清水，以去除不良异味。

6. 鲍鱼

鲍鱼的涨发方法有水煮、水蒸发和熟碱水发两种。

（1）水煮、水蒸发　先将鲍鱼用冷水浸泡 12h，刷去污垢并洗净，然后放入冷水锅内闷 4~5h，直至发透，以回软用手捏动无硬心为好。也可将温水浸泡回软刷洗干净的鲍鱼放入锅中，加鸡骨、葱、姜、料酒和水，蒸 4~5h 即可。一般 1kg 干鲍鱼可涨发成 2~3kg 湿料。

（2）熟碱水发　将干鲍鱼用温水浸泡回软、无硬芯时取出，去杂质洗净，用刀平片两三片（注意保持形体完整相连），放入熟碱水中浸泡，每隔 1h 轻轻搅动或翻动一次，待鲍鱼表面光亮，内部已透明时捞出，漂洗去碱味，换清水浸泡备用。如有未发透者可再投入熟碱水里重复操作一次。熟碱水配制：生石灰 50g，食用碱 100g，加沸水 250g 搅匀，待溶化后，加冷水 250g 搅匀澄清，取清液使用。

注意事项：鲍鱼在发制时要注意季节和质地，夏季碱水浓度宜低；老硬者泡发时间可长些。

7. 鱼皮

鱼皮等海味干料采用水发法，一般是先浸泡回软，入冷水锅烧开煮 15min 左右，见皮已经脱沙即可取出，转放温水桶中闷 6~8h，捞出里外刮洗干净，放入开水锅中煮开，再小火焖 1h 左右，捞出放清水中浸泡待用。

注意事项：鱼皮涨发时要掌握好涨发时间，并要了解原料自身的性质和特点。

8. 鱼肚

鱼肚一般可用油发、水发、盐发等几种方法，作为补品食用的以水发为好，作为菜肴的宜采用油发或盐发（因水发易致肉烂，下锅后容易糊化）。

油发鱼肚时要根据鱼肚个体大小、厚薄程度确定油温高低与涨发时间的长短。体大质厚的先放入温油锅内，用小火浸焖 1~2h，待其由硬变软时捞出剁成小块后再下锅。下锅后改用旺火，逐渐提高油温，并不断上下翻动，直至涨大发足、松脆为止。体小质薄的鱼肚，可用温油下锅，逐渐加热。待开始涨发时再上下翻动，使其均匀受热、里外发透。将发好的鱼肚用温碱水洗去油腻，用温水漂洗四五次即可。一般 1kg 干鱼肚可涨发成 3~4kg 湿料。

注意事项：鱼肚由于有厚有薄、质量不一，操作时关键在于火候，一定要小火温透，随质地种类不同加热时间也不同。

9. 鱿鱼

干鱿鱼和干墨鱼的涨发原理与操作均相同，一般采用碱水发、碱粉发两种方法。

（1）碱水发　将鱿鱼（或墨鱼）放入冷水中浸泡至软，撕掉外层衣膜（里面一层衣膜不能撕掉）和角质内壳（半透明的角质片），将头部与鱼体分开，放入生碱水或熟碱水中，浸泡 8~12h 即可发透。

（2）碱粉发　将鱿鱼（或墨鱼）用冷水浸泡至软，除去头骨等，只留身体部分按烹调要求剞上花刀或片，改成小型，滚匀碱粉，放容器内置阴凉干燥处。一般经 8h，取出后用开水冲烫，再漂去碱味即可使用。

注意事项：发好的鱿鱼要平滑柔软，呈白黄色，鲜润透亮，用手捏有弹性，涨发好的鱿鱼如使用不完，用开水加少许碱保养，但使用时必须去净碱味。

10. 干贝

将干贝用冷水浸泡约 20 min，洗去表面灰尘，去除筋质，置容器中加清水及姜、葱、黄酒蒸 1~2h，至能捏成丝状取出，用原汤浸渍待用。干贝的涨发率约 250%。

11. 海蜇皮

将海蜇皮放入盛器内，先用冷水浸发 2d，待海蜇皮回软、黑衣皱起时捞出，用手剥或用小刀刮出海蜇皮的黑衣，剥净后放入水盆内，边冲边洗，双手不停地捏擦，直到沙质去净。然后根据菜肴的要求，将海蜇皮切成丝或小片，放在篮内并浸泡在盛器内，可以经常用手搅拌换水，也可以用水漂洗数遍，以彻底去除海蜇皮的沙质。

注意事项：海蜇涨发至脆嫩状态即可。海蜇皮的涨发率约300%。

第六章

配菜基础知识

第一节　配菜的原则和基本方法

　　配菜也称配膳。配制膳菜就是根据烹调原料的特性、各种烹调方法、不同饮食习性等因素，将刀工处理好的原料或经整理、初加工后的原料搭配组合，使之烹制后成为一份完整菜肴。配菜是紧接着刀工的各项程序，是刀工与烹调之间的纽带，也是菜肴的设计过程。因此，刀工与配菜亦可统称为切配。配菜可分为热菜的配菜和冷菜的配菜。

　　热菜的配菜程序：原料初加工→刀工处理→配菜→烹调→上席。

　　冷菜的配菜程序：原料初加工→烹调→刀工→装配→上席。

一、配菜的基本原则

　　配菜是一项重要的工作。因各种原料的配合对确定菜肴的质、量、色、香、味、形、营养及成本核算、菜品研发都有着直接的影响。具体来说，配菜的基本原则如下。

（一）配菜确定菜肴的品质与数量

　　菜肴的品质由原料决定，固然还有刀工、火候、烹调技术、调味等多方面的因素，但配菜是其中一个十分重要的环节。因为原料的选择与确定，各种原料的搭配比例，主辅料的配合比例，整盘菜肴的内容构成，都与菜肴的质量有密切的关系。菜肴的量是指一盘菜肴各种原料的数量。这虽然一般有规格可循，但配菜者是否能按规格办事是一个问题。投料分量与配合比例不合理，都会影响菜肴的质和量。菜肴数量的搭配，就是菜肴主料、配料搭配的数量。应该注意主料与配料的比例是否恰当，菜肴的数量和器皿的大小、形态是否适合、协调。

（二）配菜确定菜肴的色、香、味、形、质

1. 色的配合

　　菜肴颜色的配合，其实是主辅料色泽的配合。一般是通过辅料衬托或突出主料，形成的色泽可以分为顺色、花色、异色。

　　1）顺色即主辅料颜色相同或十分相近。如炆水晶田鸡，田鸡肉剁成幼丁为白色，敷盖在上面的辅料是虾胶、蛋白、杏仁等经拌匀蒸熟后也是白色，此

菜肴色泽洁白。

　　2）花色指辅料是多种与主料不同的颜色。多种不同颜色的辅料与主料的配搭，必须根据菜肴的特点，使配色的结果形象生动，协调和谐，给人以美的感觉。如果只是花花绿绿，凌乱无章，只能给顾客带来厌烦感。如"芙蓉鸡片"的色彩洁白，若添加几分绿蔬，则更可衬出如芙蓉花般的白色色泽。又如"炒虾仁"，虾仁本就白里透红，自然而美丽，若加入一些青豆，更给人清新之感。若加竹笋或茭白，则不能达到色调和谐的效果。

　　3）异色指主辅料色彩相反。异色配合要十分讲究，因其易产生令人厌恶的色彩，尤其是动物性原料。例如，在白色的田鸡肉上盖黑色香菇，便易让人们联想起田鸡（水鸡）的状貌而恶心。如"炒虾仁"倘加入木耳则使虾仁的白色与木耳的黑色无法调和，反而破坏了美感。

　　各种菜肴的原料各有其色。这些色彩经烹调后将产生不同程度的变化，配菜时须引起重视。配色依实际情形而定，但以色彩调和，具有美感为原则。除注意单个菜肴色调的配合外，也要注意全桌菜肴色彩的调和。

　　2. 香与味的配合

　　菜肴的原料大多数有其固有的味道，极少数是没有明显滋味的，如鱼翅、海参、竹笋等。配菜厨师除必须全面了解原料未加热前的味道外，还需了解加热后所产生的香和味，以及由于烹制方法的不同，引起原料香和味的复杂变化。遵循去腥、提鲜、增香、减腻、助美、抑浓的原则，恰当配搭辅料。例如，以蚝（牡蛎）为主料，采用"煎"的方法制成"蚝烙"，其配料是薯粉、蛋，烹成的菜肴极鲜香可口，乃为潮汕名菜。若用蚝泡汤，就不能以蛋品为配料，因蚝用以泡汤，鲜美味很淡，蛋在汤中对汤汁不能挥发香鲜味。蚝汤的鲜美味，必须借助肉类，如用上汤或二汤，再配些茼蒿或紫菜，或潮汕咸菜，就能有香鲜美味。

　　大多数原料本身即具有独特的香与味，但烹调的香与味，需经加热与调味后才能真正显出，因此需要了解在烹调完成时会有何等的香与味产生，在搭配原料时才能以熟练的方法搭配香与味。如洋葱、蒜、芹菜等均含有丰富的芳香物质，适于与动物性的原料搭配，使菜肴更香、味更美。此外，芳香浓厚的可与香味较淡的搭配。若香与味的搭配不佳，就会影响菜肴的品质。例如，"蟹黄狮子头"如添加香菜，将会使此菜黯然失色。香味相似的原料也不适合搭配，如牛肉与羊肉，青鱼与黄鱼，马铃薯与山芋，丝瓜与黄瓜，青菜与莴苣等。

　　一般主料香和味比较突出的，配料起辅助与衬托作用。若主料本身没有什么香鲜味或味较淡，必须用较浓的辅料弥补，如"焖豆腐盒"，因豆腐本身味淡，需要虾肉、鸡肉、猪肉、香菇及其他多种配料，使制成的菜肴味鲜浓郁。

3. 形状的配合

菜肴不讲究外观，胡乱地把烹制的原料堆在盘子里，只能给人以仓促、草率之感，不能令人畅快，而具有整齐美好外观的菜肴，却能使顾客心欢意悦。但讲究菜肴外观，必须着重提高菜肴质量，而不是追求形式美，不顾质量。菜肴除保持自然的形状外，还可以运用刀工处理使其更趋方便。加热时间的长短与原料形状的差异有密切关系，形状细小的原料，不适于长时间烹调；形状粗大的原料不适于短时间烹调。

辅料与主料的形状配合，原则上是辅料适应主料的形状，衬托主料的形状，突出主料。主料若是条形，辅料也必须是条形；若主料是粒状，辅料也应是粒状。即所谓"块配块""片配片""丁配丁""丝配丝""条配条"。一般来说，辅料应小于主料，不能喧宾夺主。配花色菜时，应仔细留意构图的统一，只有整齐均衡、清洁明晰、美丽逼真，才能吸引人。

4. 质的配合

在一份菜肴中，主、辅料在质地上的配合也很重要。除应考虑原料的性质以外，更重要的是要适应烹调方法的要求。

有些菜肴，辅料与主料的质地相同，所谓"脆配脆""软配软"，即主料的质地是脆性的，辅料的质地也应当是脆性的；主料的质地是软的，辅料也应当是软的。例如"爆双脆"，所用的原料是鸡胗配以猪肚头（这两种原料都是主料），质地都是脆的；"熘鱼片"的主料是软嫩的，则配以菜心等比较嫩的辅料。在这些菜肴中，如果主料与辅料搭配不当，就会影响菜肴的特色。

有些菜肴，辅料与主料的质地并不要求相同。常见的如"肉丝炒笋丝"，其中肉丝是比较软的，而笋丝就比较脆嫩，但两者搭配在一起，只要火候与调味掌握得当，烹制成的菜肴很受欢迎。

5. 菜肴与器皿的配合

"美食必有美器"，说明了菜肴和器皿的关系。菜肴与器皿的配合，一是菜量要和盛菜的盘、碗相吻合，即菜量不可过多，亦不可过少，只有相宜才悦目。二是在有条件时，某些菜还要使用特殊器皿，如整鱼则要用鱼盘盛；熘、烩一类菜肴汤汁多，使用深一些的汤盘才相宜。

6. 营养成分的配合

菜肴中所含营养成分的多少，是否有利于消化吸收，也是配菜时要考虑到的。不同的原料所含的营养成分不一样，这就需要在配菜时将不同的原料进行适当配合。作为一个新型厨师，必须掌握各种原料营养成分的知识，以便在实践中掌握和运用，使食者得到较全面的营养，从而提高人们的健康水平。

（三）配菜确定菜肴的成本

配菜时所采用材料的价值、分量的多少、等级的区分、粗细的差别等，将直接影响菜肴的成本。因此，配菜是掌握成本，进行经济核算，实行公平合理经营以及成本统计上的一个关键环节。这就要求我们配菜师傅首先完全掌握成本核算的相关知识，其次将相关理念和知识运用到实践操作中去，节约用料，以质配料，综合用料，不乱配料，不浪费料，真正将配菜过程中的成本控制到位。

（四）配菜也是创新菜肴品种的重要环节

除刀工与烹调法外，能使菜肴多变的原因，要归功于各种不同的原料配合。配菜即是创造更多新菜肴的根本。配菜过程中的刀功搭配、色彩搭配、质地搭配、荤素搭配、营养搭配等很多搭配理念都可运用到创新菜肴品种的环节中去。

要富有创新精神和创新理念，配菜师傅不仅要掌握传统菜肴的配制方法和标准，要有专业文化素养底蕴，而且要不断提高审美能力，根据原料刀工、烹调特点不断创新，设计出更加精美的菜肴来。

（五）配菜确定菜肴的营养价值

一桌筵席菜肴各种营养成分的合理配置，经设计确定以后，就需在每一款菜式中体现出来。配菜要符合每款菜肴的标准设计，主副料的搭配可以确保平衡膳食的实现。不同原料有不同的营养成分含量，即使同一原料，由于部位的不同，其营养成分的含量也有差异。蔬菜含维生素多，肉类含蛋白质和脂肪多，一盘菜肴如果有菜有肉，就必须准确掌握投放比例，使菜肴能有最优的营养素配合与互补，这正是配菜的功夫。

二、配菜的基本方法

（一）一般菜肴配菜的基本方法

原料的配合，分为一般菜与花色菜两种。一般菜较为纯朴；花色菜则属于技巧性的，多在色与形上下功夫。下面是以一般菜为主的配菜基本方法。

以原料分量来区别时，配菜有单一原料的配合、主辅料兼有的菜肴配合以及多种原料混合不分主次的菜肴配合 3 大种类。

1. 配单一原料的菜肴

菜肴由一种原料构成，无任何配料的叫作单一料菜。一般而言，几乎所有的原料都可以单独成菜。因只使用一种原料，无须其他原料配合，所以做法极其简单。这类菜肴多在菜肴名称之前冠以"清"字，如清炒肉丝、清炒白菜等。

然而，采用单一原料时，要突出原料的长处，掩盖短处。因为我们食用单一原料菜肴时，主要以品尝该原料特有的风味为目的，因此对于选择原料、初步加工及刀工等均须特别注意。所用蔬菜必须新鲜、细嫩；肉类原料必须选用其精华部位，才能突出主料或肥美或鲜香或细嫩的特点。例如，"清炒豆苗"时很多酒店都会将豆苗的老叶或根部去除，用嫩头制菜。清蒸鲥鱼因鲥鱼的鳞脂肪含量颇丰，口感肥美故不去除。熊掌因本身的味道不足，故作为单一原料时必须添加若干火腿、鸡肉与之一同蒸煮，然后除去火腿、鸡肉，以单一原料的姿态上桌。

2. 配主辅料兼有的菜肴

主料与辅料的配合，是指一种菜肴，除使用主料外，又添上一定数量的辅料。添加辅料的目的，主要是对主料的色、香、味、形及营养做适当的调整。例如，竹笋肉、金塔扣肉等菜富含脂肪，吃起来非常油腻，若添加若干蔬菜，不仅可调和过度的油腻，且可平添色彩的鲜艳。又如"洋葱猪排"除主料猪排外，另添有若干洋葱，可使主料更具香味。肉类含有丰富的蛋白质，脂肪亦多。蔬菜却含有多量维生素。两者互相配合，使营养更趋平衡。

配有主料、辅料或多种料的菜肴时，必须突出主料，使辅料起陪衬、烘托和补充的作用。这类菜肴的主料多用动物性原料。但也有一些菜肴是用动物性原料做辅料的，如八宝豆腐、烧瓤豆腐等菜肴的豆腐、青椒是主料，猪肉、鸡肉、虾肉、火腿等馅料为辅料。一般来说，主料和辅料的搭配比例有：主料占3/4，辅料占1/4；主料占2/3，辅料占1/3；主料、辅料各占一半等几种。

由主料与辅料所配合的菜肴，一般而言，主料在品质上占重要的地位，而辅料为衬托、辅助或补充，不得有喧宾夺主的现象。一般主料多采用动物料，辅料则使用植物料。当然亦有例外者，如北京菜八宝豆腐，以豆腐为主料，火腿、鸡肉、虾米、干贝为辅料；扬州菜大煮干丝，以干丝为主，火腿，虾米为辅料。

3. 配多种原料混合、不分主次的菜肴

所谓不分主辅料的多种原料，是指由两种或两种以上分量略同的材料所构

成的菜肴，其中主辅料不必加以区分。倘几种原料的分量与体积或味道的浓淡有显著的差异时，需调整分量，以期平衡。此种菜类，配菜技术较为复杂，对于各种色、香、味、形的配合，应持慎重的态度来处理。例如，"油爆双脆"中所使用的鸡或鸭的肫，以及猪肚，均属清脆而富于弹性的原料，因此外形可采用蓑衣块的方式，其剖制的深浅、块粒的大小、厚薄等必须划一。又如"糟熘三白"中的鸡、鱼、竹笋等，均应切成片，使色泽洁白，吃起来软嫩可口。

配主料与辅料不分或配多种原料的菜肴时，要使各种原料搭配的比例大体一致。如两种主料的菜，每种主料应各占1/2；三种主料的菜，每种主料应各占1/3。各种原料的刀工处理，也要力求一致。

无论主辅分明或主辅不分的菜肴，各种原料，均须分别放入各种器皿中，因为调理有先后之分，若混淆一起，难以分开下锅，可能影响炒煮的时间而损及品质。

（二）花色菜肴的要求和方法

1. 花色菜系是在色与形上加以特别处理的、具有艺术性的菜肴

花色菜在刀工与原料配合上有独到的功夫，没有高超的技术无法做成色、形俱佳，味美而富有营养的菜品。要做好花色菜必须注意：严格选择原料，以方便造型上的处理；菜样的图案、形状、色调宜大方、美丽、和谐，因多使用手工，故须注意清洁卫生。

2. 花色菜的配合，变化多而微妙

1）叠：将色、味不同的原料加工成相同的形状，多为片状，然后隔片重叠，中间涂上糊状料（如虾蓉），重叠为一个整体。例如，锅贴鱼：将鱼片、火腿、猪肉、咸菜叶切成同样大小的长方形，各贴在鱼片双面，片间涂以虾蓉而成。

2）卷：将有弹性的原料切成较大的长方片，再将色味不同的料切成细丝或蓉末，分别排在片上，上面涂以蛋粉糊（鸡蛋加淀粉的糊），滚卷而成。两端可制成各种美丽的形状。例如，三丝鱼卷是在较大的长方形鱼片上，放上火腿、笋、香菇丝（切得长些，让其从鱼片内露出），卷起鱼片涂上蛋糊粉使两端合闭，然后蒸或油炸淋汁而成。

3）排：有两种，一种如葵花鸭片，先将鸭肉、蘑菇、竹笋、火腿不同色彩的4种原料切成厚片，在碗底放一个圆香菇，再将鸭肉、蘑菇、竹笋、火腿片铺于其上，交替排成复瓣葵花状，上面放碎鸭肉，再加调味料，放入蒸笼内蒸熟，覆在盘上扣出，再用绿叶点缀周围即成。另一种是使用一种主料，而将其他原料添在周围，摆成各种图样，如兰花鸽蛋。

4）扎：将切成条或片的原料，用黄花菜、扁尖丝、海带等扎成一束束的形状。例如，柴把鸭是将去骨加热的鸭肉条，添加火腿条、冬菇条、笋条，外面再以干菜丝扎成束，放入蒸笼蒸成汤菜。又如，清汤腰带鸡是将去骨的鸡肉、火腿、竹笋、香菇切成片，片间开洞，再以扁尖串成，扎结两端，使其状似腰带，添调味料与清汤在蒸笼蒸煮的一道名菜。

5）瓤：以一种原料为主，将其他原料填装其中的花色菜。如瓤青椒，先去青椒心，里面涂上薄薄一层的干淀粉，再将猪肉、火腿切成蓉状，外加荸荠末及调味料，搅拌均匀后放入青椒内，然后放入锅中油煎后加汤烧成。

6）包：将鸡、鱼、虾、猪肉等嫩软无骨的原料切成片或蓉，包在猪网油、蛋饼或荷叶中，加热制成的花色菜，如鱼皮馄饨等。

7）塑：对菜肴进行形象塑造，如绣球白菜，以白菜为主料，烹出的菜肴像个绣球。

8）穿：将切成丝或条的原料穿进脱离的动物性原料中，使半成品形状整齐，味道鲜香，如玉簪田鸡等。

9）串：指用硬物将多种原料串连起来，使之成为一种特殊的造型，如旗斗鸭等。

10）酿：把经加工调味制成的蓉泥辅料，或盖在主料上面，或垫在主料下面，或镶入主料中间，使之造型美观，增添美味，如潮菜的酿百花鸡等。

11）贴：将主料与辅料相贴在一起，使造型得体，增加美味，如香酥芙蓉鸭等。

12）扣：为了菜肴能入味和造型的需要，把主料放在底层然后进行焖、炖，上桌时把菜肴翻扣过来，如玻璃白菜等。

13）填：主要是禽类经摘除内脏和脱骨之后，在其腹内填入经加工调味的细料，如鸽吞燕、鸽吞翅、荷包鸡、荷包鸭等。

第二节　菜肴命名

一、菜肴命名的原则

原料切配以后，给菜肴起什么样的名称，不仅关系到菜肴的营销，也体现厨师对整个菜肴操作过程的理解及厨师的素养。尤其是一些创新菜，有一个好听响亮又切合实际的名称能为菜肴增添光彩。那么菜肴命名的主要原则具体有哪些呢？

1）命名应力求名实相符，能充分体现菜肴的全貌和具体品种特色。

2）命名应力求雅致得体，格调高尚，雅俗共赏，不可牵强附会，滥用辞藻。

3）命名应突出地方特色、乡土人情及其风味。

4）命名应音韵和谐，文字简短，朴素大方。

二、菜肴命名的方法

中国菜的种类繁多，菜肴名称非常复杂，但从较常见的菜肴名称中可归纳出菜肴命名的几种方法。

1. 在主料名称前加上烹调方法的名称

例如：大煮干丝、干烧明虾、生煸草头、红烧猪脚、清蒸鲥鱼、粉蒸肉和挂炉烤鸭。这种命名方式直接明了，使人们一看就知道整个菜肴的内容与烹调方法。凡是烹调方法较具特色的菜肴，可用此法命名。

2. 主辅料同时出现在菜名中

例如：虾子蹄筋、洋葱猪排和干贝豆腐。辅料还常出现在主料前，突出了辅料的重要性。

3. 主料前加调味料的种类或调味法的名称

例如：糖醋排骨、椒盐蹄筋、蚝油牛肉、咖喱鸡、鱼香腰花和豆酱水鸭。这种命名法，可让人一目了然菜肴的调味法与调味料。

4. 按菜肴的形状定名

例如：清芙蓉鸡（用蛋白做成芙蓉花盖在鸡肉上）、绣球白菜修饰语说明菜肴形状，还有布袋鸭、葫芦鸭等菜肴都是按菜肴形状定名。

5. 按菜肴颜色定名

例如：白玉干贝、清白玉带（鹅肝制汤）。

6. 在主要原料前表示色、香、味、形的特征

例如：雪花鸡、芙蓉鸡片、香酥鸭、脆鳝、怪味鸭、兰花鸽蛋、蝴蝶海参、焖咖喱鸡。此命名法适用于色、香、味、形皆具显著特色的菜肴。

7. 烹调方法加上原料色、香、味、形的特征

例如：油爆双脆（双脆指两种脆物：鸡肫与猪肚）、糟熘三白（三白为：

鸡肉、鱼及竹笋)、炒三鲜 (三鲜指:鸡肉、鱼、猪肉)、清蒸狮子头等。这种方法可显示原料色、香、味、形的特征,使人借此辨认所使用的原料。

8. 在主料前加地名

例如:闽生果 (福建式千果名肴)、成都蛋汤 (成都式蛋汤)、宁蚶 (宁波蚶子)、西湖醋鱼 (杭州人做的糖醋草鱼)。此种命名法点明菜肴的起源地,适用于家乡风味浓厚的菜肴。

9. 将主辅料及调理方法的名称全部排出来

例如:豆豉扣肉、咸鱼蒸肉饼、香肠蒸鸡、芹菜炒牛肉丝、干菜烧肉。此种起名法极为普遍,用于一般菜肴,由名称可以获悉菜肴的全部内容。

10. 用生动形象的比喻或寓意定名

例如:喜鹊育雏,以虾胶为主料做成大鸟、小鸟,用粉丝、蛋白丝做成鸟巢,摆设造型。又如游鱼映月,以虾胶、鲜鱿做成鱼状,将一只蛋黄置于盘中间象征月亮,盘四周围芫荽造型。

11. 特殊盛器加上用料

例如:铁锅蛋、锅仔鲈鱼、砂锅大鱼头等。这种方法旨在突出盛器。

除了以上几种菜肴的命名法外,还有些带有艺术性的名称,如孔雀开屏、推纱望月、松鼠鳜鱼、小鸟明虾,等等。这些菜肴的名称常能带给顾客以艺术美感,使饮食充满情趣。

其实,菜肴名称并非一经决定就无法变更,当然也可以不按前述方法起名,以烹调方式及色、香、味、形各条件的特色为依据,可以创出符合菜肴内容及特色,且富于艺术性的名称。

第七章

加热基础知识

第一节　火候与火力

一、火候的概念与掌握方法

火候是指在烹饪过程中，根据菜肴原料老嫩硬软与厚薄大小和菜肴的制作要求，采用的火力大小与时间长短。火候是烹调技术的关键环节。有好的原料、辅料、刀工，若火候不够，菜肴不能入味，甚至半生不熟；若过火，就不能使菜肴鲜嫩爽滑，甚至会煳。厨师根据不同原料的性质、形态，不同的烹法与口味要求，对热源的强弱和加热时间长短进行控制，以获得菜肴由生到熟所需的适当温度。

食物由生变熟，达到应有的色、香、味、形，适宜的温度是关键。火候是烹饪原料熟处理过程中的重要因素，它是决定菜肴质量的主要因素。火候恰当，能使菜肴色泽鲜艳、香气扑鼻、滋味鲜美、形态美观，同时也是形成多种烹调方法和不同风味的重要环节。

火候的控制在单纯的传统操作中并不容易，因为原料的性质、加热的介质、运用的烹法、原料在加热中的变化、加热设备的可操作性等诸多因素的变化，都会影响结果。

（一）根据原料的物性来掌握火候

原料的物性简单讲是原料的物理性质，它包括原料的形态、大小、质地、颜色、气味等多方面的内容。在加热成熟中，原料的物性不一，需要不同的火候，以充分发挥原料自身的长处，达到应有的品质要求。例如，土豆烧牛肉，牛肉是动物性原料，形大质老，更适宜长时间加热，而土豆是植物性原料，相对而言，体小质脆，易成熟，将两种原料放在一起同时加热，显然不合适，要将两种原料分别用不同的火候进行处理，再同时加热以期达到最后软、烂的统一。

适当的刀工处理后的原料，由于体积、形态发生了变化，故掌握火候的原则也将改变，一般遵循以下原则。

1）体积小而薄的，多用高温短时间加热。

2）体积大而厚的，多用低温长时间加热。

3）质老的原料多采用低温长时间加热。

4）质嫩的原料多采用高温短时间加热。

（二）根据传热介质来掌握火候

1. 水传热

以水为传热介质时，掌握火候的一般原则如下：

1）要形成嫩型的菜肴，运用火候时多以沸腾的水短时间加热。

2）要形成软烂型的菜肴，运用火候时多以微沸的水长时间加热。

2. 油传热

以油为传热介质时，掌握火候的一般原则如下：

1）要形成外脆里嫩型的菜肴，运用火候时应注意先用中油温（约140℃）短时间处理后，再用高油温（约180℃）短时间处理。

2）要形成里外酥脆型的菜肴，运用火候时应注意用中油温的时间处理，加热中可以将原料捞出，待油温回升再进行加热，直到原料内部水分排出。

3）要形成软嫩型的菜肴，运用火候时应注意用低油温（60~100℃）短时间加热原料。

3. 蒸汽传热

以蒸汽为传热介质时，掌握火候的原则如下：

1）要形成嫩型的菜肴，运用火候时用足蒸汽速蒸。

2）要形成酥烂型的菜肴，运用火候时用足蒸汽缓蒸。

3）要形成极嫩的菜肴，运用火候时用足蒸汽速蒸。

（三）根据烹调方法掌握火候

运用不同的烹调方法，可以使菜肴形成不同的风味和口感。因此，掌握火候的原则如下：

1）炸、熘、涮、氽等法要求菜肴香、嫩、脆、酥，制菜速度较快，多用高温速成。

2）炖、煨、焖、烧、煮、扒等法要求菜肴软、烂，需经一段时间加熟，因而多用小热量慢慢加热的技法处理。

（四）根据原料在加热中的现象掌握火候

原料在加热过程中，外观、颜色、弹性的变化是厨师掌握火候的一般依据。例如：滑炒肉片，当肉色变白时就停止加热，此时可以保持嫩度；绿色蔬菜由墨绿变成碧绿色时停止加热，此时可以保持菜肴的鲜艳度；汤色变浑说明火力大，鱼在加热时可用手指按压有无弹性，或用竹签（或竹筷）扎进肉厚的部分，看有无血水，以证明鱼是否加热成熟。

二、火力的概念与分类

火力指烹饪中火的大小或温度的高低。火力随炉灶的结构、燃料的性质以及气候的变化有所不同。在烹调过程中一般采用的火力有旺火、中火、小火、微火4种。火力的大小，通常以火焰的高低、火的颜色程度以及热传递的强弱来区别。

1. 旺火

旺火又称猛火、急火、大武火，即煤气灶的阀门开到最大限度。火势喷得猛烈，火焰包起锅底，并有"呼呼"的响声，有灼人的热气。旺火适用于快速烹调的菜肴，常用于炒、爆、烹、炸等烹调方法，或烹制汤、羹类菜肴，如鲜带子西蓝花、葱爆牛柳、爆炒豆苗等。在大型宴会上的炸类菜肴、汤羹类菜肴，也要用旺火烹制，才能缩短菜肴的上菜时间。用旺火烹制这类菜肴，不仅可以保证质量，而且能减少营养成分的损失，保持菜肴的鲜美脆嫩。

使用旺火烹调的时候，手法也要随之加快，翻锅、翻拌原料、取用油料和调味品的动作要快速、敏捷、准确、熟练，这样才能与火候密切配合，达到理想的烹调效果。

2. 中火

中火又称武火，是与大武火（旺火）相比较而言的，即煤气灶的阀门开到中等程度，火势喷射不急不慢。火焰直冲锅底，有较轻的"呼呼声"，并散有一定的热气。中火适用于扒、烧、熘、煮等烹调方法，或炸制体大、质坚的菜肴原料，如干烧鲫鱼、扬州炒饭、脆皮童子鸡等。因为上述菜品的原料，有的呈散碎状，如果用旺火，往往搅拌不及，容易出现焦煳的现象；有的又因体大质坚，又果是生料，如果用旺火，容易造成外焦里生。

3. 小火

小火又称文火，即煤气灶的阀门开到约1/3的程度，火势软弱，火气较轻，火苗够不到锅底，听不见"呼呼"声，感觉不到扩散的热气。小火适用于煎、锅贴、煲、慢烧之类的菜肴，如炒鲜奶、大良燕窝盏、锅贴鲈鱼。上述菜肴的原料质地鲜嫩易熟，成菜时又要求颜色素洁雅观，如果火力过大，不仅会使原料失去鲜嫩的特色，而且会损坏成菜时的颜色。

4. 微火

微火又称慢火，即煤气灶的阀门刚刚启开，火势微弱，火苗如豆，或采用特殊的专用的小火焰设备。如果原料在锅内不加盖焖制，往往不会出现明显的滚沸状。这种微火，在烹调时常为补助性的加热方法，一般不适用于烹调菜肴。如有些用熬、炖、煲、焖等烹调方法制成的菜肴，没有上菜之前，就必须预先制好，以应不时之需，一般都需在微火上保持热度，处于似滚非滚的状态。另外，一些酥烂入味的菜肴，有时也需要微火慢煲的方法。

厨师要掌握火候，除直接鉴别火焰高低、火的颜色和光度外，应注意识别原料的温度变化。火过旺时，应将锅立即撤离火口或者减小控制火力；锅内温度不足时，应把火力增大。

三、加热对烹饪原料的作用

烹饪原料在加热过程中，会产生多种物理与化学变化。研究这些变化，对恰当地掌握火候，最大限度地保持食物中的营养成分，制成色、香、味、形俱佳的菜肴，具有指导意义。

1. 分散作用

分散作用包括吸水、膨胀、分裂和溶解等。各种蔬菜和水果都含有一定数量的植物胶素，在加热过程中胶素会软化，与水混合成胶液，在加热中细胞膜破裂，营养素与水溢出，所以蔬菜加热后出现汤汁，而且汤汁中含有很丰富的营养，不宜弃去，应尽量食用。我们还可以利用果品中富含的胶素，加入适量的水进行加热，制成各种果酱和果冻。又如各种薯类原料中含有大量的淀粉，它不溶于水，但在高温中能吸水膨胀，使淀粉粒的各层分离而呈糊状。

2. 水解作用

烹饪原料在水中加热时，很多成分会水解，使汤汁鲜美，如肉类中的蛋白质，在水中加热后能分解成各种氨基酸；肉类结缔组织中的弹性蛋白质会被分解为吸水较强的动物胶，这种动物胶在加热时会成为胶体溶液，冷却后变成固体的胶冻，如皮冻就是弹性蛋白质水解的产物，也是水解作用的结果。同时，随着生胶质的水解，原料纤维分离，使肉呈柔软酥烂状态。

3. 凝固作用

在加热过程中，含有水溶性蛋白质多的烹饪原料容易产生变性，温度越高变性越快，加热时间越长凝固得越硬。此外，在烹制菜肴过程中有电解质存在时，蛋白质的凝结会更加迅速。例如，食盐也是一种电解质，人们往往在烧煮大豆、牛肉或需要浓白汤时，都是最后放入食盐，否则，会使原料中的蛋白质过早凝固，而难溶于汤水中，影响菜肴的酥烂和汤汁的浓度。当然，在烹制菜肴过程中要根据具体情况灵活掌握放食盐的时间。

4. 酯化作用

含脂肪多的烹饪原料与水一起加热时，一部分水解为脂肪酸和甘油，如放入黄酒和香醋，就会化合成为有芳香气味的酯类。酯类比脂肪容易挥发，香味诱人。所以，在烹饪动物性原料时加入一些黄酒、香醋，能使菜肴更加香醇。

5. 氧化作用

动、植物性原料所含有的各种维生素在与空气接触时容易被氧化破坏，在加热过程中或遇到酸、碱等情况下会加快氧化速度，使维生素受到破坏，所以烹制含维生素的烹饪原料时，尽量不要放碱或苏打等物质，并且加热的时间也不宜过长。

6. 其他作用

烹饪原料在加热时，除了上述几种主要变化外，还会发生其他作用。例如，虾蟹煮熟后变红色，这是虾蟹中虾红素的缘故；又如，鸡蛋加热时间过长，表面会呈现一层暗绿色，这是由于蛋黄中的铁质与蛋白中的硫元素结合，而产生硫化铁所造成的。

四、热的传递方式

食物在加热过程中，可以通过传导、对流、辐射3种方式进行加热，一般传热的途径（微波炉加热除外）是热源→介质→物料。要使烹饪原料成熟，必然要使热源和原料之间形成温度差，这样热的传递就可以进行了，食物也可由生变熟，但由于成熟手段不一，食物成熟的效果也不同。

（一）食物的外部传热

食物的外部传热可分成两个阶段：一个阶段是热源将热传给介质；另一个阶段是介质将热传给食物。由于介质不同，传热的结果也不同，通常介质的种类可分成固态、液态和气态3种。下面分别介绍其传热机理。

1. 热源加热固态介质

一般固态介质有金属、泥、盐等几种，在被加热时分两步：第一，热空气→介质外部，主要方式是热对流；第二，介质外部→介质内部，主要方式是热传导。

（1）使食物快速成熟的方法　如果要使食物快速成熟，就应加大介质的吸热量，应采取以下措施。

1）提高热源的温度，以增加温度差，使固体物质吸收更多的热量。实践中多采用燃烧热值高的燃料的方法。

2）增大接触面积：一是增加热源与固体介质的接触面积，如将炉口增大或使用多孔的火眼；二是增加固态介质的表面积，如在相同炉眼中，弓形锅比平底锅有更多的表面积。

3）增加对流换热系数，如采用鼓风装置。

4）采用热导率大的固体介质和较薄的炊具。

（2）使食物缓慢成熟的方法　如果要使食物缓慢成熟，并达到软烂的口感，就需要热量的积累，一般可采取以下措施。

1）降低热源的温度，减小温差。

2）减小接触面积，如改用小火眼，用煲灶加热。

3）不采用鼓风装置，减小对流换热系数。

4）采用热导率小的固体介质和增加厚度，如制作叫花鸡时，泥的厚度直接影响到加热时间和热量的储蓄。

2. 热源加热液态介质

液态介质的种类一般是水和油，由于有流动性，它们都需要固体盛器来辅助，因此加热的过程分三步：第一步，热空气→固体介质外部，主要传导方式是热对流；第二步，固体介质外部→固体介质内部，主要传热方式是热传导；第三步，固体介质内部→流体介质，静止的流体主要传热方式是热传导，流动的流体主要传热方式是热对流。

（1）使食物快速成熟的方法　如果要使食物快速成熟，就应加大介质吸热的量，可采取以下措施。

1）提高热源的温度，可选择适宜的燃料，燃烧值越高，相同质量的情况下放出的热量就越多。

2）增加原料与锅的接触面积，如将原料切割成大片或小型的料，使其表面积增大，原料成熟得更快。

3）加大鼓风量，增加热源与锅底的对流换热系数。现代厨房设备除选用燃烧值高的燃料外，都配有一定的鼓风装置。

4）采用热导率大和薄型炊具，如炒锅多为熟铁的薄型锅。

5）增加锅中介质的流动速度，如用手勺搅动使油流动加快，保持水的沸腾等。

（2）使食物具有浓厚软烂口感的方法　要使食物成熟后具有浓厚软烂的口感，则需要采取以下措施。

1）降低热源温度，如关小火，调低温度挡位等。

2）改用平底锅加热或改用小火灶。

3）采用热导率较小、厚度大的炊具，如用砂锅进行加热可达到软烂、浓厚的风味。

4）保持流体微沸或少搅动流体，可使对流换热系数降低。

以水、油进行加热是实践中应用最多的，要合理、巧妙地运用影响传热的各种因素来调节它们，使菜肴达到应有的口感。

3. 热源加热气态介质

气态介质分为热空气和热蒸汽两类，这两类加热的机理不一样。

（1）热空气　热空气的传热主要源于热源的辐射和热对流，而热传导所传递的热量很少。如果要使食物快速成熟，应采取的措施为增加温差，食物获得的热量就多。对流换热系数大，热量获得就多。如在加热装置中增加风扇，获得的热量也会增加。烤盘上涂黑漆会起到增加热量的作用。增大受热面积，如烤鸭注水、充气等方法都能增加与热空气的接触面积，使鸭皮胀大。

（2）热蒸汽　热蒸汽是指水加热沸腾后产生的水蒸气。现代厨房多用管道直接供热蒸汽，很少用水加热产蒸汽。要使食物快速成熟，可采取以下措施：增加温差，一般热蒸汽的温度可以达到100℃以上，比水加热速度要快；增加对流换热系数，增大食物的表面积，如蒸鱼时选用金属盘或在鱼下垫葱和姜，使热蒸汽能自由流通。

（二）食物内部的传热

食物的状态一般分为固态和液态两种。液态食物（如牛奶），主要传热方式为传导和对流。下面重点介绍固体食物的内部加热。

食物是不良导体，热量传到食物表面后，进入食物内部后仍需一定的时间才能使食物全部成熟。实验表明，一块1.5~2kg的牛肉在沸水中煮1.5h，内部的温度才达到62℃；一条大黄鱼在油中炸，油温达到180℃，鱼表面温度达到100℃左右，但其内部温度才65℃左右。这说明食物的体积越大，传热中所需的路程就越长，那么加热这类食物时就不能用高温处理，否则外部水分汽化、干枯，而内部却没有成熟。也就是说，水分汽化的速度大于热量传到食物内部的速度。因此，针对食物内部的传热就应采取相应的加热方式和手段。

第二节 传热介质与传热原理

传热中常用的介质有液、气、固三种，其中液态的以水、油为主，气态的以热空气、热蒸汽为主，固态的以金属为主。每一种介质都有其不同的热导率，传热的效能会不同，所以掌握火候时应区别对待。

一、以油为传热介质

在质量相同的条件下，温度升高1℃，哪个物体的比热容大，那个物体所需要的热量就多。水的比热容大于油的比热容，油升高1℃所用的热量比水要少，另外在油作为介质传热时，由于油的热导率比水小，静止的油主要传热方式是传导，此时比水传热慢，所以中国烹饪中的热油封面、明油亮汁都是利用其静止时导热慢、同时散热也慢的特性起保温作用。尽管油的热导率比水小，但油分子运动起来后主要传热方式是对流，热源在放出同样热量的前提下，油会比水吸收的热量要多，升温自然比水快，同时油的沸点高、温域宽，油易与食物形成较大温差，可以使食物的水分迅速汽化。所以，一般情况下油为介质可使食物迅速成熟，可以使食物形成外脆里嫩、里外酥脆、软嫩的口感。

要形成以上几种口感应遵循以下原则。

1）要形成外脆里嫩的口感，运用火候时注意使用中油温（约140℃）短时间处理，再用高油温（约180℃）短时间处理。

2）要形成里外酥脆的口感，运用火候时使用中油温（约140℃）稍长时间处理，加热中可将原料捞出，使水分蒸发，待油温回升后进行复炸，直到内部水分完全排出。注意油温不能过高，防止原料表面炭化，而不能使原料表面质感一致。

3）要形成软嫩的口感，运用火候时应注意用低油温（60~100℃）短时间加热原料。

二、以水为传热介质

水与油不同，其沸点最高只达100℃，这是水具有独特的性质，如水的沸腾和微沸现象，虽然它们的温度都是100℃，可结果是不一样的，沸腾的水只能被加速汽化不能被提高温度。事实上，沸腾的水在单位时间内能有更多的传热量，因为沸腾的强烈运动，对流换热系数大，水从热源吸收的热量就多，同时传递的热量也多。因此，食物在沸腾的水中加热就能更快地成熟，短时间内成熟才能保证食物中的水分不过分地流失，使质感软嫩。

相反，微沸状态的水可以保证单位时间的传热量少，减少水分的过度蒸发。从长时间加热来看，食物中获得的总能量并不少，虽然可能使原料中水分流失，但是保证了食物分子间的键断裂，形成软烂的口感。

因此，要形成嫩软口感一般遵循的原则如下：

1）要形成嫩的口感，运用火候时多用沸腾的水短时间加热。

2）要形成软烂的口感，运用火候时多以微沸的水长时间加热。

三、以蒸汽为媒介

以蒸汽加热为例。蒸汽加热的温度可以达120℃，饱和水蒸气可快速加热，能减少原料中水分的损失。蒸汽加热可使食物达到软、嫩、烂的口感。一般遵循的原则如下：

1）要形成嫩的口感，运用火候时用足汽速蒸。

2）要形成烂的口感，运用火候时用足汽缓蒸。

3）要形成极嫩的口感，运用火候时用半汽慢蒸。

第八章

调味基础知识

第一节　调味的概念及原则

一、味觉的概念

味觉是指舌头与液体或者溶解于液体的物质接触时所产生的感觉。味觉是一种生理感受，包括广义的味觉和狭义的味觉。

（一）广义味觉

广义味觉也称为综合味觉，是指食物在口腔中，经咀嚼进入消化道后所引起的感觉过程。广义味觉包括心理味觉、物理味觉、化学味觉三种。

1. 心理味觉

心理味觉是指人们对菜肴形状、色泽、原料等因素的印象。由人的年龄、健康、情绪、职业，以及进餐环境、色彩、音响、光线和饮食习俗而形成的对菜肴的感觉均属于心理味觉。

2. 物理味觉

物理味觉是指人们对菜肴质感、温度、浓度等性质的印象。菜肴的软硬度、黏性、弹性、凝结性、粉状、粒状、块状、片状、泡沫状等外观形态及菜肴的含水量、油性、脂性等触觉特性均属于物理味觉。

3. 化学味觉

化学味觉是指人们对菜肴的咸味、甜味、酸味等成分的印象。人们感受到的菜肴的滋味、气味，包括单纯的咸、甜、酸、苦、辛和千变万化的复合味等均属于化学味觉。

（二）狭义味觉

狭义味觉指烹调菜肴中的可溶性成分，溶于唾液或菜肴的汤汁，刺激口腔中的味蕾，经味觉神经达到大脑味觉中枢，再经大脑分析后所产生的味觉印象。味蕾是聚集在口腔黏膜中极微小的结构，是接受味觉刺激的感受器。味蕾有着明确的分工：舌尖部的味蕾主要品尝甜味，舌两边的味蕾主要品尝酸味，舌尖两侧前半部的味蕾主要品尝咸味，舌根部的味蕾主要品尝苦味。甜味和咸味在舌尖部的感受区域有一定的重叠。

二、影响味觉的因素及现象

不同的调味品给人的感觉是不同的，而各种味觉又从时间上和产生的机制上千差万别。

（一）影响味觉的因素

1. 温度

味觉感受的最适宜温度为 10~40℃，其中 30℃时味觉感受最敏感。在 0~50℃范围内，随着温度的升高，甜味、辣味的味道增强，咸味、苦味的味道减弱，酸味不变。咸、甜、酸、鲜等几种味，在接近人的体温时，味感最强。一般热菜的温度最好在 60~65℃，炸制菜肴可稍高一些，凉菜的温度最好在 10℃左右，如果低于这个温度，各种调味品投放的数量就要适当多一些。

2. 浓度

对味的刺激产生快感或不产生快感，受浓度影响很大。浓度适宜能引起快感，过浓过淡都能引起不舒服的感受或令人厌恶。一般情况下，食盐在汤菜中的浓度以 0.8%~1.2%为宜，在烧、焖、爆、炒等菜肴中以 1.5%~2.0%为宜。低于这个浓度则口轻，高于这个浓度则口重。

3. 水溶性物质

味觉的感受强度与呈味物质的水溶性和溶解度有关。呈味物质必须有一定的水溶性才可能有一定的味感，完全不溶于水的物质是无味的，溶解度小于阈值的物质也是无味的。呈味物质只有溶于水成为水溶液后，才能刺激味蕾产生味觉。溶解速度越快，产生的味觉也就越快。水溶性大的呈味物质，味感较强，反之味感较弱。

4. 生理条件

引起人们味觉感观变化的生理条件主要有年龄、性别及某些特殊生理状态等。一般而言，年龄越小味感越灵敏，随着年龄的增长，味蕾对味的感觉会越来越钝，也就是味感逐渐衰退，但是这种迟钝不包括咸味。性别不同，对味的分辨力也有一定的差异。一般女性分辨味的能力，除咸味之外都胜过男性，女性与同龄男性相比，多数喜欢吃甜食。人生病时味感略有减退，重体力劳动者味感较重，轻体力劳动者味感较轻。

5. 个人嗜好

不同的地理环境和饮食习惯会形成嗜好的不同，从而造成人们味觉的差别。但是，人的嗜好随着生活习惯的变化是可以改变的。"安徽甜、河北咸，福建、浙江咸又甜；宁夏、河南、陕、甘、青，又辣又甜外加咸；山西醋、山东盐，东北三省咸带酸；黔（贵州）、赣（江西）、两湖（湖南、湖北）辣子蒜，又麻又辣数四川；广东鲜、江苏淡，少数民族不一般。"这一首中国人的口味歌，十分准确生动地反映了个人嗜好对味觉的影响。

6. 饮食心理

饮食心理是人们生活中形成的对某些食物的喜好和厌恶，如某些人对某种原料或菜肴颜色及味道的反感。此外，还包括不同民族由于宗教信仰和饮食习惯不同造成的味觉差别。

7. 季节变化

随着季节的变化，也会造成味觉上的差别。一般情况是在气温较高的盛夏季节，人们多喜欢食用口味清淡的菜肴，而在气温较低的严冬季节，多喜欢口味浓厚的菜肴。

8. 饥饿程度

民间有句俗语叫"饥不择食"，就是说人们在过分饥饿时，对百味俱敏感，饱食后，则对百味皆迟钝。

（二）味觉的几种现象

1. 味的对比现象

将两种不同化学物质的味，以适当的比例混合，它们同时作用于味觉，其中一种味觉会明显地增强，此种方法称为"提味"。例如，在甜味中加入少量咸味，甜味会明显增强；在鲜味中加入少量咸味，鲜味也会明显增强；在香味中加入少量的咸味，香味会明显增强等。

2. 味的抑制现象

两种不同的化学物质的味以适当的比例混合，同时作用于味觉，其中一种味觉会明显地减弱，此种方法称为"撤味"。例如，在咸味中加入少量的甜味，咸味明显地减弱，在酸味中加入少量的甜味，酸味明显地减弱；在膻味中加入少量的咸味或辛辣味，膻味明显减弱等。

3. 味的相乘现象

味的相乘又称味的相加，是将两种或两种以上同一味道的呈味物质混合使用，导致这种味道进一步加强的调味方式。如鸡精与味精混合使用可使鲜度增大，而且更加鲜醇。味的相乘主要是在需要提高原料中某一主味或需要为原料补味时使用。

4. 味的转换现象

两种不同的呈化学物质的味，先后作用于味觉，其中先作用于味觉的味会消失。例如，先冷菜后热菜，先咸后甜就是利用味的转换现象调节饮食进餐的节奏感；吃完油腻或辛辣的菜肴后，再吃清淡或香甜的菜肴就可达到味的转换目的，使人的口味停留在最好的味觉上。

5. 味的疲劳现象

味的疲劳现象又称作味的累积现象。过重的呈化学物质的味，或具有强烈刺激性的味，长时间地作用于味觉器官，会使人产生味觉疲劳，从而失去味觉感应的灵敏度。因此，在享受美味佳肴的同时，不仅要注意不同呈味菜肴的刺激性，也应注意味的合理搭配。

三、味与味型

味是某种物质刺激味蕾所引起的感觉。菜肴的味是由调味品和烹调原料（主、辅料）中的呈味物质，通过加热、调拌融合而成的。在菜点烹制过程中，凡能起到突出菜点口味、改变菜点外观、增进菜点色彩、消除腥膻异味等无毒的非主、辅料食品，统称为调味品。

菜肴的味是一种复杂的生理感受，是神经通过味蕾所感受到的滋味，在口腔中能产生物理和化学反应。味大体可分为单一味和复合味两大类。

1. 单一味

单一味也称为基本味、母味，是指只用一种味道的呈味物质调制出的滋味。单一味主要有咸、甜、酸、鲜、辣、苦、香7种味，详见表8-1。

表8-1　单一味

味型	要　求	烹调中的作用	来　源
咸味	咸味是绝大多数复合味的基础味，是菜肴调味的主味。菜肴中除了纯甜味品种外，几乎都带有咸味，故常被称为"百味之本""百肴之将"	咸味具有提鲜、增甜、去腥解腻的作用，还可以突出原料的鲜香味，调和多种多样的复合味	常用的咸味调味料主要有食盐、酱油、面酱及以咸味为主的其他调料
甜味	甜味也称甘味，在调味中的作用仅次于咸味，也是我国南方菜肴的主味之一。在烹调中，甜味除了调制单一甜味菜肴外，更重要的是调制更多复合味的菜肴	甜味可以增加菜肴的鲜味，并有特殊调和滋味的作用	常用的甜味调味品主要有白糖、砂糖、红糖、冰糖、蜂蜜、饴糖、果酱、糖精等

（续）

味型	要　求	烹调中的作用	来　源
酸味	酸味也是调味时常用的一种，具有较强的去腥解腻作用，能促使含骨类原料中钙的溶出，生成可溶性的醋酸钙，增加人体对钙的吸收，使原料中骨质酥脆	酸味调味料中的有机酸还可与料酒中的醇类发生酯化反应，生成具有芳香气味的酯类，增加菜肴的香气，酸味一般与其他单一味一起构成复合味	烹调中较常用的酸味调味料主要有食醋、番茄酱、柠檬汁等
鲜味	鲜味可使菜肴味道鲜美，使无味或味淡的原料增加滋味，同时还具有刺激人们食欲，抑制不良气味的作用。鲜味主要来源是烹调原料本身所含的氨基酸等物质和呈现鲜味的调味料	鲜味通常不独立作为菜肴的滋味，而是与咸味等其他单一味一起构成复合的美味	烹调常用的呈鲜调味料主要有味精、鸡精、虾子、蚝油、鱼露及鲜汤等
辣味	辣味具有较强的刺激性气味和特殊的香气成分，能刺激胃肠蠕动、去腥解腻、增强食欲、帮助消化	对其他不良气味，如腥、臊、臭等有抑制作用	常用的辣味调味料有辣椒、胡椒、辣酱、蒜、芥末等
苦味	单纯的苦味，尤其是较强烈的苦味是人们不喜欢的，但在菜肴中稍为调和一点儿带有苦味的调味料，可使菜肴形成清香爽口的特殊风味	苦味物质大多具有去暑解热，去除异味的作用	烹调中常用的苦味调味料主要有杏仁、柚皮、陈皮、白豆蔻等
香味	烹调中的香味是复杂的、多样的，主要源于原料本身含有的醇、酯、酚等有机物质和调味品	香味的主要作用是使菜肴具有芳香气味，刺激食欲，去腥解腻等	较常用的调味品主要有脂类、酒类、香精、香料等

2. 复合味

人们烹调各种菜肴时，很少使用一种调味品，多是几种调味品混合使用，其所形成的滋味为复合味，又称混合味。复合味的种类很多，较为常用的见表8-2。

表8-2　复合味

鲜咸味	鲜咸味是菜的最基本的复合味，它是由咸味和鲜味调和而成的。鲜咸味应用的范围最广，几乎各种地方菜的各种菜肴中都会有这一味型
酸甜味	酸甜味又称糖醋味，它是由咸味、甜味、酸味和香味（葱、姜、蒜及油脂的香气）混合而成的。酸甜味一般分为四种类型：一种是酸味略强于甜味的酸甜味，如广东菜的番茄鱼片、浙江杭州的西湖醋鱼等；第二种是甜味略强于酸味的甜酸味，如北方菜的樱桃鱼等；第三种是酸甜两味对等的，也就是说酸甜适中，如北方菜的糖醋鱼、糖醋里脊等；第四种是在酸甜味中含有辣酱油的芳香气味，如广东菜的咕噜肉等
甜辣味	甜辣味是由甜味、辣味、咸味和鲜味构成的，主味是甜辣，辅以咸鲜，如南烧茄子、干烧鱼等

（续）

咸辣味	咸辣味是由咸味、辣味、鲜味和香味调和而成的。如川菜的辣子鱼，辣中有咸，咸中散发着鱼的清鲜味和葱、姜、小料的香味。辣子羊肉、红油仔鸡等均属于这一类
甜咸味	甜咸味是由咸味、甜味、鲜味和香味调和而成的。甜中有咸，咸中有鲜，如广东菜的叉烧肉，在甜咸味中又散发着汾酒的醇香；京菜的酱爆肉，在甜咸味中又散发着酱味的清香
香辣味	香辣味是由咸味、辣味、酸味、甜味调和而成的。香辣味的味型也是比较多的，如川菜的鱼香味，是辣椒的辣、醋的酸、糖的甜和泡辣椒、葱、姜、蒜等小料的香在一起而形成的一种特有的香味；再如山东菜的醋椒鱼，鱼和香菜的清香味伴有胡椒的辣味、醋的酸味，食之分外爽口。咖喱汁、蒜泥汁、姜汁都属于这种味型
香咸味	香咸味是由香味、鲜味和咸味组成的，如广东的卤、北京的酱，都属于香咸味。香咸味的调味品多用药材配制而成，如北京月盛斋的酱牛肉、白魁的烧羊肉，其调料中的药材多达 24 种
麻辣味	麻辣味主要是由麻味和辣味构成的，以突出麻味和辣味为主，同时辅以咸、鲜、香，由花椒、辣椒、酱油或酱、葱、姜等原料调和而成，如麻婆豆腐等。麻辣味是川菜特有的味道
怪味	怪味是由咸味、甜味、辣味、麻味、酸味、鲜味和香味调和而成的，它是川菜独有的一种味型，如怪味豆、怪味鱼、怪味鸡等

第二节　调味的作用及原则

所谓调味，就是在烹制过程的某一环节，按照菜肴的质量要求和适当比例投入调味料，使菜肴具有色、香、味俱佳的品质特征。调味是烹调中的一项重要措施，对菜肴的色、香、味起重要的作用。

一、调味的作用

调味能使淡而无味的原料获得鲜美的滋味，如海参、豆腐、粉皮等原料，本身不具备鲜美的滋味，必须用多种调味品调和，才能成为滋味鲜美的佳肴。

（一）确定滋味

调味最重要的作用是确定菜肴的滋味。给菜肴准确恰当定味并体现菜系的独特风味，显示了一位烹调师较高的调味技术水平。

对于同一种原料，可以使用不同的调味品烹制成多样化口味的菜品。如同是鱼片，佐以糖醋汁，出来的是糖醋鱼片；佐以咸鲜味的特制奶汤，出来的是白汁鱼片；佐以酸辣味调料，出来的是酸辣鱼片。

对于大致相同的调味品，由于用料多少或烹调中下调料的方式、时机、火候、油温等不同，可以调出不同的风味。例如，都使用盐、酱油、糖、醋、味精、料酒、水淀粉、葱、姜、蒜、泡辣椒作为调味料，既可以调成酸甜适口微咸，但口感先酸后甜的荔枝味，也可以调成酸、甜、咸、辣四味兼备，而葱、姜、蒜香突出的鱼香味。

（二）去除异味

所谓异味，是指某些原料本身具有的使人感到厌烦，影响食欲的特殊味道。原料中的牛、羊肉有较重的膻味，鱼、虾、蟹等水产品和禽畜内脏有较重的腥味，有些干货原料有较重的臊味，有些蔬菜、瓜果有苦涩味。这些异味虽然在烹调前的加工中已消除了一部分，但往往不能根除干净，还要靠调味中加相应的调料，如酒、醋、葱、姜、香料等，才能有效地抵消和矫正这些异味。

（三）减轻烈味

有些原料，如辣椒、韭菜、芹菜等具有自己特有的强烈气味，适时适量加入调味品可以冲淡或综合其强烈气味，使之更加适口和协调。例如，辣椒中加入盐、醋就可以减轻辣味。

（四）增加鲜味

有些原料，如熊掌、海参、燕窝等本身淡而无味，需要用特制清汤、特制奶汤或鲜汤来"煨"制，才能入味增鲜；有的原料，如凉粉、豆腐、粉条之类，则完全靠调料调味，才能成为美味佳肴。

（五）调和滋味

一味菜品中的各种辅料，有的滋味较浓，有的滋味较淡，通过调味才能实现互相配合、相辅相成，如豆烧牛肉，牛肉浓烈的滋味被味淡的土豆吸收，土豆与牛肉的味道都得到充分发挥，成菜更加可口。菜中这种调和滋味的实例很多，如魔芋烧鸭、大蒜肥肠、白果烧鸡等。

（六）美化色彩

有些调料在调味的同时，赋以菜肴特有的色泽，如用酱油、糖色调味，使菜肴增添金红色泽；用芥末、咖喱汁调味可使菜肴色泽鲜黄；用番茄酱调味能使菜肴呈现玫瑰色；用冰糖调味能使菜肴变得透亮晶莹。

二、调味的原则

调味的原则就是在调味的过程中应遵循规律，要根据原料的性质、食用者

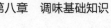

不同口味、季节及菜肴的种类进行操作。

（一）调料的投放要恰当、适时、有序

要根据烹饪原料本身的品质特性，选用适合的调料，同时要了解调料本身的性质，做到因材施艺。在投放调料时，应选择最佳时机。在使用多种调料时，应根据每一种调料自身的性质和性能，按一定顺序投放，最大限度地体现调料的调和作用。下料时要注意三点：恰当地掌握好调料的用量；掌握好投料的顺序，投料要突出主味，不忘辅味；操作时应当做到操作熟练，下料准确、适时，并且力求投料规格化，有固定的程序。

（二）根据烹饪原料的性质调味

在调理滋味时应充分了解烹饪原料的性质，切不可千篇一律、一概而论。对于鲜美的原料，调味时应以调味的滋味衬托出烹饪原料的美味。对于本身带有腥、膻、臊、臭、苦、涩、腻等异味的原料，调味时应用较重的滋味抑制异味，或用调料除去异味；对于本味极弱的原料，调味时要补充增进滋味。

（三）根据季节的变化合理调味

人们的口味往往随着季节的变化而有所不同，春天口味偏酸，夏季口味偏苦，秋天口味多辣，冬天口味偏咸。调味时应考虑这种口味的变化。

（四）根据食者的口味要求调味

"食无定味，适口者珍。"不同地区的人，口味千差万别，因此厨师在烹制调味时，应以人为本，必须充分了解食者的口味要求。

（五）根据菜品风味特点进行调味

烹调技艺经过长期的发展，形成了具有各地不同特点的风味。同名菜调味方法略有差别，如干烧鱼，川味以辣为主味，咸鲜为辅味；苏味以甜为主味，其他为辅味；北方地区以咸为主味，其他为辅味，可谓各具特色。

第三节 调味的方法及调味品的要求

调味时因原料、烹调方法、菜肴种类等的不同而采用加热前调味、加热过程中调味、加热后调味的方法。

一、加热前调味

调味的第一个阶段是原料加热前的调味，也叫基本调味。这种调味方法，就是在原料下锅之前，先用精盐、酱油、料酒、胡椒粉、鸡蛋（或蛋清）、湿淀粉等把原料浆一浆，让调味品的味渗入原料内，使原料在下锅前有一基本的味，并消除原料的腥膻味，此法适用于鸡、鸭、鱼、虾、肉类原料。有些配料，如青笋、黄瓜等，也需要在烹调前用精盐腌一下，以腌去部分水分，确定它的基本味。

二、加热过程中调味

调味的第二个阶段是在原料加热过程中的调味，也叫正式调味，或称决定性调味。在加热过程中调味，可以确定菜品的风味特色。对于烩、烧、炖等烹调方法，以及一些无法进行加热前调味或不适合加热后调味的情况，加热中调味对于菜品的制作起着决定性的作用。此外，炸法本身的过程也是调味，是增加香味的调味方法。

三、加热后调味

调味的第三阶段是烹饪原料加热后的调味，又称补充调味、辅助调味。一些烹调方法，如蒸、炸、涮、烤等，适合加热后调味。烹制加热前和加热中都不易调味或不能充分调味的原料，通过烹制加热后的调味，可以确定口味和特点。

四、调味品的要求

1. 容器的选择

有腐蚀性的调料，应该选择玻璃、陶瓷等耐腐蚀的容器；含挥发性的调料，如花椒、大料等应该密封保存；易发生化学反应的调料，如调料油等油脂性调料，由于在阳光作用下会加速脂肪的氧化，故存放时应避光、密封；易潮解的调料，如盐、糖、味精等应选择密闭容器。

2. 环境的选择

保管调味品时环境温度要适宜。温度太高，糖易熔化，醋会由于细菌繁殖，变质而产生浑浊现象，葱、姜、蒜等调料易生芽；温度太低调味品容易冻伤；湿度太大，会加速微生物的繁殖，加速糖、盐等调味品的潮解；湿度过低，会使葱、姜等调味品大量失水；油脂类调味品需要避光保存，否则会加速氧化而酸败；暴露在空气中，香辛料香气会加速挥发。

3. 方法的选择

不同性质的调味料应该分别保管，如新油与使用过的油不宜相互混合；食盐和糖不宜混放在一起，液体调料与固体调料不宜混放一起。调料应及时使用，现用现加工。例如，水淀粉、料油、葱花、姜末等，应根据用量掌握好加工数量，尽可能一次用完，否则会造成浪费。

4. 调味品的合理摆放

临灶操作时，调味品的放置要符合操作方便、不易混淆、不易污染的原则。

1）先用的调味品要近放，后用的调味品要远放。

2）常用的调味品要近放，不常用的调味品要远放。

3）液体的调味品要近放，固体的调味品要远放。

4）有色的调味品要近放，无色的调味品要远放。

5）耐热的调味品要近放，不耐热的调味品要远放。

6）颜色相同的调味品或相近的调味品要间隔放置。

第九章

烹调的辅助技艺

第一节　焯水

一、焯水的概念

焯水又称为冒水、区水、飞水、水烫、水煮等，就是把加工整理或切制成形的食物原料放入水锅中加热至正式烹调所需要的火候状态，以备进一步切配成形或正式烹调之用的初步加热过程。

二、焯水的作用

1. 可使新鲜蔬菜色泽鲜艳

大部分新鲜蔬菜中都含有丰富的叶绿素，加热时叶绿素中的镁离子与蔬菜中的草酸形成脱镁叶绿素，导致蔬菜颜色变暗。正式烹调前的焯水可以通过加热和稀释作用，有效除去蔬菜中的草酸，使烹调原料的 pH 接近中性，防止和减少脱镁叶绿素的产生，从而达到保持原料颜色鲜艳的目的。

另外，新鲜蔬菜的表面或薄或厚地裹着一层蜡膜，这是植物防御病害的自我保护膜。这些蜡膜在一定程度上阻碍了人们对蔬菜颜色的感受。焯水可熔化蜡膜，提高人们对蔬菜颜色的感受。所以，焯水不但能防止蔬菜变色，还能提高蔬菜的鲜艳程度。

2. 可以除去异味，排出血污和部分油腻

异味是指原料中的苦味、涩味、腥味、臭味等，这些味道在某些蔬菜及动物的脏腑中广泛存在。它们属于低分子聚合物，分子结构比较复杂，但绝大部分易溶于水，如草酸的涩味、芥子油的苦辣味、尸胺的臭味等均可以在热水中被分解很大一部分。血污较大的动物性原料也可以通过焯水除去血污及腥臭异味。

3. 可以调整不同原料的成熟时间

各种原料由于质地及形状的不同，在成熟时间上差异很大。有的需要几个小时，而有的只需几秒。在正式烹调时，要把这些质地不同、形状各异、成熟时间不同的原料搭配在一起，经过同样的火力、同样的加热时间，烹制成一道恰到火候的精美菜品，就需要在正式烹调前对一些成熟时间较长的原料进行预

熟处理。焯水就可以有目的地调整某些原料的成熟时间，从而达到共同成熟。

4. 可以使某些原料便于去皮或切配成形

有些原料，如西红柿、花生米、栗子、荸荠等去皮比较困难，若通过焯水使之预熟，去皮就容易多了。另外，肉类、动物内脏等原料，通过焯水，比生料更容易切配。

5. 可使某些原料质地脆嫩

质地脆嫩是不少菜肴所追求的口味，特别是新上市的新鲜蔬菜无不以脆嫩取胜，没有人会喜欢粗老的。一般来说，菜肴嫩的程度主要与含水量有关，含水量多则嫩，含水量少则不嫩或不够嫩，甚至老。因此，在烹调中尽量保持原料中的水分不外溢或少外溢。焯水就是保持原料水分的一种有效措施，特别是热水锅焯水法，通过提高水的温度，缩短加热时间，从而避免原料中水分过度损失，以达到保持原料脆嫩的目的。

6. 可以缩短正式烹调时间

经过焯水的原料能够达到正式烹调的要求，即符合正式烹调所需的成熟度，变为半熟、刚熟或熟透的半成品，因而大大缩短正式烹调的时间。焯水对于那些旺火速成、对菜品口感要求脆嫩的菜肴尤为重要。

三、焯水的具体方法

根据投料时间和水的温度高低，焯水可分为冷水锅焯水和沸水锅焯水两种方法，见表 9-1。

表 9-1　焯水的方法

焯水方法	定　义	操 作 流 程	适　用
冷水锅焯水	将加工整理的原料与冷水同时入锅加热至一定程度，捞出投凉、漂洗，以备正式烹调所用	锅中注入冷水→投入加工好的原料→加热→翻动原料→控制加热时间→捞出投凉、漂洗	1）异味较重、血污较多的动物性原料（如肚、肠、肉类等） 2）体形较大、质地坚实并带有较浓苦涩味的植物性原料（如萝卜、鲜笋等）
热水锅焯水	将食物原料初步整理后，放入加热至一定温度的水中，继续加热至一定成熟度的方法，称为热水锅焯水	加工整理原料→放入热水中→继续加热→翻动原料→迅速烫好→捞出投凉、漂洗	1）体形较小、鲜嫩或脆嫩，需要保持色泽鲜艳的植物性原料，如芹菜、菠菜、香菜等 2）体形小、异味轻、血污少的动物性原料，如鸡、鸭、方肉、蹄髈等

四、焯水时的注意事项

1. 要根据烹饪原料的质地掌握好焯水时间

各种烹饪原料质地有老嫩、软韧之分，形状有大小、粗细、薄厚之别，在焯水中应区别对待，分别控制好焯水的时间。体积厚大、质地老韧的原料，焯水时间可长一些；体积细小、质地软嫩的原料，焯水时间应短一些，以使之符合正式烹调的需要。

2. 有特殊味道的烹饪原料应分别处理

有些原料有很重的特殊气味，如羊肉、牛肉、肠、肚、芹菜、萝卜等。这些原料应与一般原料分开焯水，以免各种烹饪原料之间吸附和渗透异味，影响原料的口味。如果使用同一锅进行焯水，应先焯无异味或异味较小的原料，再焯异味较重的原料。这样既可节省时间，又可避免相互串味。

3. 深色与浅色的烹饪原料应分开焯水

焯水时要注意原料的颜色和加热后原料的脱色情况。一般色浅的烹饪原料不宜同色深的烹饪原料同时焯水，以免浅色的烹饪原料被染上其他颜色而失去其原有的颜色。

第二节 过油

一、过油的概念

过油也称为油锅，是指在正式烹调前以食用油脂为传热介质，将加工整理或切制成形的食物原料加热至一定程度，从而符合正式烹调需要的操作过程。

二、过油的作用

1. 丰富原料的质感

需要过油的原料都含有不同程度的水分，而水分是决定原料质感的重要因素。过油时利用不同的油温和不同的加热时间，使原料的水分与初始状态产生差异，从而形成多种质感。

此外，需要过油的原料大多还需要上浆挂糊，由于浆、糊的不同，同种原料也会体现出不同的质感。

2. 增加原料的色彩

过油是通过高温使原料表面的蛋白质类物质发生化学反应，使淀粉变成糊精，从而达到改变原料色彩的目的，经过不同的过油方法处理之后，特别是经过挂糊过油之后，会为原料增光添彩。

3. 加快原料的成熟速度

过油虽然是初加热，但由于温度很高，会使原料中的蛋白质、脂肪等营养成分迅速分解，从而加快了原料的成熟速度。

4. 改变或确定原料的形态

过油时原料中的蛋白质类物质在高温状态下会迅速凝固，使原料的原有形态和改刀后的形态，在继续加热和正式烹调中不被破坏。

5. 丰富原料的风味

原料在过油时能散发出大量的芳香气味，诱人产生食欲。油能以高于水或蒸汽的温度迅速驱散原料表面和内部的水分，使原料具有芳香味，使油分子迅速渗透到原料内部，给缺少脂肪的原料（如茄子、土豆等）补充脂肪，增加营养和脂香气。

三、过油的具体方法

过油根据使用的油的温度不同，可分为滑油和走油两种具体方法。

1. 滑油

滑油是温油锅对原料加热处理的一种方法，将加工整理或切配成形的食物原料，采用蛋液、湿淀粉包裹（上浆），投入温油锅内加热处理成熟。

（1）滑油的操作程序　铁锅擦净烧热→加入食油→加热至三四成热→投入原料滑散成熟→捞出控油备用。

（2）滑油的操作要领

1）铁锅应擦净预热，再注入食油。

2）油要洁净。

3）要根据原料的质地掌握好油温。

4）滑油时，动作要轻。

（3）滑油的适用范围

1）质地鲜嫩、形状薄小的原料。

2）爆炒、滑炒、滑熘等烹调方法制作菜肴，对主料的预熟处理。

2. 走油

走油也称为冲油、油促、油炸、拉油等，就是将加工整理或切制成形的食物原料，投入热油锅或旺油锅内加热处理，已达到正式烹调的要求。

（1）走油的操作程序 铁锅擦净预热→加入食油→加热至五六成热→投入原料→翻动加热→捞出控油备用。

（2）走油的操作要领

1）入油前应将烹饪原料表面水分擦干。

2）带皮原料，入油时应皮面朝下。

3）挂糊的原料要均匀，并分散入油。

4）用油量要宽（3∶1），将原料没过。

5）须采用急火、高油温（五六成热）。

6）注意油温的变化，随时调整火力。

7）随时翻动原料，确保受热、成熟、颜色均匀一致。

（3）走油的适用范围

1）适用加工的原料范围较多，如家畜、家禽、水产品、豆制品及某些蔬菜类等均可。

2）可作为油爆、烧、拔丝等烹调方法制作菜肴主料的预熟处理。

（4）走油应注意的事项 采用走油使原料成为半成品，这与烹调方法的炸制有着很大的区别。因此，在运用上要注意下面几个问题。

1）根据正式烹调的要求确定成熟度，走油只是对烹饪原料的初步加热，更主要的成熟阶段是正式烹调。正式烹调直接决定菜肴的各种特性，而走油只是为实现这些特性提供间接的服务。因此，走油时不要强求烹饪原料的完全成熟，以免影响菜肴的质量。

2）根据成品特点灵活掌握火候，成品菜肴的火候是各个加热环节的火候的组合，任何一个加热环节火候掌握不当，都会影响成品菜肴的质感。根据成品特点进行初步热处理，是初步热处理的基本原则。因此，走油时，要根据烹饪原料的质地、成品的质感要求选择油温及加热时间。

3）根据成品要求掌握色泽，进行走油处理时，半成品如需要颜色洁白，则应选取洁净的油脂进行加热处理，且油温不宜过高。为半成品增色也是初步热处理的目的之一，而半成品的色泽要服从于成品菜肴的色泽。走油时，半成品的色泽一般比成品色泽稍浅一些为宜，因为半成品在正式烹调时还要加热和添加调料等进一步增色。如半成品色泽过深，烹调时难以调整，将影响菜肴成品的质量。

4）半成品不可放置过久，半成品久置不用，会导致半成品品质下降。如半成品吸湿回软，糊中的淀粉脱水变硬、老化、干缩等，均会对菜肴成品的质量造成影响。

3. 油温的掌握

正确鉴别油温后，还需要正确掌握使用油的温度，一般规律如下：

1）根据火力的大小灵活掌握油温。

2）根据加工原料数量的多少掌握油温。

3）根据用油量的多少掌握油温。

总之，要根据烹调特点、过油目的等，灵活运用油温。

第三节　走红

一、走红的概念

走红又称为着色、红锅，是指将加工整理或切制成形的食物原料，投入各种有色调味汁中加热，或将原料表面涂抹上某些调味料经过油炸使原料表面着上颜色的加热过程。

二、走红的作用

1. 增加或改变原料表面的颜色

各种家禽肉、猪肉、蛋品，通过走红能使原料带上浅黄、茶褐、橙红、棕红等颜色。

2. 解除异味、增加香味

原料在走红过程中，不是在调味卤汁中加热，就是涂抹上调味品后在油锅内炸制。这样原料就可在调料或油温的作用下，除去异味，增加香味。

3. 使原料定形、增加美感

原料在走红的过程中，就基本确定了成菜后的外形（如整形或大块原料）；对一些走红后还需要切配的原料，也十分注重其走红时的规格。所以，走红也是决定成菜形态的重要手段。

三、走红的具体方法

根据传热介质不同，走红可分为卤汁走红法和过油走红法两种。

（一）卤汁走红法

卤汁走红法就是将经过焯水或过油等方法处理的食物原料放入锅中，加入鲜汤或水及有色调味料，加热使菜肴原料上色的一种技法。常用的有色调味料有：糖色、酱油、红曲米。

1. 操作程序

加工整理原料→调配卤汁并加热→放入加工好的原料→继续加热至上色→取出原料。

2. 操作要领

1）应按成品菜肴的需要掌握好有色调味料用量比例及卤汁颜色的深浅。

2）一般是先急火烧沸，再改用慢火加热，使菜肴原料的着色和入味同步进行。

3）根据成品菜肴的需要，严格控制加热时间，把握成熟度，确保菜肴风味。

3. 适用范围

用于鸡、鸭、鹅、鸽等禽类及方肉、肘子和家禽内脏等原料。

（二）过油走红法

过油走红法就是在经过加工处理后的原料表面涂上有色调味料或经油炸能改变颜色的料，然后放入油锅中加热至原料上色的技法。常用的有色调味料有：黄酒、酱油、饴糖、面酱、蜂蜜、糖色、酒酿汁等。

1. 操作程序

加工整理原料→表面涂抹调料风干→锅内注入油脂加热→投入原料加热→取出原料备用。

2. 操作要领

1）原料表面涂抹调味料要均匀并风干。

2）原料入油时要轻，防止热油飞溅烫伤。

3）要掌握好油的温度（一般控制在 150~230℃）。

3. 适用范围

多适用于鸡、鸭、鱼、方肉、肘子等。

四、走红应注意的事项

1. 控制好烹饪原料的成熟度

烹饪原料在走红时，有一个受热成熟的过程，因为走红并不是最后烹调阶段，所以要尽可能在上好色泽的基础上，迅速转入正式烹调，以免影响菜肴的质感。

2. 保持好烹饪原料形态的完整

鸡、鸭、鹅等禽类烹饪原料，在走红前应整理好形态，在走红时要保持形态的完整；否则，将直接影响成品菜肴的形态。

第四节　汽蒸

一、汽蒸的概念

汽蒸又称为汽锅或蒸锅，将加工整理或切制成形的食物原料放入蒸笼或蒸箱内，采用蒸汽为传热介质，将原料加热至一定成熟度的技法称为汽蒸。

二、汽蒸的作用

1. 可保持烹饪原料的形态

烹饪原料经加工后放入蒸锅，在封闭状态下加热，无翻动、无较大冲击，所以半成品可保持入蒸锅时的原有状态（可根据烹调菜肴的需求定型）。

2. 可以保持烹饪原料的原汁原味和营养成分

汽蒸是在温度适中的环境中进行的初步热处理，整个加热过程中不存在过高的温度，温度在120℃左右，所以能避免烹饪原料中的营养素在高温缺水状态下遭到破坏。这种热处理还不会导致脂溶性、水溶性营养素及呈味物质的流失，使烹饪原料具有较佳的呈味效果。

3. 能缩短正式烹调时间

烹饪原料通过汽蒸可基本或接近成熟。例如，"香酥鸡"通过汽蒸使鸡达到软烂脱骨而不失其形的标准，在正式加热时只需将鸡的表面炸酥脆即可。许多原料在汽蒸作用下已成为半熟、刚熟或成熟的半成品，这样可以大大缩短正式烹调时间。

三、汽蒸的具体方法

根据汽量和原料蒸制后应具备质感，汽蒸通常分为急火大汽量速蒸、中火中汽量长时间蒸、慢火小汽量徐徐蒸和微火微汽量保温蒸。

1. 急火大汽量速蒸

设备先充满蒸汽→放入原料→大汽量加热断生→取出原料备用。

2. 中火中汽量长时间蒸

设备先充满蒸汽→放入原料→中汽量加热使原料酥烂→取出原料备用。

3. 慢火小汽量徐徐蒸

设备内放入原料→小汽量缓缓加热成熟→取出原料备用。

4. 微火微汽量保温蒸

设备内放入原料→微汽量保持一定温度→使用时取出原料。

四、汽蒸应注意的事项

1. 注意与其他初步热处理的配合

许多烹饪原料在汽蒸处理前还要进行其他方式的热处理，如过油、焯水、走红等。各个初步热处理环节都应按要求进行，以确保每一道工序都符合要求。

2. 调味要适当

汽蒸属于半成品加工，必须进行加热前的调味。但调味时必须给正式调味留有余地，以免口重。

3. 要防止烹饪原料间互相串味

多种烹饪原料同时采用汽蒸时，要防止汤汁的污染和串味。烹饪原料不同、半成品不同，所表现出的色、香、味也不相同。因此，汽蒸时要选择最佳的方式合理放置烹饪原料，防止串味、串色。味道独特、易串色的烹饪原料应单独处理。

第五节　制汤

一、制汤的概念

所谓制汤，就是把富含蛋白质、脂肪、核酸及有机酸的动、植物性原料，在水中长时间加热水解，取其鲜味物质制成鲜汁的工艺过程。

二、汤汁中的呈鲜物质

1）蛋白质类包括谷氨酸、甘氨酸、精氨酸、天门冬氨酸和某些肽等。
2）核酸类包括肌苷酸、鸟苷酸、黄苷酸等。
3）有机酸类包括琥珀酸和某些脂肪酸等。

三、汤的分类

1. 按汤的呈色分
（1）清汤　普通清汤、高级清汤。
（2）白汤　普通白汤、浓白汤。
2. 按制汤原料性质分
（1）荤汤　高级清汤（三合汤）、鸡清汤、肉白汤、鱼白汤、海鲜汤等。
（2）素汤　豆芽汤、鲜笋汤、菌汤。
3. 按汤的口味分
咸汤、甜汤。
4. 按制汤的工艺方法
单吊汤、双吊汤、三吊汤。

四、制汤的具体方法

1. 白汤
白汤又称为奶汤，根据用料、制作工艺和成品质量，白汤有普通白汤和浓白汤之分。
（1）普通白汤　普通白汤也称为一般白汤，俗称"毛汤"或"次汤"。

普通白汤属于复合味汤，一般是用鸡骨架、鸭骨架、猪骨、火腿骨等几种原料，经焯水洗涤干净后，放入锅中，加适量的清水、葱、姜、黄酒等，采用急火或中火煮炖至汤体呈乳白色除净浮沫过滤即成。

普通白汤的主要特点是用料普通、操作简单、易于掌握、鲜味一般，多用于烹制一般菜品。

（2）浓白汤　浓白汤也称为高级奶汤。采用鸡、鸭、猪蹄髈、猪爪、猪骨（最好将棒骨砸断）、腊肉、白肉的原料，经焯水洗涤干净后，放入锅中，加足清水急火烧沸除净浮沫，再加上葱、姜、黄酒等，继续急火或中火加热至汤汁浓稠且呈乳白色，取出原料，清除渣质即成。一般来说，1kg 料制 1.5kg 左右的汤为宜。

浓白汤的主要特点是用料讲究，汤体浓稠乳白、鲜味醇厚，多用于奶汤一类菜品的制作。

2. 清汤

根据用料、制作工艺及成品质量不同，清汤有普通清汤和高级清汤之分。

（1）普通清汤　普通清汤也称为一般清汤、次汤、毛汤。采用鸡、鸭骨架、翅膀和猪蹄髈等原料，经焯水洗涤干净后，随冷水一同下锅，急火加热至沸腾，除净浮沫，放入葱、姜、黄酒，改用慢火长时间加热，不能使汤面沸腾，使原料中的蛋白质等营养成分及呈现物质充分溶于汤中，再除净表面浮沫及油分即成。

普通清汤的特点是汤汁稀薄、清澈度差、鲜味一般，多用于普通菜肴的制作和制作高级清汤的基础汁液。

（2）高级清汤　高级清汤也称为高汤、上汤、顶汤。高级清汤是在一般清汤的基础上进一步提炼而成的，行业中称为"吊汤"。将鸡肉与适量的葱、姜，加工成蓉泥，放入盛器内，加入适量的黄酒和一般凉清汤搅匀成馅备用。将一般清汤沉淀过滤除净渣状物后放入汤锅内，随即加入调好的鸡肉馅，边加热边用手勺顺同一方向不停地慢慢搅动，待汤将沸时，鸡蓉泥浮在汤面时改用小火或使汤锅半离火源，不能使汤面翻滚。此时，停止搅动，撇净浮沫及油分，用漏勺慢慢捞起鸡蓉泥，使用手勺挤压出汤汁，鸡蓉泥呈饼状，再慢慢托放入汤中，以使其中的蛋白质等成分及鲜汁充分溶于汤中，然后去掉鸡蓉泥，除渣保持一定温度即成。

如果要制作质量更高的清汤，可采用上述方法吊制第二次、第三次。总之，吊制的次数越多，汤味越鲜醇，汤更加清澈。

吊汤的主要目的：在吊汤的过程中，采用鸡等原料的蓉泥物进行吊制，最大限度地提高汤汁的鲜味和浓度，使口味更加鲜醇，同时利用蓉泥料的助凝作用，吸附汤液中的悬浮物，使汤汁更加清澈。

吊汤的关键如下：

（1）选料精良　应选用鲜味浓厚的动物性原料，多以母鸡为主料。因为母鸡肌肉组织所含的浓厚鲜味，及丰富的蛋白质、脂肪、维生素和无机盐等是其他原料所不及的。但是，用于煮汤的母鸡应该有所选择，必须是宰杀后体重在1.5kg 以上的老母鸡，越老越好。以鸡为主，再配以瘦猪肉、火腿、鸭子、肘子、脚爪、骨头、骨架等肉类原料。

（2）冷水下锅　吊汤的原料以大块整只为宜，与冷水同时下锅，一次加足水量，中途不能加水。如下入沸水锅中，原料的表面骤受高温，蛋白质容易凝固，不能大量溶于汤中，汤汁不易达到鲜醇的程度。同样，也不能先加入盐，因为盐具有渗透作用，能渗透到原料内部，排出原料内的水分，蛋白质也容易凝固，汤汁不浓，鲜味不足。所以，原料要在冷水下锅后，加热烧沸，撇去浮沫，加点葱、姜、料酒即可熬制，最后加盐。

（3）火候要准　和烹制菜肴一样，吊汤也要掌握好火候。清汤和奶汤，要用两种不同的火候。奶汤的火候，先旺后中，汤面始终保持沸腾的状态，直至汤汁呈乳白色，并以较高浓度为准。但要注意防止原料粘锅底，产生不良味道，破坏了汤汁；同时，火力不能小，火力不足，会使汤汁不浓，黏性较差，滋味不美。在适当的火候下，要开锅熬制 2h 左右。这种鲜汤，大多用于煨、焖、煮等技法烹制白汤菜肴，还可用于烧、扒等菜肴的调味。清汤的火候，则是先旺后小。在汤汁煮沸后，立即改用小火，保持汤面微开，呈翻小泡状态，行话叫作冒"菊花心"泡。但火力又不能过小，过小不冒泡，原料内含有的蛋白质等物质也不容易溢出，影响汤汁鲜味和质量。相反，火力也不能过大，大了汤面沸腾，汤色就会变为浓白，失掉清汤澄清的特色。清汤熬制时间也比奶汤长得多，一般要盖锅熬 4h 以上。熬制以后，再用细白纱布过滤，除去渣滓，即成鲜醇、澄清的汤汁。

3. 素汤

素汤是制作菜肴常用的汤，一般选用豆芽、鲜笋、冬菇、口蘑等植物性原料制成，操作方法简单，具体方法是将原料洗涤干净加清水、葱、姜，加热至鲜味溶于水中去掉原料即可。制汤的原料与加水量的比例一般以 1：1.5 为宜。

根据用料不同，素汤有豆芽汤、鲜笋汤、菌汤等；根据汤色不同，有素清汤、素浓汤等。

（1）吊素清汤 将黄豆芽、鲜笋的老头、扁尖笋、鲜蘑菇、白萝卜、胡萝卜、芹菜、葱、姜等原料洗净，鲜蘑菇、扁尖笋先焯水，然后各种原料500g，加清水1 000g，旺火烧开后转小火煮3~4h，即成清汤。此汤可用于高档素菜肴——清汤银耳、扣素三丝、燕窝鸽蛋、丝瓜白玉汤等。

（2）吊素浓汤 将吊素清汤的渣，再加洗净的香菇根、黄豆芽加油炒透后加清水一起下锅，用旺火烧开，撇去浮沫，煮3~4h，即成奶白色浓汤。此汤可用于烧烤麸、烧素鸡、烩汤、羹类菜肴。

五、汤汁形成的原理

1. 荤白汤

荤白汤所用原料为鸡、鸭、鱼、猪骨、猪蹄髈、白肉、腊肉等富含胶原蛋白、脂肪及磷脂的动物性原料，特点是汤色洁白、汤汁醇厚、营养较丰富。

在加热过程中，随着温度的升高，原料中的胶原蛋白、脂类、无机盐、维生素溢出形成鲜美的汤汁。在加热过程中，原料中的血红蛋白析出后，吸附周围的污物与杂质变性凝固，变性后的血红蛋白由于体积变大，密度变小而上浮汤面，此时用手勺撇去这些浮沫可起到清汤的作用。

汤体在急火或中火加热过程中不断振动，使脂肪分子被撞击成许多小油滴而分散于汤中。肉皮和汤中的胶原蛋白在不停地振荡下，首先螺旋状结构被破坏，接着发生不完全水解形成明胶。明胶溶于汤中，是一种亲水性很强的乳化剂，在汤中它与磷脂共同起着乳化作用。明胶分子与磷脂分子上的非极性基团伸向油滴，将油滴包裹在里面，阻止了油滴的聚集，使汤汁成为油、水、胶三相结合的分散体系。明胶与磷脂另一端大量的亲水基团与水结合，使这个分散体系十分稳定。因此，白汤在静止后不会随时间的延长而改变色泽。在这个分散体系中，油稳定地分散在汤水中。这种水包油型的脂肪滴（或称油滴）在光线的折射中，颜色是乳白色的，像牛奶一样，这就是白汤的成因。

2. 荤清汤

荤清汤所用原料为老母鸡、猪肘、鸡鸭骨架等含蛋白质、核酸及有机酸丰富、脂肪含量较低的动物性原料。荤清汤的特点是汤色微黄、清澈见底、味道鲜醇、营养丰富。

将原料放入水锅中，先急火烧开，随即改为小火加热，使汤热而不滚，似开非开，随着加热时间的延长，原料中的含氮浸出物慢慢析出溶入水中，味道会越来越浓，由于采用小火加热，汤体始终保持平静状态，因此水对原料的撞击力很小，这样胶原蛋白分解明胶就少了许多，磷脂也不能充分析出，从而在汤中丧失了乳化的条件。在这种汤汁中，溶化了的油脂因密度小而浮于汤面，并且由于油脂本身表面张力与水不同而聚集在一起，此时将汤面油脂撇净就可制得清汤。

第六节 勾芡

一、勾芡的概念

所谓勾芡就是根据烹调方法及菜肴成品的特点要求，在主、辅料烹调成熟或接近成熟时，将调好的水淀粉（生粉）淋入锅内，使卤汁浓稠，增加卤汁对原料的附着力的一种技法。

二、勾芡的作用

1. 改变质感、增加光亮

大部分熘菜的最大特点就是外香脆、内软嫩，如糖醋鱼等。这类菜肴为了保持外香脆，都要经油炸或油煎处理。对于这类菜肴，必须在调味汁中加入淀粉，先在锅内勾芡，使调味汁变浓变稠，成为卤汁，在较短的时间内，裹在原料上。由于淀粉糊化而变黏的调味汁，尽管裹在原料上，却不易渗进原料（只沾在外面），这样就保证了菜肴外香脆、内软嫩的风味特点。

2. 汁菜附着、融合滋味

菜肴在烹调中，原料溢出内部的水分，为了调味又必须加入液体调味品和水，这两种水分在较短的烹调时间内，不可能全部被吸收或蒸发，尤其是爆、熘、炒等旺火菜更难做到。勾芡以后，由于淀粉的糊化黏性作用，把原料溢出的水分和加进的液体调味品变成卤汁，又稠又黏，稍加颠翻，就均匀裹在菜肴上，汤料混为一体，既达到汁少汁紧的要求，又解决了不入味的矛盾，两全其美。

3. 保持温度、突出风味

芡汁裹在了菜肴的外表，减缓了菜肴内部热量的散发，能较长时间保持菜肴的热量，特别是对一些需要热吃的菜肴（冷了就不好吃），不但起到保温作用，实际上也起了保质的作用。

4. 晶莹光洁、丰富色彩

由于淀粉受热变黏后，产生一种特有的透明光泽，能把菜肴的颜色和调味品的颜色更加鲜明地反映出来，因而勾过芡的菜肴比不勾芡的菜肴色彩更鲜艳，光泽更明亮，显得洁爽美观，起到"锦上添花"的作用。

5. 增汁浓度、突出原料

烩、煮等类菜的特点是汤水较多，特别是原料本身的鲜味和调料的滋味都要溶解在汤汁中，汤味特别鲜美，但缺点是汤、菜分家，不能融合在一起。勾芡以后，淀粉的糊化作用增强了汤汁的浓度，使汤、菜融合在一起，不但增加菜肴的滋味，还产生了柔润滑嫩等特殊效果。所以，在这一类菜肴中，除部分菜外，都要适当勾芡，以提高菜肴的风味特色。

有些汤菜的汤水很多，主料往往沉在下面，上面是汤不见菜，特别是一些名菜，如烩乌鱼蛋等，若主料不浮在汤面，则影响了菜的风味质量。采用勾芡办法，适当提高汤的浓度，主料上浮，突出了主料的位置，而且汤汁也变得滑润可口。

6. 减少营养成分损失

勾芡还可使菜肴在烹调过程中溶解到汤汁里的维生素和其他营养物质黏附在糊化的芡汁上，减少了营养成分的损失。

三、芡汁的种类

1. 按芡汁的浓度可分为厚芡和薄芡两种

（1）厚芡　经勾芡后卤汁较浓稠，能够裹住原料，装盘后不流动或流动缓慢，按浓度不同，可分为包芡和糊芡两种。

1）包芡：也称为爆芡，芡汁数量少，稠度大，主要适用于爆一类的菜肴。成品芡汁黏稠，能够互相粘连，全部裹在原料上，盛入盘中堆成形体后不易滑散，食用后盘内只见油不见芡汁。淀粉与水或汤汁之比一般为 1 : 5。

2）糊芡：浓度与数量比包芡略稀薄而少，主要用于炸熘类的菜肴。成品装盘后，芡汁 2/3 粘裹在原料上，1/3 溢在原料边缘。淀粉与水或汤汁之比一般为 1 : 7。

（2）薄芡　经勾芡后，芡汁较稀薄，按浓度不同，可分为熘芡和米汤芡两种。

1）熘芡：也称为玻璃芡，芡汁量较大，浓度较稀薄，能够流动，多运用于滑熘、软熘、扒等类的菜肴。成品装盘后，芡汁 1/2 或 1/3 粘裹在原料上，1/2 或 2/3 流淌在菜肴周围。淀粉与水或汤汁之比一般为 1:10。

2）米汤芡：也称为流芡，是芡汁中最稀薄的一种，浓度最低，似米汤的稀稠度。米汤芡主要适用于某些汤菜的制作，目的是让汤水变得稍稠一些，以便突出原料，口味浓厚。淀粉与水或汤汁之比一般为 1:20。

2. 按芡汁的色泽可分为红芡和白芡两种

（1）红芡　加有色调味品，如酱油、番茄酱等。

（2）白芡　加无色调味品，如食盐、味精等。

四、勾芡的具体方法

1. 碗内对汁翻拌法

将菜肴所需调料（黄酒、醋等除外）、汤汁、水淀粉兑成调味汁，倒入加热成熟或接近成熟的原料内，然后快速颠翻锅或拌炒，使芡汁成熟、均匀地裹在原料上装盘。

（1）适用范围　适用于爆等烹调方法制作的一类菜肴，多用于急火速成、需要勾厚芡的菜肴。

（2）作用　使芡汁全部包裹在原料上。

2. 锅内勾芡搅拌法

将原料烹调成熟或接近成熟时，将调好的湿淀粉直接淋入锅中，颠翻、搅拌，使芡菜融合装盘。

（1）适用范围　多用于滑熘、炸熘、扒、红烧、烩等烹调方法制作的菜肴。

（2）作用　使汤汁浓稠，促进汤菜融合。

3. 勾芡泼浇法

将勾好的芡汁直接泼浇在成熟装盘的原料上即可。

（1）适用范围　多用于软熘、浇汁等类的菜肴。

（2）作用　增加菜肴的口味和色泽。

五、勾芡的用料

勾芡的原料主要是淀粉（生粉）和水，使用前要将淀粉（生粉）用冷水浸泡透，然后再调制使用。

淀粉在一定温度的水中先膨胀，然后淀粉粒内部各层初步分离，接着破裂，出现胶黏现象；最后成为具有黏性的半透明凝胶或胶体溶液，这就是糊化。淀粉的种类不同，糊化的温度不同，常用的有绿豆淀粉、土豆淀粉、玉米淀粉、小麦淀粉、蚕豆淀粉、山芋淀粉，此外荸荠淀粉、米粉、菱角粉等也可作为勾芡的原料，但使用极少。

六、勾芡的操作要领

1）准确把握勾芡及成熟的时机。

2）严格控制菜肴汤汁数量。

3）必须先将菜肴调准口味和颜色。

4）恰当掌握菜肴的油量。

5）准确调制粉汁的浓度。

6）灵活运用勾芡技术。

第七节 挂糊

一、挂糊的概念

挂糊是我国烹调中常用的一种技法，在烹调行业中也称"着衣"，即在经过刀工处理的原料表面挂上一层衣一样的粉糊。由于原料在油炸时温度比较高，即粉糊受热后会立即凝成一层保护层，使原料不直接和高温的油接触。

二、挂糊的作用

1. 保持原料的原汁原味，并使菜肴外部香脆、内部鲜嫩

经加工成为片、丝、丁、条、块状等的原料，如果直接放入热油锅内，会因骤然受高温迅速失去很多水分而质地变老、鲜味减少。经挂糊处理后的原料，即使在旺火热油中，不再直接接触高温，热油也不易浸入它的内部，内部的水分和鲜味不易外溢。这样不仅能保持鲜嫩，而且不同的配料及不同的油温，使过油后的原料香脆酥松或柔嫩滑润。

2. 使原料形态饱满

各种加工成形的原料，在加热中，很容易出现散碎、断裂、卷缩、干瘪等

现象。经过挂糊处理后，可避免这些现象的产生，保持了原料原来的形态，而且更加美观，形态完整饱满，色泽美观。

3. 保持和增加菜肴的营养成分

原料在加热过程中，无论是动物性原料还是植物性原料，如直接受热变为间接受热，原料中的营养成分不致受到过多的损失，不仅如此，糊浆本身就是由营养丰富的淀粉、蛋白质等组成的，从而增加菜肴的营养价值。

三、挂糊的具体方法

挂糊的种类很多，比较常用的有以下几种。

（1）蛋清糊　蛋清糊也叫蛋白糊，用鸡蛋清和水淀粉调制而成，也有用鸡蛋和面粉、水调制的。还可加入适量的发酵粉助发。制作时蛋清不打发，只要均匀地搅拌在面粉、淀粉中即可，一般适用于软炸，如软炸鱼条、软炸口蘑等。

（2）蛋泡糊　蛋泡糊也叫高丽糊或雪衣糊。将鸡蛋清用筷子顺一个方向搅打，打至起泡，筷子在蛋清中直立不倒为止，然后加入干淀粉拌和成糊。用它挂糊制作的菜肴，外观形态饱满，口感外酥里嫩，一般用于特殊的酥炸，如高丽明虾、银鼠鱼条等，也可用于禽类和水果类，如高丽鸡腿、炸羊尾、夹沙香蕉等。制作蛋泡糊，除打发技术外，还要注意加淀粉，否则糊易出水，菜难制成。

（3）蛋黄糊　蛋黄糊是用鸡蛋黄加面粉或淀粉、水拌制而成的，制作的菜色泽金黄，一般适用于酥炸、炸熘等烹调方法。酥炸后食品外酥里鲜，食用时蘸调味品即可。

（4）全蛋糊　全蛋糊是用整只鸡蛋与面粉或淀粉、水拌制而成的。它制作简单，适用于拔丝等菜肴的炸制，成品金黄色，外酥里嫩。

（5）拍粉拖蛋糊　原料在挂糊前先拍上一层干淀粉或干面粉，然后再挂上一层糊。这是为了解决有些原料含水量或含油脂较多不易挂糊而采取的方法，如软炸栗子、拔丝苹果、锅贴鱼片等。这样可以使原料挂糊均匀饱满，吃起来香嫩。

（6）水粉糊　水粉糊是用淀粉与水拌制而成的，制作简单方便，应用广，多用于干炸、焦熘、抓炒等烹调方法。制成的菜品色泽金黄、外酥脆、内鲜嫩，如干炸里脊、抓炒鱼块等。

（7）拖蛋拍粉糊　先让原料均匀地挂上全蛋糊，然后在挂糊的表面拍上一层面包粉或芝麻、杏仁、松子仁、瓜子仁、花生仁、核桃仁等，如炸猪排、芝麻鱼排等，炸制出的菜肴特别香脆。

（8）发粉糊 先在面粉和淀粉中加入适量的发酵粉拌匀（面粉与淀粉比例为7：3），然后再加水调制。夏天用冷水，冬天用温水，再用筷子搅到有一个个大小均匀的小泡时为止。使用前在糊中滴几滴油，以增加光滑度。用发粉糊炸后糊壳比较硬，不会导致原料水分外溢影响菜肴质量。菜肴外表饱满丰润光滑，色金黄，外脆里嫩。

（9）脆皮糊 脆皮糊是在发糊中加入17%的猪油或色拉油拌制而成的，一般适用于酥炸、干炸的菜肴。制菜后具有酥脆、酥香、胀发饱满的特点。

四、挂糊的操作关键

1. 灵活掌握各种糊的浓度

在挂糊时，应当根据原料性质、烹调的要求，以及原料是否经过冷冻等因素，决定糊的浓度。较嫩的原料，糊应厚一些；较老的原料，糊应薄一些。这是由于较嫩的原料，所含水分较多，吸水力弱，糊以稠一点儿为宜。较老的原料本身所含水分较少，吸水力强，糊以稀一点儿为宜。如果原料在挂糊后，立即进行烹调，糊应稠一点儿，因为糊过稀，原料来不及吸收糊中的水分，就下锅烹调则容易脱落。如果原料挂上糊后，不立即烹调，糊的浓度就应当稀一些，在待用期间，原料吸去一部分水分，蒸发掉一部分水分，浓度就正好了。再如冷冻的原料含水分较多，糊可稠一些，未经过冷冻的原料含水分少，糊可以稀一些。

2. 恰当掌握各种糊的调制方法

调制糊时，必须掌握先慢后快、先轻后重的原则。因为在开始搅拌时，糊的淀粉及调味品还没有完全溶解，水和粉尚未调和，浓度不够，黏性不足，所以应该搅拌得慢些、轻些，以防止糊溢出容器。经过一定时间的搅拌后，糊的浓度渐渐增大，黏性逐渐加强，搅拌时就可以逐渐加快加重，以使其越搅越浓，越搅越黏，尤其是蛋泡糊更要多搅、重搅，直到可以把筷子戳在糊内直立不倒为止。搅出的糊必须均匀，糊中不能有小颗粒，因为糊内如果存有小颗粒，原料过油时小颗粒就会爆裂脱落，造成脱糊的现象。

3. 挂糊时须将全部原料挂糊均匀

原料在挂糊时，要把糊全部包裹在原料的表面，不能留有空白点，否则在烹调时油就会从没有糊的地方浸入原料，使这一部分质地变老，形状萎缩，色泽焦黄，影响菜肴的色香、味、形。

4. 根据原料性质和菜肴的要求选用糊

由于原料性质不同，形态不同，烹调方法和菜肴要求也不一样，糊的选用也不一样。如有些原料含水量大，油脂成分多，就必须先拍粉，后拖蛋糊，这样烹调时就不易脱糊。

第八节　上浆

一、上浆的概念

上浆就是将动物性原料在加热前用淀粉、蛋液等辅料拌和，加热后使原料表面形成浆膜的一种烹调辅助手段。

二、上浆的作用

1. 缩短烹调时间

实验证明，上浆后再加热的原料，其成熟时间会大大缩短。第一，原料上浆后，表面形成一种由变性蛋白质和糊化淀粉组成的密封膜，密封膜可以阻止原料受热后产生的蒸汽外溢，使原料受热的温度提高；第二，密封膜还可以阻止原料受热后的水分外流，使传热介质原有温度不会下降过多，从而相对提高了原料的受热温度；第三，上浆为原料补充了大量的水分，原料成熟速度加快。

2. 保持原料的营养素

上浆后的原料在烹制时所使用的油温和水温一般都很低，不会对原料中的营养素起破坏作用，因此上浆后利用浆膜将原料密封起来，以阻止原料中的脂溶性和水溶性营养素向传热介质中扩散，使原料中的营养素能较多地保存下来。

3. 菜肴饱满滑嫩

上浆时，浆中的水分子会穿过细胞膜向高渗压一方细胞质渗透，使细胞逐渐充水，加热后这种充水导致菜肴形成饱满的感观和软嫩的质地。水分进入细胞后，浆中的淀粉、蛋白质等分子较大的物质无法进入细胞而停留在原料的表面，受热后，在原料的表面形成一层由糊化的淀粉和变性的蛋白质组成的溶胶膜，这个膜与芡汁结合形成滑爽的触感。

4. 增加菜肴滋味

上浆的主要目的是为原料补充水分，但上浆的同时还要加入精盐、味精、黄酒等调味品，以增加原料内部的味道。一般上浆的菜肴都是热锅温油速成操作，在时间上对原料的入味非常不利，上浆通过携带调味品对原料施行基本调味，可以较好地解决这个问题。

三、上浆的具体方法

1. 蛋清浆

蛋清浆主要的用料有蛋清、淀粉、精盐等，制作方法有两种：一种是先将主料用调味品拌腌入味，然后加入蛋清、淀粉拌匀即可；另一种是用蛋清加水淀粉调成浆，再把用调味品腌渍后的原料放入蛋清粉浆内拌匀，也可加入适量的油，便于原料划散。以上两种方法，用料标准一般是原料 500g、蛋清 50g、淀粉 25g。蛋清浆可使菜肴柔滑松嫩，色泽洁白，多用于爆、炒、熘类菜肴，如炒虾仁、熘鱼片等。

2. 全蛋浆

全蛋浆主要用料有全蛋（蛋清、蛋黄均用）、淀粉、精盐等，制作方法与用料标准基本上同蛋清浆。全蛋浆可使菜肴滑嫩，微带黄色，多用于炒菜类及烹调后带色的菜肴，如辣子肉丁、酱爆鸡丁等。

3. 苏打浆

苏打浆主要用料有蛋清、淀粉、小苏打、精盐、水等，制作方法是先用小苏打、精盐、水等腌渍一下原料，然后加入蛋清、淀粉拌匀。浆好后，最好静置一段时间再使用。用料标准一般是原料 500g、蛋清 30g、淀粉 30g、小苏打 5g、精盐 10g、水适量。苏打浆可使菜肴松、嫩，适用于质地较老、纤维较粗的牛、羊肉等原料，如蚝油牛肉等。

4. 干粉浆

干粉浆调制的主要用料是淀粉、清水，制作方法是先将原料用调料拌腌入味，再用水与淀粉调匀上浆。浆的稀稠度，以能裹住原料为宜。用料标准一般是干淀粉 50g、清水 100g。粉浆可使菜肴滑嫩，多适用于含水量较多的烹饪原料（鱿鱼、腰子、猪肝等），如爆炒鱿鱼卷、荔枝腰花等菜肴。

四、上浆的注意事项及操作关键

1. 上浆的时间

为原料补充水分利用了渗透原理。渗透是一种物理现象，过程一般都很缓慢。因此，在烹调菜肴时为原料上浆都要提前进行。通常的做法是在加热前15min左右为原料上浆，这时只用水或蛋液，在正式加热前再用水或蛋液补浆一次，然后再拌入淀粉。

2. 上浆的动作

菜肴中凡是需要上浆的原料均为细小质嫩的原料，而上浆的手法是用手来抓捏，因此上浆时的动作一定要轻，要防止抓碎原料，尤其鱼丝、鸡丝更要注意。上浆时一开始要慢，当浆已均匀分布于原料各部分时，动作再稍快一些，利用机械摩擦促进浆水渗透。

3. 淀粉的用量

上浆为原料补水固然很重要，但淀粉的用量也是一个不可忽视的问题。如果淀粉的用量少于合适的标准，就很难在原料周围形成完整的防止水分等物质排出的浆膜；如果淀粉量多于合适的标准，容易引起原料的粘连。合适的用量标准是，原料加热后在浆的表面看不到肉纹。

4. 调味的程度

上浆的同时要为原料进行基本调味，这时的调味一定要掌握好分寸，要给正式调味留余地，尤其是精盐，千万不可多用。

五、浆的成品标准

1. 质感

菜肴的软与嫩主要是由原料中所含水分决定的，上浆通过为原料补充水分来最大限度地提高菜肴的含水量。因此，通过加热后菜肴的质感，可以判断上浆时是否最大限度地为原料补充了水分。

2. 触感

上浆菜肴触感光滑是由浆中的淀粉和蛋白质形成的，主要是淀粉。淀粉糊化后黏度增加，一方面紧紧地粘在原料上，另一方面又将菜肴中的汤汁粘在原料上形成光滑的触感。

第九节　装盘

一、装盘的概念

菜品盛装，行业中习惯称为装盘，就是将可食菜品整齐、有序、美观、洁净地装入盛器中的操作过程。

二、装盘的基本要求

1. 丰润整齐，突出主料

菜肴应该装得饱满丰润，不可这边高那边低，而且要突出主料。如果菜肴中既有主料又有辅料，那么主料要装得突出醒目，不可被辅料掩盖，辅料应对主料起衬托作用。例如，回锅肉，装盘后应使人看到盘中肉片很多，如果装盘后让其他辅料掩盖了肉片，就喧宾夺主了。即使是单一原料的菜，也应当注意突出重点。例如，清炒虾仁，虽然一盘中都是虾仁，但要运用盛装技术把大的虾仁装在上面，以增加饱满丰富之感。

2. 色与形和谐美观

装盘时还应当注意整个菜肴的色和形和谐美观，运用盛装技术把原料在盘中排列成适当的形状，同时注意主辅料的配置，使菜肴在盘中色彩鲜艳、形态美观。例如，下巴划水，应将划水（青鱼尾巴）在盘中交叉排列；红烧肚裆，应将肚裆（青鱼腹部）平行整齐排列；南乳肉，应装在盘的正中，四周或两头用绿叶菜围边，以使色泽更加鲜艳。

3. 盛装动作敏捷、协调，分装菜品要均匀

如果一锅菜肴要分装几盘，那么每盘菜必须装得均匀，特别是主辅料要按比例分装均匀，不能有多有少，而且应当一次完成。因为如果有的盘装得多，有的盘装得少，或前一盘装得太多，后一盘不够而重新分配，势必破坏菜肴的形态。并且，如果把装得多的盘中菜品沿着盘边拨下，一定会在盘边沾上汤汁，影响美观。

4. 注意操作卫生

菜肴经过烹调，已经起了消毒杀菌的作用。如果装盘时不注意清洁卫生，

让菜肴沾染上细菌或灰尘，就失去了烹调时杀菌消毒的意义。为此，应当做到以下几点：

1）菜肴必须装在经过消毒的盛器内。

2）手指不可直接接触成熟的菜肴。

3）在装盘时不可用手勺敲锅，锅底不可靠近盘的边缘，更不应用不卫生的抹布揩擦盘边，使已消毒的盛器被重新污染。

三、菜品与盛器的配合原则

1. 菜肴的分量与盛器大小相适合

根据菜肴的分量和形状，选择大小合适的盛器。如果选择的盛器过小，那么盛器显得太局促；如果选择的盛器过大，那么盛器过于空旷，很不和谐。汤羹类菜肴不能装得过多或过少，一般占盛器的80%~90%。

2. 菜肴与盛器相宜

菜肴的品种繁多，应根据菜肴的特点和形状、汤汁的多少选择适合的盛器。一般而言，炒菜用圆盘或腰盘；汤汁较多的煮烩菜可用窝盘；汤菜用汤碗；高级汤菜用瓷品锅；扒菜用扒盘；整鸡、整鸭用长腰盘。用竹笼、汽锅、砂锅制作的菜肴，不另用盛器即可上席。此外，适当选用异形盛器或用洗净消毒的动物外壳（如海螺、蟹壳等）作为盛器入席，能增加宴席欢乐的气氛。

3. 菜肴的色泽与盛器的色调应协调

菜肴的色泽与盛器的色调应协调、和谐美观。如果色泽洁白的熘鸡脯用白盘盛装，则不能衬托菜肴的色泽美，如果用色调淡雅的青色或淡蓝色花边瓷盘盛装，那么色彩搭配柔和雅致。干烧鱼、红烧蹄髈等深色菜肴，宜选用浅色或白色盘盛装。色彩对比强烈，会使人感到鲜明醒目，再用绿色蔬菜点缀，色彩过渡就较为自然了。

4. 菜肴的档次与盛器的质地要相称

高档餐具（金器、银器等）做工精细、造型别致、色调考究，专门用于盛装高档菜肴。一道制作精美的菜肴，如果用质量低劣的盛器盛装，会降低菜肴的身价；反之，一道普通菜肴用贵重餐具盛装，会让人产生不协调和华而不实的感觉。

四、装盘的方法

菜品盛装有两类，一是热菜的盛装，二是冷菜的装盘。不论哪一类，具体方法都有很多，应根据菜肴的形态、特点、芡汁的浓度、汤汁的多少及烹调方法的不同，灵活运用具体盛装方法。

（一）热菜的盛装

1. 炸制、煮制类菜肴的盛装

此类菜肴是以油或水为传热介质使原料成熟，菜品特点是无汁无芡。用漏勺捞起原料，沥净油或水，然后用排勺或筷子等工具将菜肴拨入盛器内，去掉渣状物，再适当调整，使菜肴排放整齐或堆放饱满，形状大的先改刀再盛装。例如，干炸里脊、干炸丸子、雪丽凤尾虾、炸板肉、锅烧鸭和萝卜鱼。

2. 炒、爆类菜肴的盛装

炒、爆类菜肴的特点是组成菜肴原料的形状较小，汤汁较少或芡汁薄而紧，盛装方法有拉入法和覆盖法之分。

（1）拉入法　盛装前先颠翻勺尽量将形状完整和主要原料集中在上面，然后将铁锅倾斜，用排勺左右交叉，将菜肴拉入盘内。

（2）覆盖法　盛装前先颠翻勺，使菜肴原料集中，将形状整齐及主要原料颠入排勺，然后先将剩余部分装入盘内，再将排勺中的部分覆盖在上，覆盖时用力要轻，使菜肴圆润饱满，形态美观。

3. 熘、烧、焖类菜肴的盛装

熘、烧、焖类菜肴成品都带有一定数量的汤、芡，盛装方法分拖入法和盛入法。

（1）拖入法　拖入法主要适用于整体原料烹制或质嫩易破碎的菜肴，如熘鱼片、浮油鸡片、红烧鱼、酱焖鱼等，盛装前先转动原料，再倾斜铁锅，将原料慢慢拖入盘内，也可采用排勺或其他工具配合。

（2）盛入法　盛入法主要适用于原料烹调后不易散碎的菜肴，具体方法是用排勺将菜肴分次盛入盛器内，操作时，形状整齐地盛在面上，多种原料组成的菜肴要盛得均匀，动作要轻，不要损伤菜肴的形态，汤汁不要淋落在盘边。

4. 蒸、扒类菜肴的盛装

蒸、扒类菜肴的特点一般都是形态较整齐美观，盛装方法分扣入法和拖入法。

（1）扣入法　扣入法主要适用于原料改刀成形后，定碗蒸制使之成熟的一类菜肴。具体方法是将改刀成形的原料，好面朝下，整齐的料码入碗内，不整齐或碎料装在上面，加调味汁，蒸制成熟后，沥去汤汁，扣入盘内，然后调制原汁浇在上面即可。扣入法装盘的菜肴圆润、整齐、美观。

（2）拖入法　整扒类菜肴一般都采用拖入法盛装，扒类菜肴讲究造型，装盘技巧性强，难度也较大，具体方法是先将铁锅转动，使原料整体晃动，大翻勺将好面朝上，并保持原形整齐不变，拖滑入盘内，如扒芦笋鲍鱼、扒肥肠菜心等。同时，此方法还适用于塌、煎、贴等类菜肴的盛装。

5. 烩类菜肴和汤菜的盛装

烩类菜肴和汤菜汤汁较多，多用汤盘盛装，方法有盛入法和倒入法。

（1）盛入法　用排勺直接盛入盛器内。

（2）倒入法　将菜肴直接倒入盛器内。

（二）冷菜装盘

大致有排、堆、叠、围、摆、覆六种装盘的形式和方法，都与原物料的加工成形（条、片、块、段等）密切相关。因此，冷菜装盘，有赖于刀工的配合。

1. 排

将熟料成行地平排在盘中叫排。排菜分单盘、拼盘、花色冷盘三种，且有不同的排法：如酱牛肉宜改刀成锯齿形，逐层排叠，可以排出多种花色。油爆虾或盐水虾宜剥去头部的壳后，两只一颠一倒拼成椭圆形。

2. 堆

堆就是把熟料堆放在盆中，一般用于单盆，如荤菜中的卤肫肝、酱牛肉、叉烧肉、油爆虾等；素菜中的拌干丝、卤汁面筋、拌双冬等。在堆的时候也可配色，堆成花纹，有些还能堆成很好看的宝塔形。

3. 叠

叠是把加工好的熟料一片片整齐地叠起，一般造成梯形。叠时需与刀工结合起来，随切随叠，切一片叠一片，叠好后铲在刀面上，再盖到已经用另一种熟料垫底盖边的盆中。如火腿片、白切肉片、猪舌、牛肉、羊羔、盐水肫、卤腰、如意蛋卷、素火腿等，都采用这种装盘方法。

4. 围

将切好的熟料，排列成环形，层层围绕，叫作围。用围的装盘方法，可以将冷盘制成很多花样。有的在排好主料的四周，围上一层辅料来衬托主料，叫作围边。有的将主料围成花朵，在中间用另一种辅料点缀成花心，叫作排围。如将皮蛋切成瓦楞形围成花形，中心放一些火腿末或肉松，作为花心，形状就更美观。

5. 摆

运用各式各样的刀法，采用不同形状和色彩的熟料，装摆成各种物形或图案，如凤凰、孔雀、雄鸡等，叫作摆。这种方法需要有熟练的技术，才能摆得生动活泼、形象逼真。

6. 覆

将熟料先排在碗中或刀面上，再翻扣入盘中或菜面上叫作覆，如冷盘中的油鸡、卤鸭，斩成块后，先将正面朝下排扣在碗内，加上卤汁，食用时再翻扣入盘里。

第十节　盘饰点缀

一、盘饰点缀的概念

菜肴的美化也称为盘饰点缀，就是在菜肴盛装好后的适当位置放一些物品，对菜肴的整体形态及色彩进行衬托、点缀、装饰的操作过程。

二、盘饰点缀的作用

1. 对菜肴色彩造型给予补充、画龙点睛

一盘普通菜肴，如果注意适当装饰，同样会产生美感。例如，鲁菜的炒虾片，如果不给它加以点缀，它也不过是一盘较好的普通菜肴，而烹制时，给它配上几片小菜心，盘边点缀几朵鲜花，效果就截然不同了，洁白如雪的虾片，衬着几棵碧绿的菜心，在色彩上有了鲜明的对比，盘边所饰的鲜花，真有万绿丛中一点红、白雪之中春意浓的趣味。通过这简单的点缀，既省时省料，又能提高菜肴的观赏价值。

2. 衬托平衡

菜肴形态，有时会给人一种头重尾轻的不舒适感，这种感觉多出现在鱼类菜肴中。由于鱼本身的形状特征，特别是烹制整条鱼时，是无法改变这种状况的。只有通过适当点缀装饰，才能使鱼的形状趋于平衡，给人以平衡的美感。例如红烧鱼，在点缀时，应把点缀的花朵放置在鱼尾的背部，这样就使鱼趋于平衡了。平衡是菜肴形式美中的规则之一。所以，我们在点缀菜肴时，要本着

这一规则，让菜肴更加美观悦目。

3. 突出菜肴的整体美观

菜肴通过视觉，直接给人以美与不美的感受。菜肴的点缀，恰恰又能够弥补美中不足。例如，我们在菜肴的制作过程中，难免要有一些技术上的失误或误差，像烹制红烧鱼，在出锅时，由于不慎将鱼的表皮弄破了，这样上桌当然不美观，有经验的烹饪师就会用一些香菜叶加以点缀，这种点缀既起到了"遮丑"的作用，又有了美化的作用。作为一名优秀的烹饪师，不但要有调味的绝技，还要掌握这种烹饪之中的辩证法，合理运用菜肴点缀的技艺。

4. 使菜肴的色、香、味、形、意更加完美，以动衬静、活跃气氛

菜肴的形态，成形于器皿之中，无论是高档菜肴，还是普通菜肴，无论是热菜，还是冷菜，往往存在一种呆板之感。这种感觉，有时是因原料本身形态造成的，有时是由布局不当或其他原因所致。如果点缀得当，就能把全盘菜肴带活，使之富有动感，因此也提高了菜肴的艺术性，在给人以美味的同时，又给人以精神和艺术的享受，它不但渲染烘托了宴席的气氛，而且又起到了增进食欲的作用，给人以美的享受。

三、菜肴美化的基本原则

根据菜肴的实际需要进行点缀。围边是对菜肴装饰的基本方法，如果菜肴在装盘后，在色形上已经有比较完美的整体效果，就不应再用过多的装饰，否则会有画蛇添足之感，失去原有的美观。如果菜肴在装盘后的色、形尚有不足，需用围边和点缀进行装饰，就应考虑选用何种色、形的原料，如何进行装饰，应从以下几个方面综合考虑。

1. 卫生安全

装饰美化是制作美食的一种辅助手段，同时又是传播污染的途径之一。蔬果饰物一定要进行洗涤消毒处理，尽量少用或不用人工色素。装饰美化菜肴时，在每个环节中都应重视卫生，无论是个人卫生还是餐具、刀具卫生都不可忽视。

2. 实用为主

菜肴装饰美化的实用性，实质上就是装饰物能够食用，方便进餐，而不是做摆设。所以，以食用的小件熟料、菜肴、点心、水果作为装饰物来美化菜肴的方法就值得推广，而采用雕刻制品、琼脂或冻粉、生鲜蔬菜、面塑作为装饰物来美化菜肴的方法就应受到制约。

3. 经济快速

菜肴进入筵席后往往被一扫而空，其装饰物没有长期保存的必要，加之价格、卫生等因素及工具的限制，不可能搞很复杂的构图，也不能过分地雕饰和投入太多的人力、物力和财力。装饰物的成本不能大于菜肴主料的成本。

4. 协调一致

首先，装饰物与菜肴的色泽、内容、盛器必须协调一致，从而使整个菜肴在色香味形诸方面趋于完整而形成统一的艺术体。其次，筵席菜肴的美化还要结合筵席的主题、规格、与宴者的喜好与忌讳等因素。

四、菜肴装饰物的选择

（一）装饰物

装饰物是指放在盘上或汤碗中附加于主要食物的任何食品。装饰物可以使食物美观，但它并不是重点。

可用于菜肴的装饰物很多，有植物性原料，也有动物性原料，可根据具体情况具体选择原料。在选择原料时必须注意以下三个问题。

1）所选的原料必须能直接食用。

2）所选的原料必须符合卫生要求，最好少用或不用人工合成色素。

3）所选的原料的颜色必须鲜艳，形状利于造型。

（二）装饰物的原料及运用

1. 水果类

橘子、樱桃、苹果、菠萝、柠檬、西瓜、香瓜、香蕉、芒果、猕猴桃等，色彩各异，一般作为冷菜、甜菜的装饰原料，既可增色、组合成形，又可调节口味。

2. 蔬菜类

胡萝卜、白萝卜、洋葱、青椒、黄瓜、绿叶菜、莴笋、海带、卷心菜、四季豆、竹笋、百合、藕、莲子、南瓜、银耳、口蘑、草菇、金针菇等，可刻成花卉或改刀成形，用于冷菜、热菜的装饰点缀，色形俱全，效果甚佳。

3. 荤料类

熟牛肉、鸡蛋糕、香肠、炸虾片、海蜇头、猪舌、猪心、肴肉、鲍鱼、蛋松、蛋品、各种茸胶、各种蛋卷等，一般切片拼摆成假山、水草、庭院等作为装饰。

（三）雕刻工艺及成品

雕刻工艺是指运用雕刻技术将烹饪原料或非食用原料制成各种艺术形象，

用来美化菜肴、装饰筵席或宴会的一种工艺。根据雕刻使用原材料的不同，可分为果蔬雕、黄油雕、糖雕、冰雕及泡沫雕等种类，近来又出现了琼脂雕和豆腐雕。

1. 雕刻的主要类型

雕刻的类型主要有果蔬雕、黄油雕、糖雕（即糖塑）、冰雕、泡沫雕、琼脂雕、豆腐雕等。

2. 雕刻成品的应用

（1）用于筵席、宴会展台及桌面的装饰　果蔬雕刻作品常用于盛大宴会的气氛渲染和环境美化，以及中小型筵席宴会台面的装饰和菜肴的造型、点缀及盛装，为整个筵宴起着烘云托月、锦上添花的艺术效应，具有独特的魅力。

（2）用于菜肴的美化　在冷菜中，雕刻作品对冷盘起着点缀美化的作用；在热菜中，雕刻能提高菜肴的艺术性。在水果拼盘中，可利用西瓜皮进行简单雕刻的鱼、龙、凤、人物以及吉祥字样等图案，插在水果之中进行点缀。

五、盘饰点缀的具体方法

（一）点缀法

用少量的物料通过一定的加工，点在菜肴的某侧，形成对比与呼应，使菜肴重心突出，这类加工简洁、明快、易做。常见的用雕刻制品对菜肴的装饰多属于点缀手法。点缀法根据是否对称分为对称点缀和不对称点缀。

对称点缀的特色在于对称、协调、稳重。如单对称，多用于腰盘盛装的菜肴，在菜肴两旁对称地点缀。中心对称点缀，多见于圆盘盛装的块状菜肴，将点缀物置于菜肴中间部位，如同花蕊，所以又称花蕊式点缀。如金黄色的凤尾对虾，虾尾朝外码于盘中，中间饰以鲜红番茄花。

此外还有双对称、多对称、和交叉外称点缀等。对称的点缀物应同样大小、同样色泽、同样形状，在制作过程中，切忌两处不同样的造型。三侧点缀属于不对称点缀，适用于圆形盛器，菜品多是精细的丝、片、丁、条或花刀块，在烹法上，以炸、熘、爆、炒、煎为主，如油爆乌花，盘边三侧辅以碧绿黄瓜切成的佛手花，上置一颗红樱桃，赏心悦目。

1. 局部点缀

局部点缀指用各种蔬菜、水果加工成一定形状后，点缀在盘子一边或一角，以渲染气氛，烘托菜肴。这种点缀方法的特点是简洁、明快、易做。如用番茄和香菜叶在盘边做成月季花花边，用番茄、柠檬切成兰花片与芹菜拼成菊花形镶边等。

2. 对称点缀

对称点缀指用装饰料在盘中摆出相对称的点缀物。对称点缀适用于椭圆腰盘盛装菜肴时装饰，其特点是对称、协调，简单易掌握，一般在盘子两端做出同样大小、同样色泽的花形即可。如用黄瓜切成连刀边，隔片卷起，放在盘子两端，每两片逢中嵌入一颗红樱桃，做成对称花边等。

3. 中心点缀

在盘子中心用装饰料拼成花卉或其他形状，对菜肴进行装饰，它能把散乱的菜肴通过在盘中有计划地堆放和盘中心拼花的装饰统一起来，使其变得美观。如用玉米笋、荷兰芹、胡萝卜、樱桃等原料在盘中心拼成花饰等。

4. 全围点缀

用装饰料通过一定的方法加工成形，围在菜肴的四周，这种围边方法，较适于圆盘的装饰，围出的菜肴比用其他点缀更整齐、美观，但刀工要求也较严格。如用煮熟去壳的鹌鹑蛋沿中线用尖刀以锯齿状刻开，围在盘子四周；用黄瓜、玉米笋、胡萝卜、樱桃、蛋皮丝等拼成宫灯图案花边等。

5. 半围式点缀

运用点缀物进行不对称点缀围边，点缀物约占盘的1/3，主要是追求某种主题和意境来美化菜肴。

（二）围边法

围边法也称"镶边"，行业中有时将其作为菜肴装饰美化的统称。围边此点缀复杂，也可以说是若干个点缀物的组合，因此具有一定的连续性。恰如其分的围边可使菜品的色、香、味、形有机地统一，产生诱人的魅力，刺激食者产生强烈美感及食欲，常见的方式有几何形围边和象形围边。

1. 几何形围边

几何形围边是利用某些固有形态或经加工成为特定几何形状的物料，按一定顺序方向，有规律地排列、组合在一起，其形状一般是多次重复，或连续，或间隔，排列整齐，环形摆布，有一种曲线美和节奏美，如乌龙戏珠，用鹌鹑蛋在扒海参周围。还有一种半围花边也属于此类方法。采用半围花边法围边时，关键是掌握好被装饰的菜肴与装饰物之间的分量比例、形态比例、色彩比例等，其制作没有固定的模式，可根据需要进行组配。

2. 象形围边

象形围边是以大自然物象为刻画对象，用简洁的艺术方法提炼出活泼的艺术形象。这种方式能把零碎散乱而没有秩序的菜肴统一起来，使其整体变得统一美观，常用于丁、丝、末等小型原料制作的菜肴，如宫灯鱼米，用蛋皮丝、胡萝卜、黄瓜等几种原料制成宫灯外形，炒熟的鱼米盛放在其中。象形围边所用的物象有动物类（如孔雀、蝴蝶等）、植物类（如树叶、寿桃等）、器物类（如花篮、宫灯、扇子等）。

第十章

烹调技艺

　　烹调技艺是做菜的手段和方法，是我国烹饪技术的核心，它是对历代事厨者宝贵的实践经验的科学总结。

　　烹调技艺就是把经过初步加工和切配成形的原料，通过加热或不加热和调味，制成不同风味的菜肴的操作技艺。从具体操作来看，烹调技艺分为冷菜烹调技艺和热菜烹调技艺。

　　冷菜是仅次于热菜的一大菜类。冷菜与热菜相比，在制作上除了原料初加工基本上一致外，明显的区别是冷菜一般是先烹调后刀工处理，而热菜则是先刀工处理后烹调。热菜一般利用原料的自然形态或原料的割切、加工复制等手段来构成菜肴的形状，冷菜则以丝、条、片、块为基本单位来组成菜肴的形状，并有单盘、拼盘以及工艺性较高的花鸟图案冷盘之分。

　　热菜调味一般都能及时见效果，并多利用勾芡以使调味分布均匀，冷菜调味强调"入味"，或是附加食用调味品；热菜必须通过加热才能使原料成为菜品，冷菜有些品种不需加热就能成为菜品；热菜是利用原料加热以散发热气使人嗅到香味，冷菜一般讲究香料透入肌里，使人食之越嚼越香。所以，素有"热菜气香""冷菜骨香"之说。

　　冷菜和热菜一样，既能长年可见，又四季有别。冷菜的季节性以"春腊、夏拌、秋糟、冬冻"为典型代表。这是因为冬季腌制的腊味，需经一段"着味"过程，只有到了开春时食用才始觉味美。夏季瓜果蔬菜比较丰盛，为凉拌菜提供了广泛的原料。秋季的糟鱼是增进食欲的理想佳肴，冬季气候寒冷有利于羊膏、冻蹄烹制冻结。可见冷菜的季节性是随着季节规律变化而形成的。现在也有反季供应，因为餐厅都有空调，有时冬令品种放在盛夏供应，更受消费者欢迎。

第一节　冷菜烹调技艺

　　冷菜，又叫冷荤或冷拼。因为饮食行业多用鸡、鸭、鱼、肉、虾以及内脏等荤料制作冷菜，所以叫冷荤；冷菜制好后，要经过冷却、装盘，如双拼、三拼、什锦拼盘、平面什锦拼盘、花式冷盆等装盘方式，所以又称为冷拼。

　　冷菜的风味、质感也与热菜有明显的区别。总体来说，冷菜以香气浓郁、清凉爽口、少汤少汁（或无汁）、鲜醇不腻为主要特色。冷菜具体又可分为两

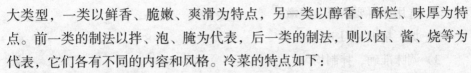

大类型，一类以鲜香、脆嫩、爽滑为特点，另一类以醇香、酥烂、味厚为特点。前一类的制法以拌、泡、腌为代表，后一类的制法，则以卤、酱、烧等为代表，它们各有不同的内容和风格。冷菜的特点如下：

（1）滋味稳定　冷菜冷食，不受温度所限，搁久了滋味不会受到影响。这就满足酒桌上宾主边吃边饮，相互交谈的需要。所以，它是理想的饮酒佳肴。

（2）先入为主　冷菜常以第一道菜入席，很讲究装盘工艺，它那优美的形、色，对整桌菜肴的质量有着一定的影响。特别是一些图案装饰冷盘，以那具有欣赏价值的色彩，使人心旷神怡，兴趣盎然，不仅引起食欲，对于活跃宴会气氛，也起着锦上添花的作用。

（3）风味特异，自成一格，可独立成席　冷餐宴会、鸡尾酒会等的菜肴，都主要由凉菜组成。

（4）可以大量制作，便于提前备货　由于冷菜不像热菜那样随炒随吃，这就可以提前备货，便于大量制作。若开展快餐业务或举行大型宴会，冷菜就能缓和烹饪方面的紧张。

（5）便于携带，食用方便　冷菜一般都具有无汁无腻等特点，所以它便于携带，也可作为馈赠亲友的礼品。冷菜在旅途中食用，不需加热，也不一定依赖于餐具。

（6）可作为橱窗的陈列品，起广告作用　由于冷菜没有热气，又可以久搁，因而可作为橱窗陈列的理想菜品。这既能反映饭店的经营面貌，又能展示厨师的技术水平，对于饭店开展业务，促进饮食市场的繁荣，有一定的积极作用。

一、拌

拌是指把生料或熟料加工成丝、条、片、块等较小形状，用调味品调味拌均匀后直接食用的一种烹调方法。按原料的生熟程度，拌可分为生拌、熟拌、混合拌等，成品清爽脆嫩。

拌是一种常用烹调方法，所拌菜肴口味变化很多，如甜酸味、酸辣味、芥末味、椒麻味、怪味、麻酱味、麻辣味等。一般以植物性原料作为生料，以动物性原料作为熟料。

1. 生拌

生拌一般是指选用新鲜嫩度好的动、植物作为原料，在原料加工好后不进行加热，直接用调味品拌均匀的一种方法。

生拌的操作关键如下：

1）选用原料要新鲜、脆嫩。

2）加工精细、刀工均匀。

3）调味准确、拌制均匀。

2. 熟拌

熟拌是将加工整理好的原料用煮、氽等烹调方法，把原料烹制成熟，切配后加入调味品及辅料，拌制均匀，装盘成菜的一种凉菜的制作方法。

熟拌的操作关键如下：

1）选用原料要新鲜。

2）加工成熟度要恰到好处、调味准确。

3）注意材质、形状的配合，拌制均匀。

二、腌

腌是将原料置于某种调味汁中，利用精盐、糖、醋、酒等溶液的渗透作用，使其入味的一类烹调方法。成品脆嫩清爽，风味独特。按调味汁不同分为盐腌、醉腌、糟腌、糖醋腌。

腌的操作关键如下：

1）要控制好腌制的时间，腌制的时间要视原料及成品菜肴不同的要求特点来定。

2）原料加工的长短粗细要均匀一致。

三、酱

酱多选用家禽、家畜及其四肢、内脏作为原料，是指加工整理过的原料，再经过腌制后焯水、过凉放入酱汁锅中，用大火烧沸，用中小火较长时间加热酱制入味成熟，旺火收汁的一种热制冷吃的烹调方法。酱制的特点是色泽棕红明亮、口感软糯、原汁原味（适宜批量制作）。

酱的操作关键如下：

1）选用韧性较大的动物性原料，要先通过腌制入味，焯水处理。

2）兑制酱汁时调味料要足，汁的量不宜过多，以保持酱汁的色泽及浓度。

四、卤

卤是指将经过加工处理后的原料放入特制的味汁中加热至熟的一种烹调方

法。卤制菜品色泽美观、鲜香醇厚。

卤的操作关键如下：

1）卤制原料不宜过大，以动物性原料为主。

2）卤制时应以小火加热。

3）原料卤制前可先腌制入味。

4）动物性原料卤制前，应焯水或过油再卤制。

5）卤制时，易熟的原料或体积小的原料容易成熟，可先捞出再继续卤制其他原料。

6）卤汁应保持干净卫生。

五、熏

熏以烟气和热空气作为成熟过程的主要传热介质，是将原料基本调味后，置于熏锅中加热，利用锅底热的辐射和熏料的烟味烹制菜肴的一种凉菜烹调方法。熏制品红亮光润，香气独特。熏有生熏、熟熏之分。生熏一般使用鲜嫩易熟的原料，如鱼、鸡、鲜笋等。熏料常用茶叶、木屑、红糖、甘蔗皮、稻皮、面粉等配制。

1）生熏是指熏制前，制品仅是经过腌制入味的生料，熏后直接食用或熏后再经热处理制成菜品的一种烹制方法。

2）熟熏是指熏制前，制品是已经过蒸、煮、炸等方法处理的半成品原料，熟熏的原材料，多选用家畜的某些部位、整只家禽，以及蛋品、油炸过的鱼等。

熏制时锅盖一定要严密不透气，熏料的量要适当，根据所用原料严格控制好火候及熏制时间，烧至冒青烟时要及时转入小火并迅速离开火源，否则色泽过重，会使主料带有煳味。生熏的火候应小于熟熏，时间要比熟熏略长些。熏制的时间一般从冒烟开始熏 10min 即可。将主料取出及时刷匀香油即可，具有香味特殊、色泽光亮的特点。

熏的操作关键如下：

1）在熏制时要掌握好火候及熏制时间。

2）锅盖应扣严，不能漏烟，箅子不能太密。

六、醉

醉是用以优质白酒、精盐为主要调料制成的味汁浸渍原料制成菜品的方法。醉制法适用于新鲜的家禽及虾蟹、贝类和蔬菜等原料。原料可整形醉制，也可加工成小型原料醉制。醉制按调味料的种类又分为红醉（用酱油）和白醉（用精盐），按原料不同又分为生醉（鲜活）和熟醉（熟处理半成品），如醉蟹、醉鸡、醉笋等。

1. 生醉

生醉是指原料经清洗醉腌后，直接食用的一种烹制方法。制作此类醉肴，一般是用鲜活的水产原料，如虾、蟹等。酒醉时，多用竹篓将鲜活水产品放入流动的清水内，让其吐尽腹水，排空腹中的杂质，再晾干水分，放入坛中盖严，然后将用精盐、白酒、绍酒、花椒、冰糖、丁香、陈皮、葱、姜等调味品制好的卤汁倒入坛内浸泡，令其吸足酒汁，待这些原料醉晕、醉透，并散发出特有的香气后，直接食用。生醉通常 3~7 天即成。

（1）生醉的特点　菜肴新鲜、酒香味浓、风味独特。

（2）生醉的操作关键

1）必须选用鲜活原料。

2）醉制时要控制好时间。

3）醉制的料汁要按一定的比例配制好。

2. 熟醉

熟醉是将原料加工成丝、片、条块或用整料，经热处理后醉制的方法。热处理主要有三种方式：一是先水焯后醉，如山东醉腰丝；二是先蒸后醉，如醉冬笋；三是先煮后醉，如醉蛋。

（1）熟醉的特点　酒香味浓，咸鲜适口。

（2）熟醉的操作关键

1）需要熟处理的成熟度要恰当。

2）调制醉汁要掌握好调料的剂量。

七、炝

炝是将具有脆嫩质地的动、植物性原料改成较小形状，焯水或滑油后，用热花椒油炝生姜调制而成的一种烹调方法。成品口味辛香，脆嫩爽口。炝菜的调味品是相对固定的，有花椒油、精盐、味精、姜丝或姜末。一般动物性原料的成熟方法是上浆后滑油，如炝虎尾、虾子炝芹菜、滑炝鸡丝、炝腰片等。

（1）炝的特点　口感软嫩、口味鲜美。

（2）炝的操作关键　选用鲜活原料，规格要符合炝的要求，正确掌握不同的焿的操作要求。

八、冻

冻是以水为传热介质，将富含弹性和胶原蛋白的原料用小火长时熬制成胶，调味冷凝后食用的一种烹调方法；或取富含胶质的原料放入锅中加水慢慢煮烂，使其充分溶解成为较稠的汤汁，经过滤后，浇入已加工成熟的原料中，待其自然冷却凝固成冻的一种烹制方法。因其汤汁清澈见底，凝固后晶莹透明光洁，故又称水晶。冻制品的冻汁多用猪肉皮、琼脂、明胶、食用果胶或其他带有胶类的原料制成。冻主要是利用了蛋白质凝胶作用的原理。尤其是肉皮和含有结缔组织较多的原料中含有大量的胶原蛋白，经加热水煮后产生变性而溶于水中成为胶体溶液，随着温度的降低而凝固成冻胶。

（1）冻的特点　晶莹透明，软嫩滑韧，清凉爽口，造型美观。

（2）冻的操作关键　煮制冻汁选料要新鲜，掌握好水（一次性加足，中途不宜加水）与料的比例、火候、时间及冻汁的浓度、清澈度（油要撇尽）。

九、挂霜

挂霜是以油为传热介质，将经过油炸的小型原料挂上或撒上一层似粉似霜的白糖的一种烹调方法。挂霜成品松脆香甜，洁白似霜。挂霜的方法有两种：一是将炸好的原料放入盘中，上面直接撒上白糖，适合颜色较浅的原料；二是在拔丝的基础上，利用糖浆的黏性在原料表面滚粘一层白糖。挂霜菜肴主要有雪衣豆沙、香蕉锅炸、挂霜丸子等。

（1）挂霜的特点　表面洁白似霜，味香甜质脆。

（2）挂霜的操作关键　挂霜的操作关键基本上同拔丝，但挂霜火候与拔丝不同，挂霜应在糖未出丝并使之翻砂时即可下料。

十、糟

糟是将处理过的生料或熟料用糟卤等调味品浸渍，使其成熟或增加糟香味的一种烹制方法，多用于动物性原料和蛋类原料，也可用于豆制品和少数蔬菜。

原料未经热处理直接糟制，经过数小时乃至数天、数月入味后，在加热制成菜品的烹制方法即为生糟。生糟大都适用于蛋类、鱼虾蟹类，糟制后多采用蒸食。熟糟是将原料热处理后糟制，经浸腌入味再改刀装盘成为菜品的烹制方法，多适用于禽、畜类的原料。

（1）糟的特点　糟制菜肴糟香味浓，风味独特。

（2）糟的操作关键

1）糟制时要掌握好糟制的时间。

2）糟制时要掌握好调味品的分量。

3）糟制时不可带入生水等。

4）要选用不同的糟料。

第二节　热菜烹调技艺

热菜在菜肴中占的比例较大，热菜发展史在中国烹调发展史上占有重要的地位和作用。热菜烹调技艺是中国烹饪工艺形成和发展的核心，是中国烹调艺术的集中体现，因此热菜烹调技艺比冷菜烹调技艺更为复杂，使用的范围更加广泛。按具体烹调技艺，可划分为以油为介质的热菜烹调技艺、以水为介质的热菜烹调技艺、以蒸汽为介质的热菜烹调技艺、以固体传热为介质的热菜烹调技艺等；从筵席制作上来看，可划分为大菜、头菜、炒菜、饭菜、甜菜、汤羹类等。

热菜烹调技艺也叫热菜烹调技法或热菜烹调方法，一般是指把经过初步加工、切配、腌渍后的半成品或原料，进行加热和调味，制成不同风味菜肴的制作工艺。

一、以油为传热介质的烹调工艺

（一）炒

炒是将经过切配成形的小型烹调原料，用中小油量，采用旺火速成烹制成菜的方法。炒按照用油量的多少、上浆或不上浆、上浆的厚薄、勾芡与否、生料或熟料、加热时间的长短、菜肴成品的特点和要求来区分，可分为生炒、熟炒、滑炒、干炒、爆炒、清炒、软炒、抓炒等。

1. 生炒

生炒又称煸炒、生煸等，是以经加工整理、质地脆嫩、不易散碎的植物性原料为主要原料，不经上浆、滑油，直接用旺火少油量翻炒至熟的技法。

（1）生炒的特点　质地鲜嫩，清爽利口。

（2）生炒的操作关键

1）生炒时原料加工要均匀精细，一般多以丝、片为主。

2）生炒时火力要旺，加热时间要根据原料的成熟度而定，一般以原料断生为佳。

3）单一主料一次下锅，多种原料要根据原料的性质分先后下锅煸炒。

4）菜肴成熟时，锅内不得出现大量的汤汁。

2. 熟炒

熟炒是将经过熟处理后的原料，刀工处理成丝、片、条等形状直接用旺火少油量翻炒成菜的技法。

（1）熟炒的特点　色泽鲜亮或清爽，柔香，肥而不腻，味咸鲜或微辣。

（2）熟炒的操作关键

1）原料先要水煮至断生，再用刀工处理，一般以片状居多，大多数菜肴中加有配料。

2）炒时锅内油量要适中，不宜过多，也不宜过少，否则质量会受到影响。

3）原料下锅后要急速煸炒，通常不勾芡。

4）口味以咸鲜、鲜辣等复合味为主。

3. 滑炒

滑炒是将经精细刀工处理的动物性原料，加工成丝、片、丁、末、粒等小型形状或剞花刀后改条块状，经上浆，用中油量滑油断生，后调味勾芡炒制的技法。

（1）滑炒的特点　滑嫩柔软、卤汁紧包。

（2）滑炒的操作关键

1）滑炒一般选用质地细嫩、去皮、去骨、无筋的原料，需加工成细丝、片、丁等进行滑油。

2）滑油时为了防止粘锅，必须用热锅温油。少量主料一次滑油，大量主料应分次滑油。

3）菜肴芡汁的多少应根据主料的多少掌握恰当。

4. 干炒

干炒就是用少量的油、中等火力，将经过刀工处理的丝、条、片、末状小型原料在锅中直接煸炒，炒至原料内部水分煸干、调味料充分渗入原料内部的一种技法。

（1）干炒的特点　色泽浓重，口味干香，耐于咀嚼，令人回味悠长。

（2）干炒的操作关键

1）一般选用质地细嫩、去皮、去骨、无筋的原料，需加工成细丝、薄片、末等形状。

2）干炒时锅内的油要适量，否则质量受到影响。

3）原料下锅时要注意火候，用中火、温油久煸，不断翻炒，煸干水汽，酌情调味，使菜肴具有酥软柔韧、麻辣咸鲜香浓等风味特色。

5. 爆炒

爆炒是将熟后脆性无骨的原料加工成一定形状，以中量油为传热介质，用旺火快速加热的一种烹调方法。

（1）爆炒的特点　口感脆嫩、卤汁紧包。

（2）爆炒的操作关键

1）必须选用脆性无骨原料。

2）必须用旺火，正确掌握火候。

3）芡汁全部包紧原料，无多余芡汁。

6. 清炒

清炒是指主料单一、不带配料的一种炒制方法。

（1）清炒的特点　滑嫩鲜香，汁紧亮油，营养丰富。

（2）清炒的操作关键

1）原料要新鲜，油温不宜高，炒锅要滑净。

2）上浆一定要均匀，以免脱浆。

7. 软炒

软炒是将液体或蓉状原料倒入温油锅内推炒成熟的一种炒法。软炒的方法比较独特，技术性强。

（1）软炒的特点　软嫩爽口，色泽洁白。

（2）软炒的操作关键

1）炒蓉状原料时，如炒鸡蓉、鱼蓉，先要用汤或水将蓉泥搅匀，再加蛋清、淀粉，顺着一个方向搅动，最后放少许精盐。

2）炒时锅内油不宜太多，否则质量受到影响。

3）原料下锅要急速推炒，发现粘锅现象时，要及时从锅边淋入一些油，推炒成絮状即可。

4）用火要均匀。

5）炒锅要干净、光滑。

8. 抓炒

抓炒是指上糊浆和滑油是用手抓拌、抓放手法的一种炒制方法。

（1）抓炒的特点　脆嫩，酸甜适中，微咸。

（2）抓炒的操作关键

1）原料上浆要厚。

2）炸制时注意火候。

（二）爆

爆是将质地脆嫩的动物性原料经刀工处理加工成形，用旺火高热油温快速加热成熟的烹调方法。

1. 油爆

油爆是将加工成丁、丝、片等的小型原料，以中量食用油为传热介质，用旺火、热油快速将原料烹制成熟的一种烹调方法。

（1）油爆的特点　口感脆嫩，卤汁紧包。

（2）油爆的操作关键

1）爆菜原料要加工精细，必须选用质地脆嫩、无筋无骨的原料。

2）提前将调味汁兑好芡。

3）油爆菜肴芡汁要全部包紧原料，没有多余的芡汁出现，食后盘内只剩少许油。

4）火要旺，速度要快。

2. 酱爆

酱爆就是将甜面酱或豆瓣酱加以中量食用油为传热介质，用旺火、热油快速将原料烹制成熟的一种烹调方法。

（1）酱爆的特点　卤汁紧包，酱香扑鼻。

（2）酱爆的操作关键

1）选用新鲜脆嫩原料。

2）正确掌握火候。

3）芡汁包紧原料，无多余芡汁。

3. 葱爆

葱爆是将加工成丁、丝、片的小型原料，以中量油为传热介质，加入大葱，用旺火热油快速将原料烹调成熟的一种烹调方法。

（1）葱爆的特点　芡汁紧包，葱香扑鼻。

（2）葱爆的操作关键

1）正确掌握油温和火候。

2）芡汁包紧原料，无多余芡汁。

4. 芫爆

芫爆是将加工成丁、丝、片的小型原料以中量油为传热介质，加入芫荽，用旺火热油快速将原料烹调成熟的一种烹调方法。

（1）芫爆的特点　卤汁紧包，芫香扑鼻，咸鲜适口。

（2）芫爆的操作关键

1）正确掌握火候及加入芫荽的时机。

2）芡汁包紧原料，无多余芡汁。

5. 汤爆

汤爆完全依靠汤来烹制菜肴，使菜肴达到鲜嫩、脆嫩的一种烹调方法，主料要用质地脆嫩的生料，如鸡肫、猪肚等，用水焯一下，再用沸汤（鲜汤）冲熟。

（1）汤爆的特点　汤清见底，质地脆嫩。

（2）汤爆的操作关键

1）汤爆要用味道鲜美的清汤。

2）火候要适当，原料一变色即成。

（三）炸

炸是将经过刀工处理后的烹调原料，经腌渍、挂糊、拍粉或直接在多量的热油中烹制成熟的烹调方法。

1. 干炸

干炸是指用调味品腌制的主料，拍干淀粉或挂糊，然后投入油锅里用旺火炸制成外干香而酥脆的一种烹调方法。

（1）干炸的特点　色泽金黄，外酥香，内鲜嫩。

（2）干炸的操作关键

1）要选用新鲜易熟的原料。

2）粉糊要调制均匀。

3）正确掌握火候。

4）正确掌握油温。

2. 清炸

清炸是指主料用调味品腌渍，不拍干淀粉或挂糊，直接用旺火热油炸制的一种烹调方法。

（1）清炸的特点　口感清爽，外酥香醇。

（2）清炸的操作关键

1）选用新鲜易熟的原料。

2）炸前要腌制入味。

3）掌握好炸制的油温。

4）原料形状应均匀。

5）控制炸制的时间。

3. 酥炸

酥炸是把加工好的烹饪原料挂上糊酥炸，或将加工好的原料煮酥或蒸酥后放入热油锅内炸制成熟的一种烹调方法。

（1）酥炸的特点　外表酥脆，色泽金黄。

（2）酥炸的操作关键

1）注意炸制的油温。

2）原料腌制要入味。

3）原料成熟表面应酥松。

4）注意菜品的色泽。

4. 松炸

松炸即选用软嫩无骨的原料加工成片、条或块状，经调味并挂上蛋泡糊，用中火温油炸至熟透的炸法。

（1）松炸的特点　色泽洁白，质松软嫩，鲜香味美。

（2）松炸的操作关键

1）应选择新鲜易熟的原料。

2）油温应选择低温；油量要充足。

3）蛋泡糊要松软均匀；挂糊要均匀。

4）火候要选择小火，不可旺火；炸制时不可炸制变色。

5. 纸包炸

纸包炸是使用糯米纸或玻璃纸等将原料卷或包上后，入温油锅炸熟的一种烹调方法。

（1）纸包炸的特点　造型美观，外表酥脆，肉质鲜嫩。

（2）纸包炸的操作关键

1）正确掌握油温。

2）炸制火力不可过大。

3）纸包卷炸制前须扎小洞，防止炸时爆裂。

4）原料炸制要轻轻翻动。

6. 油浸炸

油浸炸是将加工过的鲜嫩易熟原料入温油中慢慢加热至熟的一种烹调方法。

（1）油浸炸的特点　质地细嫩，口味鲜美。

（2）油浸炸的操作关键

1）原料应选鲜嫩的。

2）油温不可过高。

3）油浸的火力不可过大；油量要充足。

4）注意原料的鲜嫩度。

7. 油淋

油淋就是将主料先用调味品腌渍后，再将主料置于漏勺上用手勺反复淋入热油，使之成熟的一种烹调方法。

（1）油淋的特点　外皮脆香，色泽红亮。

（2）油淋的操作关键

1）油淋的油温不可过低。

2）用热油淋浇时要将原料浇制均匀。

3）注意原料内外成熟一致。

4）油量要充足。

8. 脆炸

脆炸是将刀工处理的原料沾裹脆浆或抹上饴糖等晾干后，放入热油锅炸熟的一种炸制方法。

（1）脆炸的特点　色泽金黄，表面光滑，质地松脆，酥香可口。

（2）脆炸的操作关键

1）原料表面拍粉或挂脆皮浆应均匀。

2）加热油温不可过低。

9. 香炸

香炸是将加工过的原料用调味品腌渍、拖糊后再蘸上一些增香原料，用旺火热油炸制成熟的一种烹调方法。

（1）香炸的特点　色泽金黄，外酥内嫩，松香可口。

（2）香炸的操作关键

1）正确掌握油温。

2）原料应蘸上香料。

10. 软炸

软炸先是将主料用调味料腌渍后，挂上用蛋液淀粉等制成的糊，用中火炸制，后复炸的一种烹调方法。

（1）软炸的特点　外表香软，内嫩味鲜，色泽浅黄。

（2）软炸的操作关键

1）原料应选鲜嫩的。

2）炸制油温不可过高。

3）火力应以中小火为宜。

（四）熘

熘是指根据菜肴的要求选择不同的加热方法使烹饪原料成熟，然后把调制成的卤汁浇淋于原料上或将原料投入卤汁中搅拌的一种烹调方法。

1. 滑熘

滑熘就是将主料加工成丁、条、片、丝、粒、卷及剞花刀等处理后上浆，滑油后再用适量的芡汁熘制的一种烹调方法。

（1）滑熘的特点　色泽洁白，口感滑嫩，汁宽味浓。

（2）滑熘的操作关键

1）原料应选鲜嫩的。

2）油温不可过高。

3）火候以中火为宜。

4）汁芡应宽些。

2. 软熘

软熘是采用质地软嫩或流体原料，先经蒸、氽或煮熟，再浇上芡汁的一种熘的技法。

（1）软熘的特点　鲜嫩滑软，汁多味美。

（2）软熘的操作关键

1）原料熘制前须经熟处理。

2）应选新鲜易熟的原料。

3）掌握好原料的加热时间。

4）熘制的卤汁应宽些。

3. 脆熘

脆熘又称焦熘，是将加工成型的主料用调味品腌渍入味，挂上水粉糊或拍干粉等，然后用旺火热油炸脆，最后浇上卤汁的烹调方法。

（1）脆熘的特点　色泽金黄，外酥内嫩，味浓汁宽。

（2）脆熘的操作关键

1）粉糊调制要均匀。

2）掌握好原料的加热时间。

3）注意过油的油温。

4）注意菜品的色泽。

4. 糟熘

糟熘是指加工过的烹饪原料，加入香糟汁加热熘制的一种烹调方法。

（1）糟熘的特点　糟香醇厚，滑嫩鲜美。

（2）糟熘的操作关键

1）正确掌握油温。

2）应突出香糟味。

3）防止菜肴焦煳。

4）调味应准确。

（五）煎

煎是指以少量油加入锅内，放入加工处理成泥、粒状的饼状或挂糊的片形等半成品原料，用小火煎熟并两面至酥脆呈金黄色成菜的烹调方法。

1. 干煎

干煎就是把扁平状的原料腌渍入味后，拍粉拖蛋液放入少量油锅中用小火加热至表面金黄酥脆的一种煎法。

（1）干煎的特点　外香酥，内软嫩，无汁无芡，色泽金黄。

（2）干煎的操作关键

1）煎制菜肴原料多选用质地细嫩，无异味的原料。

2）煎时火力不宜过大，以免发生外焦煳，内不熟。

3）拍粉少而匀，蛋液要打均匀。

4）要用小火加热。

2. 软煎

软煎就是将原料经蒸制或煮制成熟后塌成细泥状，再将原料调味后加工成一定形状入适量油锅中煎制成熟的一种方法。

（1）软煎的特点　色泽淡黄，外香酥，内软糯。

（2）软煎的操作关键

1）煎制菜肴原料多选用质地细嫩、无异味的原料。

2）煎制时注意铁锅受热均匀，以保证成品色泽均匀。

3）注意火力不要太旺，以免影响色泽。

4）锅要洗净，油要适量。

3. 南煎

南煎是将原料制成细茸做成厚饼状，然后煎至两面金黄，调味勾芡出锅成菜的一种方法。

（1）南煎的特点　色泽金红，鲜嫩香醇。

（2）南煎的操作关键

1）煎制时，要将炒锅滑润好，用火要均匀。

2）煎时火力不宜过大，制馅要细腻。

3）锅要洗干净，油要适量。

（六）贴

贴是指用两种以上原料黏合在一起，呈饼状或厚片状，放在锅中煎，使贴锅的一面酥脆，另一面软嫩的烹调方法。

（1）贴的特点　形状美观，外酥里嫩，鲜香味美，风味独特。

（2）贴的操作关键

1）要选用鲜嫩的原料。

2）贴制过程中不要将原料碰碎。

3）正确掌握入贴煎制时的火候和油温。

（七）烹

烹是将改刀成条、块、段的小型原料，用旺火热油炸或煎成金黄色，再入锅烹入调味汁，快速翻拌成菜的烹调方法。

1. 炸烹

炸烹是原料经过炸熟后，再用调味汁急速拌炒的一种烹调方法。

（1）炸烹的特点　外香里嫩，略带汤汁，爽口不腻。

（2）炸烹的操作关键

1）炸制时要注意火候。

2）烹汁时火力要旺，做到旺火速成。

3）卤汁多少要与主料相适宜。

2. 煎烹

煎烹是原料经过煎熟后，再用调味汁急速拌炒的一种烹调方法。

（1）煎烹的特点　色泽金黄，略带汤汁，爽口不腻。

（2）煎烹的操作关键

1）煎制要求两面呈金黄色，火力要小，以免焦煳。

2）烹汁时火力要旺，做到旺火速成。

3）卤汁的量要与主料相适宜。

（八）拔丝

拔丝是将经过油炸的小型原料挂上能拔出丝来的糖浆的一种烹调方法。

1. 油拔

油拔是将经过油炸的小型原料，挂上用油和糖熬出的糖浆的一种烹调方法。

（1）油拔的特点　外脆里嫩，香甜可口。

（2）油拔的操作关键

1）应认真掌握好火候，至糖熬成淡黄色，能拔出丝来，随即把炸好的原料投入，颠翻几下，做到包裹均匀。

2）熬糖时注意糖液的变化，欠火时不能成丝，过火时色焦易发苦。

2. 水拔

水拔是将经过油炸的小型原料，挂上用水和糖熬出糖浆的一种烹调方法。

（1）水拔的特点　外脆里嫩，香甜可口。

（2）水拔的操作关键　同油拔。

3. 混合拔

混合拔是将经过油炸的小型原料，挂上用水、油和糖熬出的糖浆的一种烹调方法。

（1）混合拔的特点　外脆里嫩，香甜可口。

（2）混合拔的操作关键　同油拔。

（九）㸆

㸆是将一些不挂糊的主料经过热处理后加入配料、调料和汤，盖上锅盖，使汤汁变浓，依附在主料上的一种烹调方法。

（1）㸆的特点　质地酥嫩，汤少汁浓，口味醇厚。

（2）㸆的操作关键　制菜肴要用小火，汤汁醇浓即可。

二、以水为传热介质的烹调工艺

（一）烧

烧是将加工整理、改刀成形的原料经煸炒、油炸或焯水等初步熟处理后，加上适量的汤汁和调味品，用旺火烧开，转中小火烧透入味，再用旺火收浓卤汁或用淀粉勾芡的一种烹调方法。

1. 红烧

红烧是将经过初步熟处理的原料，加汤和酱油等有色调味品烧开后，用中火或慢火烧透入味，然后用旺火收汁勾芡成菜的烹调方法。

（1）红烧的特点　色泽红亮，酥烂味厚，咸鲜适中。

（2）红烧的操作关键

1）要正确掌握火候和烧制的时间。

2）正确把握此菜品的色泽和亮度。

3）烧制过程中要勤晃锅，以免煳锅。

2. 白烧

白烧是将经过初步熟处理的原料，加汤和精盐等无色调味品进行烧制的方法。

（1）白烧的特点　色彩协调，汤汁醇厚。

（2）白烧的操作关键

1）要正确掌握火候。

2）烧制过程中要勤晃锅，以免煳锅。

3. 干烧

干烧是将原料过油后，炝锅加主料、调味品和鲜汤用旺火烧开转小火烧透，自然收浓汤汁成菜的方法。

（1）干烧的特点　色泽红亮，口味香辣微甜。

（2）干烧的操作关键

1）要正确掌握火候。

2）烧制过程中要勤晃锅，以免煳锅。

3）盘中不能有汤汁，但要有明油。

4. 葱烧

葱烧是将经过初步熟处理的原料，加葱段、汤和酱油等调味品烧开后，用中火或慢火烧透入味，然后用旺火收汁勾芡成菜的烹调方法。

（1）葱烧的特点　菜色金红，鲜美爽脆，葱香浓郁。

（2）葱烧的操作关键

1）原料的形状不宜过大，否则不易入味。

2）烧制时间不要过长。

3）大葱要炸出香味。

5. **酱烧**

酱烧是一种烧制方法，在北方菜中运用较为广泛，它是先把甜面酱放入油锅炒散出香，再加入调味料和适量鲜汤炒匀，然后放入过了油的原料，烧至甜酱汁均匀地裹在原料上的一种方法。

（1）酱烧的特点　菜色棕红，鲜甜适口，酱香浓郁。

（2）酱烧的操作关键

1）炒甜面酱时要掌握好火候，否则宜煳。

2）注意酱油用量不宜过多。

3）排骨在过油时要正确掌握油的温度。

（二）烩

烩是将经过刀工处理的鲜嫩柔软的小型原料，经初步熟处理后入锅，加入多量汤水及调味品烧沸，勾芡成菜的烹调技法。

（1）烩的特点　汤宽汁浓，半汤半菜，滑爽鲜嫩，滋味鲜醇。

（2）烩的操作关键

1）选料要严格。

2）必须使用鲜汤。

3）勾芡要恰当。

4）不宜用旺火加热。

（三）炖

炖是将初步熟处理的原料，装入砂锅或铁锅中，加足汤水和调料，用中小火烧至原料酥软、汤汁浓醇的一种烹调方法。

（1）炖的特点　原料酥软味浓，汤汁浓醇鲜亮，汤料相辅相成，本味突出，鲜香味美，有较高的滋补价值。

（2）炖的操作关键

1）要选用新鲜原料。

2）汤水要足量。

3）调味清淡鲜香。

4）准确掌握火候。

（四）焖

1. 红焖

红焖是主料经过加工处理，用热油煸炒或炸后，炝锅加鲜汤和酱油等调味品，用小火焖制成菜的一种焖制法。红焖一般以味醇微辣的家常味为主，所用酱油和糖色比较多，颜色为深红色。

（1）红焖的特点　质地酥软，浓汁黏滑，香鲜味醇，为深红色。

（2）红焖的操作关键

1）选料严格，要选用新鲜、易于成熟的原料。

2）必须使用鲜汤，汤水要一次加足。

3）不宜用旺火加热，恰当掌握火候，加盖用小火长时间加热确保酥软。

2. 黄焖

黄焖是将原料初步处理后，加汤调味定形，加盖用小火烧至酥软入味并收浓汤汁成菜的一种烹调方法。黄焖菜肴一般以醇厚咸香的咸鲜味为主，黄焖和红焖相比所用糖色和酱油比较少，菜肴颜色为浅黄色。

（1）黄焖的特点　质地酥软，浓汁黏滑，醇厚咸香，颜色为浅黄色。

（2）黄焖的操作关键

1）必须使用鲜汤。

2）不宜用旺火加热。

3）加盖用小火长时间加热确保酥软。

3. 油焖

油焖是将原料初步处理，再经过走油处理后加汤调味定形，加盖用小火烧至酥软入味并收浓汤汁成菜的一种烹调方法。油焖菜肴以酱香味为主。

（1）油焖的特点　质地酥软，浓汁黏滑，油亮味醇。

（2）油焖的操作关键

1）原料在焖制前需经过走油处理。

2）加盖用小火长时间加热确保酥软。

3）选料严格，必须使用鲜汤，不宜用旺火加热。

4. 酒焖

酒焖是将原料初步处理后，加汤调味定形，加盖用小火烧至酥软入味并收浓汤汁成菜的一种烹调方法，在烹调时需加入酒类进行焖制。

（1）酒焖的特点　质地酥软，浓汁黏滑，酒香味醇。

（2）酒焖的操作关键。

1）选料严格，必须使用鲜汤，不宜用旺火加热。

2）加盖用小火长时间加热，确保酥软。

3）注意酒的用量与加入时机。

（五）煨

煨是将初步熟处理的原料放入陶制器皿中，加入调料和较多的汤汁，用旺火烧沸，加盖封闭，以微火长时间加热入味成熟的一种烹调方法。

1. 红煨

红煨是菜肴煨制时加入有色调料，烹调后呈现红色的一种煨制法。

（1）红煨的特点　汤汁浓稠，味厚汁醇，主料酥烂。

（2）红煨的操作关键

1）微火长时间加热。

2）一次性加入足量的汤汁。

2. 白煨

白煨是将初步熟处理的原料放入陶制器皿中，加入无色调料和较多的汤汁，用旺火烧沸，加盖封闭，以微火长时间加热入味成熟且汤汁浓白的一种烹调方法。

（1）白煨的特点　汤汁浓稠，味厚汁醇，主料酥烂。

（2）白煨的操作关键

1）微火长时间加热。

2）一次性加入足量的汤汁。

3）汤汁浓白。

（六）扒

扒是将加工整理的原料整齐地放入锅中，加入适量汤水和调料，用中小火加热，待原料熟透入味后，通过晃勺、勾芡和大翻勺而成菜的一种烹调方法。

1. 红扒

红扒是菜肴在烹制时使用酱油等有色调味品，使成菜呈红色的一种扒制法。

（1）红扒的特点　造型整齐美观，质地软嫩；芡汁紧凑明亮，滋味以鲜香为主。

（2）红扒的操作关键

1）要选用质优、形美、味鲜香的主料，以山珍海味为主，如鱼翅、鲍鱼、海参等。

2）刀工成形整齐均匀，尽量显示原料的完整形态。

3）翻锅后菜肴仍保持整齐形态成菜。

2. 白扒

白扒是将原料加工整齐，并经过初步熟处理后，再整齐地排摆在锅中，加适量汤水和无色调料，用中小火加热成熟，勾芡、翻锅仍保持整齐形态成菜的一种烹调方法。白扒与红扒的区别主要体现在调料上，且成品色泽较淡。

（1）白扒的特点　造型整齐美观，质地软嫩，芡汁紧凑明亮，滋味以鲜香为主。

（2）白扒的操作关键

1）要选用质优、形美、味鲜香的主料，以山珍海味为主，如鱼翅、鲍鱼、海参等。

2）刀工成形整齐均匀，尽量显示原料的完整形态。

3）白扒成菜色泽较淡。

（七）煮

煮是将原料初步熟处理后，加入多量水或汤汁，用旺火烧沸，以中火较长时间加热，使原料成熟时调味成菜的一种烹调方法。

（1）煮的特点　汤色乳白，味浓，原料质地软嫩，鲜咸爽口、纯正。

（2）煮的操作关键

1）注重用高汤。

2）注重调味。

3）正确掌握火候，旺火烧沸，中火较长时间加热。

（八）汆

汆是用质地脆嫩、极薄易熟的原料，入沸汤水锅内快速加热断生，一滚即起的烹调方法。

（1）汆的特点　汤汁清澈鲜美，原料鲜嫩爽口。

（2）汆的操作关键

1）选用鲜嫩原料。

2）加热时间极短，原料断生即可。

3）汤汁不勾芡。

（九）涮

涮就是用火锅烧沸鲜汤，将质嫩易熟的小型生料放入锅中烫至断生捞出，随即蘸上配制的调料食用的一种烹调方法。

（1）涮的特点　原料鲜嫩，调料多样，自涮自调，各取所好，亦菜亦汤，汤鲜菜嫩。

（2）涮的操作关键

1）选用鲜嫩原料。

2）汤汁鲜美应具有特色。

3）加热标准由食用者自行掌握。

4）调味料多样化。

（十）塌

塌是将扁平状的原料腌渍入味后，挂上薄糊，煎至糊层金黄干爽，添加适量汤水和调味品加盖，用中小火烧至原料熟软入味，并使汤汁基本耗尽的一种烹调方法。

（1）塌的特点　色泽鲜亮金黄，形态扁平完整，质地软嫩，滋味鲜香，不油腻。

（2）塌的操作关键

1）煎时菜品质地软嫩，不可过老。

2）不向外渗流汁水，不勾芡，不淋油，收汁恰到好处。

（十一）蜜汁

蜜汁是以蒸汽或者水为导热体，将加工处理后的原料加入糖和蜂蜜等调料，蒸制或烧、焖成菜的一种烹调方法。

（1）蜜汁的特点　光泽明亮，酥糯香甜，糖汁浓稠似蜂蜜。

（2）蜜汁的操作关键

1）糖汁要适当。

2）谨防粘底焦煳。

3）蒸制时需用中大火。

三、以蒸汽为传热介质的烹调工艺

蒸是将加工整理成形的原料调味，放入蒸笼或蒸箱内，利用蒸汽传热使其成熟的烹调方法。

蒸按蒸汽的压力可分为放汽蒸、原汽蒸、高压汽蒸。不同的原料制作蒸菜时，火力的强弱及时间长短都要有所区别。

很多酒店都是用蒸车或蒸箱，经常是几种菜肴一起加热，操作时应注意：

1）汤水少的菜肴放在上面，汤水多的应放在下面，这样拿取比较方便，不易造成烫伤事故。

2）浅色的菜肴应放在上面，深色的放在下面，这样放置的目的是上面菜肴的汤汁溢出时，不至于影响下面菜肴的颜色。

3）不易熟的菜肴应放在上面，易熟的放在下面。因为热蒸汽向上，上层蒸汽的热量高于下层。

4）一定要在锅内水沸后再将原料入锅蒸。

5）上火加热的时间一般比规定时间少 2~3min，停火后不马上出锅，利用余温虚蒸一会。

1. 清蒸

清蒸是指单一原料、单一口味（咸鲜味）原料直接调味蒸制，使成品汤清、味鲜、质地嫩的方法。原料必须清洗干净，沥净血水。

（1）清蒸的特点　肉质鲜嫩、肥美，食之爽口。

（2）清蒸的操作关键　必须选择新鲜原料，准确把握蒸制时间。

2. 粉蒸

粉蒸是指加工腌味的原料上浆或不上浆后，粘上一层熟米粉以中火蒸制成菜的方法。

（1）粉蒸的特点　糯软香浓，味醇适口。

（2）粉蒸的操作关键

1）炒米粉要注意两点：一是要慢慢炒，不要炒煳；二是研磨得不要细，手摸上去有点粗糙感最好，粉质不能过于细腻。

2）调味要准确。

四、以热空气为传热介质的烹调工艺

烤是将加工整理成形的原料，加工腌渍入味或加工成半成品，放入烤炉内，利用辐射热能将原料烹制成熟的方法。

1. 明火烤

明火烤是指将腌制过的原料放在敞开的烤炉上加热，依靠燃料燃烧产生的辐射热将原料烤制成熟的烹调方法。

（1）明火烤的特点　色泽枣红，外皮松脆，肉质鲜嫩，香气浓郁。

（2）明火烤的操作关键

1）烤制时火力不宜过大。

2）合理调控烤制时间和温度。

3）烤制时不断翻动原料。

2. 暗火烤

暗火烤是将加工处理好的原料置于焖烤炉内，用炉壁产生的辐射将原料烤制成菜的技法。

（1）暗火烤的特点　外焦里嫩，香气浓郁。

（2）暗火烤的操作关键　合理调控加热时间和温度，确保菜品质量。

五、以固体为传热介质的烹调工艺

焗是以汤汁与蒸汽或盐或热的气体为导热媒介，将经腌制的物料或半成品加热至熟而成菜的烹调方法。焗法多数使用动物性原料，尤以禽类为主。用砂锅焗的原料，以生料为主。但也有部分菜肴为了造型，其原料先经初步熟处理之后才焗制的。

盐焗也叫盐烙、盐煨，就是将生料或半熟的原料经过腌制，晾干后用薄纸包裹，埋入灼热的盐粒中加热成熟的一种烹调方法。

（1）焗的特点　原汁原味，浓香味厚。

（2）焗的操作关键　原料在焗制之前，必须用调味料腌制，腌制时间根据原料特点及菜肴的质量要求而定。

六、其他烹调工艺

其他烹调工艺，如微波辐射等。

微波辐射方式是利用微波辐射烹饪原料，由其内部分子本身产生的摩擦热，里外同时加热烹调原料，使其内外成熟一致。但原料成熟度与微波炉的功能、原料体积、原料摆放密度、摆放位置有直接关系。

（1）微波的特点　制品鲜嫩，配色颜色分明，别具特色。

（2）微波的操作关键　加盖，掌握微波时间。

第十一章

面点制作工艺

面点是我国烹饪的主要组成部分，素以历史悠久、制作精致、品类丰富、风味多样著称。面点是用各种粮食（米、麦、豆、杂粮）、肉类、蛋、乳、蔬菜、果品、鱼虾等为原料，并配以多种调料与辅料，将其调制成坯及馅，经成形、熟制而成的具有一定营养价值且色、香、味、形俱佳的方便食品。随着人们就餐形式的改变，原料种类的增多，机械设备的运用，面点技术的提高，我国面点的范畴日益广泛。面点成为一类以粮食、果品、鱼虾及根茎类蔬菜等为主要原料，以包捏技法等为主要手段，并利用馅及调味料加以组配，再经过熟制而成的色、香、味、形俱佳的食品。

我国面点与菜肴一样在国际上享有较高的声誉，这是由我国面点选料精细、品种繁多、做工考究、形味俱佳、营养丰富的特点所决定的，也显示了我国几千年劳动人民的辛勤劳动和智慧。

我国面点风味比较多，各省的地方面点都有独特之处。但我国大多数美食家和业内专家比较认同的是"南味""北味"两大风味，其中影响最大的又有"广式""苏式""京式"三大特色之说。

广式面点泛指珠江流域及南部沿海地区所制作的面点，以广州地区为代表，故称广式面点。广式面点富有南国风味，自成一格，近百年来，又吸取了部分西点制作技术，品种更丰富多彩，以讲究形态、花色著称，坯皮以使用油、糖、蛋为多，营养丰富，馅心多样、晶莹，制作工艺精细，味道清淡鲜滑，特别是善于利用荸荠、土豆、芋头、山药、薯类及鱼虾等做坯料，制作出多种多样的美点。广东地处我国东南沿海，气候温和，雨量充沛，物产丰富，盛产大米，故当时的民间食品一般都是米制品，如伦敦糕、萝卜糕、糯米年糕、炒米饼等。广式面点具有坯皮丰富、品种丰富、馅心广泛、口味多样、善于吸收、技法独到、季节性强、应时迭出的特点。

苏式面点泛指长江下游的江、浙一带所制作的面点，它源于扬州、苏州，以江苏最具代表性，故称苏式面点。江、浙一带是我国最为富饶、久负盛名的"鱼米之乡"，民风儒雅、市井繁荣、食物源极为丰富，为制作苏式面点奠定了良好基础，提供了良好条件。苏式面点色、香、味、形俱佳的特点突出。苏式面点可分为宁沪、苏州、镇江、淮扬等流派，又各有不同的特色。苏式面点重调味，味厚、色艳、略带甜头，形成独特的风味。馅心重视掺冻（即用多种动物性原料熬制汤汁冷冻而成），汁多肥嫩，味道鲜美。苏式面点很讲究形态，如苏州船点，形态甚多，常见的有飞禽、走兽、鱼虾、昆虫、瓜果、花卉等，色泽鲜艳，形象逼真，栩栩如生，被誉为精美的艺术食品。苏式面点具有风格复杂，品种繁多，技法细腻，制作精美，选料严格，季节性强，善用原料，色香自然的特点。

京式面点泛指我国黄河以北的大部分地区（包括华北、东北等）所制作的面点，以北京地区为代表，故称京式面点。京式面点主要以面粉为原料，特别擅长制作面食，其有独特之处，被称为四大面食的抻面、削面、小刀面、拨鱼面，不但制作技术精湛，而且口味爽滑、筋道，受到广大人民的喜爱。京式的小食品和点心也丰富多彩。在馅制品方面，肉馅多用"水打馅"，佐以葱、姜、黄酱、味精、芝麻油等，口感鲜咸而香，柔软松嫩，具有独特的风味。京式面点具有用料丰富、品种众多、制作精细、风味多样的特点。

第一节　面点制作基本功

一、和面

面团调制也就是和面，是将各种原辅料按一定的比例要求调制成面团的过程。目前，主要有机器和面、手工和面两种方法。

机器和面是将面点原料通过机械的搅拌，调制成面点制作所需要的各种不同性质的面团。

手工和面是将面点原料通过人工的搅拌，调制成面点制作所需要的各种不同性质的面团，主要有抄拌法、搅拌法、调和法三种方法。

（一）抄拌法

抄拌法是在粉料及配料中掺入水或其他液体物料后，用双手由下向上反复抄拌，使粉料与配料及水混合均匀的操作方法。这种方法常用于拌制松散的粉粒状面团，如松糕、绿豆糕等。

抄拌时，用力均匀适量，手不沾水，以粉推水，水、粉结合，成为雪花状（有的叫穗形状），这时可加第二次水，继续用双手抄拌，使面呈结块状，然后把剩下的水洒在面上，搓揉成为面团。

（二）搅拌法

搅拌法是指将面粉倒入盆中，然后左手浇水，右手拿面杖搅和，边浇边搅，使其吃水均匀，搅匀成团的方法。搅拌法一般用于烫面和蛋糊面，有时还用于冷水面等。和烫面时沸水要浇遍、浇匀，搅和要快，使水、面尽快混合均匀。和蛋糊面时，必须顺着一个方向搅匀。搅面的特点是柔软，有韧性。

（三）调和法

调和法是将面粉在案板上围成塘坑，加入水或其他液体原料调和后，用手逐渐从里向外进行调和，待各种原辅料混合，揉成团块的操作方法，适用于调制松散的颗粒状面团及化学膨松面团，如开口笑、麻枣等。

二、揉面

（一）捣

捣是在和面后，双手握拳在面团各处用力从上向下捣压的操作方法。

"要想面好吃，拳头捣一千"，意思就是在和面后，放在缸盆或桌面上，双手握紧拳头，在面团各处用力向下捣压，力量越大越好。当面被捣压挤向缸的周围时，再把它叠拢到中间，继续捣压，如此反复多次，一直到把面团捣透上劲为止。

（二）揉

揉是通过双手反复揉搓，将和好的面团揉润、揉光、揉匀的操作方法。根据面团的大小，可采用单手揉、双手揉和双手交替揉的手法。

揉时身体不能靠住案板，两脚稍分开，站成丁字步，身子站正，不可歪斜，上身可向前稍弯，这样使劲用力揉时，不致推动案板，并可防止粉料外落，造成浪费。在揉少量面团时，主要是用右手使劲，左手相帮，要摊得开，卷得拢，五指并用，使劲揉匀。揉时，全身和膀子要用力，特别是要用腕力。一般的手法是双手掌根压住面团，用力向外推动，把面团摊开，从外逐步推卷回来成团，翻上"接口"，再向外推动摊来，揉到一定程度，改为双手交叉向两侧推摊、摊开、卷叠，再摊开、再卷叠，直到揉匀揉透，面团光滑为止。也可以用左手拿住面团一头，右手掌根将面团压住，向另一头推开，再卷拢回来，翻上"接口"，继续再推、再卷，反复多次，揉匀为止。

（三）摅

摅是面团和好后，双手握拳，交叉在面团上摅压，使面团向四周摊开再卷拢在一起的操作方法。

摅时双手要握紧拳头，交叉在面团上摅压，边摅边压边推，把面团向外摅开，然后卷拢再摅。摅比揉的劲大，能使面团更加均匀。特别是量大的面团，都需要摅，还有一些成品需要沾水摅，但只能一小块一小块地进行。

（四）摔

摔是双手或单手拿住和好的面团，举起后反复摔在案板上，使面团增加劲力的操作方法。摔时可用右手抓住面团，快速提起团团，然后摔在案板上。摔时动作要快。

（五）擦

擦是粉料与油脂等混合后，用双手掌根反复逐层向外推擦，使原料、辅料混合均匀的操作方法。

擦时用手掌根把面一层层向前边推边擦，将面团推擦开后，滚回身前，卷拢成团，仍用前法，继续向前推揉，直到擦匀擦透。

三、搓条

搓条是将揉好的面团通过拉、捏、揉等方法使之呈条状，然后双后掌根压在条上，同时适当用力，来回推搓滚动面团，并用两手向两侧抻动，使面团向两侧慢慢延伸，成为粗细均匀的圆形条状的操作过程。

要求两手用力均匀，用手掌搓，滚动面团，使面条均匀、光洁。面条的粗细，要根据面剂的大小确定。搓条时要注意以下几点。

1）要搓、揉、抻相结合，边揉边搓，使面团始终呈粘连凝结状态，并向两头延伸。

2）两手着力均匀，防止一边大一边小，使条粗细不匀。

3）要用掌根揿实推搓，不能用掌心。因掌心发空，揿不平，压不实，不但搓不光洁，而且不易搓匀。

四、下剂

（一）揪剂

揪剂又叫摘坯，摘剂，是指左手握剂，右手推摘的操作方法。

揪剂时，左手握住剂条，从左手拇指与食指间露出相当于坯子需要大小的截面，用右手拇指和食指轻轻捏住，并顺势往下前方推摘，即摘下一个坯子。

（二）挖剂

挖剂是左手握住或按住面剂的一端，右手四指弯曲成铲形，手心向上，四指同时铲入截面往上一挖，使坯段截面断开的操作方法。

面团搓条后，放在案板上，左手按住，从拇指和食指间（虎口处）露出坯段，即成一个剂子。然后把左手向左移动，让出一个剂子坯段，重复操作。挖下的剂子一般为长圆形，有秩序地戳在案板上。

（三）拉剂

拉剂是指用右手五指抓起适当剂量的坯面，左手抵住面团，拉断即成一个剂子的操作方法。

拉剂时可用右手五指抓起适当剂量的坯面，左手抵住面团，拉断即成一个剂子。再抓，再拉，如此重复。馅饼的下剂方法即属于这种方法。如果坯剂规格很小，也可用三个手指拉下。

（四）剁（切）剂

剁剂是指在搓好剂条后，放在案板上拉直，根据剂量大小，用厨刀一刀一刀剁下的操作方法。切剂常用于切制明酥面剂，以保证截面酥层清晰，也有时用于馒头的切制。

剁剂时为了防止剁下的剂子相互粘连，可在剁时用左手配合，把剁下的剂子一前一后错开排列整齐。这种方法速度快，效率高，有时会出现大小不匀的情况。

（五）制皮

制皮是将面团或面剂，按照品种的生产要求或包馅操作的要求加工成坯皮的过程。在操作顺序上，有的在分坯后进行制皮，有的则在制皮后再进行分坯。制皮方法有擀皮、捏皮、压皮、摊皮、敲皮、按皮、拍皮等，下面介绍常用的几种。

1. 擀皮

擀皮是指将面剂先按扁后，用擀杖（有面杖、橄榄杖、通心槌）将其擀制成中间稍厚、边缘稍薄的圆皮的制作过程。

擀皮的方式一般有"平展擀制"与"旋转擀制"两种。按工具使用方法，分单手擀制、双手擀制两种。根据品种的不同，可选用不同的工具。例如，饺子皮的擀制方法有面杖擀法和橄榄杖擀法两种；烧卖皮的擀制方法有通心槌擀法和橄榄杖擀法两种；馄饨皮擀法与上述两种皮子的擀法不同，馄饨皮擀制的方式为"平展擀制"，不下小剂而用大块面团，不用小面杖而用大面杖。

2. 捏皮

捏皮一般是把剂子用双手揉匀搓圆，再用双手捏成圆壳形，包馅收口的操作方法。捏皮前先把剂子用手揉匀揉圆，再用双手手指捏成壳形，包馅收口，一般称为捏窝。

3. 压皮

压皮是指用刀或特殊工具将没有韧性的剂子压扁，可稍使劲旋压，使之成为圆形的操作过程。

压皮时，先将剂子截面向上，用手略按，右手拿刀（或其他光滑、平整的工具）放平，压在剂子上，稍使劲旋压，成为圆形皮子。压成的坯皮要求平展、圆整、厚薄大小适当。

4. 摊皮

摊皮是指将稀流面或糊面抖入或倒入锅中，使其在锅中粘成一张圆薄皮的制作过程。摊皮时根据品种的不同，也有不同的操作方法。

1）摊皮时，可将平锅架火上（火力不能太旺），右手持柔软下流的面团不停地抖动（防止流下），顺势向锅内一甩，锅上就会被粘上一张圆皮，等锅上的皮受热成熟，取下，再摊第二张。摊皮技术性很强，摊好的皮要求形圆，厚薄均匀，没有气眼，大小一致。

2）摊皮时，铁锅架火上（火力不能太旺），将部分稀面糊倒入锅中，趁势转动铁锅，使稀面糊随锅流动，转成圆形坯皮状，受热凝固，即形成一张平整的坯皮。摊皮时要求厚薄均匀，大小一致，圆整。

第二节　面点成形技艺

面点成形技艺即用调制好的面团和坯皮，按照面点的要求，包馅（或不包馅），运用各种方法，制成各种形状的成品或半成品。成形后再经过加热熟制就是定形制品。

面点成形是一项技术性较强的工作，它是面点制作的重要组成部分。面点和菜肴一样，也要求色、香、味、形俱佳，而面点的形态美观尤为重要，它形成了面点的特色，如包、饼、糕、团以及色泽鲜艳、形态逼真的象形花色制品，都体现了中式面点的特色。

面点制品花色繁多，成形方法也是多种多样的。面点制作工艺流程可分为和面、揉面、搓条、下剂、制皮、上馅，再用各种手法成形。前几道工序属于基本技术范围，与成形紧密联系，对成形品质影响较大。

一、抻

抻一般叫抻面，有的地区叫拉面，是我国面点制作中的一项独有的技术，为北方面条制作之一绝。它是将调制成的柔软面团，经双手反复抖动、抻拉、扣合，最后折合、抻拉成条、丝等形状制品的方法。抻出的面条吃起来筋道、柔润、滑爽。

抻的用途很广，不仅制作一般拉面、龙须面要用此种方法，制作金丝卷、银丝卷、一窝丝酥、盘丝饼等都需要先将面团抻成条或丝后再制作成形。抻出的面条形状可为扁条、棱角条、圆条等，按粗细可分为粗条、中细条、细条和特细条等。

操作时，其步骤主要有三个，即和面、溜条、出条。一般抻面的粗细由扣数多少确定，扣数越多，条越细。若面条根数以 z 表示，扣数以 n 表示，则 $z=2^n$。一般的拉面为 8 扣左右，龙须面则需 13 扣以上，一般不超过 16 扣。溜条时，两臂端平，用力均匀一致，逐步抻开，然后再两手交叉并条，直至将面条溜匀、溜顺、溜出筋力；出条时动作迅速，一气呵成。

二、切

切是以刀为主要工具，将加工成一定形状的面坯割成形的一种方法，常与擀、压、卷、揉、叠等成形方法连用。它主要用于面条、刀切馒头、花卷、糍粑等，以及成熟后改刀成形的糕制品，如三色蛋糕、千层油糕、枣泥拉糕、蜂糖糕、凉卷等的成形，并为下剂的手法之一，如油条、麻花等的下剂。

切法最有特色的是切面，分为手工切面和机器切面两种。机器切面分为和面、压皮、刀切三道生产工序，一般批量生产，劳动强度小，产量高，能保持一定质量，已在饮食业中普遍使用。但手工切面仍有其不可取代的特点，伊府面、过桥面、河南焙面等还是使用手工切法。

糕制品切块，可切成大小相同的小正方形、长方形、菱形或其他形状，切时需落刀准，下刀快，保证成品整齐完整。

三、削

削是用刀直接一刀接一刀地削面团而成长形面条的方法。用刀削出的面条叫刀削面，这是一种北方特有的技法。煮熟的刀削面吃起来特别筋道、劲足、爽滑。削分为机器削和手工削两种。

手工削面的具体方法是：先和好面，每 500g 面粉掺冷水 150~175g 为宜，冬增夏减；和好后醒面约 0.5h，再反复揉成长方形面团，然后将面团放在左手掌心，托在胸前，对准煮锅，右手持削刀，从上往下，一刀挨一刀地向前推削，削成宽厚相等的三棱形面条；面条入锅煮熟透捞出，再加调味料即可食用。

注意事项：

1）刀口与面团持平，削出返回时不能抬得过高。

2）后一刀要在前一刀的刀口上端削出，即削在头一刀的刀口上，逐刀上削。

3）削成的条要呈三棱形，宽厚一致。

四、拨

拨是用筷子将稀糊面团拨出两头尖中间粗的条状的方法。拨出后一般直接下锅煮熟，这是一种需借助加热成熟才能最后成形的特殊技法。因拨出的面条肚圆两头尖，入锅似小鱼入水，故叫作拨鱼面，又称"剔尖"，是流行于山西民间的一种特技水煮面食。

制作时，面要和得软，500g 面粉掺水 400g 略多点儿。和好后再蘸水摄匀，至面光后用净布盖上醒 0.5h。醒好后放入凹盘中，沾水拍光，把凹盘对准开水煮锅，稍倾斜，用一根一头削成三棱尖形的筷子顺着盘边由上而下拨下快流出的面，使之成为两头尖、10cm 长、鱼肚形条，拨到锅内煮熟，盛出加上调料即成，也可煮熟后炒着吃。

五、叠

叠是将经过擀制的面皮按需要折叠成一定形态半成品或成品的技法，其最后成形还需与擀、卷、切、剪、钳、捏等结合。此法在面皮制作中常常用到，一般作为面皮或半成品的分层间隔时的操作，如制酥皮、花卷、千层糕等。

叠与擀相结合时，要求每一次都必须擀得薄厚均匀，否则成品的层次将出现薄厚不匀的现象。有些面皮叠制前抹油是为了隔层，但不能抹得太多，且要抹均匀。

六、摊

摊是将稀软面团或糊浆入锅或铁板上制成饼或皮的方法。这种成形法具有两个特点：一个是熟成形，即借助平底锅或刮子等边熟边成形；另一个是使用稀软面团或糊浆。此法可用于制作成品如煎饼、鸡蛋饼等，也可用于制作半成品，如春卷皮、豆皮等。

按照摊制方法的不同，可分为以下几种。

1. 旋摊

旋摊即糊浆倒入有一定温度的锅内，将锅略倾斜旋转，使糊浆流动，受热形成圆皮的方法，如锅饼皮等的摊制。

2. 刮摊

刮摊即糊浆倒入烧热的平底锅或铁板上，迅速用刮子将其刮薄、刮匀、刮圆的方法，如煎饼、鸡蛋饼、三鲜豆皮等的摊制。

3. 手摊

手摊即手抓稀软面团在烧热的铁板上，迅速用手将其刮薄、刮匀、刮圆的方法。操作时，首先要将锅或铁板烧干，以防烙好的皮粘锅或结板。凡是摊皮都要求张张厚薄、大小都要一致，不能粘锅和出现沙眼、破洞等。其次要掌握好锅的温度。温度低不易结皮，温度高则皮厚易粘底，摊时还要往锅或铁板上抹点油，但不可多，这样便于揭下来。

摊制时，面糊稀薄适中，放入锅内要将锅略倾斜旋转，使糊浆流动，受热形成圆皮，使面皮厚薄均匀。

七、擀

擀是运用橄榄杖、面杖、通心槌等工具将坯料制成不同形态面皮的一种技法。它是面点制作的代表性技术。擀制方法多种多样，如层酥、饺子皮、烧卖皮、馄饨皮等擀法均不同。擀直接用于成品或半成品的成形并不很多，常与叠、切、包、捏卷等连用，如花卷、千层油糕、面条等。几乎所有的饼类制品都要用擀法成形。工具不同，擀皮的要领不一样。

擀的形态较多，如圆形、腰子形、椭圆形、长方形、方形等。擀制成形时，要使杖灵活，用力轻巧适当，从中间向外推擀，前后左右推拉一致，使其四周厚薄均匀。

八、按

按又称压、揿，是用手将坯料揿压成形的方法，主要用于制作形体较小的包馅面点，如馅饺、酥饼等。用手按速度快，较有分寸，不易挤出馅心。操作时用力要适当，并转动面坯按压。按也常作为辅助手段使用，配合包、印模等成形技法。

按可分为手指按和手掌按两种。手指按是用食指、中指和无名指三指并排，均匀按压面坯；手掌按则是用掌根按面坯。

九、揉

揉又称搓，是一种比较简单的基本成形技法。揉是将下好的剂子用双手互相配合，搓揉成圆形或半圆形的团子，一般用于制作高桩馒头、圆面包、寿桃等。揉的方法有双手揉和单手揉，形状一般有蛋形、半球形、高桩形等。

1. 双手揉

双手揉又可分为揉搓和对揉。

（1）揉搓　取一个面剂，左手拇指与食指分开挡住面剂，掌根着案，右手用掌根按住面剂向前推揉，然后用掌根将面剂往回带，使面剂沿顺时针方向转动。当面剂底部光滑的部分越来越大，揉褶变小时，将面坯翻过来，光面朝上做成一定形态即成。

（2）对揉　将面剂放在两手掌中间对揉，使面剂同进旋转，致面剂表面光滑，形态符合要求。

2. 单手揉

双手各取一个剂子，握在手心里，放在案板上，用掌根按住向前推揉，其余四指将面剂拢起，然后再推出，再拢起，使面剂在手中向外转动，即右手为顺时针转动，左手为逆时针转动，双手在案板上呈"八"字形，往返移动，至面剂揉褶越来越小，呈圆形时竖起即成馒头生坯。

揉制面剂时要达到表面光洁，不能有裂纹和面褶出现。揉面剂时的收口越小越好，并将收口朝下，成为底部。

十、包

包是将制好的皮子上馅后使之成形的一种技法。包的手法在面点制作中应用极广，很多带馅品种都要用到包法，如烧卖、春卷、汤团、各式包子、馅饼、馄饨，以及较特殊的品种粽子等。包法常与其他成形技法如卷、捏等结合在一起使用，也往往与上馅方法结合在一起使用，如包入法、包拢法、包裹法、包捻法等。

包法因制品不同，而有不同的操作方法。

1. 提褶包法

用左手托皮，手指向上弯曲，使皮在手中呈凹形，右手用刮子抹上馅，用右手拇指、食指在面皮的一端隔皮相对，两手指捏紧面皮，右手拇指带着面皮向前走，食指向后滑动一下，捏出一道花纹，同时左手四指顺势使面皮旋转一圈，如此反复，当面皮旋转一圈，右手也捏出一圈花纹，即成提褶包。

2. 烧卖包法

托皮上馅方法同提褶包，在加馅的同时，左手五指将烧卖皮往上收拢，拇指与食指从腰处勒，挤出多余馅心，用刮子刮平，不要封口，要在口上能见到馅心，包成石榴形烧卖。

3. 馄饨包法

馄饨包法有多种，最常见的叫捻团包法，即左手拿一叠方形薄皮，右手拿筷子挑上馅心，抹在皮的一角或一头，并顺势朝内滚卷两卷，抽出筷子，将两头粘在一起，即成捻团馄饨。另一种方法是将肉馅抹在皮子的中间，连续对折两次，再将一头靠里的一面涂点水或肉泥，与对称的另一头的里层黏合起来，即形成了蝴蝶形的馄饨，又叫大馄饨。

4. 汤圆包法

将米粉面剂捏成碗形，包入馅心，把皮收拢，掐去剂头，搓成圆形即成。其他像无褶包、馅饼包法与汤团相似，只是无褶包需剂口朝下放，馅饼需用手按成扁圆形。

5. 春卷包法

将春卷皮平放在案板上，将馅心放在皮坯的中下部，呈长方形，将下侧的皮向上叠盖在馅心上，两头往里叠，再将上侧的皮向下叠盖在皮上，叠时均抹一点面粘住。加馅的春卷皮平放在案板上，提起一边折盖在馅上，左右两侧也往里相对折叠，向前叠在皮上，收口边沿抹少许面糊粘住，成为长方形（一般规格为 10cm×3cm）。

6. 粽子包法

粽子形状较多，有三角形、四角形、菱角形等。以菱角形粽子的包法为例，先把两张粽叶拼在一起，扭成锥形筒状，灌进湿糯米，放入馅心，将粽叶折上包好，用绳扎紧即成，包制时要将馅心包在面皮的正中间。

十一、卷

卷是将擀好的面皮经加馅、抹油或直接根据品种要求，卷合成不同形式的圆柱状，并形成间隔层次的成形方法，然后可改刀制成成品或半成品。这种方法主要用于制作花卷、凉糕、葱油饼、层酥品种和卷蛋糕等。

卷操作时常与擀、叠等连用，还常与切、压、夹等配合成形。按制法可将卷分为单卷和双卷两种。

1. 单卷

单卷法是将擀制好的坯料，经抹油、加馅或直接根据品种要求，从一边卷向另一边形成圆筒状的方法，如花卷类，卷好后切成坯，再制成脑花卷、麻花卷、马鞍卷等。油酥制品中的卷筒酥也属于单卷。

2. 双卷

双卷法又分为异向双卷法和同向双卷法。

异向双卷法是将擀制好的坯皮，经抹油或加馅后，从两头向中间对卷，卷到中心两卷靠拢的方法。异向双卷操作时卷紧且两头卷应粗细一致，切成坯后，可做成如意卷、蝴蝶卷、四喜卷等。

同向双卷法是将擀制好的坯料一半经抹油或加馅后，从这头卷到中间，翻身再给另一半抹油或加馅后，再卷到中间，成为一正一反双卷筒的方法。同向双卷法操作时两卷要卷紧且应粗细相等，切成坯后，可制成菊花卷。

坯料要擀成厚薄一致，卷时两端要整齐、卷紧，并且要卷得粗细均匀。需要抹馅的品种，馅不可抹到边缘，以防卷时馅心挤出。

十二、捏

捏是将包馅（也有少数不包馅）的面剂按成品形态要求，通过拇指与食指上的技巧制成各种形状的方法。它是比较复杂多样，富有艺术感的一项操作，如制作各种花色蒸饺、象形船点、糕团、花纹包、虾饺、油酥等，比较注重造型。捏常与包结合运用，有时还需要利用各种小工具，如花钳、剪刀、梳子、骨针等配合。捏有一般捏法和捏塑法两大类。

1. 一般捏法

一般捏法比较简单，是一种基础捏制法，只要把馅心放在皮子中心后，用双手把皮子边缘按规格黏合在一起即成，没有纹路、花式等。这是一种最简单的形态，如一般的水饺即属于这种捏法。汤团、馅饼包馅后的收口捏制等也属于一般捏法。一般捏法制作关键是馅要居中，收口处不能太薄太厚；加馅要适量，根据品种要求，掌握皮馅比例。

2. 捏塑法

捏塑法是花式面点的主要成形方法，是在坯皮包入馅心后，利用右手的拇指、食指采取提褶捏、推捏、捻捏、折捏、叠捏、扭捏、花捏等手法，捏塑成各种花纹花边的、立体的、象形的面点品种。

（1）提褶捏　提褶捏是用左手托住加馅坯皮，并用拇指控制坯边，右手拇指和食指捏住面皮的一边，两手指隔皮相对，右手拇指带着面皮向前走，食指向后滑动一下，捏出一道皱褶，同时左手四指顺势使坯皮转动一下，如此反复，当坯皮旋转一圈，右手提捏形成一圈均匀的皱褶，如各式蒸包和煎包等。提褶捏要求褶纹均匀、整齐。

（2）推捏　推捏的一种方法是推捏皱褶，如制作月牙蒸饺，用左手虎口托住加了馅的坯皮，右手食指将外边皮向前推，右手食指和拇指配合，捏出一个皱褶，不断推捏（推捏时，拇指和食指的用力方向要向前），捏出瓦楞形褶裥，形成月牙形的饺子。推捏时里面的边可稍高于外面的边，手用力要轻，不能伤皮破边，捏时要求褶裥均匀、清晰。推捏的另一种方法是推单波浪花纹，如制作桃饺，将上了馅的坯皮 2/5 部分捏成两条边，在每条边上由上而下推捏成单波浪的花纹，将每条边的下部向上拎，粘在中部，形成两花纹。推捏出的波浪花纹要均匀、细巧。

（3）捻捏　冠顶饺就是捻捏做成的，把圆皮的边向反面三等折起，折成一个等边三角形，在正面放上馅心，提起三个角，相互捏住边形成立体三角饺，在每条边上捻捏出双波浪花纹，将折起的边翻出即成。捻捏出的双波浪花纹要均匀、细巧。

（4）折捏　一品饺等就采用了折捏法，是将加馅坯皮分成均等的三条边，再半三条折过，粘到中间结合部形成三个圆孔。

（5）叠捏　四喜饺就采用了叠捏法，将加馅坯皮四等分向中间粘起，成为四个角八条边，饺子形成四个大洞，每相邻两个大洞的相邻边，中间相互叠捏起，形成四个小洞，再分别在四个大洞内填满不同的馅。

（6）扭捏　酥合等就采用了扭捏法，将加馅的两块圆酥皮合在一起，拇指、食指在形成的边上捏上少许，将其向上翻的同时向前稍移再捏、再翻，直到捏完一周，形成均匀的绳状花边。

（7）花捏　花捏主要是捏制象形品种，如模仿各种动植物的船点、艺术糕团等，形成各种形状的手法。

捏塑法工艺要求较高，在制作时应注意：皮馅配合要适宜，要根据制品成形要求掌握加馅量，不可将馅心抹到收口处，影响成品外表；花式品种制作要精细、逼真，但不可过于烦琐。

十三、钳花

钳花是运用小工具整塑成品或半成品的方法。它依靠钳花工具形状的变化，能形成多种形态。钳花常与包等配合使用，使制品更加美观，使用的工具一般为花钳，有锯齿形、锯齿弧形、直边弧形等。花钳的钳能使成品或半成品表面形成美观的花纹。从广义上讲，这些小工具成形也属于模具成形，而从操作技术上讲属于夹制成形的范畴。钳花成形的制品有钳花包、船点花、荷花包、核桃酥等。

十四、模具成形

模具成形是将生熟坯料注入、筛入或按入各种模具中成形的方法，优点是使用方便，规格一致，能保证成品形态质量，便于批量生产，如梅花糕、月饼、苏式方糕、双色印糕、水晶杏等。常用的模具花纹图案有鸡心、桃形、梅花、蝴蝶等，还有各种字形图案，如"囍""寿""福""禄"等，纹饰的图案也多种多样。

1. 模具的种类

模具大致可分为四类：印模、套模、盒模、内模。

（1）印模 印模是将成品的形态刻在木板上，然后将坯料放入印模内，使之形成图形一致的成品。印模的形状很多，图案非常丰富，如月饼模、松糕模等各种糕模，成形时一般常与包连用，并配合按的手法。

（2）套模 套模是用铜皮或不锈钢皮制成有各种平面图形的套筒，成形时用套筒将面擀成平整坯皮的坯料，一套刻出来，形成规格一致、形态相同的半成品，如花生酥、小花饼干等，成形时常与擀连用。

（3）盒模 盒模是用铁皮或铜皮经压制而成的凹形模具或其他形状的容器，规格、花色很多，主要有长方形、圆形、梅花形、菊花形等，成形时将成品或坯料放入模具中，熟制后便可形成规格一致、形态美观的成品，常与套模配合使用，品种有花蛋糕、方面包等。

（4）内模 内模是为了支撑成品、半成品外形的模具，规格、式样可随意创造，如冰淇淋筒内模等。

上述几种模具应按制品要求选择。

2. 模具成形的方法

根据成形的时机不同，模具成形大体上可分为三类：生成形、加热成形和熟成形。

（1）生成形　将半成品放入模具内成形后取出，再熟制，如月饼就是在下剂制皮、上馅、捏圆后，压入模具内成形后磕出，烤熟或蒸熟。

（2）加热成形　将调好的原料装入模具内，经熟制后取出，如花蛋糕，就将调制好的蛋泡面糊倒入模具内，蒸熟或烤熟后从模具内起出冷却即成。

（3）熟成形　将粉料或糕面先加工成熟，再放入模具中压印成形，取出后直接食用，如绿豆糕就是将绿豆烤熟碾成粉，用白糖、麻油、熟面粉搅拌起粘，放入模具压印成形，直接上桌食用。

模具在使用时，一要注意卫生，使用前后都要清洗；二要防止粘模，可采取抹油、拍粉、衬油纸等方法。

十五、滚沾

滚沾是将馅心加工成球形或小方块后通过着水增加黏性，在粉料中滚动，使表面沾上多层粉料的方法，如北方的摇元宵、江苏盐城的藕粉圆子，即是用这种成形方法。以北方的摇元宵为例，先把馅料切成小方块形，洒上些水润湿，放入装有糯米粉的簸箕中，用双手拿住簸箕匀速摇晃。馅心在干粉中滚动沾上了一层干粉，拾出，再洒些水，入粉中滚动，又沾上一层，如此反复多次滚沾形成圆形元宵。元宵的馅心必须干韧有黏性，并切成大小相同的方块，才能沾住干粉，滚沾后规格一致。过去都是人工手摇元宵，劳动强度大，现在普遍改用机器摇元宵，产量高，质量也比较好。

滚沾法现在也普遍用于沾芝麻、椰丝等的操作，如麻团、椰丝团等常用此方法。

十六、镶嵌

镶嵌是通过在坯料表面镶装或内部填夹其他原料而达到美化成品、增调口味的一种方法。镶嵌可具体分为以下几种方法。

1. 直接镶嵌

枣糕、枣饼、蜂糖糕等都采用了直接镶嵌法，成熟前在糕坯上镶上几个红枣肉粒、青红丝等，要求分布匀称。

2. 间接镶嵌

间接镶嵌即把各种配料和粉料拌和在一起，制成成品后表面露出配料，如赤豆糕、百果年糕，五仁玫瑰糕等，要求配料分布均匀。

3. 镶嵌料分层夹在坯料中

夹沙糕、三色糕等镶嵌料分层夹在坯料中，要求夹层厚薄均匀，夹馅不宜太厚，防止与糕坯分离。

4. 借助器皿镶嵌

八宝饭、山药糕等则是先把配料铺放在碗底，摆成各式图案，加熟糯米、馅心等平口后蒸熟，取出倒扣于盘内，表面形成优美图案，这就是借助器皿镶嵌，要求色彩配制要和谐。

5. 配料填在坯料本身具有的洞腹中

糯米甜藕，即是将糯米填入藕孔中，盖上，蒸熟晾凉，切片即为红藕嵌白米。镶嵌时，须利用食用性原料本身的色泽和美味，经过合理的组合和搭配，镶嵌在制品表面以美化制品，增加口味和营养，操作时要根据制品的要求和各种配料的色泽、形状及食用者的要求而掌握。

除此之外，还有芝麻、樱桃、椰丝、面包糠等饰料在制品外面点绘成一定形态的装饰技术，用染色糖粉、碎果仁、碎花果等饰料铺撒作为花心、花蕊的装饰技术，用果仁、水果、蔬菜等饰料拼摆于制品表面的装饰技术等。

第三节　面点馅心制作工艺

一、馅心的概念

馅心又称馅子，是指将各种制馅原料经过加工调制后包捏或镶嵌入米、面等坯皮内的"心子"。它与主坯相对应，经过单独处理后再与坯皮组合成形，形成面点。

二、馅心的分类

馅心的种类随着馅料的变化而增加，种类繁多，花色不一，但大致可从口味、原料性质、制作方法三个方面来加以分类。

1. 按馅心口味分

按馅心口味可分为咸馅、甜馅、复合味馅三种。

咸馅是以肉、菜为原料，使用油盐调味烹制或拌制而成的；甜馅主要是以糖为基本原料，再辅以各种干果、蜜饯、果仁等原料制作而成的；复合味馅是在甜馅的基础上稍加食盐或其他原料（香肠、火腿、烤鸭、腊肉、叉烧肉等）调制而成的。

2. 按原料性质分

按原料性质可分为荤馅、素馅、荤素馅三种。

荤馅主要是用动物性原料调制而成的；素馅主要是用植物性原料调制而成的；荤素馅则是动物性原料与植物性原料的综合利用，或以荤料为主，或以素料为主，或荤素料各半。

3. 按制作方法分

按制作方法可分为生馅、熟馅、生熟馅三种。

生馅是将生原料加入调味料直接拌制而成的馅；熟馅是馅料以过炒、煮、蒸、煨、焯、焖等烹调方法将原料加热成熟后制得的馅；生熟馅是馅料中既有生原料又有熟原料。

三、馅心的作用

1. 改善制品口味

面点的口味主要由馅心体现：其一，大多数包馅或夹馅面点的馅心在整个制品中占有很大比重，通常是坯料占50%，馅心占50%，有的重馅品种如烧卖、锅贴、春卷、水饺等，馅料多于坯料，包馅多的可以达到整个面点重量的60%~90%；其二，在评判包馅或夹馅面点制品的好坏时，人们往往把馅心质量作为衡量的标准，许多点心就是因为面点制品的馅料讲究、做工精细、巧用调料、使制品有"鲜、香、嫩、润、爽"等特点而大受人们的欢迎，这些都反映着馅心的质量。

2. 影响面点的形态

馅心与制品的成形有密切关系。馅心能美化成品的外形，如四喜蒸饺、凤尾烧卖等在生坯做好后，再在空洞内配以火腿、虾仁、青菜、蛋白等馅心，使制品形态更加美观；皮料包入馅心后有利于造型、入模，成熟后不走样、不塌陷，使外观花纹清晰美观，而这对馅心的软硬度、生熟有很大的要求。如用于花色品种的馅心，一般应干一些，稍硬一些，这样才能撑住皮坯，保持形态不变；皮薄或油酥制品的馅心，一般情况下应用熟馅，以防内外生熟不一或影响形态；皮坯性质柔软的，馅料也应相对柔软，才有利于制品的包捏成形，如果馅料过于粗大，就不利于包捏成形。

3. 形成面点的特色

面点中有许多独具特色的品种，虽与所有坯料及成形加工和成熟方法有关，但大多是通过馅心来突出其风味特色的。

4. 丰富面点花色品种

馅心用料广泛，调味方法多样，加工方法多样，使馅心的花色丰富多彩，从而丰富了面点的品种。通过变换馅心，增加品种，更能反映出各地面点的特色。

四、馅心的制作工艺

在馅心制作中，咸味馅心是使用最多的一种馅心，由于用料广、种类多，分类标准就有所不同：按制作方法可分为生咸馅、熟咸馅、生熟咸馅三类；按原料性质可分为素馅、荤馅、荤素馅三类。

（一）选料及加工

咸馅原料的荤料多选用畜肉、禽肉、海鲜及其制品；素料多选用时令蔬菜、干制菜、腌制菜及豆制品等。不论荤、素料都以质地细嫩、新鲜为上品。

在认真选料后，要分别进行初加工和精加工。如肉类先去骨、去皮，再按部位下料洗净；各种蔬菜要选择好洗净；干货、干料要分别涨发、整理、洗净；若原料中带有不良气味，如苦味、涩味、腥味等，要经过处理后方能做馅。

（二）原料的加工形态

无论是荤、素原料，一般都要求加工成细小的形状，如加工成丝、小丁、碎粒或泥蓉等，这样既便于包捏成形，又容易成熟，避免皮熟馅生、馅熟皮烂的现象。

（三）馅心的调制方法和特点

咸馅的调制方法有生拌和熟制两种。用于生素馅的原料大多是新鲜蔬菜，经择洗、刀工处理后，一般要去水分；对有异味的蔬菜要去除异味，然后加调味品再进行拌制。生素馅能够较好地保持蔬菜原有的香味和营养成分，吃起来清爽鲜嫩。用于熟素馅的蔬菜原料，一般都要经过炒、蒸、煮等方法烹制成熟，具有清香不腻、柔软适口的特点。生荤馅在制作时一般要"打水"或"掺冻"，以达到汁多肉嫩、味鲜美的效果。熟荤馅的制作必须根据原料的性质、品种对馅心的要求，采用不同的烹调方法。

1. **生咸素馅**

生咸味素馅指用各种蔬菜经过择洗、涨发、刀工处理、去水分、烹调处理加入调味料后调制而成的咸味馅心。

2. **咸生荤馅**

咸生荤馅是指将鲜肉（禽类、畜类、水产品等）经过刀工处理后，加水（汤）及调味品搅拌制成的，也叫生肉馅，具有鲜香、肉嫩、多卤的特点，适用于包子，饺子等品种。

3. **咸熟荤馅**

咸熟荤馅是指熟肉料以调制搅拌而成的馅，具有卤汁少、油重、味鲜、爽口的特点，一般用于热粉团花色点心和油酥制品的点心。

咸熟荤馅的制作过程有两种：一种是将生肉料（禽肉、水产品等）剁碎，加热烹制而成的；另一种是将烹制好的熟料切成末或丁，拌制而成的。

4. **荤素馅**

荤素馅是指用不同的原料制作不同的馅心，常用的肉类原料有鸡肉、鱼肉、鸭肉、猪肉、牛肉、羊肉等；常用的素菜原料有青菜、白菜、雪里蕻、胡萝卜、香菇、豆制品、木耳等，可变化出很多荤素馅来。

5. **甜味馅**

甜味馅是一种以糖为基本原料，再辅以各种干果、蜜饯、果仁等原料，采用各种烹制和调味方法制作而成的馅心。甜馅按其制作特点分为泥蓉馅、果仁蜜饯馅、糖馅三种。

（1）泥蓉馅　泥蓉馅是以植物的果实或种子为原料，先加工成泥蓉，再用糖、油炒制而成的馅心。馅心经炒制成熟，目的是使糖熔化与其他原料凝成一体，具有馅料细软、质地细腻、甜而不腻，并带有果实香味的特点。

泥蓉馅的制作工艺：洗、泡→蒸、煮→制泥、蓉→加糖、油炒制。

不论选用哪种原料，首先要除去干瘪、虫害等不良果实，清洗干净，对豆类和干果应用清水浸泡使之吸收一些水分，为下一步的蒸或煮打下基础。根茎菜类，如甘薯、山药应洗净去皮。

（2）果仁蜜饯馅　果仁蜜饯馅是以炒熟的果仁和蜜饯为主料，加入糖、油、熟粉等辅料调制而成的一种甜馅心，特点是松爽香甜、果香浓郁。常用的果仁有瓜子、花生、核桃、松子、榛子、杏仁、芝麻等；常用的蜜饯有桂花、瓜条、蜜枣、青红丝、桃脯、杏脯等。

常用的果仁蜜饯馅有五仁馅、百果馅、椰蓉馅等。由于各地生产原料不同，地域口味要求不同，用料侧重点有所不同，如广式多用杏仁、橄榄仁，苏式多用松子仁，京式多用北方果脯、京糕，川式多用内江生产的蜜饯，闽式多用桂圆肉，东北地区多用榛子仁等。

果仁一般要经炒熟或烤熟，果仁较大的如花生、核桃仁，去壳去皮后要用刀或擀面杖压成碎粒；果脯、蜜饯类也要切剁成丁、末后使用。

（3）糖馅　糖馅是以白糖为主料，加入面粉和其他配料拌制而成的一种馅心。糖馅一般以糖掺粉为基础，再加入配料，使之形成多种风味特色。

6. 复合味馅

除咸馅、甜馅以外还有口味在两种或两种以上的馅心，这叫作复合味馅，一般是在咸味或甜味的基础上加上其他口味的原料制成的，如椒麻馅、肉松馅、糖醋馅、辣咸甜馅等，大都具有一定的地方特色。

第四节　面点成熟工艺

面点成熟是指用各种方法将成形的生坯（也叫半成品）加热，使其在热量的作用下发生一系列的变化，成为色、香、味、型俱佳的熟制品。成熟是面点制作过程中最后一道工序。

面点成熟的好坏，将直接影响面点的品质，如形态的变化、皮馅的品味、色泽的明暗、制品的起发等，所以面点加热成熟的过程，也是决定面点成品质量的关键所在。

面点成熟，利于人体消化吸收，具有高温消毒、确定面点规格、保证面点风味和质量、丰富面点品种的作用。

面点成熟的质量标准，因不同品种而异，总的来说，仍然是色、香、味、型四个方面，每一类具体品质不同，外观和内质要求也不同。

熟制的质量标准是建立在熟制过程中的火力大小和加热时间的基础上的，因此要根据不同的加热方法，正确掌握火候，达到熟制的质量标准。

由于面点种类繁多，熟制方法也较多，主要的有煮、蒸、煎、炸、烤、烙、炒等单加热法，以及为了适应特殊需要而使用的蒸煮后煎、炸、烤，或蒸煮后炒或烩后烩等综合加热法，绝大多数品种仍以单加热法为主。

一、煮

煮是把已成形的面点半成品投入沸水锅中，利用水温的对流传递热量，使生坯至熟的成熟方法。

1. 煮锅内水量要多，汤要清

在煮制过程中，煮锅的水量应比制品量多出十倍以上，使生坯在动态中受热均匀，不会粘连，才能保持成品形态完美。在加热过程中注意汤水的情况，要经常换水，保持汤汁不浑浊。

2. 水沸后生坯下锅

由于在 65℃以上淀粉才能吸水膨胀和糊化，蛋白质受热变性。所以，水沸后下锅，既可使脱落沉淀的淀粉减少，保持水质清而不浑，又可使生坯成熟后皮质软滑而不粘牙。

3. 保持水锅"沸而不腾"

煮制时应适当控制火候，视水面的情况及时加热或加冷水，保证生坯在沸水锅中均匀受热，逐渐成熟。在加热过程中，火力不宜过大，因为水滚得厉害，会使生坯互相冲撞而破裂甚至坯皮脱落，而影响制品形态和质量。所以，当煮制时遇到水过沸，要适当加入冷水调节水温，保持沸而不腾，将制品煮制成熟，才能达到制成品皮滑、馅爽、有汁的效果。

4. 适当搅动，防止粘底

煮制时适当搅动，可防止生坯受热糊化时粘底变焦，并随着生坯的滚动，使制品受热均匀。

5. 掌握煮制时间，熟后及时起锅

应根据面点品种的不同，调整煮制的时间。生坯生馅或生坯皮厚的面点煮制时间应长一点儿，保证制品的成熟度；而皮薄或熟馅的品种则应控制煮的时间，防止过熟而使面皮破裂脱落。

二、蒸

蒸是指将已成形的面点半成品放在蒸屉内用蒸汽的热传导和压力使生坯成熟。

1. 蒸锅内的水量要保持七至八成满为佳

水蒸气的形成一方面靠火力的加热作用，另一方面也需要用充足的水量

才能形成足够的蒸汽。但水量不宜过多，否则水沸后会浸湿生坯，影响成品的质量。

2. 锅内的水质要清

水分受热沸腾形成蒸汽后向上蒸发，传热给生坯，使制品成熟，但如果水质浑浊或水面浮满油污，就会影响水蒸气的形成和向上的气压，所以要注意水质，并及时清除浮在水面的乳汁和油污等物质。

3. 必须水沸上笼，盖严笼盖

无论是蒸制包子，还是蒸制肉类卖麦，都必须在水沸后才能上笼加温，特别是蒸制膨松面团的品种，更应在水蒸气大量涌起时，才能将生坯上笼加热。如果水未沸便上笼，那么到水烧沸，产生大量蒸汽还有一段时间，此时由于笼内温度不够高，而令生坯表面的蛋白质逐渐变性凝固，淀粉质受热糊化定型，抑制了坯内空气膨胀的力度，影响了制品的起发。如果是兑碱酵面还会出现跑碱的现象，产生酸味，所以必须水沸上笼，盖严笼盖，才能够提高笼内温度，增大笼内气压，加快成熟速度，保证成品质量。

4. 掌握火力和成熟时间

由于面点有不同的花式品种，不同的体积大小，不同的成品特点，不同的口感风味，要求我们采用不同的火力的成熟时间进行加热。一般来说，蒸制面点都要求旺火足汽蒸制，中途不能断汽或减少汽量，更不可揭盖，以保证笼内温度、湿度和气压的稳定。加热时间应根据品种的不同要求而定。块大体厚组织严密的适宜加热时间长些。起发、膨松的和体积较小的，宜旺火短时间加热。

5. 生化膨松面团制品要掌握好蒸制前的醒发时间

生化膨松面团制品成形后，一般适宜先醒发一段时间，使坯体内的微生物继续生长繁殖，产生二氧化碳气体，使生坯在加热前有一定的气体含量，这样蒸制后的成品才体积增大，品质有弹性，松发暄软。

三、煎

煎是指投入少量的油在锅中，利用金属传导，热油为媒介进行加热，使生坯成熟的方法。

1. 火力合适

煎制时，为使生坯受热均匀，要经常移动锅位，或移动生坯位置，防止着色不匀或发黑，还要掌握好翻坯的时机，必须在贴锅底皮金黄色时翻坯，过早和过迟均会影响制品的质量。

2. 排放生坯入锅要合理

一般情况下，煎锅受热的聚焦点是锅的中部，因此锅烧热后煎锅中部的油温必然比锅四周的高，因此排放生坯入锅较好的方法是从四周向中心排列，从低温到高温，使生坯因时间上的差异而受热均匀。

3. 煎制时油量要适宜

煎制时锅底抹油不宜过多，以薄薄的一层为宜。个别品种属于半煎半炸的方法，用油量也不宜超过生坯厚度的一半，否则制品水分挥发过多，失去煎制品的特色。

4. 水油煎一般需要加盖，并掌握加水量

采用水油煎法时，加水量及次数要根据制品成熟的难易程度而定。由于煎制过程中多次加水，通过加盖锅盖使水蒸发为水蒸气，保证蒸汽的效率能充分发挥，将制品焖熟，并且每加一次水都要盖上锅盖，确保成品成熟，防止出现夹生现象。

四、炸

炸是将制作成形的生坯，放入一定温度的油脂中，利用油脂传热使面点至熟的成熟方法。

1. 注意油质清洁

油质不洁，会影响热导或污染制品，使制品不易成熟和色泽变差，如果使用植物油要先烧熟，才能用于炸制，否则会带有生油味，影响制品风味质量，还会产生大量的泡沫，使热油溢出锅外，发生火灾或造成人身安全事故。

2. 正确掌握油温

油温是决定面点形态、色泽的重要因素。一般情况下，油温低，炸制的成品质地软绵塌架，含油、色浅、光泽度差，起发程度不理想，有个别品种还会松散不成形；油温高，炸制的成品色泽易黑，外焦内不熟，并且会产生二聚甘油酯、三聚甘油酯和烃等对人体危害较大的毒性物质，危害人体的健康。

3. 控制炸制时间

为了保证炸制成品的质理，在炸制工艺中，必须根据面点的大小、厚薄、质量要求来控制炸制时间。炸制时间过长，则制品颜色过深，易焦黑，并且水分挥发过多，制品会质硬而实；炸制时间过短，制品不起酥或未熟，且色泽而

光泽差。所以对不同的品种，要有不同的处理方法。灵活控制炸制时间，力求炸出色、香、味、形均佳的成品。

4. 掌握好炸制时油和生坯的比例

一般情况下用 5 : 1 的比例为宜。但也应根据制品的起发强弱和成熟时间而定，起发力大的品种，数量可适当减少；成熟时间短而又外形变化不大的品种可略为增大生坯的投入量。

5. 起蜂巢状的制品成形前应试炸制

在炸制的面点中，较难掌握油温的是一些要求起蜂巢的品种，如荔秋芋角、莲子蓉角、蛋黄角等。由于其原料的特点、油脂的多少和油温的高低会直接影响其形态的形成，所以在炸制这类品种时应在包馅成形前进行试炸，掌握油脂的使用量后才可用于大量生产。

五、烤

烤又叫烘、炕，是指把制作成形的生坯放入烤炉内，通过加热过程中的辐射、对流、传导三方面的作用，使半成品定型、上色、成熟。

1. 生坯摆放的行距

生坯的摆放应有一定的间隔距离，要留出制品加热胀后所需要的空间，以免互相粘连，防止摆放过密或过疏而影响制品底面的着色。如摆放过疏，热量过于集中在生坯上，会使制品底部焦煳；摆放过密，又会令生坯受热减少，着色不匀和成熟时间加长。

2. 烤盘底抹油

对含油量少或含糖量多的制品来说，烤盘一定要抹上一层薄油，以免粘底，影响制品的起发和成形。但抹油量不可过多，否则会使制品的底色过深。

3. 生坯入炉前，涂蛋液着色

多数酥饼类面点，在入烤炉加热前，均需涂上一层蛋液，使制品更容易着色。但涂蛋液不可过厚，否则会使制品的底色过深。

4. 调节炉温，正确烘烤

面点的烘烤，基本上都采用"先高后低"的高节方法，即刚入炉时，炉温要高些，待制品表面微上色后和略定型后，便降低炉温，使热量慢慢渗入制品内部，达到内外成熟一致的目的。在烘制时，更要掌握不同品种的温度需要，如烤月饼，需用约230℃的炉温烤制，如烤制核桃酥时就不能用旺火，否则饼的形态不好，松脆度差。通常面点烘烤的炉温在 200~230℃。

5. 掌握烘烤时间

烘烤的时间要根据坯体的大小、厚薄及要求灵活掌握。一般来说，薄而小的制品，烘烤时间短；厚而大的制品，烘烤时间稍长。酥松、酥脆的制品需将水分挥发，烘烤时间应长些；柔软的制品的烘烤时间应短些。总之，要视制品的要求而定。

六、烙

烙就是把成形的生坯，直接放在金属锅内，架在火上由金属直接传导热量，使制品成熟的方法。

1. 烙锅必须干净

无论采用哪种烙制方法，都必须将锅洗刷干净，它直接影响成品色泽和质量。

2. 火力要均匀

烙制面点采用电炉或煤气炉较好，因其炉火均匀，锅的四周与中心温度相近，烙制面点的色泽一致。如炉火不均匀，需经常移动制品位置和移动锅位，并要勤翻动制品，使其两面受热均匀，成熟一致。

3. 选用优质油

烙油宜选用熟的清洁油，若油质不够清洁，则油内的杂质会影响制品的成熟和外表色泽；油生，则会有异味。

4. 加水烙要掌握加水方法

加水烙是在干烙的基础上加水，但加水时要先加在金属锅温度最高的地方，使水汽化，产生蒸汽，并迅速加盖。

七、炒

炒是将生坯制品先进行初加工，再经炒制成熟的一种热法。这类方法炒制时还经常配以辅料，再经调味而成。

1. 火旺速成，火力均匀

旺火加热，能使炒锅中的原料迅速受热成熟，可减少营养素的流失，也可使制成品色彩鲜明，品质嫩滑可口。

2. 勤于翻动，避免粘底变焦

由于炒时一般火候较旺，所以炒制时应多翻动原料，使其受热均匀，并避免粘底变焦。

3. 掌握成熟度

炒的特点是高温短时间，因此炒的速度较快，必须在成熟的过程中，准确地掌握火候，才能炒出优质的制品。

八、复合加热

复合加热是指使面点生坯变成熟食品，由两种或两种以上的加热方法来完成的熟制工艺。

第五节　面团调制工艺

面团调制是面点制作的重要环节，面点制品中的大部分品种都有面团调制的程序，面团调制质量的好坏，对面点色、香、味、形有着直接的影响。面团调制可改变原料的物理性质，以适应面点制作的需要。面点制作中需要多种原料，通过面团调制，使各种原料能够得到充分混合，才能发挥原料在面点制作中应起的作用。由于面团调制的原料、调制方法不同，形成了各种不同特性的面团，丰富了面点品种。

一、水调面团

水调面团，指面粉掺水（有些加入少量填料如盐、碱等）所调制的面团而言，这种面团特点，具有组织严密，质地坚实，内无蜂窝孔洞，体积也不膨胀的特点，故又称为"死面""呆面"，但富有劲性、韧性和可塑性，熟制后爽滑筋道（有咬劲），具有弹性而不疏松。水调面团根据水温的不同分为冷水面团、温水面团和热水面团三种。

冷水面团之所以成团，并且质地硬实，筋力足、韧性强、拉力大，就是因为在调制面团的过程中，用的是冷水，水温不能引起蛋白质的热变性和淀粉的糊化，蛋白质与水结合成团，具有硬实，劲力大的特点。

温水面团掺入的水的水温与蛋白质热变性和淀粉膨胀糊化温度接近。因此它的成团，淀粉和蛋白质都在起作用，但其既不像冷水面团又不像热水面团，而是在两者之间。

热水面团与冷水面团相反，由于用的是水温80℃以上的热水，水温既能使蛋白质变性又能使淀粉膨胀和糊化，蛋白质大量吸水并和水融合，成为面团。同时，淀粉糊化后黏度增强，因而热水面团就变得黏、柔、糯和略带甜味。加上蛋白质热变性，使面筋胶体被破坏，无法形成面筋网络，这又形成了热水面团筋力、韧性差的特点。

（一）冷水面团

冷水面团是指用 30℃以下的冷水调制的面团。有的品种还需要加盐、碱等，常用于面条、水饺、馄饨、拉面、刀削面等制品的制作。

冷水面团的调制方法是面粉倒在案板上（或面缸里），中间开窝，加入适量的冷水，用手先将四周的面粉由里向外调和搅拌，形成雪花状，再洒上少许水，用力揉成光滑有筋性的面团，盖上干净的湿布醒面。

冷水面团的调制要领如下：

（1）正确掌握掺水量　掺水量要根据不同品种要求、面粉质量、温度、空气湿度等灵活掌握。

（2）严格控制水温　水温必须低于30℃才能保证冷水面团的特性，冬季调制冷水面团可用低于30℃微温水，夏季调制时可加入适量的盐来达到冷水面团的要求。

（3）采用合适的方法调制　面团要使劲揉搓。首先，要分次掺水，一方面便于操作，另一方面可根据第一次吸水情况掌握第二次的加水量。其次，需要使劲揉搓，致密的面筋网络的形成需要借助外力的作用。揉得越透，面筋吸水越充分，面团的筋性越强，面团的色泽越白，延伸性越好。

（4）适当醒面　将揉好的面团盖上湿布静置一段时间，目的是使面团中未吸足水的粉粒有充分吸水的时间。这样面团就不会有白粉粒，还能使没有伸展的面筋进一步得到伸展，面筋得到松弛，延伸性增大，使面团更滋润、柔软、光滑、富有弹性。

（二）温水面团

温水面团是指用 50~60℃的温水调制的面团。行业里称之为半烫面或三生面。温水面团常用于制作家常饼、蒸饺、花式蒸饺等。

温水面团的调制方法有两种：一种是把面粉倒在案板上，中间开窝，将温水倒入窝内，从四周慢慢向里抄拌成雪花面，散掉热气，再用力揉成表面光滑、质地均匀的面团，盖上干净的湿布，醒面；另一种则是将面粉倒在案板上，中间开窝，边加沸水烫粉，边用工具搅拌均匀，呈雪花面状，然后摊开晾凉，淋上一定量的冷水和成面团，揉至表面光滑，内部均匀，盖上干净的湿布醒面。这种面团较软，有可塑性且不黏手。

温水面团的调制要领如下：

1. 灵活掌握水温

冬天气温低，面粉自身的温度也很低，并且热气易散发，因而水温可相应高点儿，夏天可相应低点儿，水温一般在 50~60℃。

2. 应散去面团的热气

如果热气散不净，不但面团容易结皮，而且表面会粗糙、开裂，所以应散去面团中的热气。

3. 准确掌握加水量

面粉的品种不同，吸水性也不同，加水时要采用单次少加的方法，视面团硬度再多次少量加水。

4. 动作要迅速

调制过程中，动作要迅速，以防面团干裂。

（三）热水面团

热水面团是指用 80℃以上的热水调制的面团，主要用于制作锅贴、烧卖、薄饼、空心馃馃等。

热水面团的调制方法是把面粉倒在案板上，中间开窝，边浇热水烫面粉边用工具搅拌均匀，呈雪花状，摊开晾凉，淋少量冷水，揉搓成团，至表皮光滑，质地均匀即可，盖上干净的湿布醒面。

热水面团的调制要注意以下几点：

1）热水要浇匀。

2）散尽面团中的热气。

3）加水量要准确。

4）面团不宜多揉。揉面时，只能揉匀。多揉则生筋，就失去了烫面的特点。

二、膨松面团

膨松面团是指在调制面团过程中除了加水或鸡蛋外，还要添加酵母菌或化学膨松剂或采用机械搅打，使面团膨松。用膨松面团制作的面点叫膨松面团制品。根据膨松方法的不同，它可分为生物膨松面团制品、化学膨松面团制品和物理膨松面团制品。

生物膨松面团（发酵面团）具有膨松、柔软、多孔，制品的体积膨大、形态饱满、口感松软、营养丰富的特性，适宜制作大包、馒头、花卷、油糕、汤包等。

化学膨松面团具有膨松、酥脆的特点，一般为多糖、多油、多辅料的面团，如用于制作甘露酥、油花、麻花、桃酥等。

物理膨松面团具有膨大、稀软，使成品暄松柔软、口味鲜美、营养丰富的特性，一般用于蛋糕类的制作。

（一）生物膨松面团（发酵面团）

1. 纯酵母发酵的调制方法及要点

（1）纯酵母发酵面团的调制方法　将面粉倒在案板上，中间开窝，放入干酵母和白糖，加入温水和成团，揉搓成均匀光滑的面团。

（2）纯酵母发酵面团的调制要点

1）掌握好用料比例，一般加入面粉量1%的干酵母，3%的白砂糖，60%的温水。

2）要将面团揉匀揉透，才能使制品表面光滑，色泽洁白。

3）掌握好醒置时间，不同季节醒置时间不一样，夏季短，冬天长。

2. 面肥发酵面团的调制方法和要点

（1）面肥发酵面团的调制方法　将当天剩下的酵面加温水抓开，与面粉拌匀，揉成光滑的面团。

（2）面肥发酵面团的调制要点

1）用料比例要恰当。一般制作大酵面，面肥的量是面粉量的10%。

2）发酵的时间要得当。冬天5~6h，夏天1~2h即可。

3）使用前必须要兑碱。因为面团中有杂菌，产生了酸，必须兑碱。

（二）化学膨松面团

1. 发粉膨松面团的调制方法及要点

（1）发粉膨松面团的调制方法　首先是将面粉和发酵粉拌匀，摊放在案板上，围成圆坑形，加入白糖、猪油、蛋液，右手擦至白糖约七成溶解，然后放进臭粉搅和匀，采用叠法，轻轻用手叠两三次即可。

（2）发粉膨松面团的调制要点

1）拌和均匀后复叠成团，防止生筋和油解。

2）面团硬度要恰当。

2. 矾碱盐膨松面团的调制方法和要点

（1）矾碱盐膨松面团的调制方法　将明矾粉与细盐放于碗中，用水化开；

小苏打（或食碱）放于另一碗中，用水化开。把小苏打（或食碱）溶液倒入明矾溶液中，边倒边搅，见泡沫打起又退下，水成浮白色后倒入面粉中搅拌均匀，手上沾水搋成面团，盖湿布醒置。

（2）矾碱盐膨松面团的调制要点

1）用料比例必须得当。一般 25kg 的面粉，加明矾 0.6kg、小苏打 0.6kg（或食碱 0.3kg）、盐 0.45kg，不同季节略有调整。

2）膨松剂必须先溶解。明矾、小苏打、盐都是颗粒状的，必须先用水溶解，再倒在一起发生化学反应，产生气。

3）调整方法必须得当。一般采用捣、扎、搋的方法比较合适。每捣一次，要醒面 20~30min，反复搋 2~3 遍。

4）必须醒面。面团搋好后，一般要拌上一层油，用布盖好，静放一段时间，并随着季节气温的变化而调整，夏天约 2h，冬天 3~4h，有的还要长一些。

（三）物理膨松面团

1. 蛋泡面团的调制方法和要点

（1）蛋泡面团的调制方法　将糖、蛋、盐放入专用的搅拌器中，先慢速搅拌至糖溶化，再加入蛋糕乳化油搅匀，面粉过筛与发粉搅匀，一起加入搅拌器中慢速搅拌 2min。再高速搅拌 5min，同时分次加入奶水，最后再慢速搅拌 2min。

（2）蛋泡面团的调制要点

1）掌握合理的搅打方法。不同阶段要求不同的搅打方法。有时需要慢速搅拌，将原料搅匀；有时则需高速搅打 2min。

2）合理使用乳化油。蛋糕乳化油的使用量的多少对其调制工艺有很大影响，当蛋糕油使用量大（5%~8%），调制时粉、蛋、糖等原料可以一次加入搅拌；当蛋糕油使用量减少时，则面粉应尽量推后加入，有利于蛋液起泡。

2. 蛋油面团的调制方法和要点

（1）蛋油面团的调制方法　将糖、油、盐加入专用搅拌器中，中速搅打 10min 至糖油膨松呈绒毛状，将蛋分两次或加入已打发的糖油中拌匀，使蛋与糖油充分融合，面粉与发粉过筛，与奶水分次加入上述混合物中，并作低速搅拌至其均匀细腻。

（2）蛋油面团的调制要点

1）油脂的使用。应选择可塑性强、融合性好、熔点较高的油脂，如氢化油、起酥油。

2）搅拌桨的选用。开始时宜选用叶片式搅拌桨，将油脂搅打软化，最后用球形搅拌桨搅打充气。

3）搅打温度的影响。温度过低，油脂不易打发；温度过高，油脂熔化，液态状打发不起来。

4）糖颗粒大小的影响。糖的颗粒越小，油脂打发时间越短，油脂结合空气的能力越强。

三、油酥面团

油酥面团是指以油脂和面粉为主要原料，再配以水、辅料（如鸡蛋、白糖、化学膨松剂等）调制而成的面团。用油酥面团制作的食品，具有质地酥松、口味酥香和营养丰富的特点，是面点中具有特色的品种。油酥面团的分类如下。

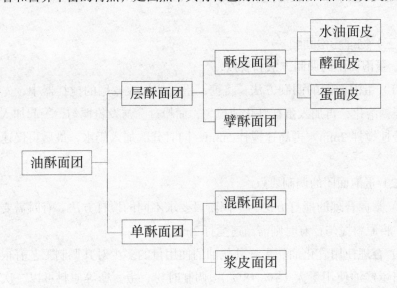

油酥面团之所以能够起酥，是因为调制时只用油不用水与面粉调成面团的缘故。干油酥所用的油脂是一种胶体物质，具有一定的黏性和表面张力。把油脂与面粉和成团后，面粉的颗粒被油脂包围，黏在一起。由于油脂的表面张力强，不易化开，所以油脂和面粉结合得不紧密。但经过反复地"擦"制，扩大油脂颗粒与面粉的接触面，也就充分增强了油脂的黏性，使黏结力逐渐加强，成为油酥面团。由此看来油酥面团能形成的主要原因是靠油脂表面张力黏结成团的，故不能形成面筋网络和增加黏度，油酥面团仍然比较松散，没有黏性，没有筋力，这就形成了与水调面团不同的性质，即它的起酥性。

（一）层酥面团

层酥面团是由两块面团组成的，按起酥方法的不同，又分为酥皮面团和擘酥面团两种。

1. 酥皮面团

（1）酥皮面团的调制方法　酥皮面团的调制，包括调制面团和包酥两个步骤。酥皮面团按面皮的不同，可分为水油面皮、酵面皮及蛋面皮三种面团，虽然皮类不同，但做法大致相同，重点介绍水油面皮的调制方法。

1）原料：面粉、温水、猪油。

2）工艺流程：水＋油搅匀→加入面粉搅和→揉搓→成团。

将面粉放在案上，中间开窝，加入猪油、水，先将水油调和均匀后，再与面粉揉搓均匀成光滑的面团。

3）调制要点：

①正确掌握原料的比例，一般面粉、水、油的比例为 5:2:1。

②使用中筋粉，面粉要揉匀揉透。

③注意调制面团的水温，一般为 40℃，冬季水温要高一些，这样调制出的面团具有一定的筋力和良好的延伸性、可塑性。

④面团揉好后，用干净的湿布盖上，防止面团干裂、结皮。

（2）起酥　起酥，又称开酥、包酥，是用水油面团包上干油酥，经过擀、卷、叠、下剂等形成层次，制成酥皮的过程。起酥是制作层酥制品的关键之一，一般可分为大包酥和小包酥。

1）起酥的方法：

①大包酥又称大酥，适用于大批量生产，所用的面团比较大，一次可制作十几个到几十个酥皮，优点是速度快、效率高，缺点是酥层不容易起得均匀，油酥层次少，酥松性差。

②小包酥又称小酥，一次可制作一个或几个酥皮，将水油皮、油酥分割成小面团后分别包制、擀卷，优点是容易擀卷，层次清晰，酥松性好，不易破裂，缺点是较费工时、速度慢、效率低，不适合大量制作。

2）起酥的要点：

①水油面和干油酥的比例要适当。水油面过多，则成品不容易分层，口感硬实，不酥松；干油酥过多则成形困难，易断裂、漏馅，成熟时易散碎。油面和酥面的比例，要视成品成熟的方法而定，如炸制品一般是 3:2，烘烤的制品，则可掌握在 1:1 的比例。

② 水油面和干油酥的软硬度必须一致。若水油面软，干油酥过硬，起酥时易破酥；若水油面硬，干油酥软，则不容易擀制，而且酥层不清晰、不整齐。

③ 擀制时用力要均匀，轻重适当，擀出的酥皮要平整、规则、厚薄一致，才能保证酥层均匀，操作时要勤撒干粉，要做到少撒勤撒，否则易脱壳发硬，卷筒时不易卷紧，造成松散，酥层之间不易黏结，造成层次不清。起酥后的酥皮应盖上湿布，并且尽快制作，防止外皮起壳而影响成型。

④ 包制时应将干油酥包在正中间，注意水油面皮四周厚薄要均匀，干油酥部分也要均匀。切坯皮的刀一定要锋利，否则酥层上会有划痕，炸或烤出来后酥层就会不清晰。一般应边起酥边成型。

（3）酥皮制品的种类及制作方法　由于油酥制品的种类花色不同，酥皮可分为明酥、暗酥、半暗酥。

1）明酥是指制品表面酥层外露，并且酥层所占的表面积较大。明酥的表现形式一般有螺旋纹形（圆酥）和直线形（直酥）两种。明酥又可分为圆酥、直酥、排丝酥（排丝酥也是直酥皮的一种，因为排丝酥最后出来的层次也是直的）。

① 圆酥，将面皮包入酥面，擀开折叠三层，再擀开，然后卷成圆筒形，用快刀由右端切下所需厚薄的剂子，将刀面向上，用擀面杖由内至外擀成圆形皮，包馅时将被擀的一面朝外，最终使被擀一面的圆形酥层显在外面，如眉毛酥、酥盒等。

操作关键：

擀制时双手用力要均匀，不可用力过猛，尤其是圆形的中心点。

圆形皮擀开即可，切勿反复擀制，以免影响酥层。

② 直酥，即将起酥后的坯皮卷成圆筒形后，用快刀由右端切下长段，再顺长一剖为二，成两个半圆形长段的坯子。将刀切面向案板擀成长形皮，包入馅心，使直线酥纹显在外面，如萝卜丝酥饼（宣化酥）、蚕蛹酥等。

操作关键：

酥面的含量较其他制品要略少一点，这样在炸制时层次才显分明，如酥面过多则容易松散、穿馅。

对于炸制时易飞酥、走层（即层次不清晰）的酥制品，如确实无法掌握好酥面与面皮的比例，在炸制时可适当升高油温，使之尽快定型，以防飞酥。

③ 排丝酥，一种方法是将面皮包入酥面，擀开折叠三层，再擀开，切成

若干所需大小的面片，然后将面片叠在一起，由右端用快刀切下所需厚薄的剂子，刀切面向上，用擀面杖顺直酥条纹擀开，包馅即可。

另一种方法是面皮及酥面分别放置于平底盘内，入冰箱冷藏 1h 左右（冷藏时间视两块皮的软硬度情况而定，按一下油酥已经发硬按不动了，面皮按下去会有浅浅的手指印即可），取出，将酥面摊放于面皮之上或是面皮摊放于酥面之上（两块皮的大小需一致），反复折叠三次（按折叠三层后擀开，再折叠三层，再擀开，再折叠三层），然后用刀斜切，擀开，包馅即可。前者适于制作量少、要求精致的点心，如杏片花瓶酥，后者则适于量多、出品快的点心。

操作关键：

起酥时两手用力须均匀，使酥面能在面皮内分布均匀，坯皮厚薄一致，以确保重叠在一起的面片厚薄一致。

叠加在一起的面片一般不可用任何粘连液（蛋液等），除非油量大的制品因难以叠加可在其每一层沾上少量水。

叠起后如过软可置于冰箱冷藏片刻（至切下的剂子不变形即可取出）。

顺直纹擀开后正反两面都可以按成品需要显露在外面（正反两面所显出的效果是不同的，试试便知），而在另一面（包馅的一面），需刷上鸡蛋液再包馅，以防脱壳、漏馅。

2）暗酥即在成品表面看不见层次，只在其侧面或是剖面才可看得见。由于制作方法的不同，暗酥又可分为圆段侧按（卷酥）和叠酥两种。暗酥的酥层藏在制品内部，熟制时因内部油酥受热熔化，气体向外散发，故胀发性大。暗酥在酥皮类制品中用途最广。其质量要求除符合油酥制品的一般要求外，特别要求熟制后胀发大；外皮不破，酥层不露；内部层次清晰，层多且匀。

① 卷酥，即将起酥后的坯皮卷起成筒状，由右侧切下一段，将刀切面向两侧，按扁，擀开，光面向外包馅成型即可，如白皮酥、黄桥烧饼等。

② 叠酥，即将起酥后的坯皮反复折叠，再用快刀切成所需坯皮形状，或圆或方，包馅即可，如君子兰酥。

操作关键：酥面的含量要比明酥中酥面的含量大（明酥一般为 6 : 4）。特别是烤制品，面皮中的含油量也要适当增加。

3）半暗酥即将起酥后的坯皮卷成圆筒形，切段后，用手沿 45° 角斜按下去，轻轻擀开，包馅即可，螺旋纹酥皮层在外，如桃酥、苹果酥等。适宜制作水果类的花色酥，其制品胀发大且均匀，形态逼真。

操作关键：擀皮时中间稍厚，四周稍薄，因此酥皮类制品较特殊，仅有一部分酥层外露，经炸制后受热膨胀性较强，如果开皮时出现大小面，炸出后错层就更厉害，因此应严格掌握生坯的大小比例，要求大小一致。

2. 擘酥面团

擘酥是广式面点最常用的一种油酥面团，广东人制作的擘酥沿袭了西点制作工艺，成品松香酥化，可配上各种馅心或其他半成品，如鲜虾擘酥夹、冰花蝴蝶酥、莲子蓉酥盒等。

（1）酥面的调制

1）原料：熟猪油、面粉。

2）工艺流程：熟猪油 + 面粉→掺入面粉→拌和擦制→压形→冷冻→酥面。

在冷却凝结的熟猪油中掺入少量面粉，拌和擦制均匀，压成板形，放入特制器具内（铁箱），加盖密封，放入冰箱内，冷冻 4~6h 后，冷冻至油脂发硬，成为硬中带软的结实板块状，即为油酥面。

3）调制要点：要掌握好用料比例，一般面粉是熟猪油重量的 30%；控制好冷冻时间；一般选用凝结有韧性的熟猪油、奶油、黄油等油脂制作。传统的油酥面团制品主要使用熟猪油制作而成，具有色白、酥层清晰、造型美观等特点，但吃起来有些油腻，不够酥脆，冷食效果更差，使用奶油或人造奶油、起酥油代替熟猪油已势在必行。

（2）水面的调制

1）原料：面粉、蛋液、白糖、清水。

2）工艺流程：面粉+蛋液+白糖+水→拌和→揉搓→冷冻→水面。

面粉倒在案上，中间扒一坑塘，将蛋液、白糖、清水放入其中调匀，再与面粉搅拌均匀，用力揉搓，揉至面团光滑上劲为止，放入铁箱中，加盖密封，入冰箱冷冻即成。

3）调制要点：掌握用料比例，每一种料都要进行称量；控制冷冻时间；面团必须揉匀搓透。

（3）起酥方法

具体方法是将冻硬的酥面平放在案板上，用通心槌擀压、平压等，再取出水面，也擀压成与酥面大小相同的长方形块，放在酥面上，对正，用通心槌擀压成日字形，将两头向中间折入，轻轻压平，叠成四层，再擀成长方形。在第一次折叠的基础上，再用通心槌压成日字形，同上述一样第二次折叠。依此再进行第三次折叠，擀成长方形，放入铁箱冷冻半小时即可。

（4）起酥的要点

1）掌握用料比例，控制冷冻时间。

2）酥面和水面硬度要一致。

3）操作时采用擀、敲、压相结合的方式，落槌要轻，擀制时用力要均匀。

（二）单酥面团

单酥面团又称酥面团，其制品是由一块面团制作而成的。根据制作方法的不同单酥面团又分为混酥面团和浆皮面团等，成品不分层，但有一定的酥性，有的还具有一定的膨松性。

1. 混酥面团

混酥面团是由面粉、油脂、白糖、鸡蛋、乳品、水及适量的膨松剂等调制而成的面团。混酥面团的食品具有成形方便，制品成熟后无层次，质地酥脆的特点。混酥面团的调制方法如下。

1）原料：面粉、油脂、白糖、乳品、鸡蛋、水、膨松剂等。

2）工艺流程：面粉+膨松剂过筛→油+糖+蛋搅拌均匀→拌、擦或叠匀成团。

将面粉与膨松剂拌匀过筛置于案板上，中间扒一坑塘，加入油、糖、鸡蛋等，将这些原料搅成均匀的乳浊液后，与面粉等拌成雪花状后再采用堆叠的方法将松散的料变成软硬适合的面团。

3）调制要点：

① 油、糖、蛋要先搅匀乳化后才能拌粉，防止加入的原料分布不匀，影响面团质量。

② 调制及放置面团的时间不宜过长，否则会生筋，影响面团的酥性。

③ 调制面团的温度及软硬度要适宜，面团用油量越大，温度要求越低，一般在20~30℃为宜。面团过软，制作不易保持形态；面团过硬，则其制品口感不够酥松。若需加水，要一次加足，不宜在面团调制过程中再加水。

混酥类面团主要用于杏仁酥、开口笑、甘露酥等品种。

2. 浆皮面团

浆皮面团又称提浆面团，是以面粉、油脂、糖浆等为主要原料调制而成的面团，具有可塑性好、口感松软、质地细腻的特点。采用这种方法制作的品种也较多，代表品种有广式月饼、京式提浆饼、鸡子饼、豆沙卷等。产品具有外表棕黄有光，饼类表面多有纹印，质松软或松酥的特点。有些品种表面光泽是涂蛋液所形成的，吸潮后易长霉点，保管时要防潮，平时勤加检查。浆皮面团的调制方法如下。

1）原料：面粉、油脂、白糖、柠檬酸、水、碱水等。

2）工艺流程：白糖加水熬化→加柠檬酸→糖浆+碱水+油脂→乳浊液+面粉→抄拌均匀→揉制成团。

将白糖放入锅中加水，置于火上加热熔化，熬成糖浆，加入柠檬酸搅匀，加入碱水搅拌，再加入油脂，充分搅拌使之成乳浊液。面粉过筛置于案板上，中间扒一坑塘，倒入糖油乳化液抄拌均匀，揉搓成光洁的面团。

3）调制要点：

① 熬制糖浆的方法要得当，不同的品种对糖浆要求不同，熬制糖浆的原料和方法都有差别，糖浆的浓度也要恰当，糖浆过稀则糖分不足，调制面团时易生筋；糖浆过稠时则面团发硬，成形时易裂口。

② 控制好面团的硬度。面团的硬度可通过调制面团时分次加粉来调节，一般与馅心的硬度相一致。

③ 掌握好面团的调制方法。糖浆一般首先与碱水充分混合，再与油脂充分搅拌乳化。若搅拌时间过短，乳化不足，则调出的面团内部性能不一。拌面程度及面团放置时间也要恰当，多拌或面团放置时间过长，则面团易生筋。

四、米粉面团

米粉面团，就是指用由米磨成的粉与水及其他辅料调制而成的面团，俗称"粉团"。由于米的种类比较多，如糯米、粳米、籼米等，因此可以调制出不同的米粉面团。调制米粉面团的粉料一般可分为干磨粉、湿磨粉、水磨粉。水磨粉多数用糯米，掺入少量的粳米制成，粉质比湿磨粉、干磨粉更为细腻，吃口更为滑润。不同的米粉由于其特征不同，调制出的面团的性质也不一样。

（一）糕类粉团

糕类粉团是由糯米粉、粳米粉或籼米粉加水、糖等拌制或加热揉揣而成的粉团，可分为黏质糕粉团、松质糕粉团等。

1. 黏质糕粉团的调制方法

黏质糕粉团一般是先成熟后成形，原料大多为细糯米粉、粳米粉配粉，在蒸熟后经过揉揣工序，使成熟糕粉黏合在一起，成品具有韧性大、入口软糯的特点。

1）原料：糯米粉、粳米粉，糖（或盐）、水。

2）工艺流程：糯米粉+粳米粉→拌粉→掺水（可加糖或盐）→静置→夹粉→蒸制→揉揿→黏质糕粉团。

根据制品要求，称取一定量的糯米粉和粳米粉拌和均匀，掺入适量的清水、白糖或盐，使糕粉达到"拢则成团，散则似沙"的效果，静置一段时间，使粉粒吸收调料和水分，然后进行夹粉（过筛、搓散的过程称为夹粉），将粉团筛散。放入蒸桶（或箱、笼）中蒸制成熟，倒在铺有洁布的案板上，双手抓住布角将熟粉揉揿成光滑的粉团。

3）调制要点：

① 配料要准确。糯米粉和粳米粉的用量必须根据制品要求而定；掺水量要根据米粉品种及加工方法、生产季节而有所不同；用糖越多，掺水量越少。

② 加工方法要得当。拌粉要均匀；糕粉静置的时间主要由粉质和季节来控制，如冬季需静置 8~10h，春秋季 3~4h，夏季仅需 2h；在蒸制前必须先夹粉，否则糕粉结团不易蒸熟；蒸制时糕粉需逐渐加入，因为若一次加足，不易蒸透；揉揿时必须趁热进行。

③ 黏质糕把粉粒拌和成糕粉后，先蒸制成熟，再揉透（或倒入搅拌机打透打匀）成团块，即成黏质糕粉团。

黏质糕粉团主要适合制作桂花白糖年糕、玫瑰百果蜜糕、卷心糕、马蹄糕等黏质糕制品。

2. 松质糕粉团的调制方法

松质糕粉团一般是先成形后成熟，制作时将粉放入特制的模具内成形，再蒸熟。松质糕大都以粗糯米粉、粳米粉配粉，韧性小，入口松软。

1）原料：糯米粉、粳米粉、白糖（或盐）、水。

2）工艺流程：糯米粉+粳米粉→拌粉→掺水（可加糖或盐）→静置→夹粉→松质糕粉团。

将糯米粉和粳米粉按比例拌和在一起，抄拌成粉粒，静置一段时间，然后进行夹粉（过筛），再倒入或筛入各类模型中蒸制而成松质糕。松质糕粉团的配粉、拌粉、掺水、静置、夹粉的程序与黏质糕粉团相同，只不过形成的是松散的粉团，再经过入模成形、蒸制成熟即可制成成品。

松质糕粉团主要用于制作五色小圆松糕、定胜糕、黄松糕等松质糕制品。

（二）团类粉团

团类粉团是指糯米粉和粳米粉按一定的比例掺和后加水并采用适当的调制

方法制作而成的粉团。根据制品成形时坯样的生熟不同，团类粉团可分成生粉团和熟粉团两种。生粉团一般是先成形再经过加热而成熟。熟粉团一般是先成熟，再包馅成形。

1. 生粉团的调制方法及运用

生粉团便是先成形后成熟的粉团，制作方法是取少量粉先用沸水烫熟或煮成芡，再掺入大部分生粉料，调拌成块团或揉搓成块团，再制皮，捏成团子，如各式汤圆。其特色是可包较多的馅心，皮薄、馅多、黏糯，吃口滑润。

生粉团主要有沸水粉芡拌制（泡心法）和粉芡拌制（煮芡法）两种。

1）原料：糯米粉、粳米粉、（沸）水。

2）工艺流程：

① 泡心法：糯米粉+粳米粉→拌粉→沸水烫制→冷水和面→揉制成团。

泡心法适用于干磨粉和湿磨粉。将按一定比例配好的米粉放于案板上拌匀，中间扒一坑塘，冲入一定量的沸水将中间约 1/3 的米粉搅拌成厚浆，与其余的米粉拌和，反复揉擦成雪花状后再加凉水揉成光滑的粉团。

② 煮芡法：糯米粉+粳米粉→拌粉→1/3 粉加工揉成饼状→煮制成熟→加入余下 2/3 粉→揉制成团。

将按一定比例配好的米粉放于案板上拌匀，取其中约 1/3 的米粉加凉水揉成饼状，放入沸水锅中煮至浮出水面，再用小火煮 5min，然后与剩余的米粉一起揉拌成光滑的粉团。

3）调制要点：首先，采用泡心法冲入的沸水的量要恰当，若沸水过少，调成的粉团黏性低、松散、表面裂口；若沸水过多，调成的粉团黏性过高，黏手不便操作。其次，采用煮芡法，熟芡的制作是关键，调制"饼"时如加水过多，下锅后会散；"饼"必须沸水下锅，浮起后需用小火煮 5min。

生粉团主要用于鲜肉团、粢毛团、船点、艺术糕团等的制作。

2. 熟粉团的调制方法及运用

熟粉团是将按制品要求配制的粉经过拌粉、掺水、静置、夹粉、蒸熟后揉揿成团，再搓条、下剂、包馅、成形的粉团。熟粉团的调制方法为熟白粉拌制，其制品程序与黏质糕粉团相同。其制品特点是软糯、有黏性。

1）原料：糯米粉、粳米粉、清水等。

2）工艺流程：拌粉—掺水—静置—夹粉—蒸制—揉揿—熟粉团。

将配好的粉料拌匀，加清水拌成糕粉，静置一段时间后，将糕粉筛入蒸桶中蒸制，成熟后揉揿成团。熟粉团主要用于双馅团、撺沙团子等的制作。

（三）发酵类米粉团

发酵类粉团是用籼米粉、面肥、水、白糖等调制，经过保温发酵而制成的面团。在广式点心中较为常见。此类面团也具有发酵面团的特征，内有细密孔洞，膨大松软，有酒香味，制作成品时需要兑碱。

调制方法是用籼米粉粉浆的 1/10 加水调成稀糊蒸熟，晾凉后加入其余部分的籼米粉粉浆拌匀，再加入面肥、水调搅均匀，放于温暖处发酵。冬天发酵时间为 10~12h，夏天发酵时间则为 6~8h，发酵后再加入白糖溶化，放入发酵粉和碱水拌匀对正，即可制作发酵类米粉团制品。常见的用此种面团制作的品种有棉花糕、黄松糕等。

五、其他面团

其他面团是指除了以面粉和米粉为主料所调制的面团以外的，以其他原料为主料所调制的面团的总称。其他原料是指澄粉、杂粮、豆类、蔬菜类、果品类、鱼虾蓉等。

这类面团的范围很广，种类繁多，包括面粉、米粉的特殊加工以及杂粮（小米、玉米、高粱等）、薯类、豆类、菜类、果类、蛋类、鱼虾类等加工的面团。此外，还有果冻、果羹等。这类面团制品具有独特的风味和特色。

（一）澄粉面团

将面粉经过特殊加工提取出的淀粉叫澄粉，用沸水将澄粉烫熟以后揉制而成的面团叫澄粉面团。它在广式点心中用得较多，常用于制作精细点心，如广东的虾饺等，其制品具有色泽洁白、制品呈半透明状、细腻柔软口感嫩滑、入口即化的特点。

澄粉面团的调制方法是将澄粉放入不锈钢盆中，水中加入盐烧沸后冲入澄粉中，迅速搅拌均匀，加盖闷 5min，然后倒入拌有色拉油的案板上，加入生粉揉成光滑均匀的面团。

澄粉面团的调制要领：

1）必须用沸水烫制才能产生透明感。

2）烫制后需要闷制 5min，使粉受热均匀。

3）澄粉与沸水的重量比约为 1:1.4。

4）调粉时要加点盐、色拉油。

5）调好的面团要用干净的湿布盖醒，防止面团干硬、开裂。

澄粉面团在广式点心中用得较多，如制作虾饺、奶黄水晶花、娥姐粉果等，现在也用于制作船点。另外，根茎类、果品类面团的调制，也常需加入澄粉面团。

（二）杂粮面团

杂粮面团是将杂粮，如玉米、高粱、荞麦、莜面、小米等加工成粉，采用适当的调制方法调制而成的面团。有的面团直接用杂粮粉加水调制而成，有的则需用杂粮粉与面粉、豆粉或米粉等掺和再调制成面团。

杂粮面团常见于制作有地方特色的品种，如小窝头、荞面枣儿角、芝麻荞圆、莜面烤栳、玉米面丝糕、荞面煎饼、黄米糕、小米煎饼、黄米粽、高粱团等。

（三）豆类面团

豆类面团就是将各种豆加工成粉或泥，经过调制而形成的面团。它具有豆香浓郁、色彩自然的特点。调制时应根据原料的特点和成品的要求，灵活掌握掺入其他粉的数量，控制面团的软硬度和黏度，突出豆类自身的特殊风味。

常见的品种有豌豆黄、南国红豆糕、绿豆糕、芸豆饼、扁豆糕、豇豆糕等。

（四）蔬菜类面团

蔬菜类原料主要是指蔬菜中的根类、茎类和果类蔬菜，如土豆、山药、山芋、芋头、荸荠，南瓜等。将这些原料加工形成泥、蓉或磨成浆或制成粉，再经过调制即可形成面团，成品往往带有特殊的香味。

常见的品种有生雪梨、山药糕、五香芋头糕、荔浦香芋角、马蹄糕、土豆丝饼、南瓜饼、芋蓉、冬瓜糕、山芋沙方糕等。

（五）果品类面团

果品类原料主要是指水果、干果仁和糖制果制品，如莲子、柿饼、栗子、菱角、栗子等。这些原料经过加工形成泥与面粉、糯米粉或澄粉等调制而成的面团叫果品类面团，制品具有天然的香味，入口柔糯黏滑。

果品类面团常见的品种有莲蓉卷、栗蓉糕、黄桂柿子饼、山楂奶皮卷等。

（六）鱼虾蓉面团

鱼虾蓉面团主要是指净鱼肉、虾肉馅加工成鱼蓉、虾蓉，再与澄粉等调制而成的面团，成品具有爽滑、口味鲜爽的特点，在广式点心中用得较多。

鱼虾蓉面团常见的品种有鱼皮鸡粒角、百花虾皮甫、汤泡虾蓉角、冬笋明虾盒等。

第十二章

食品营养与食品安全

第一节　营养学基础知识

营养学是研究食物与机体的相互作用，以及食物营养成分（营养素、非营养素、抗营养素等成分）在机体里分布、运输、消化、代谢等方面的一门学科。

营养是供给人类用于修补旧组织、增生新组织、产生能量和维持生理活动需要的合理食物。

营养素是指食物中能被吸收及用于增进健康的食物基本元素。某些营养素是必需的，因为它们不能被机体合成，因此必须从食物中获得。营养素可分为宏量营养素和微量营养素，构成膳食的主要部分，提供能量及生长、维持生命活动所需要的必需营养素。

人体需要的六大营养素是糖类、脂肪、蛋白质、维生素、无机盐和水。其中，糖、蛋白质和脂肪是供给人体能量的物质。六大营养素主要来自九大类食物：谷类、蛋类、奶类、根茎类、肉类、鱼虾和贝类、豆类、干果类、蔬菜和瓜果类。

营养素是人体所需的一些物质。食物中可以被人体吸收利用的物质叫营养素。糖类、脂肪、维生素、水和无机盐是人体所需的六大营养素，前三者在体内代谢后产生能量，故又称产能营养素，主要分为人体需求量较大的宏量营养素和需求量较小的微量营养素。宏量营养素包括碳水化合物、脂肪、纤维素、蛋白质以及水。微量营养素包括矿物质和维生素。维生素又可细分为脂溶性维生素与水溶性维生素两大类。

一、糖类（碳水化合物）

碳水化合物是由碳、氢和氧三种元素组成的，由于它所含的氢氧的比例为2:1，和水一样，故称为碳水化合物。它是为人体提供热能的三种主要的营养素中最廉价的营养素。食物中的碳水化合物分成两类：人可以吸收利用的有效碳水化合物，如单糖、双糖、多糖和人不能消化的无效碳水化合物，如纤维素，是人体必需的物质。

碳水化合物是自然界中存在较多的有机化合物，包括单糖、寡糖、淀粉、半纤维素、纤维素、复合多糖，以及糖的衍生物，主要由绿色植物经光合作用而形成，是光合作用的初期产物。从化学结构特征来说，它是含有多羟基的醛类或酮类的化合物或经水解转化成为多羟基醛类或酮类的化合物。

碳水化合物是生命细胞结构的主要成分及主要供能物质，并且有调节细胞活动的重要功能。机体中碳水化合物的存在形式主要有三种，葡萄糖、糖原和含糖的复合物。碳水化合物的生理功能与其摄入食物的碳水化合物种类和在机体内存在的形式有关。

膳食碳水化合物是人类获取能量的最经济和最主要的来源，参与许多生命活动，是细胞膜及不少组织的组成部分，维持正常的神经功能，促进脂肪、蛋白质在体内的代谢作用。

碳水化合物是构成机体组织的重要物质，并参与细胞的组成和多种活动，此外还有节约蛋白质、抗生酮、解毒和增强肠道功能的作用。

二、脂肪

脂肪是人体内含热量最高的物质。脂肪主要有四大功能：维持正常体重，保护内脏和关节，滋润皮肤和提供能量。一般人体日需脂肪占食物总热量的15%~30%。一般正常活动的人每天摄入25g左右的油脂就可以满足生理需要，长时间参加活动的人可以增加到每天30~36g。但要注意，如果活动量不足，额外摄入的热量就会转变为身体的脂肪，使孩子发胖，而不是长出结实的肌肉。

脂肪是油和脂肪的统称。脂肪是组成人体组织细胞的一个重要组成成分，它被人体吸收后供给热量，是同等量蛋白质或碳水化合物供能量的2倍；脂肪还是人体内能量的重要储备形式。油脂还有利于脂溶性维生素的吸收；维持人体正常的生理功能；体表脂肪可隔热保温，减少体热散失，支持、保护体内各种脏器，以及关节等不受损伤。

人体内的脂类，分成两部分，即脂肪与类脂。脂肪又称为真脂、中性脂肪，是由一分子的甘油和三分子的脂肪酸结合而成的。脂肪又包括不饱和与饱和两种，动物脂肪以含饱和脂肪酸为多，在室温下呈固态。相反，植物油则以含不饱和脂肪酸较多，在室温下呈液态。类脂则是指胆固醇、脑磷脂、卵磷脂等。综合其功能：脂肪是细胞内良好的储能位置，主要提供热能；保护内脏，维持体温；协助脂溶性维生素的吸收；参与机体各方面的代谢活动等。

一种脂肪的消化率与它的熔点有关，含不饱和脂肪酸越多熔点越低，越容易消化。因此，植物油的消化率一般可达到 100%。动物脂肪，如牛油、羊油，含饱和脂肪酸多，熔点都在 40℃以上，消化率较低，为 80%~90%。

三、蛋白质

蛋白质是构成机体组织、器官的重要组成部分，人体各组织无一不含蛋白质。在人体的瘦组织中（非脂肪组织），如肌肉组织和心、肝、肾等器官均含有大量蛋白质，骨骼、牙齿，乃至指、趾也含有大量蛋白质；细胞中，除水分外，蛋白质约占细胞内物质的 80%，因此构成机体组织、器官的成分是蛋白质最重要的生理功能。

蛋白质是少年儿童生长发育必不可少的物质。瘦肉中蛋白质含量最多。一般的摄入量是每天每千克体重 1.5~2g，但在孩子参加体育锻炼时，蛋白质的需要量增加，蛋白质的摄入一般要求达到每天每千克体重 2~3g。肌肉纤维的加粗和肌肉力量的加大，必须依赖肌肉中蛋白质含量的增加，而且最好是动物蛋白。但要注意，肌肉大小和力量的增长主要是练出来的，而不是吃出来的。牛奶中的蛋白质含量高，也很优质，青少年要多喝牛奶。

蛋白质能构成和修补身体组织。它占人体重的 16.3%，占人体干重的 42%~45%。身体的生长发育、衰老组织的更新、损伤组织的修复，都需要用蛋白质作为机体最重要的"建筑材料"。儿童长身体更不能缺少蛋白质。

蛋白质能构成生理活性物质。人体内的酶、激素、抗体等活性物质都是由蛋白质组成的。人的身体就像一座复杂的化工厂，一切生理代谢、化学反应都是由酶参与完成的。生理功能靠激素调节，如生长激素、性激素、肾上腺素等。抗体是活跃在血液中的一支"突击队"，具有保卫机体免受细菌和病毒的侵害、提高机体抵抗力的作用。

蛋白质能调节渗透压。正常人血浆和组织液之间的水分不断交换并保持平衡。血浆中蛋白质的含量对保持平衡状态起着重要的调节作用。如果膳食中长期缺乏蛋白质，血浆中蛋白质含量就会降低，血液中的水分便会过多地渗入周围组织，出现营养性水肿。

蛋白质能供给能量。这不是蛋白质的主要功能，我们不能拿"肉"当"柴"烧。但在能量缺乏时，蛋白质也必须用于产生能量。另外，从食物中摄取的蛋白质，有些不符合人体需要，或者摄取数量过多，也会被氧化分解，释放能量。

蛋白质的主要来源是肉、蛋、奶、和豆类食品。

一般而言，来自动物的蛋白质有较高的品质，含有充足的必需氨基酸。必需氨基酸约有八种，无法由人体自行合成，必须由食物中摄取，如果体内有一种必需氨基酸存量不足，就无法合成充分的蛋白质供给身体各组织使用，其他过剩的蛋白质也会被身体代谢而浪费掉，所以确保足够的必需氨基酸摄取是很重要的。

植物性蛋白质通常会有一两种必需氨基酸含量不足，所以素食者需要摄取多样化的食物，从各种组合中获得足够的必需氨基酸。

蛋白质含量高的食物主要为以下四种。

1）奶类食物以及奶制品。

2）肉类食物。

3）蛋类食物。

4）大豆类食物以及豆制品。

四、维生素

维生素是维持人体正常生理功能必需的一类化合物，它们不提供能量，也不是机体的构造成分，但膳食中绝对不可缺少，如某种维生素长期缺乏或不足，即可引起代谢紊乱，以及出现病理状态而形成维生素缺乏症。

维生素在孩子的生长发育和生理功能方面是必不可少的有机化合物质。人体如果缺少维生素，会导致代谢过程障碍、生理功能紊乱、抵抗力减弱，以及引发多种病症。一般天然食物中就含有我们所需要的各种营养素，而且比例适宜，所以孩子在合理膳食中就可以获得充足的维生素。只有在持续的、高强度、大运动量情况下，热能营养不能满足需要，或蔬菜水果供应不足时，才需要额外补充维生素。要注意，过量摄入维生素和维生素缺乏都会导致不良后果。

维生素分为水溶性和脂溶性两大类。

水溶性维生素：维生素 B_1、维生素 B_2、维生素 PP、维生素 B_5、维生素 B_6、维生素 B_{12}、维生素 C 等。

脂溶性维生素：维生素 A、维生素 D、维生素 E、维生素 K 等。

1. 维生素 A

维生素 A 亦称美容维生素，脂溶性，并不是单一的化合物，而是一系列视黄醇的衍生物（视黄醇亦被译作维生素 A 醇、松香油），还称为抗干眼病维生素，多存在于鱼肝油、动物肝脏、绿色蔬菜中。缺少维生素 A 易患夜盲症。

2. 维生素 B_1

维生素 B_1 又称抗脚气病因子、抗神经炎因子等，是水溶性维生素，在生物体内通常以硫胺焦磷酸盐（TPP）的形式存在。维生素 B_1 多存在于酵母、谷物、肝脏、大豆、肉类中。

3. 维生素 B_2

维生素 B_2 即核黄素，也被称为维生素 G，多存在于酵母、肝脏、蔬菜、蛋类中。缺少维生素 B_2 易患口舌炎症（口腔溃疡）等。

4. 维生素 PP

维生素 PP 包括尼克酸（烟酸）和尼克酰胺（烟酰胺）两种物质，均属于吡啶衍生物，多存在于烟碱酸、尼古丁酸酵母、谷物、肝脏、米糠中。

5. 维生素 B_5

维生素 B_5 亦称为遍多酸，多存在于酵母、谷物、肝脏、蔬菜中。

6. 维生素 B_6

维生素 B_6 属吡哆醇类，水溶性，包括吡哆醇、吡哆醛及吡哆胺，多存在于酵母、谷物、肝脏、蛋类、乳制品中。

7. 维生素 B_{12}

维生素 B_{12} 即氰钴胺素，水溶性，也被称为氰钴胺或辅酶 B_{12}，多存在于肝脏、鱼肉、肉类、蛋类中。

8. 维生素 C

维生素 C 亦称为抗坏血酸，多存在于新鲜蔬菜、水果中。

9. 维生素 D

维生素 D 即钙化醇，脂溶性，亦称为骨化醇、抗佝偻病维生素，主要有维生素 D_2 即麦角钙化醇和维生素 D_3 即胆钙化醇。这是唯一一种人体可以少量合成的维生素，多存在于鱼肝油、蛋黄、乳制品、酵母中。

10. 维生素 E

维生素 E 即生育酚，脂溶性，主要有 α、β、γ、δ 四种，多存在于鸡蛋、肝脏、鱼类、植物油中。

11. 维生素 K

维生素 K 即萘醌类，脂溶性，是一系列萘醌的衍生物的统称，主要有天然的来自植物的维生素 K_1、来自动物的维生素 K_2 以及人工合成的维生素 K_3 和维生素 K_4。又被称为凝血维生素，多存在于菠菜、苜蓿、白菜、肝中。

五、无机盐

无机盐即无机化合物中的盐类，也叫矿物质，包括常量元素和微量元素，也是人体代谢中的必要物质。其在生物细胞内一般只占鲜重的 1%~1.5%，在人体中已经发现 20 余种，其中常量元素有钙 Ca、磷 P、钾 K、硫 S、钠 Na、氯 Cl、镁 Mg（也称大量元素），微量元素有铁 Fe、锌 Zn、硒 Se、钼 Mo、氟 F、铬 Cr、钴 Co、碘 I 等。虽然无机盐在细胞、人体中的含量很低，但是作用非常大，如果注意饮食多样化，少吃动物脂肪，多吃糙米、玉米等粗粮，不要过多食用精制面粉，就能使体内的无机盐维持正常应有的水平。

常量元素在体内的含量大于体重的 0.01%，如钙、磷、钠、钾、氯、镁和硫。微量元素在体内的含量小于体重的 0.01%，如铁、铜、锌、硒等。儿童少年时期对钙、磷、铁的需要量较高，在运动期间，由于大量排汗，导致盐分随汗液丢失，必须即时补充，才能预防肌肉痉挛，并帮助缓解身体的疲劳。人体可以通过运动饮料补充无机盐。

1. 钠

钠是组成食盐的主要成分。我国营养学会推荐 18 岁以上成年人每天对钠的适宜摄入量为 2.2g，老年人应清淡饮食。钠普遍存在于各种食物中，人体钠的主要来源为食盐、酱油、腌制食品、烟熏食品、咸味食品等。

2. 钙

钙是骨骼、牙齿的重要组成部分。缺钙可导致骨软化病、骨质疏松症等，亦可导致抽搐症状。我国营养学会推荐 18~50 岁的成年人每天对钙的适宜摄入量为 800mg；50 岁以后的中老年人每天对钙的适宜摄入量为 1000mg。常见的含钙丰富的食物有牛奶、酸奶、燕麦片、海参、虾皮、小麦、大豆粉、豆制品、金针菜等。

3. 镁

镁是维持骨细胞结构和功能所必需的元素。缺镁可导致神经紧张、情绪不稳、肌肉震颤等。我国营养学会推荐 18 岁以上的成年人每天对镁的适宜摄入量为 350mg。常见的含镁丰富的食物是新鲜绿叶蔬菜、坚果、粗粮（镁离子亦是叶绿素分子必须的成分）。

4. 磷

磷是构成骨骼及牙齿的重要组成部分。严重缺磷可导致厌食、贫血等。我国营养学会推荐 18 岁以上的成年人每天对磷的适宜摄入量为 700mg。常见含磷的食物有瘦肉、蛋、奶、动物内脏、海带、花生、坚果、粗粮。

5. 铁

铁是人体内含量最多的微量元素，铁与人体的生命及健康有密切的关系。缺铁会导致缺铁性贫血、免疫力下降。我国营养学会推荐 50 岁以上的男性或女性每天对铁的适宜摄入量为 715mg。常见的含铁丰富的食物是动物的肝脏、肾脏、鱼子酱、瘦肉、马铃薯、麦麸、大枣。

6. 碘

碘是硫化铁甲状腺激素的组成部分。缺碘会导致呆小症、儿童及成人甲状腺肿大等。我国营养学会推荐 18 岁以上的成年人每天对碘的适宜摄入量为 150mg。常见含碘丰富的食物是海产品，如海带、紫菜、干贝、海参等。沿海地区居民常吃海产品及内陆地区居民食用碘盐是保证碘代谢平衡最经济方便及有效的方法。

7. 锌

锌具有促进生长发育的作用。儿童缺锌可导致生长发育不良；孕妇缺锌可导致胎儿脑发育不良、智力低下，即使出生后补锌也无济于事。我国营养学会推荐成年男性每天对锌的适宜摄入量为 15.5mg，成年女性每天对锌的适宜摄入量为 11.5mg。常见的含锌丰富的食物是肝、肉类、蛋类、牡蛎。

8. 铜

铜对血红蛋白的形成起活化作用，促进铁的吸收和利用。铜在动物肝脏、肾、鱼、虾、蛤蜊中含量较高，果汁、红糖中也有一定的含量。缺铜可能引发冠心病和贫血，一般最常见的临床表现为头晕、乏力、易倦、耳鸣、眼花，皮肤黏膜及指甲等颜色苍白，体力活动后感觉气促、心悸。严重贫血时，即使在休息时也出现气短和心悸，在心尖和心底部可听到柔和的收缩期杂音。

六、水

水是人类和动植物（包括所有生物）赖以生存的重要条件。水可以转运生命必需的各种物质及排除体内不需要的代谢产物；促进体内的一切化学反应；通过不自觉的水分蒸发及汗液分泌散发大量的热量来调节体温；关节滑液、呼吸道及胃肠道黏液均有良好的润滑作用，泪液可防止眼睛干燥，唾液有利于咽部湿润及吞咽食物。

水是"生命之源"，占人体体重的 60%~70%。人体每天需水量为 2700~3100mL，体内会产生代谢水，其他食物也含有水，所以每天的饮水量应该为 1300~1700mL。环境温度高、劳动强度大时需要多喝水。参加运动的孩子要积极主动补水。例如，运动前 15~20min 补充 400~700mL 水，可以分几次喝。在运动中，每 15~30min 补充 100~300mL 水，最好是运动饮料。运动后，也要补水，但不宜集中"暴饮"，要少量多次地补。参加运动的孩子，只有保持良好的水营养，才能有良好的体能和健康。如果缺少水分，会造成脱水等症状，重则会导致死亡。

第二节　合理烹饪

合理烹饪是指根据不同烹饪原料的营养特点和各种营养素的理化性质，合理地采用我国传统的烹饪加工方法，使菜肴和面点既在色、香、味、形等方面达到烹饪工艺的特殊要求，又在烹饪工艺过程中尽可能多地保存营养素，消除有害物质，使营养素易于消化吸收，更有效地发挥菜肴的营养价值。

一、合理烹饪的意义

1）杀灭有害生物。

2）除去或减少某些有害化学物质。

3）最大限度地保存原料中的营养素。

4）改善食物的感官性质，使之易于消化吸收。

二、营养素在烹饪中的变化

（一）蛋白质在烹饪中的变化

1. 变性

蛋白质受热或受其他因素影响后，空间结构受到破坏，理化性质发生改变，并失去原来的生理活性。例如，鸡蛋加热凝固、牛奶发酵成酸奶、肉冻中的明胶加热成为溶胶和降温成为冻胶。

引起变性的因素有：

1）物理因素：热、紫外线照射、超声波、强烈的搅拌。

2）化学因素：酸、碱、重金属盐、有机溶剂等。

3）生物因素：各种酶。

2. 水解

蛋白质加热水解，生成蛋白胨、肽类和少量氨基酸等产物，使食物呈味，如低聚肽使食品中各种呈味物质变得更加协调。动物的骨、皮、筋和结缔组织中的蛋白质，主要是胶原蛋白质，经长时间煮沸，或在酸、碱介质中加热，可被水解为明胶，生成胶体溶液，如筋多的牛肉经长时间加热后，可变得极其软烂，就是这个缘故。

3. 分解反应

分解后形成一定的风味物质，如吡嗪类、吡啶类、含硫杂环等，能分解产生更多的香气物质。

加热过度时，蛋白质分解产生有害物质，甚至产生致癌物质。

(二) 食用油脂在烹饪中的变化

1. 油脂的水解

食用油脂加热时，主要发生水解作用，产生甘油和游离脂肪酸。游离脂肪酸含量增加，降低油脂的发烟温度。发烟温度除了与游离脂肪酸的含量有关外，还与油脂的纯净度有密切关系。油脂的发烟点与油脂中低分子重要溶解物质的浓度成正比，因此油脂的纯净度和油脂的酸败程度都会影响油脂的烟点。发烟点明显降低的油脂，在烹饪过程中容易冒烟，影响菜肴的色泽和风味。

2. 热分解

热分解产生丙烯醛。当用肉眼看到油面出现蓝色烟雾时，就已说明油脂发生了热分解。

煎炸食物时，油温控制在油脂的发烟点以下，就可减轻油脂的热分解，降低油脂的消耗，可以保证产品的营养价值和风味质量，如煎炸牛排需要选择发烟点较高的油脂，不但可以加速蛋白质变性，达到食用要求，而且还能提高牛排鲜嫩的质感。

3. 热氧化聚合

加热条件下的热氧化：发生在烹调过程中，随着加热时间的延长，还容易分解，分解产物继续发生氧化聚合，并产生聚合物，使油脂增稠、起泡并附着在煎炸食物的表面，这都是油脂发生氧化聚合反应的结果。烹饪中火力越大，时间越长，热氧化聚合反应就越激烈。产生甘油酯二聚物，被吸收后与酶结合，使酶失去活性引起生理异常，有害人体健康。

（三）碳水化合物在烹饪中的变化

1. 蔗糖水解反应

水解为单糖和果糖，叫转化糖，可改进食品的质地和风味。转化糖黏度低，流动性大，吸湿性强，使用方便，具有保湿作用，制品外观光洁，具有清新爽口之感。

2. 蔗糖的焦糖化反应

蔗糖在 150~200℃高温下，发生降解，经过聚合、缩水变成含黑褐色色素的物质，这就叫焦糖化反应。蔗糖在 160℃时熔化，转化速度加快，生成的转化糖在高温下迅速发生焦糖化反应而使食糖变色。

3. 淀粉的溶胀和糊化

淀粉颗粒从吸收水分到体积增大，以至破裂的过程称为淀粉的溶胀。在一定的温度下，溶胀了的淀粉经过搅拌或沸腾，形成均匀的、黏稠的糊状物叫糊化。

淀粉糊化的实质是淀粉分子间的氢键断裂，破坏了淀粉分子间的缔合状态，形成胶体溶液。含支链淀粉多的、颗粒大的、结构较疏松的淀粉易于糊化。淀粉水解产物葡萄糖，制作发酵面团时，淀粉水解葡萄糖和麦芽糖后，酵母才能发酵。直链淀粉不易被水解，所以糯米也就不能用于制作发酵制品。

（四）维生素在烹饪中的变化

1. 水溶性维生素

在烹饪中，维生素通过渗透和扩张两种形式从食物中析出，水温高、浸泡时间长、挤汁与烹饪时间长，均能使维生素损失增加，因此，宜用旺火急炒、加醋、先洗后切、加盖烹饪、勾芡等有效保护。切得越细碎，就会有更多的细胞膜被破坏，氧化酶分布均匀，同时增加了与水和空气的接触面，从而加速了维生素的损失。

2. 脂溶性维生素

油脂可以提高脂溶性维生素的吸收率，对加热敏感的维生素，应避免在较高温度下加热，最好做凉菜或者缩短加热时间，同时上浆挂糊后烹制，可相对减少维生素的损失；对酸敏感的维生素，如视黄素、胆钙化醇和泛酸等，在加醋烹制时会受到破坏。在烹制时少加醋，不要与番茄、水果等有机酸含量高的食物搭配共烹；加碱可破坏对碱敏感的生育酚、硫胺素、抗坏血酸和泛酸等，如松花蛋中的 B 族维生素已基本被破坏殆尽。

（五）无机盐在烹饪中的变化

多数无机盐溶于水，只要有水就会经过渗透和扩散作用从原料中析出而转移到水中。这与原料的表面积有很大的关系，如切碎的原料与较大的原料相比，其溶出量大好几倍。水温升高，加速渗透与扩散，更多的矿物质从原料中析出。因此，要先洗后切，切大块，减少浸泡时间，勾芡收汁，均可减少损失。

三、烹饪过程中的营养素的保护

1）原料整理要物尽其用。

2）原料洗涤要洁养兼顾。

3）原料洗切要严格有序。

4）原料切割要粗细相应。

5）原料浸漂要主辅协调。

6）原料焯水要因料制宜。

7）原料切烹要连贯及时。

8）原料调制要"穿衣"码味。

9）主食制作要酵母发酵。

10）菜肴烹制要加醋协调。

第三节　食物中毒

食物中毒是指健康人摄入正常数量的，但已被有毒微生物或有毒物质污染的食品后，所突然发生的不直接传染的疾病。发病来势猛而集中，抢救不及时则容易造成伤亡。防止食物中毒是食品卫生的重点任务。

一、细菌性食物中毒

细菌性食物中毒是指人们摄入含有细菌或细菌毒素的食品而引起的食物中毒。引起食物中毒的原因有很多，其中最主要、最常见的原因就是食物被细菌污染。我国近五年食物中毒统计资料表明，细菌性食物中毒占食物中毒总数的50%左右，而动物性食品是引起细菌性食物中毒的主要食品，其中肉类及熟肉制品居首位，包括变质的禽肉，病死畜肉，还有鱼、奶、剩饭等。

食物被细菌污染主要有以下几个原因。

1）禽畜在宰杀前就是病禽、病畜。

2）刀具、砧板及用具不洁，生熟交叉感染。

3）卫生状况差，蚊蝇滋生。

4）食品从业人员带菌污染食物。

人吃了被细菌污染的食物并不是马上就会发生食物中毒。细菌污染了食物，并在食物上大量繁殖达到可致病的数量或繁殖产生致病的毒素，人吃了这种食物才会发生食物中毒，因此发生食物中毒的主要原因就是食品储存方式不当或在较高温度下存放较长时间，食品中的水分及营养条件使致病菌大量繁殖，如果食前彻底加热，杀死病原菌的话，也不会发生食物中毒，那么食物中毒的另一个重要原因为食前未充分加热，未充分煮熟。

细菌性食物中毒的发生与不同区域人群的饮食习惯有密切关系。美国多食肉、蛋和糕点，葡萄球菌食物中毒最多；日本喜食生鱼片，副溶血性弧菌食物中毒最多；我国食用畜禽肉、禽蛋类较多，多年来一直以沙门氏菌食物中毒居首位。引起细菌性食物中毒的有沙门菌、葡萄球菌、大肠杆菌、肉毒杆菌、肝炎病毒等，这些细菌、病毒可直接生长在食物当中，也可经过食品操作人员的手或容器污染其他食物。当人们食用这些被污染过的食物时，有害菌所产生的毒素就可引起中毒。每至夏天，各种微生物生长繁殖旺盛，食品中的细菌数量较多，加速了其腐败变质，加之人们贪凉，常食用未经充分加热的食物，所以夏季是细菌性食物中毒的高发季节。

二、真菌毒素中毒

真菌在谷物或其他食品中生长繁殖产生有毒的代谢产物，人和动物食入这种毒性物质发生的中毒，称为真菌性食物中毒。发生中毒的主要原因是被真菌污染的食品，用一般的烹调方法加热处理不能破坏食品中的真菌毒素。真菌生长繁殖及产生毒素需要一定的温度和湿度，因此中毒往往有比较明显的季节性和地区性。

三、动物性食物中毒

食入动物性中毒食品引起的食物中毒即为动物性食物中毒。动物性中毒食品主要有以下几种。

1. 含高组胺鱼类中毒

含高组胺鱼类中毒是由于食用含有一定数量组胺的某些鱼类而引起的过敏性食物中毒。引起此种过敏性食物中毒的鱼类，主要是海产鱼中的青皮红肉鱼。青皮红肉鱼类引起过敏性食物中毒，主要是因此类鱼含有较高量的组氨酸。当鱼体不新鲜或腐败时，污染鱼体的细菌，如组胺无色杆菌，产生脱羧酶，使组氨酸脱羧生成组胺。腌制咸鱼时，如原料不新鲜或腌得不透，含组胺较多，食用后也可引起中毒。组胺中毒的特点是发病快、症状轻、恢复快。防止鱼类腐败变质，以及食用鲜、咸的青皮红肉类鱼时，烹调前应去内脏、洗净，切段后用水浸泡几小时，然后红烧或清蒸、酥闷，不宜油煎或油炸，可适量放些雪里蕻或红果，烹调时放醋，可以使组胺含量下降。

2. 鱼胆中毒

人们日常吃的青鱼、草鱼、鲤鱼、鲢鱼以及绍鱼等，其鱼胆都有一定的毒性。有的人因不了解这一点，常服用鱼胆来治病，易造成鱼胆中毒。鱼胆的毒性主要为胆汁成分对人体细胞的损害作用及所含组胺类物质的致敏作用。鱼胆不论生食或熟食，都可以引起中毒，发病快，病情险恶，病死率高，中毒的潜伏期很短，在食后 30min 发病。

3. 河豚中毒

河豚是一种味道鲜美，但含有剧毒物质的鱼类，是一种无鳞鱼，在海水、淡水中都能生活。河豚所含的有毒成分为河豚毒，对热稳定，煮沸、盐腌、日晒均不被破坏，主要存在于卵巢中，其次肝脏中也存有较多的毒素。多数新鲜、洗净的鱼肉不含有毒素，但如果鱼死后较久，毒素可从内脏渗入肌肉中。每年的春季 2~5 月为河豚的产卵生殖期，此时含毒最多。中毒主要表现：轻度者仅有口唇、舌尖、手指麻木感和呕吐；中度者上述麻木感进一步加重，手指、上下肢运动麻痹，但腱反射尚存在；重度者全身运动麻痹，骨骼肌松弛无力，言语不清，下咽困难，发绀，血压下降，意识尚清楚；极重度者意识不清，呼吸停止，甚至死亡。河豚中毒发病急速而剧烈，潜伏期短，一般食后 10min~3h 即发病，病情发展迅速，严重者在 10~30min 内死亡。

四、植物性食物中毒

食入植物性中毒食品引起的食物中毒即为植物性食物中毒。植物性中毒食品主要有以下几种。

1）将天然含有有毒成分的植物或其加工制品当作食品，如桐油等引起的食物中毒。

2）在食品的加工过程中，将未能破坏或除去有毒成分的植物当作食品食用，如木薯、苦杏仁等。

3）在一定条件下，不当食用大量有毒成分的植物性食品，如食用鲜黄花菜、发芽马铃薯、未腌制好的咸菜或未烧熟的扁豆等造成中毒。一般因误食有毒植物或有毒的植物种子，或烹调加工方法不当，没有把植物中的有毒物质去掉而引起食物中毒。最常见的植物性食物中毒为菜豆中毒、毒蘑菇中毒、木薯中毒等。

五、化学性食物中毒

化学性食物中毒是指健康人经口摄入了正常数量、在感官无异常但含有较大量化学性有害物的食物后，引起的身体出现急性中毒的现象，主要包括以下两种。

1）误食被有毒害的化学物质污染的食品。

2）食用添加非食品级的或伪造的或禁止使用的食品添加剂、营养强化剂的食品，以及食用超量使用食品添加剂的食物而导致中毒。

化学性食物中毒发病特点是发病与进食时间、食用量有关，一般进食后不久发病，常有群体性，病人有相同的临床表现，剩余食品、呕吐物、血尿等样品中可测出有关化学毒物。

六、预防食物中毒的措施

1）不吃变质、腐烂的食品。

2）不吃被有害化学物质或放射性物质污染的食品。

3）不生吃海鲜、河鲜、肉类等。

4）生熟食品应分开放置。

5）切过生食的菜刀、菜板不能用来切熟食。

6）不食用病死的禽畜肉。

7）不吃毒蘑菇、河豚、生的四季豆、发芽土豆、霉变甘蔗等。

第四节　食品卫生与安全

食物原料经过不同的加工、配制和成熟处理，形成形态、风味、营养价值不同及花色品种各异的加工产品，这些经过加工制作的食物我们习惯上称之为食品。

我国地大物博，食物资源丰富，种类繁多，我国人民在长期的社会实践中对食物的加工积累了丰富的经验，创造了许多地方风味浓郁、特色鲜明、美味可口的优良食品。由于地域、习惯、风俗以及宗教信仰的不同，食品的风格、风味差异较大，食品名称也多种多样。按照不同的分类方法，食品的范围和名称也不尽相同。

一、食品的分类

1. 按加工工艺分类

按加工工艺分类有罐装食品（罐头食品）、冷冻食品、干制食品、腌渍食品、烟熏食品、辐射食品、发酵食品、焙烤食品、挤压膨化食品等。从这些名称就可知道这类食品所用的加工工艺或保藏方法。一般食品工厂多采用这种分类。

2. 按原料来源分类

按原料来源分类有肉制品、乳制品、水产制品、谷物制品、果蔬制品、大豆制品、糖果、巧克力等。这些名称反映了食品的原料组成，一般在农产品加工行业或食品工业中采用。

3. 按产品特点分类

按产品特点分类有健康食品、营养食品、功能食品（保健食品）、方便食品、工程食品（模拟食品）、旅游食品、休闲食品、快餐食品、微波食品、饮料食品等。这些名称迎合了消费者的需求，表现了消费属性，通常在商业上或超市中较多见。

4. 按食用对象分类

按食用对象分类有老年食品、儿童食品、婴幼儿食品、妇女食品、运动员食品、航空食品、军用食品等。这些名称反映了食品消费人群，常可在营销中见到。

5. 按储存方法分类

按储存方法分类有冷藏食品和冻藏食品，合称冷冻食品。冷冻食品是指以新鲜、优质的原料经低温处理或冻结后储藏、销售的食品，按其储藏温度又可分为冷藏食品和冻藏食品。冷藏食品不需要冻结，将食品的温度降到接近冻结点，并在此温度下保藏的食品；冻藏食品是将食品冻结后，在低于冻结点的温度保藏的食品。

二、食品卫生和食品安全

关于食品卫生和食品安全。世界卫生组织 1984 年在《食品安全在卫生和发展中的作用》的文件中，曾把"食品安全"与"食品卫生"作为同义词，定义为"生产、加工、储存、分配和制作食品过程中确保食品安全可靠、有益于健康并适合人类消费的种种必要条件和措施"。1996 年世界卫生组织在《加强国际食品安全计划指南》中则把食品安全和食品卫生作为两个概念加以解释。其中食品安全被解释为"对食品按其原定用途进行制作或食用时不会使消费者受害的一种担保"，食品卫生则指"为确保食品安全和适合性在食物链的所有阶段必须采取的一切条件和措施"。由于食品原料生长的环境及人工饲养或种植方法的不同，再加上食品加工以及储存过程的变化，人类在客观上的任何一种饮食消费甚至其他行为总是存在某些风险。因此，在现实生活中，绝对的食品安全很难达到，只是在现实生活中达到一种相对安全。

三、食品卫生和安全的影响因素

（一）食品中可能存在的有害因素按来源分

1. 食品污染物

食品污染物是指在生产、加工、储存、运输、销售等过程中混入食品中的物质，一般也包括生物性有害因素（细菌、病毒等）和放射性核素。

2. 食品添加剂

食品添加剂是指为改善食品品质和色、香、味，以及为满足防腐和加工工艺的需要而加入食品中的化学合成物或天然物质。食品添加剂一般可以不是食物，也不一定有营养价值，但必须不影响食品的营养价值，且具有防止食品腐料变质、增强食品感官性状或提高食品质量的作用。

3. 食品中天然存在的有害物质

食品中天然存在的有害物质，如大豆中存在的蛋白酶抑制剂。

4. 食品加工、保藏过程中产生的有害物质

食品加工、保藏过程中产生的有害物质，如酿酒过程中产生的甲醇、杂醇油等有害成分。

（二）食品中有害因素按性质分类

食品中有害因素按性质分类可分为生物性因素、化学性因素和放射性因素三类。

四、食品生物性危害及其控制

食品的生物性危害也称为食品生物性污染，是指病原微生物排入水体后，直接或间接地使人感染或传染各种疾病，主要有细菌性、病毒性、真菌性食品危害，寄生虫性食品危害以及昆虫性食品危害。其特点：一是预测难，人们对这些生物在什么时候、什么地方入侵难以做出预测；二是潜伏期长，一种外来生物侵入之后，其潜伏期长达数年，甚至数十年，因此难以被发现，难以跟踪观察；三是破坏性大，这些生物的侵入，严重危害了食物，可能造成严重的后果。

（一）细菌性食品危害及其控制

细菌性食品危害是指健康人吃下受到细菌污染的食物所引起的食物中毒，具有潜伏期较短、症状相似、有共同饮食史、流行呈暴发性、不直接传染等特点。细菌性食品危害在食品危害中所占比例最大。

细菌性食品危害的发生，一般来说，要有几个条件。首先，要有细菌源，如生食物、制作人员、苍蝇、老鼠、蟑螂、不洁工具、抹布等都属于细菌源；其次，该细菌要进入食品，细菌在加工、储存过程中，通过各种途径传播到食品中，从而使食品带有细菌；再次，该食品要适合细菌的生长，食品中有足够的养分及合适的环境让细菌生长繁殖，且细菌量要达到一定的程度；最后，食品未经消毒处理被人食用。

细菌性食品危害主要是由食品初加工不当、烹调不当、食品污染或误食等因素引起的，主要有感染型、毒素型、混合型三种类型。

第一，感染型。感染型主要是由于人食用了含有大量细菌的食物而引起的危害。常见的食物危害病原菌主要有沙门氏菌属、变形杆菌属、致病性大肠杆菌等。

第二，毒素型。某些致病菌（如葡萄球菌）污染食物后，繁殖并产生能引起急性肠胃炎反应的肠毒素，人体食用的污染食物繁殖大量的细菌肠毒素而发生对人体的危害，主要有葡萄球菌肠毒素和肉毒梭菌毒素等。

第三，混合型。某些受到污染的食物，带有的致病菌既能污染胃肠道，又能产生肠毒素，这类致病菌属于混合型，如副溶血性弧菌。

1. 沙门氏菌食物危害

沙门氏菌引起的食物危害，在发生的食物危害中最为常见，主要源于肠道，如家畜、家禽的肠道。引起沙门氏菌的代表性食物有肉类、禽类、蛋类、熏鱼、生沙拉、豆制品和糕点，严重时会引起食物中毒。中毒的主要症状为恶心、呕吐、腹泻、发烧等，一般潜伏期为 12~24h。快速冷却，就可以预防沙门氏菌性食物中毒。由于沙门氏菌类不受热，只要用通常的烹饪方法就可以杀死。

预防沙门氏菌性食品危害常用的措施有严禁使用病死的畜禽作为食物原料；生熟分开，防止交叉污染；低温储藏，控制繁殖；加热灭菌，杀死病原体。

2. 致病性大肠杆菌食物危害

大肠杆菌是大肠埃希氏菌的俗称，分布在自然界，大多数是不致病的，主要附生在人或动物的肠道里，为正常菌群，少数的大肠杆菌具有毒性，可引起疾病。大肠杆菌是人和许多动物肠道中最主要且数量最多的一种细菌，主要寄生在大肠内。产毒性或致病性的大肠杆菌可在被感染的病人粪便中找到，由病人与食品直接接触所传播，也可经空气和水传播。

预防致病性大肠杆菌食品危害常用的措施有保持地方及厨房器皿清洁，并把垃圾妥为弃置；避免进食高危食物，如未经低温消毒法处理的牛奶，以及未熟透的汉堡扒、碎牛肉和其他肉类食品；食物应彻底清洗；生的食物及熟食应分开处理和存放，避免交叉污染；变质的食物应该弃掉。

3. 副溶血性弧菌食物危害

副溶血性弧菌是一种分布极广的嗜盐性细菌，主要来自海产品，如墨鱼、海鱼、海虾、海蟹、海蜇，以及含盐分较高的腌制食品，如咸菜、腌肉等。本菌存活能力强，在抹布和砧板上能生存 1 个月以上。中毒食品主要是海产品，其次为咸菜、熟肉类、禽肉、禽蛋类，约有半数中毒者是因为食用了腌制品。中毒原因主要是食物存放不当、加工不当、生熟不分或烹调时未烧熟煮透或熟制品被污染。

预防副溶血性弧菌食品危害常用的措施有清洗、消毒、煮透，消灭病原体；防止生熟及容器交叉污染；低温储藏，控制生长繁殖。

4. 金黄色葡萄球菌肠毒素食物危害

金黄色葡萄球菌也称"金葡菌"，是人类的一种重要病原菌。金黄色葡萄球菌食物危害一般多见于春夏季。引起金黄色葡萄球菌食物中毒的食物有奶、肉、禽、蛋、鱼及其制品。此外，剩饭、油煎蛋、糯米糕及凉粉等也容易引起食物危害。金黄色葡萄球菌为侵袭性细菌，能产生毒素，对肠道破坏性大，所以金黄色葡萄球菌肠炎起病急，中毒症状严重。

预防金黄色葡萄球菌食品危害常用的措施有：加强对人员的管理，禁止有皮疹、感冒、腹泻或有伤口感染化脓及呼吸道感染者处理食物；减少空气污染，食物尽量加盖密封；食物应低温冷藏，缩短储存时间。

5. 肉毒梭菌毒素食物危害

肉毒梭状芽孢杆菌简称肉毒梭菌，在缺氧的环境，适合的温度、营养中，它能生长繁殖，并产生外毒素（既肉毒毒素）。肉毒毒素是一种强烈的神经毒素，摄入有此种毒素存在的食物可引起肉毒中毒，是现如今已知的毒素中毒素最剧烈的一种。

肉毒梭菌广泛存在于自然界中，引起中毒的食品有腊肠、火腿、鱼及鱼制品和罐头食品等，在我国以发酵食品为主，如臭豆腐、豆瓣酱、面酱、豆豉等，其他的，如熏制未去内脏的鱼等，也会引起肉毒梭菌中毒。

预防肉毒梭菌食品危害常用的措施有不食加热不够的罐头、熏鱼、发酵食品；加热彻底，肉毒毒素并不耐热，在加热到100℃时，经过10~20min可完全被破坏。

（二）病毒性危害及其控制

病毒有专性寄生性。它虽然不能在食品中繁殖，但是食品为病毒提供了很好的保存条件，因而病毒可以在食品中残存较长时间。

1. 甲肝病毒

甲肝病毒常因食物直接受到污染或粪便、污水污染食品而传播。特别是水产品，如毛蚶、蛤类、牡蛎、蟹等，引起甲肝暴发流行屡见不鲜。1988年，在上海暴发的甲肝大流行，经证实系食用甲肝病毒污染的毛蚶所致。

2. 诺瓦克病毒和类诺瓦克病毒

诺瓦克病毒和类诺瓦克病毒是极微小的病毒，常引发非细胞性肠胃炎。这种病多见于儿童。病毒可以通过色拉、烤饼及鸡肉三明治等传染。诺瓦克病毒和类诺瓦克病毒的预防及控制与甲肝基本相同。

3. 病毒性病害

蔬菜病毒性病害多是全株性的慢性病害，外部表象症状常为花叶、褪绿、环斑、枯斑、丛矮及叶片皱缩等。花叶表现为叶片皱缩，有黄绿相间的花斑。

（三）寄生虫类危害及其控制

寄生虫是一类专门从其寄主体内获取营养的有机体。有些寄生虫通过受感染寄主排泄的含有寄生虫及寄生虫卵的排泄物污染食品和水源而传播。也有些寄生虫在畜禽体内寄生一段时间后，随食品一起摄入食用者体内。

1. 囊虫

囊虫病原体在牛体内为无钩绦虫，在猪体内为有钩绦虫。牛、羊、猪是绦虫的中间宿主。其幼虫在猪和牛肌肉组织内形成囊尾蚴，故本病也称囊尾蚴病。

猪囊虫肉眼可见，为白色，绿豆大小，受感染的猪肉一般被称为"米猪肉"。牛囊虫需经放大才能看到。

人如果吃下未经煮熟含囊尾蚴的猪肉，即受感染。进入人体的囊尾蚴可逐渐发育成为成虫，长期寄生于人肠内，此时人患绦虫病，并成为绦虫宿主。当人患绦虫病时幼虫易在人体内寄生，幼虫（无钩）进入肠壁，通过血液循环可达全身并在肌肉、皮下组织、脑、眼等处寄生。

2. 旋毛虫

旋毛虫是一种很细小的线虫，一般肉眼不易看出，多寄生于猪、狗、猫和鼠体内，是一种常见的病原体。人吃了未彻底煮熟煮透，带有旋毛虫的病肉后可患病。患者可出现恶心、呕吐、腹泻、高烧、肌肉疼痛，甚至使肌肉运动受到限制；如果幼虫进入脑脊髓，还可引起脑膜炎样症状。

3. 弓形虫

弓形虫病是一种人畜共患原虫性疾病。人、狗、猫、牛、鼠和鸭等都能被感染。

（四）昆虫类危害及其控制

昆虫类也是一种重要的生物性危害。昆虫除作为病原体和中间宿主外，更可通过翅膀传播疾病。如蝇类携带病原体污染食物而将疾病传播给人类；蟑螂污染食品后留有臭味，且携带多种病原菌；螨类污染食物、奶粉、糕点、干果、粮食后，会引起人类肠道疾病。其他危害餐饮业食品加工的害虫还有许多，如甲虫、蛾、蚂蚁等。蚂蚁经常在墙壁，特别是热源附近筑巢。食品大多数来自人工种植业、养殖业，从种植到收获，从捕捞到屠宰，从生产、加工、储藏、运输、销售到烹饪和食用的各个环节，常常给食品带来某些毒性物质，给公众的健康造成危害。

五、公害性化学毒物的危害及其控制

（一）食物天然性毒素及其控制

动、植物在长期的进化过程中为了防止昆虫、微生物、人类等的危害，为了生存的需要，自身会产生一些天然毒素，以防御和抵抗外来动物的侵害。这种有毒物质可能是正常动、植物在代谢作用中产生的废物，或是代谢产物。这种代谢产物具有遗传原因、过敏反应、食物成分不正常的特点。

1. 动物中的天然毒物及其控制

（1）河豚毒素　河豚毒素是河豚体内含有的一种毒素。河豚味道鲜美，但含有剧毒。河豚所含的毒素是河豚毒素，其含量的多少因鱼的品种、部位及季节等而有差别。在大多数河豚中，毒素的浓度由高到低依次为卵巢、鱼卵、肝脏、肾脏、眼睛和皮肤，肌肉和血液中含量较少。河豚毒素比较稳定，不易被一般物理方法所破坏。这是一种很强的神经毒素。盐腌、日晒、加热烧煮等方法都不能解毒，于 100℃温度下处理 24h 或于 120℃温度下处理 20~60min 方可使毒素完全受到破坏。

（2）组胺及其控制　在海产品中，鲭鱼亚目的鱼类（青花鱼、金枪鱼、蓝鱼和飞鱼等）在捕获后易产生组胺。食用其他鱼类如沙丁鱼、凤尾鱼中毒也与组胺有关。因此，要注意鱼体保鲜，防止鱼类腐败变质；不食死的海鲜；采取去组胺的措施（组胺为碱性物质，烹饪鱼类时加入食醋可降低其毒性）；过敏体质者，以不吃青皮红肉鱼为宜。

2. 植物性食品中固有的毒物

植物性毒素是指植物体本身产生的对食用者有毒害作用的成分。植物引起中毒的情况有所不同，一般有非食用部位有毒；在某个特定的发育期有毒；其有毒成分经加工可去除；含有微量有毒成分，食用量过大时引起中毒。

（1）凝集素　凝集素主要在豆科植物的大豆、豌豆、蚕豆、扁豆、刀豆及蓖麻的种子中存在。这种有毒蛋白进入人体后能使血液中的红细胞产生凝集作用，生食或食用未煮熟的这类植物种子会引起中毒。因此，必须经过适当加工，加热熟透、开水焯烫等方法，使有毒蛋白变性，方可食用。

（2）蛋白酶抑制剂　在豆类、棉籽、花生、油菜籽、未成熟的香蕉等植物性食物中，特别是豆科植物含有能抑制胰蛋白酶、糜蛋白酶、胃蛋白酶等 3 种蛋白酶的特异性物质，通称为蛋白酶抑制剂。

预防措施：经过有效的纯化后方可食用。常用方法：一是常压蒸汽加热30min；二是大豆用水泡至含水量 60%，水蒸 5min 即可。

（3）毒苷类

1）氢苷类毒素广泛存在于各类植物（杏、桃、李、荔枝等果实的核仁）中，但含量一般极微。毒苷类毒素水解后生成氢氰酸，能麻痹咳嗽中枢，所以有镇咳作用，但服用过量则可中毒。下面以杏仁为例，说明其中毒和预防。

杏仁以不苦的苦杏仁为好，用杏仁制菜时，应反复用水浸泡，充分加热，使其失去毒性。民间制作杏仁茶、豆腐等均水磨、煮熟，防止中毒。

2）皂苷类，亦称皂素，是广泛分布于植物中的苷类，溶于水后形成胶体溶液，搅动时有似肥皂泡沫产生，故称皂苷或皂素。

3）硫苷类物质存在于甘蓝、萝卜、芥菜、卷心菜等十字花科植物及葱、大蒜等植物中，是这些蔬菜辛味的主要成分，均含有 β-D- 硫代葡萄糖作为糖苷中的糖成分。过多摄入硫苷类物质有致甲状腺肿的生物效应，总称为致甲状腺肿原。

（4）酚类毒素及有机酸

1）酚类毒素。植物性食物中的酚类毒素现今主要发现为棉酚毒素。棉酚存在于棉籽中，榨油时随着进入棉油中。棉酚的毒性主要表现为使人组织红肿出血，精神失常，食欲不振，影响生育等。

2）有机酸主要是指广泛存在于植物中的草酸，菠菜、茶叶、可可中含草酸较多。草酸是一种易溶于水的二羧酸，与金属离子反应生成盐，其中与钙离子反应生成的草酸钙在中性或酸性溶液中都不溶解，因此含草酸多的食物与含钙离子多的食物共同加工或者共食时，往往能降低食物的营养价值。

（5）生物碱类毒素　生物碱是指一些存在于植物中的含氮碱性化合物，它们大多数具有毒性。

1）兴奋性生物碱：黄嘌呤衍生物咖啡因、茶碱和可可碱是食物中分布最广的兴奋性生物碱。咖啡因存在于咖啡、茶叶及可可中。这些物质具有刺激中枢神经兴奋的作用，常作为提神饮料。相对而言，这类生物碱是无害的。

2）毒性生物碱：毒性生物碱种类繁多，主要有秋水仙碱及马鞍菌素等。

秋水仙碱存在于鲜黄花菜中，能阻止植物细胞有丝分裂过程中纺锤体的形成，从而抑制有丝分裂而导致多倍体细胞的产生。秋水仙碱本身对人体无毒，但在体内被氧化成二秋水仙碱后则有剧毒。黄花菜干制后无毒。

（6）龙葵碱　未发芽马铃薯中含龙葵素，当发芽后，其幼芽和芽眼部分的龙葵素含量高，此时食用就有发生中毒的可能。

不吃发芽马铃薯，吃生芽较少的马铃薯时，应挖去芽和芽眼，烹调时可以加些醋，以破坏龙葵素，但马铃薯发芽或经日光照射变绿后的表皮层中茄苷含量较高，足可以使人致死。

茄苷的耐热性很强，一般烹煮是很难分解的，所以发芽和变绿的马铃薯不可食用，也不可作为饲料。

六、环境污染及其控制

1. 大气污染对食品安全性的影响

大气就其组分的含量变动情况可分为恒定组分、可变组分和不定组分三种。

恒定组分指 N_2、O_2 和 Ar；可变组分指空气中的 CO_2 和水蒸气；不定组分指煤烟、尘埃、硫氧化物、氮氧化物及一氧化碳等。大气污染主要是由不定组分造成的。

2. 水体污染对食品安全性的影响

水体污染物主要有病原体污染物；带氧物质污染物；有毒化学物质，包括重金属、酚和氰、多环芳烃、有机氯化物及部分有机氮化合物；酸、碱物质和盐类；石油类污染危害。

水污染对人群健康的危害，主要通过饮用受污染的水资源和食用受水污染的鱼类、粮食、蔬菜等引起。

3. 土壤污染对食品安全性的影响

土壤污染大致可以分为放射性污染、重金属污染等多种类型。

（1）放射性污染　由放射性物质所造成的污染，叫放射性污染。放射性污染的来源有原子能工业排放的放射性废物、核武器试验的沉降物，以及医疗、科研排出的含有放射性物质的废水、废气、废渣等。

（2）重金属污染对食品安全性的影响　重金属一般指相对密度大于 5，大部分在周期表中属于过渡金属及其离子。重金属污染主要指汞、镉、铅、砷等污染。

七、农药残留量等危害及其控制

农药残留是指农药使用后残存于环境、生物体和食品中的农药母体、衍生物、代谢物、降解物和杂质的总称。农药残留的数量称为残留量，单位是 mg/kg 食品或食品农作物。

农药按用途分为杀虫剂、杀鼠剂、杀菌剂、除草剂、脱叶剂、植物生长调节剂。

农药污染食品的途径主要有农药直接施用——作物从污染环境中吸收农药；粮库内用农药——食物链、生物富集；食品运输过程；事故性污染。

常用的去除果蔬农药残留的方法有浸泡水洗法、碱水浸泡法、去皮法、储存法、加热法、综合处理法。

八、兽药及饲料添加剂危害及其控制

1. 兽药
兽药是用于预防和治疗兽禽疾病的药物。

2. 兽药残留
兽药残留指给动物用药后，残存于肉、蛋、奶等动物性食品中的兽药及其代谢物。兽药残留的来源主要是通过使用禁药、不安规定执行休药期、超标使用、加工过程中受到污染、用法错误等。

九、食品加工过程污染及其控制

（一）硝酸盐
硝酸盐在人体的口腔和肠道中可由细菌还原形成亚硝酸盐。有些特殊食品中含有较高的亚硝酸盐。

蔬菜在腌制过程中，亚硝酸盐含量会增高，如腌制过程中有的青菜的亚硝酸盐含量可达 78 mg/kg。动物性食品在腌制时，如已含有大量胺，粗盐中又含有较多亚硝酸盐或人为添加亚硝酸盐或硝酸盐，均可使腌制品中有较大量的亚硝基化合物。

硝酸盐和亚硝酸盐不只是腌制食品，作为防腐剂，用于肉类保存也有几个世纪的历史了。我国规定：肉制品和肉类罐头的硝酸盐的使用量不得超过500mg/kg，亚硝酸盐添加量不得超过 150mg/kg。

（二）多环芳烃的产生及控制
凡是含碳氢的物质，如煤炭、石油、木柴、锯末等，不完全燃烧过程中会产生强烈的致癌物质多环芳烃（PAHs）。多环芳烃是重要的环境和食品污染物，迄今已发现 200 多种，其中大部分具有致癌性，如苯并［a］芘、苯并［a］蒽等。

蔬菜中的多环芳烃明显是环境污染所致。大多数加工食品中的多环芳烃主要源于加工过程，而环境污染只起到很小的作用。

熏制食品（熏鱼、熏香肠、熏腊肉、熏火腿等）、烘烤食品（饼干、面包等）和煎炸食品（罐装鱼、方便面等）中主要的毒素和致癌物是多环芳烃。

食品长时间煎炸会使食品轻微炭化，其中有脂肪酸和氨基酸在高温中反应形成苯并［a］芘化合物。

少食直接或高温熏烤、煎炸的食品，改变不合理的熏烤、煎炸条件，多食含维生素 A 的食物，减少多环芳烃的毒性。

（三）杂环胺化合物

杂环胺是烹调、加工蛋白质食物时，由蛋白质、肽、氨基酸的热解物中分离的一类具有致突变、致癌的氨基咪唑氮杂芳烃类化合物。

预防措施：改进烹调加工方法，增加蔬菜水果的摄入量。

十、食品安全标准

《中华人民共和国食品安全法》第二十六条规定，食品安全标准应当包括下列内容：

1）食品、食品添加剂、食品相关产品中的致病性微生物，农药残留、兽药残留、生物毒素、重金属等污染物质以及其他危害人体健康物质的限量规定。

2）食品添加剂的品种、使用范围、用量。

3）专供婴幼儿和其他特定人群的主辅食品的营养成分要求。

4）对与卫生、营养等食品安全要求有关的标签、标志、说明书的要求。

5）食品生产经营过程的卫生要求。

6）与食品安全有关的质量要求。

7）与食品安全有关的食品检验方法与规程。

8）其他需要制定为食品安全标准的内容。

第十三章
筵席菜单与饮食成本核算

第一节　筵席菜单编制与原则

一、筵席菜单的概念和种类

（一）筵席菜单的概念

菜单一词源于拉丁语"minutus"，意为备忘录，本来是厨师为了备忘而记录的单子，现在人们把菜单解释为餐饮企业提供食品和饮料的单子。菜单在餐饮企业经营中起着非常重要的作用，是餐饮业经营活动的手段，也是餐饮经营者经营思想和管理手段的体现。随着社会经济的发展和餐饮业的不断发展壮大，菜单的作用尤显重要，它不再是一张简单的餐饮产品目录，更是企业的形象标志。

菜单的基本功能是向消费者提供筵席菜品的信息。对消费者而言，菜单上所开的菜品，就是消费者要食用和选择菜品的名称。菜单是餐饮企业设计的产物。菜单上所列菜品是根据一定的要求，依据一定的原则，采用适当的方法精心组合在一起的，是菜品组合的艺术，是消费者与餐饮企业沟通的桥梁。重视筵席菜单，是餐饮企业走向成功的关键一步。

（二）筵席菜单的种类

餐饮企业往往根据不同的情况，设计不同的菜单。由于餐饮企业的经营风格、经营模式、经营范围以及经营场合、市场需求等方面的不同，菜单也随着变化。因此，菜单的种类很多。

1. 按菜单设计性质和应用特点划分

（1）套菜菜单　套菜菜单是餐饮企业为了经营的需要，由企业设计人员预先设计的具有不同价格档次的菜品组合。这种菜单的特点，一是价格档次分明，适应各种层次消费者由低到高的需要；二是菜品组合基本确定，不同价格的套菜菜单，其菜品组合不同；三是具有固定的菜道。

（2）点菜菜单　点菜菜单也称为零点菜单，是餐饮企业经营的基本菜单。零点菜单针对面较广，品种较多，顾客选择的余地大，高中低档搭配适中，菜品的制作难度不大，大众化菜品较多，菜品按量定价，一目了然，基本上比较固定，具体有中、晚餐菜单，适用范围广，各种风味餐厅及大小宾馆、饭店都是用零点菜单。由于零点菜单提供的菜品都是现点现做，顾客要求快，因此工艺复杂、制作难度大的一般不列在菜单上；价格名贵，顾客点菜机会比较少的菜品，一般也不列在零点菜单上；能反映企业特色的特色菜肴要标注在菜单的明显位置。当然，零点菜单也不是一成不变的，在不同季节、企业促销活动等情况下，也会变换菜单。

2. 按菜单的使用时间长短划分

（1）固定式菜单　固定式菜单是指长期使用或不经常变换的菜单。在餐饮经营活动中，这种菜单较多，如零点菜单、特色宴席菜单，其菜单基本框架、组合方式、基本菜品在长时间内不变化或随季节不同而稍有变化，或是少数菜品在原料来源、加工方法、味型调制、装盘形式等方面稍作调整。这种菜单最大的好处是，有利于标准化制作，尤其是原料的采购标准、加工标准、菜肴的质量标准比较易于统一，不足之处是容易使顾客产生厌倦心理，不能及时跟上市场流行品种，生产操作无新意。

（2）阶段性菜单　阶段性菜单是指在规定时间内使用的菜单，如餐饮企业在不同季节使用的季节性菜单，餐饮企业搞美食促销活动的美食节菜单、中秋团圆菜单等。这种菜单具有针对性较强、主题鲜明、目的明确、个性突出的特点。不足之处是给劳动者增加了工作量和劳动难度，增加了菜肴的品种和数量，增加了各种宣传和策划的费用。

（3）一次性菜单　一次性菜单也称为即时性菜单，大多是为某种筵席或宴会专门设计和制作的菜单，主要是根据顾客的需要、菜品原料的可得性、厨师的技术能力和企业的接待能力而设计的。其优点是灵活性强，能满足顾客需要，紧扣筵席主题。

除上述分类外，按餐饮企业经营模式划分，可分为点菜式菜单、宴会菜单、快餐菜单、风味菜单、自助餐菜单、客房送菜菜单、儿童菜单等；按中西式菜式划分，可分为中餐菜单和西餐菜单；按宴饮的形式划分，还有宴会菜单、冷餐会菜单、鸡尾酒会菜单和便宴菜单等。

二、筵席菜单的编制内容和作用

（一）筵席菜单的编制内容

宴席菜单的编制是一项集艺术性、技术性和创造性为一体的工作。作为菜单，其内容尤显重要。不同形式的宴席菜单，虽然形式不同，但大体内容是一致的。

1. 菜品名称和价格

菜品与名称是内容和形式的关系，内容决定形式，形式反映内容。名称是给顾客的第一印象，是顾客对菜品期望值的直观来源。价格是菜品的出让价值，价格的高低除了由原料的价格决定外，还受餐饮企业的规模档次、菜品的加工工艺等方面的影响。菜品的名称和价格是菜单最重要的内容。

2. 菜品和特色菜品介绍

菜品和特色菜品介绍是菜单的另一主要内容，菜单上的一些产品尤其是一些特色产品，一定要有一些文字介绍，特别是一些主配料的数量、一些独特的调味和调料、特殊技法和菜品的分量。虽然有些菜品不需要太详细的介绍，但是也要让顾客了解这个菜品的大概情况，特别是特色菜肴，要把特色之处标注明白，而且要标注在明显之处，让顾客一目了然，也省去服务员的介绍，节省时间。

3. 告示性信息

每张菜单都有告示性信息。一般来讲，告示性信息主要包括餐厅的名称、地址、电话、传真、网址、商标、经营时间等，有的还标明餐厅在城市中的位置，甚至简易图示，另外还包括一些需要说明的情况，如谢绝自带酒水、加收服务费等。这些告示性信息，一般标注在菜单的下方、封面或封底。

4. 机构性信息

有些大型宴会菜单，还标有饭店的机构性信息、企业文化标识，如有些老字号企业的发展历史、发展过程、重大业绩等，这些都是为了塑造企业在公众心目中的美好形象，扩大企业的影响。

5. 艺术装饰和相应图片

筵席菜单的内容还包括饭店的外观图片、餐厅和菜肴的图片，以便顾客了解整个饭店。另外，为了使菜单美观，还要使用一些艺术的装饰，艺术线条、艺术文字等，和图片相辉相映，也体现了企业的文化，显示企业的实力。

（二）筵席菜单的作用

筵席菜单是设计者根据宴请对象、消费标准和顾客需要预先设计好的菜品组合，如同产品的介绍书，不仅是餐饮管理者经营思想与管理水准的体现，更是消费者与经营者沟通的纽带。菜单不仅是一个产品目录，还是一件艺术品，也是企业的宣传品，因此菜单在餐饮企业经营中有非常重要的作用。

1. 菜单是消费者和经营者消费经营的依据

菜单是提供给消费者消费的依据和凭证。根据菜单，消费者对消费的品种、数量、质量、价格一目了然，这也是消费者的知情权。如果没有菜单，口说无凭，容易产生误解，甚至产生不必要的麻烦，有了菜单，顾客放心，餐饮企业满意。

2. 菜单是消费者和企业沟通的桥梁

顾客到饭店进行消费，通常是通过饭店提供的菜单来选择消费品种，服务人员及相关人员有必要、有责任也有义务为顾客推荐菜单及菜单上的品种。顾客与服务人员通过菜单进行交流，信息得到了沟通，达成了一致的意向，使买卖双方达成一致。没有菜单，顾客和服务人员就无法沟通详细情况，很难满意。同时，在按照菜单提供服务的同时，服务人员与顾客还进行着直接沟通，听取顾客对菜品的意见，以便进一步改进菜单。

3. 菜单是餐饮企业营销的手段

餐饮企业通过菜单推荐产品，提供各种菜品信息，顾客通过菜单了解餐饮企业的经营品种和各种菜品信息。所以，餐饮企业要拥有丰富的筵席菜单，还要根据顾客需要设计各种菜单，供顾客选择。图文并茂的艺术性菜单，能使顾客对菜单中的菜品品质、菜品内容、风味特色、成本价格等有所认识，因而产生强烈的消费欲望，达到餐饮企业营销的目的。

4. 菜单反映了餐饮企业的经营方向和方针策略

餐饮企业要得到长期有效的发展，在激烈的市场竞争中立于不败之地，就必须确立正确的经营方向和经营方针策略。餐饮企业的菜单是餐饮企业根据经营方针，通过市场调查，分析客源和市场需求，对消费者的类型及消费特点进行研究后制订出来的。菜单的内容、提供的菜品品种和价格，代表着企业的经营范围、经营规模、经营思想和理念，是企业经营方针的集中体现，关系到企业经营业绩的好坏和经营活动的成败。

5. 菜单是餐饮企业业务活动的总纲

餐饮企业的经营活动，从原料的采购、菜品的烹调制作、筵席的服务等都围绕菜单进行，因此菜单是餐饮企业开展业务工作的基础和核心。餐饮企业从设备的选配到厨房布局，从原料的采购到储存保管，从厨师、服务员到管理人员的配备，都要围绕菜单进行。

三、筵席菜单编制的原则和注意事项

筵席菜单的编制是一个复杂的过程，编制时，不仅需要了解筵席的种类和各种原料的性质、进货价格以及品种特色，还应充分考虑客源市场，因筵制

宜、灵活掌握，才能编制出让顾客满意的筵席菜单。

（一）筵席菜单编制的原则

筵席菜单可以是事先编制好的固定菜单，类似说明书一样，向顾客介绍筵席产品。筵席菜单一般是预定筵席时根据顾客要求确定内容。无论何种菜单的编制，都要求编制者有较强的专业知识和适当的灵活性。在整个编制过程中应遵循以下原则。

1. 体现筵席主题和特色的原则

筵席的主体不同，反映在菜单中，其菜式品种等也不同，如婚宴，要有喜庆的气氛，寿宴要有吉祥的氛围。筵席菜单的编制要尽量体现饭店和厨房的特色菜式品种，以增强自身的竞争力，以"人无我有、人有我精"的态度推陈出新，编制出自己的特色菜肴。菜单在注意各类菜点搭配的同时，要不断更新，使顾客不断有新感觉，并经常光顾品尝。

2. 以消费者需求为导向的原则

编制筵席菜单时，要了解"顾客需要什么""顾客对菜品的期望目标有多大""怎样才能满足顾客的需要"，不仅要考虑消费群体的消费水平，而且要把握市场需求，注重不同顾客的禁忌和饮食习俗，制定出符合多数顾客需求的筵席菜单，并且随着季节的更替和饮食潮流的变化，随时更换新的菜式品种。

3. 数量和质量相统一的原则

筵席菜品的数量是指组成宴席菜品的总数与每份菜品的分量。一般来说，在总量一定的情况下，菜品的道数越多，每份菜的分量就越少；反之，道数越少，每份菜的分量就越多。因此，要根据筵席类型确定数量，要根据筵席的消费对象确定数量，要根据顾客提出的需要确定数量。菜单菜品数量是相对的，但菜品的质量是绝对的，不论数量的多少，都不能降低质量要求，严格执行菜品质量标准。

4. 膳食平衡、注重营养的原则

筵席菜单满足不同人群营养需求是餐饮企业未来的发展趋势，因此在编制筵席菜单时，不仅要了解各种食品所含的营养成分，掌握不同人群每天营养和热量的需求度，还应掌握选材方法及烹制技巧。菜品要提高膳食平衡所需的各种营养素，要选择合理的加工和烹调工艺。菜品编制人员要从顾客实际的营养需求编制菜品，以保证顾客膳食平衡和营养的需要。

5. 以价格定档次的原则

筵席价格的高低，是筵席菜单菜品档次高低的决定性因素。以价格定档次是菜单编制的根本原则。筵席价格的高低，直接反映在烹饪原料的选用和加工工艺上。编制筵席菜单时，应尽量选用本地产品或供应有保障的原料，以降低成本，并且必须充分掌握各种原料的供货情况，凡是列入菜单的品种，厨房必须做到随时保证供应。加工工艺、菜品的造型也影响价格，价格高的，加工工艺比较复杂，菜品的造型比较精致，菜品的盛器也比较讲究。

6. 以实际条件为依托的原则

厨房的设备条件和厨师的技术水平，很大程度上影响和制约了菜单的种类。因此，在制定筵席菜单时，还应考虑厨房设备和厨师的技术力量。餐厅不可能为了某一个宴会而购置大型设备。因此，菜单只能根据现有的生产设备和条件来进行编制。如果厨房中仅有中厨炉灶，就不可能将西式牛排等菜肴列入筵席菜单中。

7. 菜单制式艺术化的原则

菜单的编制除了上述原则外，还要在菜单的外观制作上体现艺术性，图文并茂，甚至配些名画名字，清香淡雅，给人以赏心悦目的感觉，要让顾客把菜单当作一种艺术品，吸引顾客。菜单要作为企业的宣传名片，提高企业的知名度，树立品牌效应。

(二) 筵席菜单编制注意事项

1. 合理选用烹饪原料

在菜单编制时，要注意原料的合理选择和利用，要选用在市场上易于购买的原料，要选用时令性原料，要选用有地方特色的原料，要选用易于烹调加工的原料，要选用能够保持和提高菜品质量水准的原料，要选用易于储存且质量能保持的原料，要选用有多种利用价值的原料，要选用符合卫生要求且对人体健康无害的原料。

2. 合理选择菜品品种

菜单的菜品很多，顾客对菜品的喜好有共性的方面，也有特殊性，因此在菜品的品种选用上，不要选择大多数人不喜欢的菜品，不要选用质量不好控制的菜品，不要选用厨师不熟悉、不能操作的菜品，不要选用重复性的菜品，不要选用不利于饭店形象的菜品，应多选用一些具有地方特色、便于操作的菜品。

3. 准确掌握每一个菜品的成本与售价

成本关系到就餐者及餐饮企业的利益，因此熟知不同菜肴的成本是菜单编制者必须掌握的基本技能。每道菜肴的烹饪原料从选购到加工成菜的过程中，都会存在损耗或者增多，菜单编制者只有掌握每道菜品成本才能够确定筵席菜单的定价。

4. 根据筵席规格制作菜品

高规格筵席菜品以"粗菜细作、细菜粗做"为主，数量不宜过多，以体现"精"的效果；低规格筵席每份菜肴的菜量要足，口味到位，菜肴数量较多。根据筵席规格的高低，菜品数量一般从 12 个到 20 个不等，并且要注意，菜肴品种少的筵席，每道菜肴的数量要丰满些，而品种多的筵席，每道菜肴的分量可相应减少。

第二节　饮食成本核算

一、餐饮成本核算的含义

餐饮成本核算是指对餐饮企业生产和销售的一定种类和数量的餐饮产品所耗用的原材料进行综合计算，从而求出某种餐饮产品的总成本和单位成本的工作过程。餐饮成本核算，不仅包括餐饮产品成本核算，还包括燃料、人工成本、水电费等营业费用的核算，甚至包括对由于管理疏漏造成的损失进行核算。餐饮成本核算是餐饮成本控制的必要手段，也是进行餐饮成本控制的基础。

餐饮成本是指餐饮企业在生产和供应餐饮产品的过程中所发生的各种耗费和支出的总和，亦即餐饮企业在生产经营过程中所耗费的物化劳动和活劳动的货币表现。根据餐饮业的经营特点，餐饮成本包括生产成本、销售成本和服务成本。餐饮成本具体包括：原材料消耗、员工工资、水电费、燃料费、物料用品消耗、低值易耗品摊销、租赁费、固定资产折旧、办公费、广告费、维修费、其他支出等。

二、净料与净料率

（一）净料

餐饮产品的主、配料，一般要经过整理、择洗、宰杀、拆卸、泡发、初熟等程序的加工处理后才能用来配制成品。经过加工处理，可以直接用来配制成品的原料称为净料，如光鸡、光鸭、净全鱼、已涨发好的干货、经过择洗的蔬菜等。没有经过加工处理，不能直接用来配制成品的原料称为毛料，如活鸡、活鸭、活鱼、干货、未经择洗的蔬菜等。

用来制作餐饮产品的原料在购进时多为毛料，大都需要经过清理、拆卸等加工处理才能成为净料。在原料由毛料向净料转变过程中，其重量必然要发生增减变化。一般来说，鲜货原料经过择洗、拆卸等加工处理后其重量将会减少，干货原料经过清洗、涨发处理后其重量将会增加。随着重量的增减变化，原料单位成本也会因此而发生变化，所以必须按变化后的情况进行净料单位成本的核算。

（二）净料率及其计算

1. 净料率的概念

所谓净料率就是净料重量与毛料重量的比率，也就是净料重量占毛料重量的百分比。它说明每百单位的毛料所能产出的净料数。净料率在餐饮行业中也称为出成率、出品率、出材率、起货率、生料率、拆卸率等，也有被称为"扣""成"或"折"的。虽然称谓不同，但都反映了原料加工前后的重量变化关系。

2. 净料率的计算方法

净料率的计算公式为

$$净料率 = \frac{净料重量}{毛料重量} \times 100\%$$

净料率一般用百分数表示。对于鲜货而言，经加工处理后，净料率一般小于 100%；对于干货而言，经加工处理后，净料率一般大于 100%。

例 1：购进活鸭一只，重量为 4kg，经宰杀、去毛、去内脏、洗涤处理后，得生光鸭 3kg。试计算生光鸭的净料率。

解：

$$生光鸭的净料率 = \frac{3}{4} \times 100\% = 75\%$$

例 2：某酒店购进干刺参 2.5kg，经择洗、泡发后得水发刺参 12.5kg。试计算刺参的净料率。

解：

$$刺参的净料率 = \frac{12.5}{2.5} \times 100\% = 500\%$$

与净料率相对应的是损耗率。所谓损耗率是指毛料在加工处理过程中所损

耗的重量与毛料重量的比率。其计算公式为

$$损耗率 = \frac{损耗重量}{毛料重量} \times 100\%$$

$$净料重量 + 损耗重量 = 毛料重量$$

$$净料率 + 损耗率 = 100\% = 1$$

3. 净料率的应用

根据净料率的计算公式，三者之间的关系为

$$净料重量 = 毛料重量 \times 净料率 = 毛料重量 \times (1- 损耗率)$$

$$毛料重量 = \frac{净料重量}{净料率}$$

（三）净料成本的核算

净料是形成餐饮产品实体的直接原料，其成本直接构成餐饮产品的成本，所以为了计算餐饮产品成本，应先计算出所耗用的各种净料的单位成本。由此可见，净料成本的核算是餐饮产品成本核算的基本环节。

$$加工前原料进货总值 = 加工后净料价值 + 下脚料价值$$

这就是净料成本计算的依据，根据该公式和净料重量就可以计算出净料的单位成本。净料单位成本的具体计算方法有一料一档法和一料多档法两种。

1. 一料一档的成本计算方法

所谓一料一档是指一种原料（毛料）经过加工处理后，只得到一种净料。一料一档的成本计算方法有以下两种情况。

1）毛料经过加工处理后，只得到一种净料，没有可以作价利用的下脚料。此种情况下，净料单位成本计算公式为

$$毛料总值 = 净料总值$$

$$毛料重量 \times 毛料进货单价 = 净料重量 \times 净料单位成本$$

$$净料单位成本 = \frac{毛料重量 \times 毛料进货单价}{净料重量} = \frac{毛料总值}{净料重量}$$

在实际计算中，由于毛料重量和进货单价是已知的，净料的重量可以实测出来，所以利用上述公式就可以计算出净料单位成本。

例3：某酒店厨房购进芹菜20kg，单价2.8元/kg，计56元。去叶、根，洗净后得净芹菜14kg。求净芹菜的单位成本。

解：

$$净芹菜单位成本 = \frac{20 \times 2.8}{14} 元/kg = \frac{56}{14} = 4 元/kg$$

2）毛料经过加工处理后，只得到一种净料，但同时又有可以作价利用的下脚料。此种情况下，必须首先从毛料总值中扣除这些下脚料的价值，再除以净料重量，然后即可求得净料单位成本。其计算公式为

$$净料单位成本 = \frac{毛料总值 - 下脚料价值}{净料重量}$$

例4：某酒店购活鸡一只重3kg，单价30元/kg，经过宰杀、洗涤后得光鸡2kg，鸡爪作价1元，鸡肝、鸡肫作价2元。试求生光鸡的单位成本。

解：

$$光鸡的单位成本 = \frac{3 \times 30 - (1+2)}{2} 元/kg = 43.5 元/kg$$

2. 一料多档的成本计算方法

所谓一料多档是指一种原料（毛料）经过加工处理后，得到一种以上的净料。这时就应当分别计算每一种净料的成本。一料多档的成本计算方法有以下三种情况。

1）所有净料的单位成本未知。在此情况下，逐一确定其单位成本，但一定要保持各档净料的成本之和等于毛料的进货总值。用公式表示为

净料1总值+净料2总值+净料3总值+…+净料n总值=毛料进货总值

例5：某饭店购进带皮带骨猪肉40kg，单价为14.4元/kg，经分档取料，得到瘦肉21kg、膘肉11.4kg、肉皮3.2kg、汤骨4kg、损耗0.4kg。根据质量并参照市场行情，各档净料的单位成本确定为：瘦肉19.2元/kg、膘肉9.6元/kg、肉皮4.8元/kg、汤骨12元/kg。求各档净料的成本之和。

解：

$$毛料进货总值 = 40 \times 14.4 元 = 576 元$$

各档净料的成本之和=21×19.2元+11.4×9.6元+3.2×4.8元+4×12元=576元

2）所有净料中仅一种净料的单位成本需要测算，其他净料的单位成本已知。计算公式为

$$某种净料单位成本 = \frac{毛料总值 - 其他各档净料成本之和（含下脚料）}{某种净料重量}$$

例6：某饭店购胖头鱼一条重2.5kg，单价10元/kg，经宰杀、去鳞、去

脏，分档取料得鱼头 1.2kg、中段部分 0.8kg、鱼尾 0.3kg。现中段部分单位成本为 8 元 /kg、鱼尾 6 元 /kg。求鱼头的单位成本。

解：

$$\text{鱼头单位成本} = \frac{2.5 \times 10 - 0.8 \times 8 - 0.3 \times 6}{1.2} \text{元} /kg = 14 \text{元} /kg$$

3）所有净料中有些净料的单位成本已知，有些未知。在此情况下，可先把已知单位成本的那部分净料的总成本计算出来，从毛料总值中扣除，然后再根据未知单位成本净料的质量，依照市场价格逐一确定其单位成本。

例 7：购进一批去膛光鸭共 24kg，其进货单价为 16 元 /kg，经加工处理后得鸭脯肉 5kg、鸭腿肉 10kg、鸭爪 2kg、鸭骨和鸭脖 7kg。参照市场价格，已知：鸭腿肉 20 元 /kg、鸭爪 12 元 /kg、鸭骨和鸭脖 6 元 /kg。求鸭脯肉的单位成本。

解：

$$\text{鸭脯肉的单位成本} = \frac{24 \times 16 - (10 \times 20 + 2 \times 12 + 7 \times 6)}{5} \text{元} /kg = 23.6 \text{元} /kg$$

3. 多渠道、多批量采购原材料的成本计算方法

在实际生产经营中，采购部门往往多渠道、多批量进行原材料采购。所谓多渠道采购原材料就是餐饮企业从多家供应商购进同一种原材料。所谓多批量采购原材料就是餐饮企业分几次购进同一种原材料，并且每一次购进原材料的数量不尽相同。这样由于购进原材料的渠道不同、批量不同，其购进的价格也就不尽相同。如果按不同批次原材料的实际价格核算，不仅给生产和核算工作带来不便，而且也会造成企业产品成本和利润的不稳定。因此，这就要采用加权平均法计算原材料的平均成本。另外，凡是从外地采购的原材料，还应将所支付的运输费和途中合理损耗列入成本内一并计算。

多渠道、多批量采购原材料的平均成本的计算公式为

$$\text{平均成本} = \frac{1 \text{渠道（批量）购货价值} + 2 \text{渠道（批量）购货价值} + \cdots + n \text{渠道（批量）购货价值）}}{1 \text{渠道（批量）购货数量} + 2 \text{渠道（批量）购货数量} + \cdots + n \text{渠道（批量）购货数量}}$$

例 8：某酒店从肉食制品厂购进香肠 30kg，单价为 36 元 /kg，同时又在集贸市场购进香肠 50kg，单价为 32 元 /kg。试求香肠的平均成本。

解:

$$香肠平均成本=\frac{36\times30+32\times50}{30+50}元/kg=33.5元/kg$$

三、净料成本的分类核算

净料根据其拆卸加工的方法和熟处理程度的不同,分为生料、半成品和熟制品三类。

(一)生料成本的核算

生料就是指经过择洗、宰杀、拆卸等加工处理,而没有经过任何熟处理的净料。该类净料在餐饮产品成本构成中占有相当大的比重。计算生料单位成本,是核算餐饮产品成本的重要步骤,核算程序如下:

1)确定毛料进货总值。

2)拆卸毛料,分清净料、下脚料和废料。

3)称量净料重量。

4)确定下脚料的重量和单价,并计算其总值。

5)核算生料单位成本。

生料单位成本的计算公式为

$$生料单位成本=\frac{毛料总值-下脚料价值}{生料重量}$$

例9:购进带皮带骨猪后肘12kg,单价12.5元/kg,经拆卸处理后得肉皮0.75kg,单价6元/kg;骨头1.5kg,单价4元/kg。求净猪肉的单位成本。

解:

$$净猪肉单位成本=\frac{12\times12.5-0.75\times6-1.5\times4}{12-0.75-1.5}元/kg\approx14.31元/kg$$

(二)半成品成本的核算

半成品是指原料已经过初步熟处理,但还没有完全加工成为成品的净料,如白煮肉、肉丸、油发肉皮等。成熟后的半成品会在重量上有变化,在计算过程中注意扣除损失的重量。半成品根据加工方法的不同,可分为无味半成品和调味半成品两种。

1. 无味半成品成本核算

无味半成品又称水煮半成品,是指原料在初熟过程中未添加任何调味品的半成品。其包括的范围很广,如经过焯水的蔬菜和经过初步熟处理的肉类等,

都属于无味半成品。它在核算上的特点是，除原料本身价值外，在加工过程中没有任何其他价值的增加。其单位成本的计算公式为

$$无味半成品单位成本=\frac{毛料进货总值－副产品总值（含下脚料价值）}{无味半成品重量}$$

例 10：某厨房购进五花肉 10kg，单价 20 元/kg，煮熟后撇出浮油 0.5kg，浮油单价为 15 元/kg，出白煮肉 7kg。试计算白煮肉的单位成本。

解：

$$白煮肉的单位成本=\frac{10×20-0.5×15}{7}元/kg=27.50 元/kg$$

2. 调味半成品成本核算

调味半成品是指原料在初熟过程中添加调味品的半成品，如鱼丸、肉丸、油发肉皮等。构成调味半成品的成本中，不仅包括原料本身的价值，还要加上调味品的成本。其单位成本的计算公式为

$$调味半成品单位成本=\frac{\begin{matrix}毛料进货总值－副产品总值\\（含下脚料价值）+调味品成本\end{matrix}}{调味半成品重量}$$

例 11：某厨房购买活草鱼一条，重 2kg，单价为 15 元/kg。宰杀后，鱼头、鱼尾做汤菜用，作价 10 元。鱼块经过油炸后得 1.2kg，耗用食用油及调料成本计 4 元。试计算油炸鱼块的单位成本。

解：

$$油炸鱼块的单位成本=\frac{2×15-10+4}{1.2}元/kg=20 元/kg$$

（三）熟制品成本的核算

熟制品是指原料经过加热调味完全成熟的净料。熟制品多系卤味品，它由卤、酱、熏、拌、煮、烤等方法加工而成，大多用作冷盘菜肴，也可作为制作热菜的原料。这类熟制品制成后虽可直接食用，但在使用上可以把它进行合理搭配、拼制，组合成不同的形式，形成新的菜肴。所以，我们仍将其视为组成菜肴的净料，而不把它作为产品来进行核算。其成本结构与调味半成品类似，由主料成本和调味品成本构成。熟制品单位成本的计算公式为

$$熟制品单位成本=\frac{毛料进货总值－副产品总值（含下脚料价值）+调味品成本}{熟制品重量}$$

例 12：购进鲜牛肉 3kg，单价为 30 元/kg，经加工制得熟肉丸 2kg，耗用

调味品计 6 元。试计算肉丸的单位成本。

解：

$$肉丸的单位成本=\frac{3 \times 30+6}{2}元/kg=48 元/kg$$

四、调味品成本核算

调味品成本是构成餐饮产品成本的重要组成部分，是餐饮产品成本不可缺少的要素。因此，要精确地计算餐饮产品的成本，就必须精确地计算调味品的成本。

（一）单一调味品和复合调味品

由一种物质构成，只具有一种味道的调味品称为单一调味品，如具有甜味的糖、具有咸味的盐、具有鲜味的味精等。调味品的纯度很高，一般没有什么损耗，所以其购进单价即为其单位成本。

把某些单一调味品按比例配合，加工复合而成具有多种味道的调味品称为复合调味品，如传统的糖醋汁、花椒盐、辣椒油，以及时下流行的沙拉调料、沙茶酱等。复合调味品多数可以直接从市场上采购到，有些则是由各个餐饮企业根据风味特色自行配制的。计算某种复合调味品的单位成本，一般只要用配制的复合调味品的总成本除以其总重量即可。其计算公式为

$$复合调味品单位成本=\frac{各种调味品成本之和}{复合调味品重量}$$

例 13：自制辣椒油 4.8kg，耗用干辣椒 0.5kg，单价 16 元/kg；麻油 3kg，单价 30 元/kg；花生油 2kg，单价 23 元/kg。试计算辣椒油的单位成本。

解：

$$辣椒油单位成本=\frac{0.5 \times 16+3 \times 30+2 \times 23}{4.8}元/kg=30 元/kg$$

（二）调味品用量的估算方法

餐饮产品中的调味品耗用量一般较少，且要以很快的速度随取随用，难以在事前或在烹调过程中及时称量，所以多数采用估算的方法来确定调味品的耗用量。通常有以下三种估算方法：容器估量法、体积估量法和规格比照法。

1. 容器估量法

容器估量法就是在已知某种容器容量的前提下，根据调味品在容器中所占部位的大小，估计出其数量的一种方法。先估计出耗用量，再根据该调味品的

购进单价，即可计算出成本。这种方法一般用来估量液体调味品，如麻油、酱油、醋、料酒等。由于在烹调过程中多用手勺加放调味品，因此可以运用手勺来估计这类调味品的用量，也可以运用汤匙、碗、盆、盅、钵等器皿进行估量。

2. 体积估量法

体积估量法就是在已知某种调味品在一定体积中的数量的前提下，根据其体积，直接估计其数量的一种方法。根据估计出的数量，再按该调味品的进货单价，即可计算出其成本。这种方法适用于估量粉质或晶态的调味品，如盐、糖、味精、胡椒粉、干淀粉等。由于在烹调时多用羹匙、手勺等加放这些调味品，故也可以用这些器皿来估计调味品的用量。

3. 规格比照法

规格比照法就是比照主、配料质量相仿，烹调方法相同的某些老餐饮产品的调味品用量，来确定新产品调味品用量的一种方法。例如，比照拔丝荔枝肉的糖、油耗用量，估计确定拔丝樱桃的糖、油耗用量；比照干烧鲫鱼的调味品耗用量，估计、确定干烧鲳鱼所使用调味品的用量等。该方法的优点是可以由此及彼，简便易行。但若对老餐饮产品的调味品用量掌握不够精确，则误差也会随之产生。此外应注意：主、配料物性相似、质量相仿、烹调技法相同，是正确运用规格比照的基础。

（三）单件产品调味品成本核算法

单件产品调味品成本就是单件制作的餐饮产品的调味品成本，也叫个别产品调味品成本。各种单件生产的菜肴的调味品成本都属于这一类。核算这一类餐饮产品的调味品成本，先要把各种惯用的调味品用量估算出来，然后根据其购进单价，分别算出金额，最后合计即得。其计算公式为

单件产品调味品成本 = 调料 1 成本 + 调料 2 成本 + ⋯ + 调料 n 成本

例 14：某餐馆的一份笋焖仔鸡，耗用各种调味品的数量及其进货单价：生油 50g，单价 20 元 /kg；酱油 30g，单价 4 元 /kg；糖 5g，单价 10 元 /kg；味精 2g，单价 30 元 /kg；淀粉 2g，单价 6 元 /kg；料酒 3g，单价 6 元 /kg。试计算每份笋焖仔鸡的调味品成本。

解：

每份笋焖仔鸡的调味品成本

= 0.05 × 20 元 + 0.03 × 4 元 + 0.005 × 10 元 + 0.002 × 30 元 + 0.002 × 6 元 + 0.003 × 6 元

= 1.26 元

（四）批量产品平均调味品成本核算法

批量产品平均调味品成本，是指批量生产的餐饮产品的单位平均调味品成本。面点、卤制品的调味品成本等都属于这一类。计算这类餐饮产品的调味品成本，应分两步进行。

1）首先用容器估量法和体积估量法估算出整批产品中各种调味品的总用量及其成本。由于在这种情况下，调味品的使用量一般较多，应尽可能过秤，使调味品成本核算较为精确，同时也能保证餐饮产品质量的稳定。

2）用调味品的总成本除以该批餐饮产品的总数量，即可求出每一单位产品的平均调味品成本。其计算公式为

$$批量产品平均调味品成本 = \frac{批量生产耗用调味品总成本}{该批产品总量}$$

例 15：某饭店用生猪肝 8.4kg，制成卤猪肝 5kg，经估量或实称共耗用各种调味品的数量及进货单价为：生油 100g，单价 20 元 /kg；糖 250g，单价 10 元 /kg；料酒 250g，单价 6 元 /kg；酱油 750g，单价 4 元 /kg；味精 10g，单价 30 元 /kg；葱姜少许计 1.2 元；八角、桂皮等少许计 0.6 元。试计算卤猪肝的调味品成本是多少？

解：

第一步，分别计算每一种调味品的成本并加总求出调味品的总成本。

调味品总成本 = 0.1 × 20 元 + 0.25 × 10 元 + 0.25 × 6 元 + 0.75 × 4 元 + 0.01 × 30 元 + 1.2 元 + 0.6 元 = 11.1 元

第二步，计算批量平均调味品成本。

$$批量产品平均调味品成本 = \frac{11.1}{5} 元 /kg = 2.22 元 /kg$$

五、餐饮产品成本核算

（一）餐饮产品成本核算的方法

餐饮产品成本核算，实质上是餐饮产品原材料成本的核算。餐饮产品的成本是其所耗用的各种原材料的成本总和，即所耗用的主、配料成本（通常以生料成本或半成品成本形式出现）与调味品成本之和。所以，要核算某一单位产品的成本，只要将其所耗用的各种原材料成本逐一相加即可。

餐饮产品的加工制作有批量生产和单件生产两种类型。因此，产品成本的核算方法也有两种，即先总后分法和先分后总法。

1. 先总后分法

先总后分法，就是根据生产某批餐饮产品所耗用的各种原材料的数量和单价，逐一计算出每种原材料的成本，然后加总求得总成本，再用总成本除以该批次产品的数量而求得其单位产品的平均成本的方法。

用先总后分法计算产品成本的公式为

$$单位产品成本 = \frac{某批产品所耗用的原材料总成本}{该批产品数量}$$

其中，某批产品所耗用的原料总成本＝该批产品所耗用的主料成本＋该批产品所耗用的配料成本＋该批产品所耗用的调味品成本

2. 先分后总法

先分后总法，就是根据生产单件餐饮产品所耗用的各种原材料的数量和单价，逐一计算出每种原材料的成本，然后进行加总，即得出单位产品的总成本。

用先分后总法计算产品成本的公式为

$$单位产品成本 = 单位产品所耗用的主料成本 +$$
$$单位产品所耗用的配料成本 + 单位产品所耗用的调味品成本$$

（二）毛利率和利润率

1. 毛利率

毛利率是毛利与产品成本或销售价格的比率。它分为成本毛利率和销售毛利率两种。

成本毛利率是毛利与产品成本的比率。它体现了毛利与产品成本的关系。其计算公式为

$$成本毛利率 = \frac{毛利}{产品成本} \times 100\%$$

销售毛利率是毛利与产品销售价格的比率。它体现了毛利与产品销售价格的关系。其计算公式为

$$销售毛利率 = \frac{毛利}{产品销售价格} \times 100\%$$

例 16：某饭店一份快餐盒饭的原材料成本为 10 元。若该盒饭的销售价格为 16 元，那么该盒饭的成本毛利率是多少？销售毛利率又是多少？

解：

$$毛利 = 16 元 - 10 元 = 6 元$$

$$成本毛利率 = \frac{6}{10} \times 100\% = 60\%$$

$$销售毛利率 = \frac{6}{16} \times 100\% = 37.5\%$$

无论是成本毛利率还是销售毛利率都反映了餐饮产品的毛利率情况。但在现实中，使用较多的是销售毛利率。

2. 毛利率与价格的关系

产品价格的制定和企业利润的控制是以销售毛利率来核算的。它不但在一定程度上反映着产品的利润水平，还直接决定着产品的价格水平，决定着企业的盈亏，关系着消费者的切身利益。在产品成本一定的情况下，毛利率越高，价格也越高，企业获得的利润也越多；反之，毛利率越低，价格也越低，企业获得的利润也越少。

3. 成本毛利率

成本毛利率法是根据餐饮产品的成本和成本毛利率来计算餐饮产品价格的方法。这种方法在餐饮行业中也称为"外加法"。

其计算公式的推导过程为

设：P 代表餐饮产品价格，C 代表产品成本，M 代表毛利，R_C 代表成本毛利率。

$$R_C = \frac{M}{C} \rightarrow M = CR_C$$

$$P = C + M = C + CR_C = C(1 + R_C)$$

即：餐饮产品价格 = 产品成本 × （1 + 成本毛利率）

例 17：某饭店制作爆腰花一份，用净猪腰 0.1kg，单位成本 30 元/kg，耗用配料 1.8 元，调味品 1.2 元。若成本毛利率为 80%，则爆腰花的售价是多少？

解：

1）计算产品成本

$$C = 0.1 \times 30 元 + 1.8 元 + 1.2 元 = 6 元$$

2）计算餐饮产品价格

$$爆腰花售价 P = C(1 + R_C) = 6 \times (1 + 80\%) 元 = 10.80 元$$

从以上举例可以看出，用成本毛利率法计算餐饮产品的价格，简单明了，易于掌握，直接体现了成本与毛利的关系。厨房工作人员多采用此法。由于成本毛利率不能反映产品销售总额中毛利所占的比重，不便于分析财务成果，所以餐饮企业财务人员一般不采用此法。

4. 销售毛利率法

销售毛利率法是根据餐饮产品的成本和销售毛利率来计算餐饮产品价格的方法。这种方法在餐饮行业中亦称为"内扣法"。

其计算公式的推导过程为

设：P 代表餐饮产品价格，C 代表产品成本，M 代表毛利，R_P 代表销售毛利率。

销售毛利率就是毛利与销售价格的比值，即

$$R_P = \frac{M}{P} \to M = PR_P$$

$$P = C + M = C + P \times R_P \to P = \frac{C}{1 - R_P}$$

即：餐饮产品价格=产品成本 /（1- 销售毛利率）

例 18：某饭店把光鸡浸熟加工成白切鸡，若购进光鸡 0.75kg，单价为 16 元 /kg，白切鸡的销售毛利率为 40%。求白切鸡的售价。

解：

产品成本： $\qquad C = 0.75 \times 16 \text{元} = 12 \text{元}$

白切鸡价格：白切鸡的售价 $P = \dfrac{12}{1 - 40\%} \text{元} = 20 \text{元}$

从以上举例可以看出，用销售毛利率法计算餐饮产品的价格，毛利在销售额中所占的比重一目了然，有利于财务核算管理，因而被餐饮业普遍采用。

5. 毛利率换算公式

销售毛利率和成本毛利率，二者各有优缺点；但从分析财务成果上看，销售毛利率法优于成本毛利率法。因为财务会计中的各项指标，如费用率、税金率、利润率、资金周转率等，都是以销售额为基数计算的，这和销售毛利率的计算口径是一致的。为了便于比较，可以把这些重要财务指标相互之间的关系，用公式表示为

销售毛利率=费用率+税金率+利润率

在实际的成本核算和成本管理工作中，两种计价方法都会用到。为了便于

计算销售价格，可以把销售毛利率换算成成本毛利率，也可以把成本毛利率换算成销售毛利率。其换算公式的推导过程为

用两种毛利率计算价格的公式为

$$餐饮产品价格 = \frac{成本}{1- 销售毛利率} = \frac{C}{1-R_P}$$

$$餐饮产品价格 = 成本 \times (1+成本毛利率) = C(1+R_C)$$

假设产品成本相等，销售价格也相等，则：

$$\frac{C}{1-R_P} = C(1+R_C) \rightarrow \frac{1}{1-R_P} = 1+R_C \rightarrow R_C = \frac{R_P}{1-R_P}$$

$$成本毛利率 = \frac{销售毛利率}{1- 销售毛利率}$$

$$R_P = \frac{R_C}{1+R_C}$$

即：

$$销售毛利率 = \frac{成本毛利率}{1+成本毛利率}$$

例19：某饭店供应的鱼香肉丝，成本毛利率为72%，试计算销售毛利率。

解：

$$销售毛利率 = \frac{72\%}{1+72\%} = 41.86\%$$

例20：某饭店供应的腰果鸡丁，销售毛利率为39%，试计算成本毛利率。

解：

$$成本毛利率 = \frac{39\%}{1-39\%} = 63.93\%$$

6. 利润率

利润率是利润与产品成本或销售价格的比率。它分为成本利润率和销售利润率两种。

成本利润率是利润与产品成本的比率。它体现了利润与产品成本的关系。其计算公式为

$$成本利润率 = \frac{利润}{产品成本} \times 100\%$$

销售利润率是利润与销售价格的比率。它体现了利润与产品销售价格的关

系。其计算公式为

$$销售利润率 = \frac{利润}{产品销售价格} \times 100\%$$

例21：某酒店第二季度营业额为260 000元，原材料成本共计120 000元，营业费用67 000元，税金及附加13 000元。该酒店第二季度的成本利润率是多少？销售利润率又是多少？

解：

$$利润 = 260\ 000\ 元 - 120\ 000\ 元 - 67\ 000\ 元 - 13\ 000\ 元 = 60\ 000\ 元$$

$$成本利润率 = 60\ 000 \div 120\ 000 \times 100\% = 50\%$$

$$销售利润率 = 60\ 000 \div 260\ 000 \times 100\% = 23.08\%$$

利润率适合于企业对某一段时期内利润率的核算，不适合于单一产品的核算。利润率对于企业的利润目标管理、原材料成本、经营费用的控制具有现实意义。

六、宴席成本核算

（一）中餐宴席成本的核算

宴席是餐饮经营的最高档次，宴席客人的消费需求较高，主要体现在环境与场景、社交与礼遇、菜点与酒水、服务与享受等方面。宴席的特点是客人享受成分高、菜点毛利率高、企业经营利润大。

在掌握单一餐饮产品成本核算方法后，将组成宴席的各种菜点的原材料成本相加，所得总值即为该宴席的成本。其计算公式为

$$宴席成本 = 菜点1成本 + 菜点2成本 + \cdots + 菜点n成本$$

例22：普通宴席一桌，计有四个冷盘、四个热炒、五个大菜、一道点心、一道甜汤。各菜点的成本：白切鸡9.2元，香肠6.8元，皮蛋5.4元，黄瓜1.8元，爆墨鱼卷16.8元，爆腰花16元，炸三丝卷14.4元，熘鱼片15.8元，海参鹑蛋38.2元，酿冬菇14.4元，香酥鸡22.6元，清蒸武昌鱼31.6元，橘瓣鱼丸汤18.4元，佛手包5元，银耳果羹13.6元。试计算该桌宴席的成本。

解：

该桌宴席成本 $= 9.2\ 元 + 6.8\ 元 + 5.4\ 元 + 1.8\ 元 + 16.8\ 元 + 16\ 元 + 14.4\ 元 + 15.8\ 元 +$

$\qquad 38.2\ 元 + 14.4\ 元 + 22.6\ 元 + 31.6\ 元 + 18.4\ 元 + 5\ 元 + 13.6\ 元$

$\qquad = 230\ 元$

（二）西餐宴会成本的核算

西餐，有冷餐会、酒会、宴会等多种形式。西餐宴会成本的核算方法与中餐宴席成本的核算程序和方法基本上是一致的，只是其等级标准不是按每席的费用来划分，而是按参加宴会的每位宾客的费用来划分。另外，由于中外饮食习惯不同，所以宴席的菜点结构类别也不尽相同，成本构成比重也有较大差异。一般西餐宴会的菜点分为：①面包、黄油、小吃；②冷菜；③汤菜；④热菜；⑤点心；⑥水果；⑦饮料。其成本结构一般是面包与小吃约占10%，冷菜占15%，汤菜、热菜占60%，点心、水果、饮料等占15%左右。

例23：某公司为宴请外商举办冷餐会，每人200元，预计35人参加，成本率为40%。试问该冷餐会成本应为多少元？

解：

先根据每人收费标准和参加人数计算销售额，再按规定的成本率即可核定该冷餐会的成本额。

$$该冷餐会成本 = 200 \times 35 \times 40\% 元 = 2800 元$$

参考文献

［1］ 阎红.烹饪原料学［M］.成都：四川人民出版社，2003.

［2］ 黄玉军，王劲.烹饪原料知识［M］.北京：旅游教育出版社，2004.

［3］ 段振离.谷肉果菜养生谈［M］.北京：华夏出版社，2006.

［4］ 刘志远.厨房红宝书［M］.北京：中国纺织出版社，2007.

［5］ 卢一.烹饪营养卫生学［M］.成都：四川人民出版社，2004.

［6］ 陈光新.烹饪概论［M］.北京：高等教育出版社，1998.

［7］ 崔桂友.烹饪原料学［M］.北京：中国轻工业出版社，2001.

［8］ 唐美雯.烹饪原料加工技术［M］.北京：高等教育出版社，1995.

［9］ 孙一慰，马福林.烹饪原料知识［M］.北京：高等教育出版社，2002.

［10］ 李刚，王月智.中式烹调技艺［M］.北京：高等教育出版社，2002.

［11］ 林小岗，唐美雯.中式面点技艺［M］.北京：高等教育出版社，2009.

［12］ 周晓燕.烹调工艺学［M］.北京：中国轻工业出版社，2000.

［13］ 翟昌伟.烹饪原料初加工技术［M］.北京：中国轻工业出版社，2007.

［14］ 杨国堂.中国烹调工艺学［M］.上海：上海交通大学出版社，2008.